Sigmund Jähn

Horst Hoffmann

Sigmund Jähn
Der fliegende Vogtländer

Autorisierte Biographie

Mit einem Vorwort von
Thomas Reiter
und unter Mitarbeit von
Matthias Gründer und Andreas Schütz

Das Neue Berlin

Für unsere Kinder, Enkel und Urenkel

INHALT

DER RUHENDE POL
Vorwort von Thomas Reiter

Der Bitte, für diese begrüßenswerte Biographie ein Vorwort zu schreiben, bin ich gern nachgekommen. Nachdem Sigmund Jähn und ich – von einigen Unterbrechungen abgesehen – etwa vier Jahre gemeinsam im Sternenstädtchen verbracht hatten, mußte ich schon einige Minuten darüber nachdenken, wann und wo wir uns eigentlich das erste Mal trafen. Es war wohl im Frühling 1991 an der Erprobungsstelle der Bundeswehr in Manching anläßlich einer Besprechung im Zusammenhang mit dem europäischen Raumgleiterprogramm Hermes, an dem Vertreter der Deutschen Forschungsanstalt für Luft- und Raumfahrt (DLR), der Europäischen Raumfahrtorganisation (ESA) und des Flugtestzentrums teilnahmen.

Da ich mich bereits seit jungen Jahren sehr für Raumfahrt interessierte, war mir natürlich auch der Name Sigmund Jähn ein Begriff. Und plötzlich stand ich doch recht unerwartet einem der wenigen Menschen gegenüber, die unsere Erde für einige Tage verlassen und in einer ganz ungewöhnlichen Umgebung gearbeitet hatten. Ich muß ehrlich gestehen, daß diese erste Begegnung von gemischten Gefühlen begleitet war. Einerseits bestand eine große Bewunderung für die komplexen Aufgaben, die Sigmund im Rahmen seiner einwöchigen Mission an Bord der russischen Raumstation SALUT 6 bewältigt hatte. Andererseits fühlte ich so kurze Zeit nach der deutschen Wiedervereinigung eine vorsichtige Neugierde, zum ersten Mal einem General der ehemaligen NVA gegenüberzustehen.

Leider war diese Begegnung viel zu kurz, um sich näher kennenzulernen. Jedoch hatte Sigmund aufgrund seiner ruhigen, sachlichen und freundlichen Art bei mir einen sehr sympathischen Eindruck hinterlassen, der sich auch bei unserem zweiten Treffen im Dezember 1992 – diesmal in England – bestätigte. Ich hatte gerade meine Testpilotenausbildung an der englischen Empire Test

Pilot School bestanden, und es war seinerzeit bereits sicher, daß ich zusammen mit drei weiteren Astronautenkandidaten der ESA im folgenden Jahr zur Ausbildung für die beiden europäisch-russischen Missionen EUROMIR '94 und EUROMIR '95 in das russischen Sternenstädtchen kommen würde. Sigmund hatte dort in der Zwischenzeit die deutsch-russische Mission MIR '92 meines Kameraden Klaus-Dietrich Flade begleitet, oder besser gesagt die Vorbereitung und Durchführung dieser Mission in enger Zusammenarbeit mit der russischen Seite tatkräftig unterstützt. So konnte er meine Bedenken hinsichtlich des Erlernens der russischen Sprache und des Lebens in einem für mich vollkommen neuen Kulturkreis zerstreuen.

»Die haben eine große Erfahrung dort, die werden euch das schon alles beibringen«, erklärte er mir aus tiefster Überzeugung. Hier saßen wir nun in einem englischen Pub, der erste deutsche Kosmonaut und ich, unterhielten uns über die bevorstehenden Missionen mit den Russen, das Leben im Sternenstädtchen und tranken dieses englische Bier. Es kam mir damals so unwirklich vor, daß Sigmund Jähn, der erste Deutsche im All, mir von Dingen berichtete, die er schon vor vielen Jahren erlebt hatte, von denen ich bisher bestenfalls träumen konnte und die mir nun bevorstehen sollten.

Anfang August des folgenden Jahres trafen wir, das heißt der Schwede Christer Fuglesang, einer der vier ESA-Astronauten, und ich mit unseren Familien im Sternenstädtchen ein, wo uns ein herzlicher Empfang bereitet wurde. Zusammen mit uns kamen ebenso Pedro Duque und Ulf Merbold, allerdings ohne ihre Familien. Wie auch bei der Mission MIR '92 war Sigmund mit der Organisation und Koordination unserer Schulung im russischen Kosmonautenausbildungszentrum betraut. Näher kennengelernt haben wir uns erst in dieser Zeit sehr intensiver Zusammenarbeit.

Im Sternenstädtchen – und manchmal hatte ich fast das Gefühl in ganz Moskau – gab es wohl niemanden, den Sigmund beziehungsweise der ihn nicht kannte. Seine Hilfe bei der Organisation der zahllosen Unterrichte, der Abstimmung der Ausbildungsinhalte oder der Durchführung von Verhandlungen mit den russischen Partnern war von unermeßlichem Wert und hat mit Sicherheit der ESA viel Mühe, Zeit und Geld gespart. Selbst seine Unterstützung für unsere Familien bei der Organisation des täglichen Lebens war schier endlos. Es gab kein Problem, für das

Sigmund keine praktikable, effektive und diplomatische Lösung hatte.

Vor allem die Monate vor Beginn einer Mission waren in diesem Zusammenhang besonders fordernd für ihn. In dieser Zeit nimmt generell der Druck auf alle Beteiligten stetig zu. Alle Versuchsanlagen zur Durchführung der Experimente an Bord der Station MIR müssen getestet und von russischer Seite zur Verladung in den PROGRESS-Transporter akzeptiert werden, die vorbereitenden Untersuchungen für alle medizinischen Experimente sind durchzuführen, das Experimenttraining für die Kosmonauten ist mit dem Trainingsplan im Sternenstädtchen zu koordinieren, und die Extrawünsche von dem oder der einen oder anderen sind ebenfalls noch zu berücksichtigen. In dieser oder ähnlicher Weise spielt es sich wahrscheinlich während aller Raumfahrtmissionen ab – so auch in der Vorbereitung der europäisch-russischen Missionen EUROMIR '94 und EUROMIR '95.

In all dieser Hektik gab es eine Konstante, einen ruhenden Pol, den Fels in der Brandung: Sigmund. Mit seiner ruhigen, ausgeglichenen Wesensart hat er es immer wieder geschafft, die erhitzten Gemüter zu kühlen und alle zu einer einvernehmlichen, zweckmäßigen und praktikablen Lösung zu bewegen. Seine Erfahrung in der Zusammenarbeit mit den russischen Partnern, seine Kenntnis der russischen Mentalität hat oft das Unmögliche möglich gemacht.

Die Mission EUROMIR '95, die ich an Bord der MIR-Station bestreiten durfte, hat Sigmund im russischen Flugleitzentrum ZUP in Kaliningrad bei Moskau begleitet. Obwohl wir nur hin und wieder über Funk miteinander sprechen konnten, hatte ich den Eindruck, daß er dort ein Zelt aufgeschlagen hatte und für 179 Tage lebte. Denn auch hier wurde alles von ihm organisiert, koordiniert, kurz gesagt: schlicht und einfach möglich gemacht. Ob frühmorgens, spät in der Nacht, an Wochenenden oder an Feiertagen – Sigmund war immer der gute Geist im Hintergrund, der alles richtig einfädelte.

Obwohl ich die meisten Funkkontakte mit meinem Ersatzmann im ZUP, dem Schweden Christer Fuglesang, durchführte, gab es hin und wieder die Möglichkeit, mit Sigmund direkt zu sprechen. Dies erfolgte dann oft an den Wochenenden oder Feiertagen, manches Mal sogar auf einem separaten Funkkanal. In diesen wenigen Fällen konnten wir nach Übermittlung aller technischen, wissenschaftlichen und organisatorischen Informationen sogar in deutscher Sprache ein wenig plaudern, und ich hatte Gelegenheit, ihm ein paar Eindrücke von der Arbeit und dem Leben an Bord sowie von der schönen Perspektive, die sich aus dem Erdorbit bietet, zu schildern. Da das Leben und die Arbeit dort oben nicht gerade ein Spaziergang sind, war es immer ein freudiges Ereignis, mit ihm zu sprechen. Obwohl er all dies bereits einmal selbst erlebt hatte, war es doch schon viele Jahre her. Ich war immer fest davon überzeugt, daß Sigmund diesen Schilderungen nicht nur einfach zuhörte, sondern all das, was sich an Bord abspielte, mit(er)lebte.

Nach Abschluß der Mission EUROMIR '95 schloß sich für mich im Sternenstädtchen noch eine weiterführende Ausbildung an. Der Druck, wie er vor der Mission auf allen gelastet hatte, war weitgehend vorbei. Für Sigmund ging die Arbeit allerdings in unveränderter Intensität weiter. Er betreute nun in gewohnter, hochengagierter Weise, mit Herz und Seele, die deutsch-russische Mission MIR '97 mit den deutschen Astronauten Dr. Reinhold Ewald und Dr. Hans Schlegel. Während einiger Spaziergänge durch die Wälder um das Sternenstädtchen herum, auf die mich Sigmund mitnahm, haben wir uns über viele Dinge unterhalten, die garantiert mit der Raumfahrt nicht das geringste zu tun hatten. Oder wir haben einfach nur geschwiegen und die Natur genossen.

Die vier Jahre im Sternenstädtchen sind für meine Familie und mich im wahrsten Sinne des Wortes wie im Fluge vergangen. Mein Sohn hat im Kindergarten im Handumdrehen die russische Sprache gelernt. Wir wurden im russischen Kosmonautenausbildungszentrum herzlich aufgenommen, und dieser Ort wurde zu einer zweiten Heimat. Wir haben dort viele Freunde gefunden und das Leben mit all seinen Facetten genossen. Der Abschied ging uns allen unter die Haut – meiner Frau, meinem Sohn und mir. Und es war auch ein Abschied – wenn auch nicht für immer – von einem ganz besonderen Freund, der immer für uns da war, mit dem wir viel erlebt und dem wir viel zu verdanken haben.

Die Tatsache, daß ich mich – wie eingangs erwähnt – nicht sofort daran erinnern konnte, wann und wo Sigmund und ich uns das erste Mal getroffen haben, liegt wohl darin begründet, daß es Menschen gibt, mit denen man sich sehr schnell versteht, deren Wesen einem sehr vertraut und angenehm erscheint, die die Dinge des Lebens in ähnlicher Weise wie man selbst betrachten, kurz gesagt, mit denen man einfach auf einer Wellenlänge liegt, und die einem deshalb bereits nach kurzer Zeit wie alte Freunde vorkommen.

Von dem, was Sigmund als erster deutscher Kosmonaut und was er insgesamt für die bemannte Raumfahrt in Deutschland, Europa und Rußland geleistet hat, habe ich große Hochachtung. Viel größere Hochachtung habe ich allerdings vor seiner Einstellung, daß es eigentlich eine Selbstverständlichkeit ist, welche Aufgabe auch immer mit vollem Engagement zu bewältigen. Und diese Einstellung, die mir auch von meinem alten Herren, meinem Vater, sehr vertraut ist, lebt Sigmund in hervorragender Weise vor.

Jeder, der das Glück hat, unsere Erde einmal aus dieser ungewöhnlichen Perspektive zu betrachten und viele Male in jeweils nur 90 Minuten zu umrunden, kommt ins Schwärmen und Philosophieren. Der wunderschöne Anblick zieht einen in seinen Bann, und man fragt sich, warum es die Menschen manchmal so schwer haben, miteinander zurechtzukommen. Man fragt sich, wie die Welt wohl wäre, wenn es nur gute Menschen gäbe, tolerant, umsichtig, mit großem Herzen und großer Seele. In diesem Zusammenhang bin ich von zwei Dingen fest überzeugt: Es gibt leider noch nicht genug von diesen Menschen – aber einen mehr habe ich in diesen vier Jahren kennengelernt: Sigmund Jähn.

Oberstleutnant Thomas Reiter, Jahrgang 1958, Forschungskosmonaut der 179tägigen Mission EUROMIR '95, Mitglied des ESA-Astronautenteams

Frühe Jahre

1937 bis 1955

Jung sein heißt Flügel haben,
aber Flügel hat man, um zum Ziel
zu fliegen und dabei alle Kräfte
auszubilden, Geist und Liebe und
Leistung und Sinn für die
Schönheit des Lebens.
Arnold Zweig

ALLE NENNEN IHN »SIG«

Obwohl ich Sigmund Jähn seit 20 Jahren kenne, wurde mir das Besondere seines Wesens erst vollends klar, als ich ihn in seiner vogtländischen Heimat besuchte, dem Bergland zwischen Saale, Elster und Zwickauer Mulde mit tiefen steilwandigen Tälern. Hier kennt er jeden Winkel und weiß Geschichten darüber zu erzählen. Hierher kommt er, wann immer er kann; hierher lädt er seine Freunde ein; hierher möchte er im Alter für ständig zurückkehren. Mit einer Leichtfüßigkeit, die ich dem kräftigen Mann gar nicht zugetraut hätte, bewegte er sich über den unebenen Boden und machte es mir schwer, ihm zu folgen. Fröhlich zeigte er mir den Punkt, von dem aus sich der schönste Blick ins Pyratal bietet, eine Stelle, wo das Wild wechselt, und die Plätze, wo die besten Waldbeeren wachsen. Sonst sehr zurückhaltend, wirkte er hier völlig gelöst und erinnerte an einen mit der Natur eins gewordenen Waldschrat, den der Volksglaube für einen neckenden und helfenden Geist hält. Begegneten uns Menschen, was sehr selten geschah, so sprach er sie freundlich mit Familien- und Vornamen an, wie es hier üblich ist. Und sie antworteten dem »Jähn Sigmund«, den alle hier einfach »Sig« nennen – so wie es auch die Freunde tun, die der bescheidene Kosmonaut überall auf der Erde gewann. Für mich als Berliner war es allerdings nicht immer einfach, dem Gespräch in der gutturalen Mundart zu folgen.

Einmal zeigte er mir einen Brief, den ihm eine etwas exaltierte naturbegeisterte Verehrerin geschrieben hatte: »Sigmund erlebte immerfort die schöne Landschaft in Einsamkeit. So bei der fortwährenden Einholung des Grünfutters. Die ganze Jugend über hatte er ungestört Mutter Grün in den Urborn des Seins hineinlauschen dürfen ...« Sein gutmütiger Kommentar dazu: »Sicher hat mich die natürlich Umwelt meiner Heimat mit geprägt. Ich bin in einer waldreichen Gegend aufgewachsen und empfand frühzeitig Liebe zur Natur. Als Kinder sind wir gern in den Wald gezogen, haben unser Zelt aufgestellt, beobachteten die Tiere und waren glücklich. Doch entscheidend geprägt haben mich vor allem Menschen, die als Vorbilder wirkten – meine Eltern, Freunde und Persönlichkeiten, bei denen Wort und Tat übereinstimmten.«

Der erste Deutsche im All ist ein »Sonnabendskind«. Er wurde am 13. Februar 1937 in dem schönen Flecken Rautenkranz geboren und auf die Namen Sigmund Werner Paul Jähn getauft. Was sich seine Eltern Paul und Dora, die damals beide im 23. Lebensjahr standen, bei der Namensgebung dachten, weiß der Teufel. Vielleicht spielte der Schlager ihrer Jugendzeit eine Rolle: »Was kann der Siegesmund dafür, daß er so schön ist ...«; vielleicht aber wünschten sie ihrem Jungen einfach nur, daß er sein Leben siegreich meistern werde. Wohl kaum dachten sie an die diversen deutschen, österreichischen und polnischen Fürsten, Könige und Kaiser Siegmund, Siegesmund und Zygmunt, die ihre Namen von den althochdeutschen Wörtern sigu und munt, Sieg und Schutz, herleiteten. Auch Sigmund Freud, der Vater der Psychoanalyse, wird kaum Pate gestanden haben. Er starb anderthalb Jahre nach Sigs Geburt, von den Nazis als Jude aus Wien vertrieben, im Londoner Asyl.

Der zweite Vorname Werner, der sich Wehrende, war für mehrere Jahrgänge von Jungen in der ersten Hälfte des zwanzigsten Jahrhunderts in Deutschland modern. Paul schließlich hieß nicht nur der Vater, sondern steht auch für »der Kleine«. Jedenfalls sind an einem 13. Februar auch folgende Persönlichkeiten der Geschichte geboren: der russische Fabeldichter Iwan Krylow, der »Hauptmann von Köpenick« Wilhelm Voigt, der belgische Kriminalschriftsteller Georges Simenon, Vater von »Kommissar Maigret«, und die deutsche Widerstandskämpferin Erika von Brockdorf, allerdings in den Jahren 1769, 1849, 1902 und 1910. Richard Wagner starb am 13. Februar des Jahres 1883 in Venedig, und Erich Kästner dichtete über den Monat Februar:

»Nordwind bläst. Und Südwind weht.

Und es schneit. Und taut. Und schneit.

Und indes die Zeit vergeht,

bleibt ja auch nur eins: die Zeit.«

Die Familie Jähn gehört im Vogtland, gelegen im Vierländereck Sachsen, Thüringen, Bayern und Böhmen, das eine wechselvolle Geschichte hat, zu den Alteingesessenen. Das erwies sich erst wieder, als Sigs Tochter Grit nach Beendigung ihres Medizinstudiums 1990 aus der Sowjetunion heimkehrte. Die neuen Behörden verlangten, daß sie ihr »Deutschtum« nachweisen sollte. Zum Glück fanden sich die Heiratsurkunde ihres Ururgroßvaters, ausgestellt in Tannenbergstal. Sigs Großvater väterlicherseits arbeitete dort bei er Eisenbahn, der mütterlicherseits war Handwerker in Hammerbrücke. Sigs Vater Paul, ein 1904 geborener Sägewerksarbeiter, hatte in der Zeit des Ersten Weltkrieges und der Inflation eine schwere Jugend. Der geradlinige und rechtschaffene Mann, der die politische Wende nicht mehr verkraftete, starb fast sechsundachtzigjährig im Jahr des Beitritts der Deutschen Demokratischen Republik zur Bundesrepublik Deutschland. Sigs Mutter Dora, desselben Jahrgangs wie ihr Mann, war Näherin und stammte aus einer kinderreichen Familie, in der die Frauen durch Stickerei zum Lebensunterhalt beitrugen. Sie starb siebenundsiebzigjährig, drei Jahre nach dem Weltraumflug ihres einzigen Sohnes. Die Jähns, die mit drei anderen Arbeiterfamilien in einem Haus wohnten, dessen Eigentümer in Auerbach lebte, beschränkten sich angesichts der unruhigen Zeiten und der ungewissen Zukunft wohl bewußt auf ein Kind.

DER ABC-SCHÜTZE UND DER SA-MANN

Sigmund Jähn wurde im fünften Jahr des »Tausendjährigen Reiches« geboren. Der Zweite Weltkrieg warf bereits seine Schatten voraus: Die deutsche Luftwaffe vernichtete am 26. April 1937 die unbefestigte spanische Stadt Guernica; mit dem Zwischenfall an der »Marco-Polo-Brücke« nahe Peking begann die Großoffensive der japanischen Armee zur Unterwerfung Chinas; in Deutschland verkündete Hitler vor der Generalität seine Pläne für einen Raubkrieg, und Himmler ließ das Konzentrationslager Buchenwald errichten. Bertolt Brecht schrieb im selben Jahr:

»Wenn es zum Marschieren kommt,
Wissen viele nicht,
Daß ihr Feind an ihrer Spitze marschiert.
Die Stimme, die sie kommandiert,
Ist die Stimme ihres Feindes.
Der da vom Feind spricht,
Ist selber der Feind.«

Während der sowjetische Pilot Waleri Tschkalow als erster nonstop von Moskau über den Nordpol nach Amerika flog und sein

Landsmann Iwan Papanin die erste driftende Station »Nordpol 1« errichtete, verkündete Stalin die falsche und folgenschwere These, daß sich der Klassenkampf im Lande in dem Maße verschärfe, wie es zum Sozialismus voranschreite. In Peenemünde lief der Bau der Heeresversuchsanstalt auf vollen Touren, in der unter Leitung von Wernher von Braun jene Raketen entstanden, die Himmel und Hölle gleichermaßen verkörperten. Das Aggregat A 4, dessen Erststart am 3. Oktober 1942 erfolgte, war die erste große Flüssigkeitsrakete, die auf dem Gipfelpunkt ihrer ballistischen Bahn kurzzeitig den Weltraum erreichte. Nach dem Zweiten Weltkrieg bildete sie für die beiden Siegermächte USA und UdSSR die Grundlage für die Entwicklung eigener Trägersysteme für die Raumfahrt. Als »Vergeltungswaffe« V 2 kostete sie 33.000 Menschen das Leben. 20.000 ausländische und deutsche KZ-Häftlinge, Kriegsgefangene und Zwangsarbeiter in den unterirdischen Fabrikstollen des Kohnsteins nahe Nordhausen verreckten elendiglich bei der Sklavenarbeit; 13.000 Bürger von London, Brüssel, Antwerpen, Lüttich und anderen europäischen Städten, darunter Frauen und Kinder, fanden bei den Terrorangriffen durch diese Teufelswaffe den Tod. Doch von den meisten Ereignissen dieser Jahre wußte im abgelegenen Vogtland kaum jemand etwas, obwohl der Ettersberg bei Weimar nur einhundert Kilometer nordwestlich von Morgenröthe-Rautenkranz entfernt liegt und in Rautenkranz Teile für die V 2 produziert wurden.

Vor dem Kaninchenstall

»Mein frühestes Kindheitserlebnis, an das ich mich erinnern kann, geht bis in das Vorschulalter zurück. Es muß zu Ostern gewesen sein, denn ich suchte gemeinsam mit anderen Kindern nach versteckten, bunt bemalten Eiern. Verwandte hatten mich zeitweilig aufgenommen, weil meine Mutter erkrankt war. Ganz deutlich habe ich auch meinen ersten Schultag im Jahre 1943 vor Augen. Die älteren Kinder führten ein Märchen auf, und ich glaube, wir sangen gemeinsam das Volkslied ›Schwamm-Marsch‹ von Gottfried Lattermann, das jeder Vogtländer kennt:

Kimmt der Sonntag frie, und es Wetter is aah schie,
do haaßt's stieh frie auf, denn in die Schwamme wölln mer gieh.
Steck de Schwammtuchla ei, bind de Brutfiezen nei,
un derweile muß der Kaffee fartig sei.
Denn de Schwamme, Schwamme, Schwamme die sei gut,
waar viele Schwamme ißt, daar spart es teire Brut.
Schwamme, Schwamme aß ich garn fürsch ganze Lahm,
un es ka kaa bessersch Zugemüs net gahm:
schwimm, schwamm!

Doch schon bald lernte ich den Ernst des Lebens kennen, in Gestalt eines Nazilehrers, der mich verprügelte. Ich war noch ABC-Schütze und weiß nicht mehr genau, warum das geschah. Vielleicht hatte ich meine Hausaufgaben vergessen oder irgend etwas falsch gemacht. Jedenfalls schlug mich dieser SA-Mann so, daß mir das Blut aus der Nase schoß und mein Schulheft danach voller roter Flecke war. Dann zerrte er mich zur weiteren Abschreckung für die anderen auf eine der hinteren Bänke. Natürlich hatte ich Angst vor der Brutalität des Stärkeren, doch ich glaube, daß der Zorn über die Ungerechtigkeit noch größer war. Deshalb erzählte ich meinem Vater von dem Vorfall, und dieser stellte den Lehrer noch am selben Tag zur Rede. Als ich am nächsten Tag zur Schule kam, fragte mich der Mann mit dem ›Bonbon‹, wie wir das Parteiabzeichen mit dem Hakenkreuz nannten, höhnisch: ›Na, dir gefällt es wohl nicht in der Schule?‹ Ich schwieg, aber er schlug mich nicht mehr. Die ersten beiden Schuljahre, die letzten des Krieges, blieben mir jedoch in unguter Erinnerung. Viele meiner Klassenkameraden machten mit der Hand und dem Rohrstock des Nazilehrers Bekanntschaft.«

ROOSEVELT TOT, HITLER KAPUTT ...

Als der Arbeiterjunge Sigmund Jähn in der Volksschule von Rautenkranz seine ersten Erlebnisse hatte, da war durch den Sieg der Roten Armee in Stalingrad an der Wolga und durch die Brechung der Blockade von Leningrad an der Newa die Wende des Zweiten Weltkrieges bereits herbeigeführt worden. Während Goebbels im Berliner Sportpalast den »Totalen Krieg« verkündete, konstituierte sich in Krasnogorsk bei Moskau das Nationalkomitee »Freies Deutschland«, wählte den Dichter Erich Weinert zum Präsidenten und beschloß das Programm für eine kommende Deutsche Demokratische Republik.

Gern besuchte Sig als Kind seinen Vater im Sägewerk und marschierte von Rautenkranz nach Wilzschmühle vier Kilometer allein durch den Wald. Besonders hatte es ihm die stampfende Dampfmaschine angetan, die mit Holzabfällen geheizt wurde und über Transmissionsriemen die Sägegatter, Pendelsägen und Holzfräsen antrieb: »Diese Maschine war für mich der Inbegriff des Geheimnisvollen, und unser Nachbar Kurt Anger, der sie bediente und sogar reparieren konnte, der Größte überhaupt. Erst nach dem Krieg erfuhr ich, daß er, inzwischen Volkspolizist in unserem Dorf, einem russischen Kriegsgefangenen das Leben gerettet hatte. Eines Tages war die Dampfmaschine ausgefallen, und Kirill, einem der Männer, die hier Zwangsarbeit leisten mußten, sollte das als Sabotage angehängt werden. Für den Russen hätte das den sicheren Tod bedeutet. Nur durch das unerschrockene Handeln von Kurt, der dem Sägewerksbesitzer das durch minderwertiges Öl zerstörte Lager auf den Schreibtisch packte und ihm erklärte,

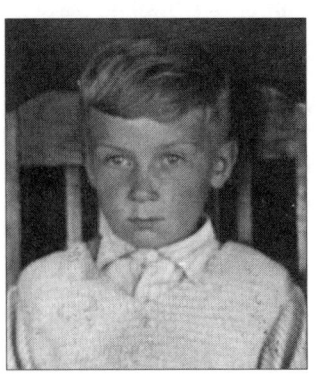

er könne von nun an seine Maschine selbst bedienen, gelang es, den Verdacht von Kirill abzuwenden.«

Seit seiner Schulzeit verbindet Sigmund Jähn eine tiefe und feste Freundschaft mit Lothar Quäck, die bis heute besteht. Beide waren Einzelkinder und schlossen sich wie Brüder zusammen. In der Schule und im Dorf galten sie als

Sig im Sommer 1940

Unzertrennliche, die alles gemeinsam machten. Obwohl die beiden sehr verschiedene Wege gingen – Lothar lebt heute als selbständiger Handwerker in Auerbach –, hielt diese Beziehung länger als ein halbes Jahrhundert: »Wir sehen uns zwar nur selten, doch rufen wir uns manchmal gegenseitig an. Wenn wir wieder einmal zusammensitzen, dann gibt es viel zu erzählen. Auch über Abenteuer, von denen kein anderer etwas erfährt.«

Der achte Geburtstag Sigs fiel auf einen Dienstag. An diesem 13. Februar 1945 sank knapp einhundertfünfzig Kilometer nordöstlich von Rautenkranz Dresden in Schutt und Asche: »Wir sahen den Widerschein des Infernos am Himmel.« Einhunderttausend Tote waren das Resultat dieser militärisch sinnlosen und barbarischen Aktion. Nicht einmal einhundert Tage später wehte über dem Reichstag und dem Brandenburger Tor in Berlin die Rote Fahne.

»Jagd- und Schlachtflieger beschossen die Lokomotiven und Waggons, die auf unserem Bahnhof standen. Die von der Sowjetarmee geschlagenen deutschen Truppen zogen nach Westen flüchtend durch unseren Ort. Von Osten kamen Flüchtlingstrecks, die von der Nazipropaganda ins Ungewisse getrieben wurden. Manche der Soldaten verteilten an uns Kinder ein bißchen von dem, was sie noch besaßen, und wir holten uns alles, was weggeworfen herumlag – Zeltplanen, Schlafdecken, Riemenzeug, Feldspaten – alles, was wir brauchen konnten. So standen wir, mein Freund und ich, eines Morgens am Wäldchen vor unserem Haus, als plötzlich dieser Nazilehrer vor uns auftauchte. Noch vor kurzem hatte er uns eingebleut, daß ›Heil Hitler!‹ Pflicht sei. Wir sahen uns an und waren nicht ganz sicher, was wir tun sollten, doch dann schmetterten wir ihm seinen ›Deutschen Gruß‹ entgegen, was ihm sichtlich peinlich war. Ich hatte als Achtjähriger natürlich keine klaren Vorstellungen von Krieg und Faschismus, fühlte nur, daß nun etwa Neues kommen müsse ...«

Auch an die Gespräche zwischen den deutschen Arbeitern und den russischen Kriegsgefangenen im Sägewerk während dieser wechselvollen Tage kann sich Sig erinnern, insbesondere als bekannt wurde, daß der amerikanische Präsident Franklin Delano Roosevelt am 12. April 1945 plötzlich verstorben war. Einer der Russen meinte: »Roosevelt tot. Nun Hitler und Stalin kaputt, dann alles gut!« Hitler beging drei Wochen später in seinem Berliner Bunker Selbstmord; Stalin herrschte noch acht Jahre.

»Ich muß gestehen, daß ich von meinen Erinnerungen an diese Zeit vor mehr als einem halben Jahrhundert nicht so einfach loskomme. Ganz im Gegensatz zu meinen Enkeln, für die die heutige Bundesrepublik Deutschland das Land ihrer Väter ist – und Rußland wieder Rußland –, gibt es in meinem Gedächtnis noch Bilder vom Ausgang des Krieges, als in meinem Heimatort im Vogtland deutsche Arbeiter und russische Kriegsgefangene eine nicht perspektivreiche Art deutsch-russischer Beziehungen zu pflegen gezwungen waren. Als Kinder standen wir wenig später mit eigenartigen Gefühlen an den Wehrmachtsautos, die sich vor der heranrückenden Roten Armee nach Westen absetzten, und erlebten voller Angst, wie deutsche Soldaten die kleine Muldenbrücke in die Luft sprengten. Aber bevor diese Armee mit einem Trupp mongolischer Panjepferde eintraf, bezog ein amerikanischer Panzer für ein paar Wochen Stellung in unserem Ort. Was wußten wir von Vereinbarungen der Alliierten über die künftige Zerstückelung Deutschlands? Die Schwester meiner Mutter beweinte ihren achtzehnjährigen Sohn, der noch 1945 an der Oder siegen sollte. Die Geschichte der beiden Deutschlands ging den von den Siegern vorgezeichneten Weg.«

Die Amis mußten wieder abziehen, weil das Vogtland laut Abkommen von Jalta zur Sowjetischen Besatzungszone Deutschlands (SBZ) gehörte. Mit ihnen flutete auch ein großer Teil des Flüchtlingsstroms von Deutschen aus dem Osten nach Westen. »In diesem sogenannten Jahr Null, das es natürlich nicht gab, erhielt ich auch mein erstes Flugzeug. In der Jugendherberge von Rautenkranz waren nämlich Kinder aus Ostpreußen untergebracht, von denen mir eines ein Modellflugzeug schenkte. Natürlich freute ich mich darüber wie jeder Junge. Aber ob das Auswirkungen auf meine spätere Begeisterung für die Fliegerei hatte, ist schwer zu sagen.«

DIE VÖGTE UND DER RAUTENKRANZ

Sigmund Jähns Geburtsort Morgenröthe-Rautenkranz, eine Tausend-Seelen-Gemeinde im östlichen Waldgebiet des Vogtlandes, trägt denselben Namen wie das alte sächsische Wappen, das aus fünf Querstreifen und einem Schrägbalken besteht, der oben mit Rautenblättern besetzt ist. Die Herkunft des mittelhochdeutschen Wortes rute ist unbekannt, bedeutet aber in der Heraldik die geometrische Figur eines auf der Spitze stehenden Rhombus', eines Parallelogramms mit vier gleichlangen Seiten. In der Botanik wird mit dem lateinischen ruta die Familie zweikeimblättriger Rautengewächse – Bäume, Sträucher und Kräuter – bezeichnet. Mit Rautenkranz war ursprünglich ein einfacher Laubkranz gemeint, wie er als Kopfschmuck im Mittelalter getragen wurde.

Das Vogtland, zu dem Rautenkranz – harmonisch gelegen in den Tälern der Zwickauer Mulde und der Großen Pyra – gehört, erstreckt sich zwischen Frankenwald im Westen, Fichtelgebirge im Süden und Erzgebirge im Südosten und reicht bis ins bayrische Oberfranken und mit dem Ascherländchen bis in die Tschechei hinein. Nach Norden hin senkt sich die Hochfläche terrassenförmig von rund 800 auf 350 Meter über dem Meeresspiegel ab. Das bergige Land zwischen Plauen und Greiz, das von Saale, Weißer Elster und deren Nebenflüssen in tiefe, steilwandige Täler zerschnitten wird, ist als Vogtländische Schweiz mit klaren Bächen, blühenden Wiesen und dunklen Mooren bekannt. Auf mäßig fruchtbaren Böden werden Gerste, Roggen und Kartoffeln angebaut; in höheren Lagen herrscht Grünlandwirtschaft vor. Die Industrie entstand aus Holzverarbeitung und Hausweberei und führte später zur Herstellung von Musikinstrumenten und zur Textilindustrie. Als Erholungsgebiete sind die Kurorte Bad Brambach und Bad Elster vielbesucht.

Das Vogtland wurde seit dem sechsten Jahrhundert von den Sorben besiedelt, wobei das von der Offenlandschaft um Plauen, Oelsnitz und Schleiz im Nordosten sowie von Hof nach Süden und Osten erfolgte. Zur Stauferzeit beherrschten Reichsvögte den umfangreichen reichsunmittelbaren Besitz, der weit über das heutige Vogtland hinausreichte. 1244 gelang es den Vögten von Weida, sich eine übermächtige Stellung zu sichern. Für ihren Herrschaftsbereich wurde die Bezeichnung Vogtland – lateinisch terra advocatum – üblich. Doch die Vögte verkauften Hof und das Regnitzland an die Burggrafen von Nürnberg und verloren, durch Erbteilung geschwächt, den größten Teil ihrer Herrschaft an Kursachsen. Dieses eignete sich nach Pfandnahme den größten Teil des Landes endgültig an und gliederte es 1602 als Vogtländischen Kreis in das Königreich Sachsen ein.

Durch die Teilung Sachsens von 1815 kam der Neustädter Kreis zu Preußen, welches den größten Teil desselben Weimar überließ.

Das Vogtland gehörte zu den ärmsten Gegenden des deutschen Kaiserreiches und der Weimarer Republik, verfügte jedoch über revolutionäre Traditionen. So kam es hier 1920 ebenso wie in Mitteldeutschland, im Berliner Raum und in Mecklenburg zu bewaffneten Kämpfen der Arbeiter gegen reaktionäre Militärverbände. Zu Zeiten der DDR südlichster Zipfel des Staates, gehörte das Vogtland später hauptsächlich zum künstlich geschaffenen Bezirk Karl-Marx-Stadt, wenn auch einige Gebiete den Bezirken Gera und Leipzig zufielen.

Rautenkranz – Luftbildaufnahme, die Klaus-Dietrich Flade 1992 mit zur MIR nahm, von allen Besatzungsmitgliedern signieren ließ und mit einem Bordstempel versehen für Sigmund Jähn als Geschenk zurückbrachte.

Bürgermeister Konrad Stahl ist nicht nur Leiter des Männerchors, sondern auch Vorsitzender des eingetragenen Vereins »Deutsche Raumfahrtausstellung Morgenröthe-Rautenkranz«. Mit originalen Exponaten und interessanten Modellen gibt sie einen historischen Überblick von Hermann Oberths Kegeldüse bis zu Thomas Reiters Weltraumspaziergang. Vor dem Gebäude steht die MiG-21, die Sigmund Jähn einst flog; im Innern ist sein Raumanzug zu bewundern. Ein Jahr nach dem Raumflug von Sigmund Jähn wurde in seiner Heimatgemeinde eine »Ständige Ausstellung Erster gemeinsamer Kosmosflug UdSSR-DDR« eingerichtet. Diese vornehmlich politisch-propagandistisch gestaltete Exposition stand im Zuge der Wende 1990 kurz vor ihrer Auflösung. Dem Gemeinderat und dem Engagement verschiedener Persönlichkeiten der deutschen Raumfahrt ist es zu verdanken, daß die drohende Schließung der Ausstellung abgewendet werden konnte. Vielmehr entstand die Idee, diese einmalige Schau auf alle deutschen Raumfahrtaktivitäten auszuweiten und neu zu gestalten. Dies auch vor dem Hintergrund, daß der Astronaut der Bundesrepublik Deutschland, Dr. Ulf Merbold, ebenfalls aus dem Vogtland stammt.

Dank der Unterstützung durch das heutige Deutsche Zentrum für Luft- und Raumfahrt, insbesondere durch Hans-Ulrich Steimle, und die Landesstelle für Museumswesen im neuen Freistaat Sachsen konnte die Ausstellung neukonzipiert und gestaltet werden. Es entstand eine in der Bundesrepublik einmalige Exposition mit dem Schwerpunkt »Nutzen der Raumfahrt und Weltraumforschung für die Menschheit«. Am 24. April 1992 wurde unter der Schirmherrschaft der Gemeinde der Verein »Deutsche Raumfahrtausstellung Morgenröthe-Rautenkranz e.V.« gegründet, der sich für eine vielfältige Öffentlichkeitsarbeit einsetzt: pädagogische Veranstaltungen, fachliche Vorträge, auswärtige Exkursionen, spezielle Ausstellungen, diverse Publikationen und nationale und internationale Kontakte. Bürgermeister Stahl stellte freundlicherweise die von dem Heimatforscher Karl-Heinz Paul erarbeitete Ortschronik zur Verfügung.

GLOCKE FÜR LAMBARENE

Danach erfolgte die erste urkundliche Erwähnung von Morgenröthe als Bergbaustandort in dem Privileg für den »Hammer- und Bergrat, auch Berghauptmann der Erzgebirge, Georg Pflugk der Ältere auf Posterstein« aus dem Jahre 1618. Spuren deuten jedoch darauf hin, daß in dieser Gegend schon viel früher Bergzinn aus dem Gestein und Seifenzinn aus dem Geröll der Flußläufe gewonnen wurde.

Der aus einer böhmischen Exilantenfamilie stammende Hans Hutschenreuther in Eibenstock, Eigentümer des dortigen Zinnbergwerks, bemühte sich um die Errichtung eines Hammerwerks zur Weißblechherstellung in Morgenröthe. Am 15. Juli 1652 – das Datum gilt als Ortsgründung – erhielt er vom sächsischen Kurfürsten das Privileg zur »Beförderung der Disciplin an diesem orthe«, das die Rechte zu bauen, zu backen, zu brauen, zu schlachten, zu schenken sowie die Erbgerichtsbarkeit einschloß.

Am 30. Januar 1680 wurde die gleiche kurfürstliche Gnade, ein Hammerwerk einschließlich eines Waffenhammers in Rautenkranz zu errichten, einem Elias Steiniger zuteil. Da sich jedoch in unmittelbarer Nähe Eisensteingruben nur in geringem Maße erschließen ließen, mußten die benötigten Erze teilweise aus 20 bis 30 Kilometern Entfernung mit Pferdefuhrwerken herangekarrt werden. Dafür waren jährlich bis zu eintausend Fuder nötig.

1797 erwarb der Leipziger Handelsherr Gabriel Immanuel Lattermann das Werk in Morgenröthe, und 1819 auch das in Rautenkranz. Ursprünglich wurden hier Roh-, Stab- und Zinneisen sowie Bleche, vor allem Weißbleche produziert. Der 1822 neu aufgebaute Hochofen galt als einer der größten und modernsten seiner Zeit in Sachsen. Er ist noch erhalten und wurde als technisches Denkmal restauriert. Hier entstand 1831 das mehrzylindrige »Schwarzenberger Gebläse«, das heute in der Grube »Alte Elisabeth« in Freiberg unter Denkmalschutz steht.

Mitte des 19. Jahrhunderts erfolgte die Umwandlung des Eisenhammerwerks in einen modernen Gießereibetrieb mit Maschinenbau, in dem auch Kupolöfen für das Umschmelzen des Roheisens für den Grauguß arbeiteten. Die Produktionspalette reichte von einfachen Ofenplatten bis zu Kirchenglocken und Maschinen. 1927 entstand hier die größte Glocke mit einem Gewicht von achteinhalb Tonnen für den Dom von Riga, und ein Jahr darauf wurde für das Rathaus von Zeulenroda die »Themis-Statue« der Tochter des Uranos und ersten Gemahlin des Zeus, die als Personifikation von Recht und Ordnung gilt, gegossen. Beides waren Meisterleistungen der damaligen Zeit. Die wohl berühmteste Glocke erklingt noch heute im Urwalddorf Lambarene – ein Geschenk der vogtländischen Gießer an den großen Humanisten und Arzt Albert Schweitzer.

Der Bergbau spielte in der Gegend eine untergeordnete Rolle, da ergiebige Eisenerzgänge nicht erschürft werden konnten. Ebenso kam der Zinnbergbau Ende des 19. Jahrhunderts zum Erliegen. Obwohl die Familie Lattermann die Erzeugung und Weiterverarbeitung von Eisenerz fortführte, mußte auch ihre Fabrik

1928 Konkurs anmelden. Danach pachtete sie das Unternehmen und betrieb das Pressenwerk in Morgenröthe weiter. Den Betriebsteil Rautenkranz hatte während des Zweiten Weltkrieges die Firma O. Brunner erworben und dort eine Schnittwerkzeug- und Metallwarenfabrik eingerichtet. 1945 wurden beide Unternehmen enteignet und in Volkseigentum überführt. Nach dem Zusammenlegen der Betriebsteile entstand der VEB Schleifmaschinenwerk »7. Oktober«. Einem großen Brand von 1968 fiel jedoch der Gießereibetrieb in Morgenröthe zum Opfer, und die Produktion dort wurde eingestellt.

Seit altersher war in der Gegend neben der Waldwirtschaft die Köhlerei zur Herstellung von Holzkohle für die Hammerwerke zu Hause. Auch Pech für verschiedene Verwendungszwecke wurde aus Holzteer gewonnen. Zur Zeit der Schneeschmelze, wenn die Bäche genügend Wasser führten, gab es sogar Flößerei. An der Forstschule von Morgenröthe werden bis heute Forstwirte für das gesamte Land Sachsen ausgebildet.

Bis vor einhundertfünfzig Jahren existierten in diesem Waldgebiet keine selbständigen Gemeinden. Doch 1839 kam es auf Initiative des Justizamtes Voigtsberg zur »Rautenkranzer-Morgenröther Vereinsgemeinschaft«, der sechs Ortsteile angehörten – Heßmühle, Hüttenschachen, Morgenröthe, Rautenkranz, Sachsengrund und die Zeughäuser – mit einem eigenen Gemeindevorstand. Heute sind es Morgenröthe, Muldenhammer, Rautenkranz und Sachsengrund. Das zwischen 610 und 972 Meter über Normalhöhe liegende Morgenröthe-Rautenkranz jedenfalls ist ein staatlich anerkannter Erholungsort im Naturschutzgebiet Erzgebirge/Vogtland, mit dem ältesten Fichtenbestand Sachsens und einem als technischem Denkmal erhaltenen frühen Hochofen.

LEHRER, DIE WIE BRÜDER WAREN

»Ich war acht Jahre alt, als der Zweite Weltkrieg zu Ende ging, und habe in den schweren Jahren danach am eigenen Leib erfahren, was Hunger ist. Damals kam ich in die dritte Klasse. Die Nazis flogen aus dem Schuldienst. Vorübergehend unterrichtete uns sogar eine von Soundso, eine Adlige, die auf dem Treck nach Westen für einige Wochen in Rautenkranz hängengeblieben war. Doch dann kamen die ersten Neulehrer, meist Junglehrer, die unsere älteren Brüder hätten sein können. Das waren ganz andere Menschen, Freunde, die uns mit Hingabe unterrichteten und selbst in dieser achtklassigen Pantinenschule etwas Vernünftiges beibrachten. Einer von ihnen, Karl Wolf, der seit seinem dritten Schuljahr unser Biologielehrer war, lud mich zu sich nach Hause ein und lieh mir Bücher, die mich interessierten. Wenn ich sie gelesen hatte, unterhielt er sich mit mir darüber.

Unser Geschichtslehrer Erhard Böhm übte einen großen Einfluß auf uns aus. Er kam 1948, im hundertsten Jahr nach der Revolution von 1848, aus sowjetischer Kriegsgefangenschaft zurück und erzählte uns von seinen Erlebnissen. ›Was hatten wir jungen Deutschen an der Wolga zu suchen, in einem anderen Land, das wir nicht kannten und dessen Menschen uns nichts getan hatten?‹ fragte er und antwortete gleich selbst: ›Die Führer und Verführer Deutschlands mit ihrer Gier nach Rohstoffen trieben die meisten von uns in den Tod. Ich gehöre zu den wenigen, die nicht umgekommen sind, sondern umerzogen wurden. Die Russen sind einfache Leute wie wir. Obwohl wir ihre Dörfer und Städte zerstörten und sie Abermillionen Menschen durch uns verloren, hegen sie keine Feindschaft.‹ Vor diesem Mann, der davon lebt, daß andere ihn brauchen, hatten wir hohe Achtung. Zu meiner großen Freude gehörte Erhard Böhm zu der Delegation aus der Heimat, die mich nach meinem Raumflug im Sternenstädtchen empfing. Wehe mir, wenn ich im Dorf bin und ihn nicht besuche!«

Wie alle Jungen seiner Zeit las auch Sig die abenteuerlichen Reiseerzählungen von Karl May, der aus einer erzgebirgischen Weberfamilie stammte und seine ersten schriftstellerischen Versuche mit Dorfgeschichten unternahm. Mays Eintreten für unterdrückte Völker, besonders die Indianer, kommen bis heute der jugendlichen Sehnsucht nach Freiheit und großem Leben entgegen. Die in der Ich-Form erzählenden Haupthelden wie Old Shatterhand und Kara Ben Nemsi animieren ebenso wie die Lichtgestalt eines Winnetou, sich mit ihnen zu identifizieren. »Ich glaube, es war in der siebenten oder achten Klasse, ich war also dreizehn oder vierzehn Jahre alt. Der Klassenlehrer forderte uns auf, Vorträge über Bücher zu halten, die uns gefielen. Ich entschied mich für ›Den Schatz im Silbersee‹ von Karl May, der damals zwar nicht gerade hoch im Kurs stand, aber seine Bücher waren nun einmal da. Meine Themenwahl wurde gestattet. Soweit ich mich erinnern kann, las ich vor, was ich spannend fand. Fähigkeiten, einen Stoff zu analysieren, hatte ich noch nicht. Der anwesende

Schulleiter, der Karl May nicht gerade liebte, beurteilte dennoch meinen Vortrag differenziert. Er wies mir nach, daß es in den Büchern viele interessante und diskussionswürdige Passagen gibt. Indem er den Autor kritisch wertete, kritisierte er auch indirekt meinen Vortrag. Das stimmte mich nachdenklich und half mir, gründlicher zu lesen.« Diese Erfahrung wirkte sich schon beim Lesen der Bücher von Hans Dominik aus, eines Ingenieurs und Journalisten aus Zwickau, der sowohl Sachbücher als auch Romane über Atomkraft und Weltraumfahrt schrieb. Sie faszinierten durch die Vermischung exakter technischer Kenntnisse mit geheimnisvollen Kräften, wie zum Beispiel der Unsichtbarkeit. Von den Nazis wurde er wegen seiner nationalistischen Kriegsromane gefördert.

»Eines Tages kam unser Lehrer Karl Wolf in die Klasse und sagte: ›Hört mal alle zu. In Berlin ist eine neue Organisation für Kinder gegründet worden.‹ Er erläuterte uns die Ziele und Aufgaben der ›Jungen Pioniere‹, und wir wurden alle Mitglieder. Ich glaube, das muß so gegen Ende 1948, Anfang 1949 gewesen sein.« Unmittelbar nach Kriegsende entstanden Kindergruppen der antifaschistischen Jugendausschüsse, die nach Gründung der Freien Deutschen Jugend von dieser betreut wurden. Im Sommer 1946 fand im ostthüringischen Gera an der Weißen Elster das erste Zeltlager für diese Kindergruppen statt, das den Namen »Freundschaft« trug. Ein Jahr später erlebten bereits 100.000 Kinder ihre Ferien in solchen Lagern der FDJ. Am 1. Mai 1947 erschien die erste Kinderzeitung unter dem Namen »Unsere Zeitung«, und am 15. Mai desselben Jahres tagte der erste Kongreß der Kindervereinigung Thüringens unter dem Motto »Keiner zu klein, Helfer zu sein!«

»Ich kann mich noch genau an die erste Altstoffsammlung unserer Pionierfreundschaft erinnern. Da wir sehr viel zusammenbrachten, wurden wir mit einer Fahrt nach Glauchau ausgezeichnet, bei der wir in einer Turnhalle übernachteten. Es stand auf der Kippe, ob ich mitfahren konnte oder nicht. Mir war nämlich ein Malheur passiert: Da es damals wenig zu essen gab, wurden Teile des Waldes gerodet, parzelliert und auf diesen ›Feldern‹ Kartoffeln angebaut. Weil Mist zum Düngen fehlte, machten wir aus Ästen und Nadeln Streu. Ich wollte helfen, und beim Holzhacken geschah das Mißgeschick – ich hackte mir in den Finger. Der Arzt war dagegen, daß ich die Fahrt mitmachte, doch mein

33

Lehrer trat für mich ein. Schließlich gab der Doktor nach, aber nur unter der Bedingung, daß ich dort weiterbehandelt werde. Die Freunde von der FDJ in Glauchau organisierten das, und so wurde ich jeden zweiten Tag verarztet. Mich hat es damals sehr beeindruckt, daß die ›alten Genossen‹, die ja nur einige Jahre älter waren, sich meiner so annahmen und mir zu dem gemeinsamen Erlebnis verhalfen.«

Zwölf Jahre war Sigmund Jähn alt, als am 7. Oktober 1949 die Deutsche Demokratische Republik gegründet wurde. Er ging in die siebente Klasse. »Mir ist der 11. Oktober, an dem Wilhelm Pieck zum ersten Präsidenten gewählt wurde, noch gut in Erinnerung. Unser Lehrer brachte sein Radio mit in die Klasse – ich glaube, es war noch ein ›Goebbelsschnauze‹ genannter ›Volksempfänger‹. Er stellte ihn auf sein Katheder, schloß ihn an und sagte: ›Zum ersten Mal in der Geschichte entstand auf deutschem Boden ein Arbeiter-und-Bauern-Staat. Hört euch nun an, was sein erster Präsident zu sagen hat.‹ Natürlich war uns die historische Tragweite dieses Geschehens mit all seinen Folgen nicht klar. Aber unser Lehrer, der aus dem Konzentrationslager kam, hatte uns gut darauf vorbereitet. Er erzählte uns, wie es verhindert wurde, den Volksentscheid über die Enteignung der Nazi- und Kriegsverbrecher in Hessen und das Gesetz über die Enteignung der Kohleindustrie in Nordrhein-Westfalen zu verwirklichen.«

FÖRSTER ODER LOKFÜHRER?

Die Lehrer der Acht-Klassen-Schule in Morgenröthe-Rautenkranz wollten den aufgeweckten Arbeiterjungen auf die Oberschule delegieren. »Doch ich war noch zu unselbständig. Allein, als einziger aus dem Dorf, wollte ich nicht gehen, obwohl es damals schon ein Internat gab. Mein Vater meinte: ›Du mußt wissen, was du willst. Vielleicht ist es auch besser, wenn du erst einen ordentlichen Beruf lernst.‹ Dann ging er mit mir zum Kreisschulrat in Auerbach und erklärte diesem, warum ich nicht zur Oberschule wollte. Aus der Unterhaltung zwischen den beiden bekam ich mit, daß es dem Pädagogen darum ging, vor allem Arbeiter- und Bauernkinder auf die höheren Schulen zu bringen. Am gleichen Tag waren wir noch in einer Buchhandlung, wo mein Vater erzählte, was geschehen war. Ich höre noch den Ladenbesitzer sagen: ›Na so was, ein Bekannter von mir, dessen Sohn auf die Oberschule

ABSCHLUẞZEUGNIS

J ä h n, Siegmund

Geboren am 15.2.1937 in Rautenkranz (Vogtl.)

Sohn/Tochter des/der Arbeiters (Beruf)

Paul J ä h n (Vor- und Zuname)

hat die Grundschule von 1944 bis 1951 besucht

Die Entlassung erfolgte nach Erfüllung der gesetzlichen Grundschulpflicht

am 8. Juli 1951 aus Klasse IV

der 8klassigen Schule in Rautenkranz (Vogtl.)

Er/Sie hat an der Abschlußprüfung in der Zeit vom 18. bis 26. 6. 19 51

teilgenommen und sie mit der Note sehr gut bestanden

D ** 74 Abschlußzeugnis für Grundschulen

Ag 113/5/5764 39 54

1. Allgemeine Beurteilung *)	Gute Veranlagung und überdurchschnittlicher Fleiß führten ihn zu ausgezeichneten Leistungen, wodurch er sich zuweilen zu Unbesonnenheiten hinreißen ließ.

2. Leistungen:

Deutsch, mündlich	1	Chemie	—
Deutsch, schriftlich	1	Rechnen	2
Geschichte Gegenwartskunde	1	Arithmetik Algebra	
Erdkunde	1	Geometrie	
Russisch	1	Musik	2
Englisch	—	Handarbeit	—
Französisch	—	Körperliche Erziehung	2
Latein	—	Werkunterricht	—
Biologie	1	Nadelwerk	—
Physik	1	Zeichnen	1

3. Bemerkungen:

Rautenkranz, den 8. Juli 19 51

Schulleiter: Klassenlehrer:

*) Betragen und Fleiß, Mitarbeit im Unterricht, außerschulische Betätigung

35

will, den lassen sie nicht, weil der Vater kein Arbeiter ist.‹ Diese komplizierte Problematik habe ich erst viel später verstanden.«

Zu jener Zeit öffnete die demokratische Schulreform erstmals in der Geschichte Deutschlands den Kindern der kleinen Leute weit die Tore zu den Oberschulen und Hochschulen. Allerdings war das mit dogmatischen Einschränkungen für andere Schichten der Bevölkerung, wie selbständige Handwerker und Akademiker, verbunden. Von 1946 bis 1953 erhöhte sich in der Sowjetischen Besatzungszone Deutschlands und in der Deutschen Demokratischen Republik die Zahl der Oberschulen von 327 auf 618 und die Anzahl ihrer Schüler von rund 75.000 auf 124.000. Mehr als zwanzig Prozent der Grundschüler – gegenüber fünf Prozent in der Weimarer Republik – gingen nun auf höhere Schulen über. Der Anteil der Arbeiter- und Bauernkinder stieg in der gleichen Zeit von 19 auf 47 Prozent. Sigmund Jähn ging jedoch seinen Weg zu den Hochschulen des Lebens über eine Lehre als Buchdrucker.

»Zuerst wollte ich Förster werden, kein Wunder, bin ich doch inmitten von Wäldern aufgewachsen. Doch da es mit diesem Traumberuf, wie man heute sagt, nichts wurde, wäre ich gern zur Eisenbahn gegangen, als Lokführer, wie sich das wohl jeder Junge einmal gewünscht hat. Vater fuhr mit mir auch nach Aue zur Reichsbahndirektion, doch dort brauchten sie damals nur Mädchen, um ihre Quote zu erfüllen. Da meinte Vater: ›Werde doch Schriftsetzer oder Buchdrucker, das ist doch ein guter Beruf!‹ Vielleicht war das insgeheim sein Jugendtraum!? Ich jedenfalls hatte recht wenige Vorstellungen davon, gab es doch bei uns im Dorf keine Buchdruckerei, und bis zur nächsten Stadt waren es zwölf Kilometer. Ich ließ mich aber überzeugen, und heute bin ich der Meinung, daß es gar nicht

Buchdruckerlehrling 1951

schlecht ist, wenn die Eltern auch die Berufswahl ihrer Kinder ein bißchen in die Hände nehmen. Nachdem ich mit der ›Schwarzen Kunst‹ ein wenig vertrauter wurde, gefiel mir meine Lehre sehr gut. Ich habe ordentlich ausgelernt und bin stolz darauf, ein Buchdrucker zu sein.«

Auf seinem ersten Motorrad, einer RT aus Zschopau

Als Sigmund Jähn seine Lehre in der Volkseigenen Buchdruckerei Falkenstein begann, schrieb man das Jahr 1951. Der Kalte Krieg steuerte einem neuen Tiefpunkt entgegen. In den Vereinigten Staaten von Amerika wurden Ethel und Julius Rosenberg wegen Atomspionage für die Sowjetunion zum Tode verurteilt. In der Bundesrepublik Deutschland sicherte das Gesetz zur Ausführung des Artikels 131 des Grundgesetzes ehemaligen Berufssoldaten und Nazibeamten das Recht auf Wiedereinstellung und Pension. Das Verbot der Freien Deutschen Jugend im Westen Deutschlands bildete den Auftakt zur Verfolgung nicht konformer Organisationen und Persönlichkeiten. In der Deutschen Demokratischen Republik wiederum begann mit dem ersten Fünfjahrplan der Versuch einer sozialistischen Umgestaltung der Wirtschaft, der letztlich mißlang.

Im August dieses heißen Sommers war die Hauptstadt der jungen Republik, Ostberlin, Schauplatz der 3. Weltfestspiele der Jugend und Studenten, zu der Hunderttausende von Menschen

37

aus ganz Deutschland und von allen Erdteilen zusammenströmten. »Wir Vierzehnjährigen waren die jüngsten Mitglieder des Jugendverbandes, die in Güterwagen nach Berlin fuhren. Ich erinnere mich noch an die interessanten Diskussionen der Älteren mit Jugendlichen aus der Bundesrepublik und aus Westberlin, die leidenschaftlich geführt wurden. Mein politisches Wissen war damals noch recht oberflächlich und reichte nicht aus, um mitzuhalten. Das hat mich angeregt, meine Kenntnisse zu vertiefen.

Damals war ich auch das erste Mal in Schönefeld. Ich weiß nicht mehr genau, wie das kam. Jedenfalls hatte ich irgendwo gehört, daß es dort einen Flugplatz gibt und Maschinen zu sehen sind. Also setzte ich mich heimlich in die Stadtbahn, fuhr raus und sah mir die Flugzeuge an. Wenn ich auch nicht nahe herankam, so faszinierten mich die silbernen Vögel doch. Selbst zu fliegen, davon träumte ich nicht einmal. Die Republik war erst zwei Jahre alt.«

Zu dieser Zeit war die zweimotorige Iljuschin IL-14 – heute ein Oldtimer des Luftverkehrs – das modernste sowjetische Mittelstreckenflugzeug. In großer Stückzahl kam damals auch der Anderthalbdecker Antonow An-2, das Mehrzweckflugzeug »Anna«, in der Zivilluftfahrt zum Einsatz. Erst 1955 wurde die Luftverkehrsgesellschaft »Deutsche Lufthansa der DDR«, die spätere INTERFLUG, gegründet, die drei Jahre später den Flugplatz Berlin-Schönefeld von den sowjetischen Luftstreitkräften übernahm.

MUTTERS FRÜHSTÜCKSBROTE

»Die Lehre war etwas beschwerlich für mich. Ich wohnte in Rautenkranz, die Ausbildung aber fand in den Betriebsteilen Klingenthal, Falkenstein und Auerbach statt. Wenn ich zur Berufsschule nach Plauen fuhr, mußte ich frühmorgens den ersten Zug nehmen. An diesen Tagen war Mutter schon um drei Uhr auf den Beinen, hatte den Ofen geheizt und das Frühstück auf den Tisch gebracht. Ihre Schicht als Waldarbeiterin begann erst einige Stunden später. Wie selbstverständlich nahm ich das hin, und daß sie noch auf war, wenn ich abends später als erwartet nach Hause kam, empfand ich manchmal eher als störend. Spätestens als Mutter alt und krank wurde, war ich an der Reihe. Es bedrückt mich bis heute, daß ich ihr auch nicht den Bruchteil an Fürsorge zurückgegeben habe. Aber ich mache mir nichts vor. Selbst wenn ich zu dieser Zeit nicht im Sternenstädtchen gewesen wäre, hätte ich meine Mutter nicht unmittelbar betreuen können. Deshalb bin ich den Schwestern und Ärzten des Pflegeheims Markneukirchen für ihren liebevollen und fachkundigen Beistand, den sie meiner

Vater Paul und Sohn Sigmund

Die Mutter am Wegesrand

Mutter zukommen ließen, ebenso dankbar wie den hilfsbereiten Menschen in ihrer Nähe, die sich zuvor um sie kümmerten. Vater und Mutter sind auch in meiner Abwesenheit nie allein gewesen.«

Während der Lehre wirkte Sig in seiner Freizeit aktiv in der FDJ-Gruppe seines Heimatortes mit – schleppte Filmkassetten, organisierte Tanzveranstaltungen und ging auf Landagitation. Im Jahre 1954, als er seine Lehre beendete, begann aus dem ersten Kernkraftwerk der Welt in Obninsk bei Moskau Atomstrom nach Kaluga zu fließen, jener Stadt, in der einst Konstantin Eduardowitsch Ziolkowski, der russische »Vater der Raumfahrt« als Mathematiklehrer wirkte. Sowjetische Forschungsraketen stiegen mit Meßinstrumenten und Versuchstieren bis auf Gipfelhöhen von mehr als 500 Kilometern.

»Nachdem ich ausgelernt hatte, verdiente ich 380 Mark brutto. Das war nicht sehr viel. Ein bißchen habe ich die Norm übererfüllt und vielleicht 50 Mark mehr bekommen, aber nicht durch verbesserte Arbeitsorganisation, sondern durch jugendliches Tempo. Der richtige Weg war das natürlich nicht. Die alten Hasen machten mir das auch nachdrücklich klar.«

Damals kam der ehemalige Klassenlehrer zu Sigmund Jähn und sagte: »Wir brauchen dich. Du bist Arbeiter und hast ausgelernt. Komm zu uns und mach eine Weile Pionierleiter. Danach kannst du Lehrer werden.« Rückblickend erinnert sich der Angesprochene: »Ich dachte mir: Deinen Facharbeiterbrief hast du in der Tasche. Willst du nun schon aufhören, dich woanders zu versuchen? Eigentlich könnte doch ruhig etwas Neues passieren. Mit Siebzehn will man ja noch was erleben! Ich stimmte zu und wurde Pionierleiter an der Zentralschule in Hammerbrücke. Das war eine interessante und schöne Arbeit, die mein Verhältnis zu Kindern und das Verständnis für sie stark förderte.«

Gefragt nach seinem Liebesleben, blieb der Kosmonaut zunächst wortkarg, erzählte dann aber doch:

»Meine Frau Erika lernte ich als junger Soldat von achtzehn Jahren in Bautzen kennen. Wir waren damals beide nicht sonderlich verwöhnt und hatten nur wenig Zeit füreinander, denn Ausgang gab es selten. Um mit unseren Mädels zusammen zu sein, haben wir schon mal schwarzen, das heißt unerlaubten Urlaub gemacht. Einmal wurde mein Fehlen in der Kaserne entdeckt. Gemeinsam mit drei Mittätern erhielt ich drei Tage Arrest, den wir in Dresden absitzen mußten. Das hat mich allerdings nicht gehindert, auf der Rückfahrt zur Truppe noch einmal einen illegalen Abstecher zu Erika zu unternehmen. Ich glaube, die große Liebe bewährt sich in gegenseitiger Achtung, Verständnis und Unterstützung. Der Volksmund nennt das treffend ›gemeinsam durch dick und dünn gehen‹. Kommt im reifen Alter dann noch die gemeinsame Freude an den Kindern und Enkeln hinzu, dann können beide zufrieden sein.«

Ansonsten ist auch dem Fliegenden Vogtländer nicht unbekannt, was über die erste große Liebe gesagt wird: Die du haben willst, die wollen dich nicht, und die dich haben wollen, die willst du nicht. Wollen sich aber beide, dann kommen sie oft nicht zusammen oder gehen wieder auseinander. Weil das weh tut, spricht man nicht gern darüber, zumal wenn die Betroffenen noch leben.

Im Jahre 1954 ging es auch auf der politischen Weltbühne hoch her. Im vietnamesischen Dien Bien Phu erlitten die Hauptstreitkräfte der französischen Kolonialmacht die entscheidende militärische Niederlage. An der Seine wurden jene Verträge abgeschlossen, die auch die Wiederaufrüstung der Bundesrepublik Deutschland sanktionierten. Im Jahr darauf ratifizierte der Bundestag in Bonn diese »Pariser Verträge« und beschleunigte damit die Remilitarisierung. Der nächste Schritt war die Aufnahme der BRD in die NATO. Die Prinzipien der Vereinten Nationen ließen jedoch Militärpakte nur auf regionaler Ebene zu. Da die Mitgliedstaaten auf verschiedenen Kontinenten lagen, wurde die künstliche Konstruktion des »Atlantischen Bündnisses« gewählt, die angesichts der südosteuropäischen Länder doppelt fragwürdig ist, von heute ganz zu schweigen, wo sogar eine Osterweiterung bis an die weißrussische und ukrainische Grenze erfolgte. Da sich die NATO als Verteidigungsbündnis verstanden wissen wollte, das jedem offenstand, beantragte die Sowjetunion ihre Aufnahme, was aber abgelehnt wurde.

Daraufhin unterzeichnete die DDR gemeinsam mit anderen sozialistischen Staaten Osteuropas den Warschauer Vertrag über Freundschaft, Zusammenarbeit und gegenseitigen Beistand. Die Absurdität dieser Situation bestand darin, daß jeder der beiden Blöcke, insbesondere ihre Führungsmächte, davon ausgingen, die andere Seite wolle sie angreifen. Dabei lautete die Logik des atomaren Gleichgewichts: Wer zuerst schießt, stirbt als zweiter. In dieser Situation rief die Freie Deutsche Jugend ihre Mitglieder auf, zum »Schutz der sozialistischen Errungenschaften« in die Reihen der bewaffneten Organe einzutreten. Das war damals die Kasernierte Volkspolizei, kurz KVP genannt. »Wir waren unserer drei im Kreis Klingenthal. Nachdem wir den Aufruf gelesen hatten, unterhielten wir uns darüber und kamen zu dem Schluß, nicht zu warten, bis man zu uns kommt. Also zogen wir gemeinsam zum Kreiskommando und erklärten: Hier sind wir, wir sind bereit, drei Jahre unseren Ehrendienst zu leisten. Aber wir wollten zusammenbleiben. Initiator dieser Aktion war der älteste und politisch erfahrenste von uns dreien. Die Genossen dort hat das natürlich nicht schlecht beeindruckt.«

Über den Wolken

1956 bis 1976

Ich kenne nur einen Vogel,
der plappert, den Papagei;
aber der kann nicht fliegen!
Orville Wright

KLINISCHER TOD

»Nachdem wir uns freiwillig gemeldet hatten, mußten wir drei Musketiere exerzieren. Nach acht Wochen, als die Grundausbildung beendet war, stellte sich für uns die Frage, wie lange wir denn nun bleiben werden – drei Jahre, wie wir uns das vorgenommen hatten? In der Aussprache darüber schlug mir unser Bataillonskommandeur vor: ›Sie sind doch Buchdrucker, Genosse Jähn. Ich habe hier eine Anforderung. Wir brauchen dringend Leute für unsere Druckerei.‹ Den Militärverlag gab es damals noch nicht. Doch ich entgegnete: ›Buchdrucker bin ich schon, deshalb würde ich gern etwas Neues lernen. Wir haben gehört, daß auch Flugzeugführer ausgebildet werden. Dort möchte ich gern hin.‹ Unser Kommandeur stutzte einen Moment, doch dann meinte er: ›Wenn Sie das wirklich so reizt, wollen wir mal sehen, was sich machen läßt. Zuerst jedoch müssen Sie sich einer Reihe medizinischer Untersuchungen unterziehen.‹«

Dem Verständnis seines Kommandeurs hatte es der Soldat Sigmund Jähn zu verdanken, daß er zu den Voruntersuchungen zugelassen wurde. Doch fast wäre seine Karriere als Fliegerkosmonaut schon gescheitert, bevor sie überhaupt angefangen hatte. Damals geschah nämlich folgendes: »Einer meiner Freunde schied gleich am Anfang aus, weil er bei der Prüfung der Sehschärfe einige der größeren Buchstaben auf der Schautafel nicht erkennen konnte. Dann kam ich an die Reihe und bestand alle Tests bei den verschiedenen Fachärzten zu ihrer vollsten Zufriedenheit. Doch nachdem im Labor mein Blutbild gemacht worden war, sagte man mir plötzlich: ›Sie haben zu viele Leukozythen, weiße Blutkörperchen, eigentlich brauchen Sie gar nicht weiterzumachen.‹ Dennoch kam es zum Abschlußgespräch. Der Chef der Flugmedizinischen Kommission schaute sich die einzelnen Untersuchungen genau an. Auf einmal rief er laut: ›Was soll denn das? Sie können doch nicht achtzig Prozent Leukozythen haben! Mann, da müßten Sie ja schon längst tot sein!‹ Er schickte mich noch einmal ins

Labor, und dort stellte sich heraus, daß sich eine medizinisch-technische Assistentin bei der Auszählung der weißen Blutkörperchen geirrt hatte. Vielleicht war sie dabei gestört worden oder litt ganz einfach unter Liebeskummer. Jedenfalls war das zweite Blutbild in Ordnung, und ich konnte Flieger werden. Danke Doktor! Übrigens wäre ein solcher Irrtum heute nicht mehr möglich.«

1956 wurde Sigmund Jähn Mitglied der SED – zehn Jahre nach dem Vereinigungsparteitag von KPD und SPD in Berlin. Einer seiner Bürgen war Kurt Anger, der Nachbar und Volkspolizist aus Rautenkranz, der dem russischen Zwangsarbeiter Kirill das Leben gerettet hatte. Im gleichen Jahr fand in Moskau der XX. Parteitag der KPdSU statt, in dessen Mittelpunkt die Überwindung des Personenkults um Stalin und seiner Folgen sowie die Möglichkeit der Erhaltung des Weltfriedens durch Koexistenz stand. In Dubna, unweit der sowjetischen Metropole, entstand das Vereinigte Institut für Kernforschung der Länder des RGW. Auf der Strecke Moskau-Irkutsk nahm das erste strahlgetriebene Verkehrsflugzeug der Sowjetunion, die Tupolew Tu-104, den Linienverkehr auf. In einer speziell ausgerüsteten Maschine dieses Typs übte Sigmund Jähn zwei Jahrzehnte später bei Parabelflügen die Arbeit in der Schwerelosigkeit.

Im selben Jahr wurde in den Vereinigten Staaten der Fünfsternegeneral Eisenhower zum Präsidenten wiedergewählt, und auf Kuba landete Fidel Castros revolutionärer Trupp mit der legendären Yacht »Granma«. In der Bundesrepublik wurde die KPD verboten, jene deutsche Partei, die die meisten Opfer im Kampf gegen den Faschismus gebracht hatte. Der Bundestag führte die allgemeine Wehrpflicht ein, und Franz Joseph Strauß wurde als neuer Bundesverteidigungsminister Herr der Hardthöhe, von der westdeutschen Friedensbewegung das »Pentabonn« in »Bonnhur« genannt. In Ostberlin nahm die Volkskammer das Gesetz über die Gründung der Nationalen Volksarmee und zur Bildung des Ministeriums für Nationale Verteidigung an. Wenig später beschloß die Tagung des politisch beratenden Ausschusses der Teilnehmerstaaten des Warschauer Vertrages in Prag die Einbeziehung der NVA der DDR in die Vereinigten Streitkräfte.

Sigmund Jähn hat im wahrsten Sinne des Wortes von der Pike auf gedient, war Soldat mit Karabiner, Jagdflieger und Fluglehrer, Flugsicherheitsinspektor und General der Luftstreitkräfte. Er flog fast alle Maschinen, die im Truppendienst der Luftstreitkräf-

te standen: vom tuckernden Schulflugzeug Jakowlew Jak-18 bis
zum Doppelschalljäger MiG-21 von Mikojan und Gurjewitsch.
Als einer der ersten stieg er von Kolbenflugzeugen auf Strahlmaschinen um und mußte dabei auch sehr komplizierte Situationen
am Boden und in der Luft meistern. Während seiner fast 25jähri-
gen Dienstzeit hielt er die höchste Leistungsklasse als Jagdflieger
und seine Lizenz für die Tag- und Nachtausbildung unter allen
Wetterbedingungen. In dieser langen Zeit entwickelte sich sein
recht persönliches Verhältnis zur Technik.

»Es gibt Leute, die sind der Meinung, die Technik müsse ohne
unser Zutun funktionieren, sonst tauge sie nichts. Ich habe selbst
mal einen Fall erlebt, wo ein Flugzeugführer beim Rollen zum
Start die Kurve nicht richtig kriegte und im Wald landete. Die
Beschädigungen waren unwesentlich, aber das erste, was der Mann
als Entschuldigung vorbrachte, war: ›Scheiß Technik!‹ Dabei hatte er durch unsachgemäßes und gefühlloses Verhalten das Versa-

gen der Bremsen selbst hervorgerufen. Ich bin der Meinung, wenn du die Technik beherrschst, achtest und pflegst, dann läßt sie dich auch nicht im Stich. Als ich von der MiG-17 auf die MiG-21 umgeschult wurde, war das ein qualitativer Sprung. Natürlich mußtest du die MiG-17 auch mit ›Sie‹ ansprechen, aber sie verzieh dir dennoch, wenn du mal etwas grob mit ihr umgegangen bist. Mit der MiG-21 hingegen war das ganz anders. Da brauchte man noch mehr Fingerspitzengefühl und wußte genau, daß sie nicht den geringsten Fehler verzieh. Bei solchen technisch hochentwickelten Flugzeugen gehen Mensch und Maschine eine Symbiose ein. Tritt bei einem von beiden auch nur das geringste Versagen auf, dann ist das gesamte System gefährdet. Das verstanden auch die Angehörigen des ingenieurtechnischen Personals, auf die sich der Flugzeugführer in erster Linie verließ. Mit der Meldung ›Maschine einsatzbereit!‹ übernahmen sie eine hohe Verantwortung.«

ANGST HAT JEDER

Sigmund Jähn ist heute vielfacher Millionär, kommen doch auf sein persönliches Konto neben Hunderten Flugstunden auf Strahlflugzeugen, die mit mehr als der doppelten Schallgeschwindigkeit in der Stratosphäre fliegen, jene fünf Millionen Flugkilometer, die er mit mehr als 28facher Schallgeschwindigkeit im Weltraum zurücklegte. Dabei umrundete er die Erde 125mal in 350 Kilometern, eine Flughöhe, die etwa der Entfernung zwischen Anklam und Rautenkranz entspricht, und eine Flugstrecke, die mehr als sechsmal der Route Erde-Mond-Erde gleichkommt. Der erfahrene Pilot sieht das Problem des Risikos und der Angst so: »Natürlich hat jeder Mensch irgendwann und irgendwie in seinem Leben einmal vor irgend etwas Angst. Ich fürchtete mich, wie alle Kinder, nachts über den Friedhof oder spät abends durch den Wald zu gehen. Doch dann habe ich es einfach mal getan und gemerkt, daß es dort gar nichts Furchterregendes gibt, im Gegenteil, daß der Wald zu dieser Zeit sogar sehr anheimelnd ist. Die eigene Angst überwindend, habe ich ein Gefühl echter Befriedigung empfunden. Auch später ging es mir ähnlich. Wir hatten einmal einen Flugzeugführer, der nicht gern nachts und bei ungünstigen Sichtbedingungen flog – ihm traten schon vor dem Start Schweißperlen auf die Stirn, Anzeichen von Angst, die er bald überwand. Andere hingegen empfinden gerade in komplizierten Situationen ein Gefühl der eigenen Bestätigung. Wenn ich bei einem solchen Flug allein in meiner Maschine saß, und der Morgen durch die Wolken schimmerte, dann war da nichts von Angst, im Gegenteil, ich spürte das Gefühl der Sicherheit und der Befriedigung. Gerade ein Jagdflieger, der allein kämpft, darf keine Angst haben, sonst ist das ganze Waffensystem wertlos. Wer als Flugzeugführer in die Kabine steigt und dabei sinniert, es könnte dieses oder jenes passieren, der denkt mehr an sich als an seine Aufgabe und ist für diesen Beruf nicht geeignet.«

Die Starts der ersten sowjetischen SPUTNIKS (Reisebegleiter) und der ihnen folgenden amerikanischen Satelliten der Typen EXPLORER (Erforscher), VANGUARD (Vorhut) und PIONEER (Wegbereiter) erlebte Sigmund Jähn als Offiziersschüler der Fliegerschule der NVA in Kamenz, die später den Namen »Franz Mehring« erhielt. Am 23. Dezember 1958 bekam er sein Patent als Unterleutnant und Flugzeugführer. Fünf Tage zuvor hatte die US Air Force ihren siebenten künstlichen Erdsatelliten auf eine Umlaufbahn gebracht. Von ihm wurde die auf einem Tonband aufgezeichnete Weihnachtsansprache des US-Präsidenten Dwight D. Eisenhower übertragen. »Als junge Flieger – ich war gerade zwanzig Jahre alt – verfolgten wir diese historischen Ereignisse natürlich mit besonders großer Aufmerksamkeit. Allerdings rechnete keiner von uns damit, daß schon dreieinhalb Jahre später der erste Mensch in den Kosmos fliegen würde. Wir verstanden durchaus, daß der Wettlauf in den Weltraum in den Kalten Krieg der beiden Weltsysteme integriert war, betrachteten ihn aber eher unter sportlichen Gesichtspunkten. Daß es in diesem erbittert geführten Kampf von beiden Seiten in erster Linie um politisches Prestige und militärische Macht, um All-Macht ging, wurde mir erst später vollkommen klar.«

Drei Monate nach dem Start von SPUTNIK 1, am 2. Januar 1958, heirateten Erika Hänsel, gelernte Schlosserin und Technische Zeichnerin aus Dresden, und Sigmund Jähn, Buchdrucker und Jagdflieger aus Rautenkranz, in Klingenthal, der vogtländischen Stadt des Wintersports und des Musikinstrumentenbaus. »Das war der erste Arbeitstag eines neuen Jahres. Wir hatten uns auf einer Veranstaltung der Jugendorganisation in Bautzen kennengelernt. Sie gehörte zu den Mädels vom Kraftfahrzeugwerk Robur, ich war einer der Soldaten, die gerade ihre Grundausbildung abschlossen. Nun sind wir schon vierzig Jahre zusammen.«

Erika und Sigmund

Wie alle seine Kameraden verfolgte auch Sig alle Neuigkeiten aus der Raumfahrt, die sie völlig zu Recht als ein legitimes Kind der Luftfahrt verstanden. 1961 begann am 12. April mit Juri Gagarins einmaliger Erdumrundung in WOSTOK 1 (Osten) das Zeitalter der bemannten Raumfahrt; am 6. August folgte German Titow in WOSTOK 2 mit einem eintägigen Flug. Als er Berlin überflog, ertönten im Ostteil der Stadt zwei Minuten lang die Sirenen der Betriebe, die Schiffsglocken und Signalpfeifen der Weißen Flotte, und die Taxifahrer veranstalteten ein Hupkonzert. Wie Professor Wassili Mischin, Chefkonstrukteur der sowjetischen Kosmostechnik, 1990 enthüllte, hatte Nikita Chruschtschow persönlich den Starttermin für Titow auf den 6. August festgelegt. Offensichtlich wollte der Kremlchef mit diesem damals sensationellen Raumflug, der an einem Tag 17mal um die Erde führte, vom Mauerbau in Berlin am 13. August ablenken und Walter Ulbricht Schützenhilfe geben. Dieser jedenfalls empfing Anfang September, während es auf der Leipziger Herbstmesse Boykottaktionen gegen die Mauer gab, den sympathischen Kosmonauten und seine schöne Gattin Tamara. Er bereitete ihnen, die sich auf ihrer ersten Auslandsreise befanden, einen wahren Triumphzug, der sie auch in die Messestadt führte. »Ich erinnere mich oft an den in mancher Hinsicht heißen Frühling und Sommer des

Das Hochzeitspaar mit seinen Eltern

Jahres 1961. Nach den fünf Flügen der unbemannten Raumschiffe des Typs KORABL (Schiff), die mit Tieren und Puppen an Bord die Erde einmal und einen ganzen Tag lang umkreisten, rechneten wir mit dem ersten bemannten Raumflug. Besonders stolz waren wir, daß zwei Fliegermajore die ersten beiden Raumschiffe vom Typ WOSTOK kommandierten – Jagdflieger wie wir. Aber nicht einmal im Traum hätten wir daran gedacht, daß einer von uns ihren Spuren folgen würde. Leider habe ich Juri Gagarin nicht persönlich kennengelernt, aber seine Freunde wurden später meine Lehrer. Mit German Titow, dem dienstältesten aller Raumfahrer der Welt, verbindet mich bis heute eine herzliche Freundschaft.«

BEI DEN GAGARINS

Nach fast einem Jahrzehnt Dienst als Jagdflieger schlugen Sigmund Jähns Vorgesetzte ihm vor, eine Militärakademie zu besuchen. Grundsätzlich gab es dafür zwei Möglichkeiten: die Militärakademie »Friedrich Engels« in Dresden oder die Militärakademie der sowjetischen Luftstreitkräfte »Juri Gagarin« in Monino bei Moskau. »Sicher wäre an der Elbe manches einfacher gewesen, eine Wohnung in der Umgebung hätte sich finden und die Familie mitnehmen lassen. In der Metropole an der Moskwa, die bereits zu dieser Zeit sieben Millionen Einwohner zählte, war das viel komplizierter, auch wegen des Alters unserer Kinder – Marina war acht Jahre alt und Grit noch ein Baby. Erfahrene Genossen, mit denen ich sprach, rieten mir: Geh zu den Freunden, dort lernst du aus erster Hand das Neueste auf deinem Gebiet. Ich ging also vier Jahre nach Monino – allein, ohne Familie.«

Stolzer Vater mit Tochter Marina

Als Sigmund Jähn sein Studium aufnahm, formierte sich in Bonn die Große Koalition mit Kurt Georg Kiesinger als Bundeskanzler und Willy Brandt als Vizekanzler und Außenminister. Paris zog sich aus der Militärorganisation der NATO zurück, und in Hanoi wurde eine Ständige Vertretung der Nationalen Front für die Befreiung Südvietnams errichtet. Im selben Jahr führte die

Familienausflug

sowjetische Mondsonde LUNA 9 die erste weiche Landung auf der Mondoberfläche aus, und LUNA 10 schwenkte als erster von Menschenhand geschaffener Flugkörper in eine Satellitenbahn um unseren natürlichen Trabanten ein – ein Mond des Mondes.

Im ersten Studienjahr von Sigmund Jähn forderte die noch junge bemannte Raumfahrt ihre ersten Opfer. Der 27. Januar 1967 wurde für die Amerikaner zum Schwarzen Freitag von Kap Kennedy – so hieß damals noch Cape Canaveral. Dort verbrannten die drei Astronauten Virgil Grissom, Edward White und Roger Chaffee während eines simulierten Starts des Mondraumschiffes APOLLO 1 bei lebendigem Leibe. Ein Kurzschluß löste in der mit reinem Sauerstoff gefüllten Kommandokabine an der Spitze der Trägerrakete Saturn 1 B auf der Rampe einen Feuersturm aus. Nur drei Monate später, am 24. April, fand der Kosmonaut Wladimir

Komarow während der Erprobung des neuen Raumschiffes SOJUS 1 den Tod. Weil das Fallschirmsystem versagte und sich der Hitzeschild nicht ablösen ließ, stürzte die Landekapsel im freien Fall zur Erde und bohre sich tief in den Boden. Elf Jahre später flog Sigmund Jähn mit dem inzwischen verbesserten und bewährten Raumschifftyp. SOJUS 31 brachte ihn zur Orbitalstation SALUT 7, und SOJUS 29 sicher wieder zur Erde zurück.

An der traditionsreichen Ausbildungsstätte der sowjetischen Militärflieger eignete sich Sigmund Jähn in vier Jahren umfangreiche Kenntnisse an, von denen ihm viele als Kosmonaut zugute kamen. An der Akademie war er Kommandeur einer Lehrgruppe, zu der auch sein späteres Double Eberhard Köllner gehörte. »Wenn ich heute auf die Jahre meines ersten Studiums in Monino zurückblicke, dann kann ich ohne Übertreibung sagen, daß sie zu den entscheidenden meines Lebens gehören. Bei den ›Gagarins‹ lernte ich nicht nur das damals Neueste aus der militärischen Wissenschaft und Technik kennen, sondern, was viel wichtiger ist, die Menschen dieses Vielvölkerstsaates zu verstehen – ihr Fühlen und ihr Denken, ihren Stolz und ihren Kummer, all das, was wir nur unzureichend mit Mentalität bezeichnen.

Unter unseren Lehrern und Instrukteuren fanden wir Freunde, die uns mit Rat und Tat zur Seite standen. Viele von ihnen hatten als junge Offiziere an allen Fronten des Großen Vaterländischen Krieges – wie sie ihn nannten – gekämpft. Darunter Jagdflieger, die gegnerische Flugzeuge abschossen und selbst verwundet worden waren. Obwohl die meisten von ihnen Angehörige oder ihre ganze Familie im Krieg verloren hatten, nahmen sie uns wie selbstverständlich und herzlich auf.«

Insgesamt arbeitete Sigmund Jähn fünfzehn Jahre in der Sowjetunion und in Rußland: vier Jahre als Offiziershörer an der »Gagarin«-Akademie, zwei Jahre als Kandidat im »Gagarin«-Zentrum für Kosmonautenausbildung und nun schon wieder neun Jahre als Berater für deutsche und europäische Raumfahrer im Sternenstädtchen. Das macht fast ein Viertel seines Lebens aus. Mit besonderer Herzlichkeit spricht er von seiner Russisch-Lehrerin an der Militärakademie: »Diese wunderbare Frau hatte den ganzen Krieg miterlebt. Ihre Familie wurde vertrieben, verfolgt und vernichtet. Doch sie war zu uns wie eine Mutter, betrachtete uns als Söhne eines anderen, neuen Deutschlands. Ihre menschliche Wärme und Güte hatten Wirkung auf mein gesamtes weiteres Leben.

Ich kann hier gar nicht alle aufzählen, die uns vorbehaltlos in ihre Gemeinschaft aufnahmen. Mit einigen von ihnen verbindet mich bis heute eine echte und tiefe persönliche Freundschaft. Als Kind hatte ich meine Probleme mit dem Russischen, was sicher an den Lehr- und Lernverhältnissen unserer Anfangsjahre lag, aber im Zusammenleben mit Menschen dieses großen Landes lernte ich ihre Sprache beherrschen. Und heute denke und träume ich sogar in Russisch.«

Wen die Götter lieben, der stirbt früh. Wenn dieser Spruch auf jemanden zutrifft, dann auf Juri Gagarin, den ersten Kosmonauten. Er starb, gerade vierunddreißigjährig, auf dem Höhepunkt seines Ruhmes. Das Harakiri des Staates und der Partei, für die er in den Weltraum flog, sowie den Konkurs der Kosmonautik seines Landes, für die er Pionierarbeit leistete, mußte er nicht mehr miterleben. Als Botschafter des Friedens bereiste er die ganze Welt und eroberte mit seinem jungenhaften Charme die Herzen der Menschen im Sturm. Schon kurz nach seinem Flug erzählte er von Plänen, an internationalen Langzeitflügen teilzunehmen, und von seinen Träumen, den Mond und die Nachbarplaneten zu besuchen. Gagarin hat sich dafür eingesetzt, daß die Raumfahrt vor allem den Ländern der Dritten Welt nutzbar gemacht wird. Sein letzter Aufruf dazu wurde nach seinem Tode auf der ersten Weltraumkonferenz der Vereinten Nationen 1968 in Wien verlesen. Lebte Gagarin heute noch, er gehörte zu jenen, die an dem alten Menschheitstraum von Freiheit, Gleichheit und Brüderlichkeit festhalten. Doch am 27. März 1968 verunglückte Juri Gagarin bei einem Übungsflug auf tragische Weise tödlich.

»Ich erinnere mich an jenen unglückseligen Frühjahrstag vor drei Jahrzehnten. Zu dieser Zeit studierte ich in der Nähe des Unfallortes an der Akademie der Luftstreitkräfte, die heute seinen Namen trägt. Wir Studenten aus vielen Ländern fuhren mit dem Lastkraftwagen nach Moskau hinein, um mit Abertausenden von Menschen Abschied von Juri Alexejewitsch zu nehmen. Niemals werde ich die tiefe Trauer der vielen Menschen vergessen, die an diesem kalten Tag stundenlang vor dem Haus der Sowjetarmee warteten, um an der Urne Gagarins eine Sekunde lang des ersten Kosmonauten zu gedenken und Blumen für ihn niederzulegen. Diese Haltung drückte nicht nur die Sympathie eines Volkes für seinen Sohn aus, sondern auch das Verständnis für dessen historische Leistung.

Gagarin hat Spuren hinterlassen – in den Menschen, die ihn kannten und liebten, aber auch in der gesamten Menschheit, die er dem uralten Traum des Ikarus näherbrachte. Er sah als erster Mensch unsere Erde in ihrer wirklichen kugelförmigen Gestalt .... Er gab ihr den Namen ›Blauer Planet‹ und hinterließ sein Vermächtnis in den Worten: ›Als ich mit dem Sputnik-Schiff um die Erde flog, sag ich, wie herrlich unser Planet ist. Laßt uns dieses Schöne bewahren, mehren und nicht vernichten.‹«

GAGARINS ABSTURZ

Unter der sensationsheischenden Überschrift »Who killed the hero?« (Wer tötete den Helden?) veröffentlichte das amerikanische Fachblatt »Space News« 14/1994 einen Beitrag von Juri Karash über das tragische Schicksal des ersten Kosmonauten Juri Gagarin. Der Autor wurde im Kosmonautenausbildungszentrum »Juri Gagarin« im Sternenstädtchen bei Moskau auf einen Raumflug vorbereitet und strebte zur Zeit der Publikation ein Doktorat für Raumfahrtpolitik an der American University in Washington an. Die Unterzeile gab die Richtung seiner Darstellung an: »Das Geheimnis von Gagarins Leben beginnt sich zu entwirren – aber die Fragen um den Tod des Kosmonauten sind nach wie vor unbeantwortet.«

Karash geht von dem Absturz der zweisitzigen MiG-15UTI aus, bei dem Juri Gagarin und Wladimir Serjogin am 27. März 1968 den Tod fanden. Mehr als zwanzig Jahre lang seien die Dokumente über die Untersuchung geheimgehalten worden, weil es an diesem Tag ernste Versäumnisse in der Bodenleitstelle gab. Außerdem habe sich eine zweite Maschine zur gleichen Zeit in dem betreffenden Luftraum befunden, deren Pilot nichts vom Flug der MiG-15 wußte. Die Auswirkungen von Turbulenzen blieben offen, und die Ursachen des Unglücks wurden nie genau geklärt. Serjogin war jedoch einer der erfahrensten Fluglehrer des Landes, der solche Situationen durchaus zu meistern verstand. Als Militärflieger erster Klasse, der höchsten Kategorie in den Luftstreitkräften, verbuchte er mehr als viertausend Flugstunden, davon 500 Solostunden als Kampfflieger. Gagarin hatte nur 300 Flugstunden aufzuweisen und war somit nur Pilot dritter Klasse. Dennoch wurde ihm nach seinem Raumflug die erste Kategorie verliehen.

Die Unterlagen über die medizinischen Untersuchungen besagen, daß sich beide Männer in ausgezeichnetem physischen Zustand befanden. In den Überresten ihrer Körper wurden keinerlei Anzeichen für einen Adrenalinausstoß gefunden. Daraus schlossen die Ärzte, daß die Havarie so plötzlich eintrat und der Absturz so schnell erfolgte, daß keine Angstzustände auftreten konnten. Auch Spekulationen über alkoholische Exzesse wurden widerlegt, fanden sich doch nicht die geringsten Reste von Alkohol.

»Gagarins Weltruhm machte ihn zu einem Volkshelden. Die einfachen Menschen sahen in dem ersten Kosmonauten ihren Verteidiger gegen Machtmißbrauch«, erklärte General Beletserkowski, einer der führenden Spezialisten für Aerodynamik, der an der Untersuchung des Unglücks beteiligt war. Gleichzeitig jedoch öffneten sich dem Helden der Sowjetunion nach dem Raumflug die Türen zur sowjetischen Führungsclique. Das öffnete ihm aber auch die Augen über den tiefen Widerspruch zwischen dem korrupten Leben einiger weniger und der elenden Existenz vieler Armer. »Gagarin war ein sehr intelligenter und aufmerksamer Mensch. Er traf sich als Volksvertreter mit vielen Leuten und war bestrebt, ihnen zu helfen. Er war aber auch sehr emotional und verzweifelte, wenn er nichts ausrichten konnte. Ein Gefühl von Unzufriedenheit und Machtlosigkeit wuchs in ihm.«

Generaloberst Nikolai Kamanin, Teilnehmer der legendären Flugzeug-Hilfsexpedition zur Rettung der arktischen »Tscheljuskin«-Besatzung im Jahre 1934 und erster Chef des Kosmonautenkorps seit 1960, erinnerte sich in seinem Tagebuch: »Ich verstehe, daß Gagarin auf die Dauer einem solchen Druck nicht widerstehen konnte. Deshalb setzte ich mich dafür ein, die Belastungen zu begrenzen, zumal bei den Treffen viel getrunken wurde.« Es gab auch Versuche, den Mann aus dem All in Breshnews Hofstaat einzubeziehen, doch Gagarin widerstand. Er setzte vielmehr alles in Bewegung, um wieder fliegen zu können. So war er Double für die Erprobung des neuen Raumschiffes SOJUS 1 durch Wladimir Komarow. Als dieser dabei aber tödlich verunglückte, machte sich Gagarin bittere Vorwürfe, daß SOJUS nicht erst unbemannt erprobt worden war. Juri jedoch wurde daraufhin von der Vorbereitung auf weitere Weltraummissionen ausgeschlossen.

Der ehemalige Chef der sowjetischen Luftstreitkräfte, Hauptmarschall Konstantin Werschinin, erinnerte sich: »Die Partei-

und Staatsführung wollte kein weiteres Risiko eingehen. Gagarin sollte in ein lebendes Denkmal verwandelt werden.« General Kamanin konterte zwar: »Wenn wir ihm die Hoffnung auf einen neuen Raumflug nehmen, dann können wir ihn auch gleich töten.« Doch seine Meinung wurde nicht berücksichtigt. In den sieben Jahren zwischen seiner historischen Tat am 12. April 1961 und dem tragischen Tod am 27. März 1968 führte Gagarin keinen weiteren Raumflug durch, obwohl in dieser Zeit acht bemannte Unternehmen in der Sowjetunion erfolgten.

Juri war jedoch nicht der Mann, untätig herumzusitzen und konzentrierte seine Aktivitäten auf das Fliegen mit Düsenmaschinen. Doch auch dem wurden Hindernisse in den Weg gelegt. Sein weltweites Ansehen und seine schnelle Karriere vom Oberleutnant zum Oberst und Deputierten des Obersten Sowjets rief den Neid von Vorgesetzten hervor, die in ihm einen Konkurrenten witterten. Deshalb wollten sie Gagarin zu einer bedeutungslosen Galionsfigur machen und ihn aus dem aktiven Dienst entfernen. Alle Schwierigkeiten mißachtend, bemühte sich Gagarin hartnäckig um seine Fluggenehmigung. Der Start mit Wladimir Serjogin war als Kontrollflug gedacht, nach dem Gagarin sein Einzeltraining wieder aufnehmen wollte. Doch von diesem Einsatz kehrte er nicht zurück. Die Bergungsmannschaft fand die Überreste der Maschine über eine Fläche von 600 Quadratmetern verteilt. Dennoch gelang es den Ärzten, einige Körperteile der beiden Piloten zu identifizieren. Gagarin wurde an seinem Haupthaar und an seiner Gesichtshaut erkannt.

Bis heute konnte jedoch nicht klar festgestellt werden, was zu dem Unglück und zum Tod des ersten Kosmonauten und seines Kameraden führte. Die Dokumente, die nunmehr der Öffentlichkeit zugänglich sind, haben zwar zuvor unbekannte Tatsachen enthüllt, doch die meisten von ihnen bleiben strittig. Der Pilot Jähn, der selbst die MiG-15 flog, gab zu bedenken: »Trotz der großen Erfahrungen Serjogins sind Steuerfehler nicht auszuschließen. Die Übung sah auch Kunstflugfiguren vor, und das Wetter war sehr schlecht. Ein unbeabsichtigtes Einfliegen in die Wolken, beispielsweise aus einem Looping heraus, könnte ein Trudeln zur Folge gehabt haben. MiG-15 sind in solchen Fällen nicht nur einmal in fatale Situationen geraten. Übrigens war die Maschine mit keinem Flugschreiber ausgerüstet, der eine Rekonstruktion des Verlaufs der Katastrophe erlaubt hätte.«

APOLLO – DAS JAHRHUNDERTEREIGNIS

Sigmund Jähn erlebte auf der Gagarin-Akademie in Monino die dramatische Endphase des Wettlaufs der beiden Supermächte zum Mond. In den USA umfaßte diese Periode nach der zweijährigen Programmverzögerung infolge des Brandes von APOLLO 1 nur acht Monate: Im November 1968 erfolgte mit APOLLO 7 die erste zehntägige bemannte Erprobung der Kombination Kommandokapsel, Serviceeinheit und Masseattrappe der Mondlandefähre in der Erdumlaufbahn. Schon zu Weihnachten desselben Jahres folgte mit APOLLO 8 die erste bemannte Umfliegung des Mondes – zehnmal – und die Rückkehr zur Erde nach sechs Tagen. Das Ziel war erreicht, als schließlich Neil Armstrong und Edwin Aldrin am 19. Juli 1969 mit der »Eagle« (Adler) im Meer der Ruhe landeten und als erste Menschen ihren Fuß auf einen anderen Himmelskörper setzten. Währenddessen wartete Michael Collins einsam im Mondorbit in der »Columbia« auf sie. Mit der Rückkehr zur Erde fünf Tage später war der Erfolg perfekt. Amerika hatte seinen Sputnik-Schock von 1957 überwunden und die Gagarin-Gap von 1961 geschlossen. Die von Wernher von Braun inspirierte und von John F. Kennedy verkündete Vision, noch in diesem Jahrzehnt einen Menschen – sprich Amerikaner – zum Mond und wieder zur Erde zurückzubringen, war trotz aller Probleme und Schwierigkeiten glänzend verwirklicht worden.

»Wie alle Menschen auf der Erde war auch ich von diesem Jahrhundertereignis tief beeindruckt«, erinnert sich Sigmund Jähn. »Nach dem ersten Sputnik und dem Kosmosflug von Juri Gagarin handelte es sich um die bedeutendste Mission der Raumfahrt, die nur noch durch eine bemannte Landung auf dem Roten Planeten Mars überboten werden kann. Um ehrlich zu sein, muß ich aber sagen, daß es damals einen Wermutstropfen für mich und viele andere gab. Nämlich, daß dieser Erfolg nicht der Sowjetunion vergönnt war, die bis dahin viele Pionierleistungen in der Raumfahrt vollbracht hatte. Heute weiß ich um die Ursachen und Hintergründe, die sowohl in objektiven als auch in subjektiven Faktoren zu finden sind. Immerhin verloren die Raketentechnik und die Raumfahrt ihre Unschuld bereits in der Wiege, wurde sie doch von Anfang an im heißen Krieg mißbraucht und im Kalten Krieg für politischen Prestigegewinn und militärischen Machtzuwachs eingesetzt. Meine Hoffnungen richteten sich darauf, daß die friedliche Vision einer internationalen Raumstation zum Nutzen der gesamten Menschheit schrittweise Wirklichkeit würde. Immerhin haben sich bereits sechzehn Länder von drei Kontinenten – die USA und Rußland, Japan, Kanada und Brasilien sowie elf Mitgliedstaaten der europäischen Raumfahrtorganisation ESA – Belgien, Dänemark, Deutschland, Frankreich, Großbritannien, Italien, die Niederlande, Norwegen, Schweden, die Schweiz und Spanien – zusammengeschlossen, um bis zum Beginn des nächsten Jahrhunderts die International Space Station ISS zu errichten. Diese Länder vereinigen ein Sechstel der Bevölkerung unseres Planeten und zwei Drittel seiner Industrieproduktion. Ich freue mich, daß es mir vergönnt war, durch die Betreuung europäischer Kosmonauten, die auf der russischen Raumstation MIR für die zukünftige Außenstation trainierten, einen kleinen Beitrag dazu geleistet zu haben.«

»Glasnost« hat klargestellt, daß Sergej Koroljow (1907 bis 1966), der »Vater des Sputniks«, in den letzten zehn Jahren seines Lebens am Projekt einer Superrakete arbeitete, die als Konkurrent der Saturn 5 seines Gegenspielers Wernher von Braun (1912 bis 1977) galt. Die Entwicklung dieses Systems, die noch vor dem Start von SPUTNIK 1 begann, trug die Bezeichnungen N-1 für Nositjel = Träger, RN-1 für Rakjeta Nositjel = Trägerrakete oder Gerkules, das russische Wort für Herkules, nach dem Sohn des Zeus und mythologischem Stifter der Olympischen Spiele. Mit dieser Rakete sollte der Raumflugkörper L-3 zu unserem natürlichen Trabanten gestartet werden, der aus drei Elementen bestand: dem Mondlander LK (Lunij Korabl = Mondschiff) für einen Kosmonauten, der auf der Oberfläche landet, dem Mondorbiter LOK (Lunij Orbiter Korabl = Mondumlaufschiff) für den anderen Teilnehmer der Expedition, der währenddessen den Trabanten umkreist, und dem Gerät für den Wiederaufstieg.

Beim ersten Startversuch der N-1 am 22. Februar 1969 – zwei Monate nach der ersten bemannten Mondumfliegung durch APOLLO 8 – geriet der Herkules ins Taumeln und stürzte 18 Kilometer vom Kosmodrom entfernt ab. Ein Block der Rakete hatte nicht gezündet und war in Brand geraten. Infolge eines Kurzschlusses gab das automatische System den Befehl, alle Triebwerke abzuschalten. Beim zweiten Versuch am 3. Juli 1969 – zwei Wochen vor der ersten bemannten Mondlandung von APOLLO

11 – fackelten zweieinhalb Sekunden nach dem Start aus einhundert Metern Höhe brennende Teile der Erststufe ab. Die Rakete sackte durch, und in der 15. Sekunde zündeten automatisch die Feststoffraketen an der Spitze des Rettungsturmes und zogen den Kopfteil vom Träger. Nach weiteren achteinhalb Sekunden stürzte der mehr als 2500 Tonnen schwere Koloß RN-1 auf die Abschußrampe. Eine gewaltige Explosion zerstörte die gesamte Anlage und riß einen riesigen Krater in den Steppenboden.

WETTLAUF ZUM MOND

Partei- und Staatschef Leonid Breshnew und Rüstungsminister Dmitri Ustinow verlangten Rechenschaft. Die Staatliche Untersuchungskommission kam zu dem Schluß, daß technologische und konstruktive Mängel die Ursache waren, aber dennoch die Katastrophe vermeidbar gewesen wäre. Professor Wassili Mischin, einer der Chefkonstrukteure, schrieb 1995 zum Geleit der Studie »N-1 Herkules – Entwicklung und Absturz einer Trägerrakete« von Olaf Przybilski und Stefan Wotzlaw: »Der Weltraumkomplex N-1/L-3 wurde in unserem Land unter den Bedingungen des Kalten Krieges entwickelt. Er sollte dazu dienen, den USA mit der Landung eines sowjetischen Kosmonauten auf dem Mond und seiner Rückkehr zur Erde zuvorzukommen ... Zu jenem Zeitpunkt war unser Land nicht in der Lage, derartige Aufwendungen zur Schaffung einer Experimentier- und Produktionsbasis wie der amerikanischen zu erbringen. Und das war offensichtlich auch der Hauptgrund dafür, daß unser Land den USA im Wettbewerb ›Wer ist als erster auf dem Mond?‹ unterlag.«

Einen letzten verzweifelten Versuch, das Prestige zu retten, unternahm Moskau mit der am 13. Juli 1969 gestarteten unbemannten Mondsonde LUNA 15. Sie sollte automatisch Gesteinsproben unseres natürlichen Satelliten zur Erde holen und damit APOLLO 11 die Show stehlen. Doch der Roboter zerschellte im »Meer der Krisen«. Im Jahr darauf gelang LUNA 16 diese Aufgabe, und mit LUNA 17 wurde das erste fahrbare Mondlabor abgesetzt. 1972 wurde das Projekt N-1/L-3 endgültig eingestellt, als das Apollo-Programm mit sechs bemannten Mondlandungen bereits gelaufen war.

Doch Sigmund Jähn war zu dieser Zeit mit anderen Dingen beschäftigt. An einem Beispiel machte er deutlich, daß die Erinnerung an die Vergangenheit hilft, Antwort auf Fragen der Gegenwart und der Zukunft zu finden. Als Hörer der Militärakademie »Juri Gagarin« erhielt er den Auftrag, die Lebensgeschichte deutscher Antifaschisten zu erforschen, die in den 30er Jahren als Freiwillige die spanische Republik verteidigten. »Mich faszinierte diese Aufgabe, Landsleute zu finden, die, wie beispielsweise Ernst Schacht, als Interbrigadisten und Flugzeugführer an dieser Front vor dem Zweiten Weltkrieg gekämpft hatten. In Memoiren sowjetischer Kampfflieger fand ich Hinweise auf Namen von Persönlichkeiten sowie auf Bildern. So bekam ich auch Verbindung zu einem Helden der Sowjetunion, der in Spanien als Steuermann mit einem deutschen Kommunisten geflogen war. Ich besuchte ihn, er gab mir Fotos und besorgte Akten aus den Archiven. Mich beeindruckte das Leben dieser Menschen, die schon zu einer Zeit, da ich noch gar nicht geboren war, ihr Leben für die Freiheit eines anderen Volkes einsetzten.«

Auch wenn er nicht gern darüber spricht, sei hier doch vermerkt, daß Sigmund Jähn die traditionsreiche Ausbildungsstätte mit Erfolg absolvierte. In dreizehn von einundzwanzig Lehrfächern erhielt er die Note »Ausgezeichnet«, in den restlichen »Gut«. Im Jahre 1970, als er in die Heimat zurückkehrte, besuch-

Als Student an der Militärakademie in Monino beim Erarbeiten einer Entschlußkarte

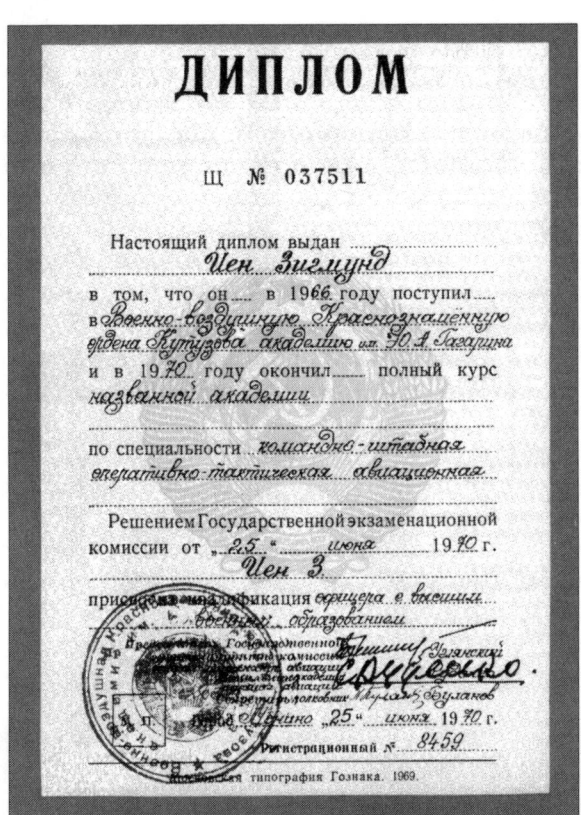

Diplom der Militärakademie »Juri Gagarin«

te der damalige französische Staatspräsident Georges Pompidou
die Sowjetunion und wohnte auf dem Kosmodrom Baikonur
einem Satellitenstart bei. Damit erhielt die Kosmoskooperation
zwischen Moskau und Paris neue Impulse, die bis heute fortwir-
ken. Acht Spationauten, so die offizielle Bezeichnung der Raumfahrer der Grande Nation, darunter eine Frau, nahmen an zwölf
Einsätzen im Orbit teil – sieben der Missionen erfolgten gemeinsam mit den Russen auf SALUT 7 und MIR, fünf mit den Amerikanern auf den Raumfähren Discovery, Columbia und Atlantis.
Zusammengerechnet bringen sie es auf ein Jahr im All und werden damit auch in der bemannten Raumfahrt der Rolle Frank-
reichs als dritter All-Macht gerecht.

Zu den zeitgeschichtlichen Ereignissen desselben Jahres gehörte die Unterzeichnung jener Verträge, mit denen die Unverletzlichkeit des status quo und der Grenzen in Europa, einschließlich der Westgrenze Polens und der Grenze zwischen der Deutschen Demokratischen Republik und der Bundesrepublik Deutschland, durch Vertreter der Sowjetunion, Polens und der Bundesrepublik in Moskau und Warschau völkerrechtlich anerkannt wurden. In Kalifornien, wo Ronald Reagan Gouverneur war, wurde die Bürgerrechtskämpferin Angela Davis unter einer fingierten Mordanklage inhaftiert. Im Weltraum stellten Andrijan Nikolajew und Witali Sewastjanow durch ihren 18-tägigen Flug mit SOJUS 9 einen neuen absoluten Weltrekord auf. Rückblickend auf seine erste Moskauer Zeit meint Sigmund Jähn: »Die Jahre von 1966 bis 1970 in Monino gehören zu den interessantesten und schönsten meines Lebens. Als Anfang-Dreißiger fühlte ich mich natürlich noch der Jugend zugehörig. Heute ist klar, daß ich mir damals die Voraussetzungen dafür aneignen konnte, die mich sechs Jahre später befähigten, im Sternenstädtchen bei der Kosmonautenausbildung zu bestehen.«

GRENZENLOSE FREIHEIT

Nach dem Besuch der Moskauer Militärakademie diente Oberstleutnant Jähn fünf Jahre lang als Inspekteur für Flugsicherheit beim Kommando Luftstreitkräfte/Luftverteidigung der Nationalen Volksarmee in Strausberg. Damit war er der »Mann für besondere Fälle«, das heißt für Zwischen- und Unglücksfälle bis hin zu Abstürzen von Militärmaschinen. Wenn irgendwo und irgendwann im Lande ein »Vorkommnis« gemeldet wurde, mußte er sofort dorthin eilen, um an Ort und Stelle mit der Suche nach den Ursachen zu beginnen. Das belastete natürlich auch die Familie, konnte doch zu jeder Tages- und Nachtzeit ein Telefonanruf kommen, der den Ehemann und Vater zu einem Flugplatz oder einer Absturzstelle zwischen Kap Arkona und Fichtelberg, Elbe und Oder beorderte. Über seine Erfahrungen mit dieser schwierigen Arbeit berichtet Sig: »Die erste Frage, die bei Flugzeugkatastrophen immer gestellt wird, lautet, wenn keine Naturkatastrophe zugrunde liegt: Handelt es sich um menschliches oder technisches Versagen? Doch das Verhältnis zwischen Mensch und Maschine ist sowohl in der Luftfahrt als auch in der Raumfahrt sehr komplex und kompliziert. Verläuft alles normal, so tritt das nicht so offensichtlich in Erscheinung. Doch in gefährlichen oder unvorhergesehenen Situationen zeigt sich, daß trotz aller automatischer Sicherungsvorrichtungen in letzter Instanz der Mensch und seine Reaktionen den entscheidenden Faktor darstellen.

Deshalb setzt der Beruf des Flugzeugführers und Raumfahrers Eigenschaften voraus, die nun einmal nicht jeder hat. So dürfen keinerlei Neigungen zu Panikmache oder Klaustrophobie bestehen, aber auch nicht gerade Übermut und Tollkühnheit. Vielmehr muß sich der Pilot als Teil des menschlich-maschinellen Systems verstehen und ein klares Verhältnis zum Risiko und zur Angst haben. Bei der Untersuchung von Unglücksfällen mußte ich immer wieder feststellen, daß bei menschlichem Versagen meist die Angst ursächlich war. In einem der Fälle hatte sich der Flugzeugführer praktisch selbst das Leben genommen, weil er in einer prekären Situation aus blanker Panik falsch handelte.

Angst zu haben, ist an und für sich keine Schande, doch in unserem Beruf muß man sie besiegen können. Wir alle kennen die sogenannte Prüfungsangst, die selbst einen klugen Menschen, der alles weiß, was gefragt werden kann, dennoch in seiner Aufregung schusselig oder sogar sprachlos werden läßt. Mir selbst ist es einmal in 18.000 Metern Höhe nahe Zerbst passiert, daß meiner MiG-21 der Kraftstoff so knapp wurde, daß ich mich fragte, ob ich den Landeplatz noch erreiche. Doch ich sagte mir: Wenn du jetzt nicht ruhig bleibst, machst du es nur noch schlimmer. Ansonsten kannst du dich gleich herauskatapultieren, was den totalen Verlust des teuren Jagdflugzeugs zur Folge hätte. Also überwand ich meine Angst, und die Landung klappte.

Übrigens kann man lernen, die Aufregung und Angst zu überwinden. Dafür gibt es zwei Methoden: Die wichtigste ist die intellektuelle, die exakte Kenntnis und die souveräne Beherrschung der Technik, das Wissen darum, daß ein Reservesystem den Ausfall eines Geräts kompensiert. Die psychologische Komponente hingegen besteht darin, sich zur Ruhe zu zwingen, um alle Rettungschancen voll ausnutzen zu können. Oft kam ich bei Havarien aufgrund menschlichen Versagens aber auch zu dem Schluß, daß der Betreffende eigentlich gar nicht hätte Pilot werden dürfen. Seine Auswahl war von psychologischen Aspekten her falsch. Manche merken es selbst, daß sie nicht geeignet sind, und passen. Sie haben meinen Respekt. Andere kaschieren das und handeln damit unverantwortlich. Übrigens muß jeder diese Entscheidung in den verschiedensten Lebensabschnitten neu für sich fällen.«

Obwohl Sig ein leidenschaftlicher Flugzeugführer und Weltraumflieger ist, hält er nichts von verlogener Fliegerromantik und kitschigem Heldenpathos. Das macht er an folgendem Beispiel deutlich: »Eines Tages besuchten mich in Rautenkranz drei Jugendliche, die mir eine Freude bereiten wollten. Sie sangen zur Gitarre das bekannte Lied, in dessen Refrain es heißt, daß über den Wolken die Freiheit wohl grenzenlos sei. Ich dankte ihnen für ihr Ständchen und die eingängige Melodie. Doch dann konnte ich es mir nicht verkneifen, meine Meinung zu dem Text zu äußern, denn ich finde, daß es nirgendwo auf der Welt eine grenzenlose Freiheit im Sinne völliger Unabhängigkeit gibt. Egal, mit welchem Fluggerät ich unterwegs bin, so unterwerfe ich mich doch bei allen Steil- und Sturzflügen, Kurven, Schleifen oder Loopings den strengen Gesetzen der Aerodynamik sowie den Wind- und Wetterverhältnissen. Jeder Flugzeugführer weiß das. Er darf mit seinem jeweiligen Flugzeug eine bestimmte Geschwindigkeit nicht unterschreiten, will er nicht herunterfallen. Gipfelhöhe und Höchstgeschwindigkeit sind einzig und allein von den Leistungen der Triebwerke abhängig. Auch die festgelegten Parameter muß er einhalten, um nicht andere und sich selbst zu gefährden. Wehe, wenn ich diese Faktoren mißachte!

Im Weltraum ist es nicht anders. Dort herrschen die Gesetze der Himmelsmechanik, die die Bahn und Bewegung meines Raumflugkörpers bestimmen. Zwar kann ich auch dort ›Gas geben‹ und ›bremsen‹, doch nur mit dem Ergebnis, daß ich die Höhe meines Umlaufs vergrößere oder verringere. Innerhalb einer einmal erreichten Bahn lassen sich bestimmte Steuermanöver ausführen, doch es ist unmöglich, in die entgegengesetzte Richtung zu fliegen. Doch wenn ich einsehe, daß diese Rücksichtnahme auf Naturgesetze erforderlich ist, dann empfinde ich sie nicht als Zwang. Freiheit ist Einsicht in die Notwendigkeit. Übrigens gilt diese begrenzte Freiheit auch im gesellschaftlichen Bereich, wo wir uns an geschriebene und ungeschriebene Gesetze halten, ohne die ein vernünftiges Zusammenleben nicht möglich ist. Darauf hat uns schon Goethe hingewiesen: ›Wer Großes will, muß sich raffen. In der Beschränkung zeigt sich erst der Meister, und das Gesetz nur kann uns Freiheit geben.‹«

»INTERKOSMONAUTEN« GESUCHT

»Delegationen der am Interkosmosprogramm beteiligten sozialistischen Länder haben während ihrer am Wochenende abgeschlossenen Verhandlungen den Vorschlag der Sowjetunion erörtert, daß Staatsbürger Bulgariens, Ungarns, der Deutschen Demokratischen Republik, der Mongolischen Volksrepublik, Polens, Rumäniens und der Tschechoslowakei an bemannten Flügen mit sowjetischen Raumschiffen und –stationen teilnehmen. Bei den Beratungen wurden Fragen geprüft, die mit der Auswahl von Kosmonautenkandidaten und mit ihrer Ausbildung in der Sowjetunion verbunden sind. Zu allen behandelten Problemen wurden vereinbarte Empfehlungen beschlossen.«

Diese ADN-Meldung aus Moskau erschien am 19. Juli 1976 im Zentralorgan der Sozialistischen Einheitspartei Deutschlands, »Neues Deutschland«. Zu jenem Zeitpunkt kreiste bereits die fünfte Orbitalstation des Typs SALUT seit vier Wochen um die Erde und hatte zwölf Tage zuvor ihren bemannten Betrieb aufgenommen. Die sieben Jahre zwischen 1974 und 1981 sollten sich für die bemannte Raumfahrt der UdSSR zu einer wahren Hochzeit gestalten. Allein in diesem historisch kurzen Zeitraum betrieb sie vier Orbitalstationen des Typs SALUT und startete 30 Raumschiffe der Typen SOJUS und SOJUS T mit 58 Besatzungsmitgliedern, darunter neun aus den INTERKOSMOS-Partnerländern. Die Aufenthaltsdauer im All konnte auf sieben Monate gesteigert werden. Für die USA hingegen waren das die sieben mageren Jahre, denn zwischen der Beendigung des erfolgreichen Programms SKYLAB (Himmelslaboratorium) und dem Beginn der Flüge mit dem Space Shuttle (Raumfähre) gab es außer dem Gemeinschaftsunternehmen APOLLO-SOJUS im Jahre 1975 keinen weiteren bemannten amerikanischen Raumflug.

Politisch war das Jahr 1976 dadurch gekennzeichnet, daß Bundeskanzler Helmut Schmidt die Einführung der neuen sowjetischen Mittelstreckenrakete SS-20 (Surface to Surface = Boden-Boden-Rakete) mit jeweils drei Sprengköpfen zum Anlaß für eine Diskussion über Nachrüstung nahm, die später zum NATO-Doppelbeschluß führte. Bei den Bundestagswahlen wurde die Koalition von SPD und FDP und die Regierung von Helmut Schmidt und Hans-Dietrich Genscher bestätigt. In der DDR festigte Erich Honecker seine Positionen in der Partei- und Staatsführung, indem er die Funktion des Generalsekretärs wieder einführte und sich zum Staatsratsvorsitzenden küren ließ.

Zwei Monate nach dem sowjetischen Vorschlag über gemeinsame bemannte INTERKOSMOS-Raumflüge fanden am 14. September Konsultationen der Teilnehmerstaaten in Moskau statt, bei denen beschlossen wurde, diese Missionen im Fünfjahreszeitraum zwischen 1978 und 1983 durchzuführen. Auch der Zeitpunkt für den Beginn des Trainings im Kosmonautenausbildungszentrum »Juri Gagarin« wurde auf den 1. Dezember 1976 festgelegt, aber nicht bekanntgegeben. RGW, die Abkürzung für Rat für Gegenseitige Wirtschaftshilfe, stand nunmehr auch für Realisierung Gemeinsamer Raumflüge der trikontinentalen Zehnergemeinschaft INTERKOSMOS, der 1979 auch Vietnam beitrat. Die Bezeichnung »Interkosmonauten«, die Journalisten damals prägten, war auch der Ausdruck für die faszinierende Vision der friedlichen Zusammenarbeit von Wissenschaftlern und Technikern verschiedener Länder und Kontinente auf Außenstationen der Erde im Dienst der Menschheit. Daß die Ausbildung für den neuen Beruf des Kosmonauten in der Sowjetunion erfolgen sollte, war nicht nur selbstverständlich, sondern hatte auch Traditionen. Schließlich erlernten zwei Jahrzehnte zuvor die ersten INTER-FLUG-Piloten auf der Fliegerhochschule der AEROFLOT in Uljanowsk ihr Handwerk, und die erste Generation von Kernforschern der DDR erwarb theoretische Erkenntnisse und praktische Erfahrungen am Vereinigten Institut für Kernforschung in Dubna. In seiner Festansprache »Deutsch-russische Beziehungen als politische und gesellschaftliche Herausforderung« in Bonn-Bad Godesberg erklärte Bundespräsident Roman Herzog 1998: »Es gibt mir zu denken, daß vor zehn, fünfzehn Jahren mehr Deutsche bereit waren, in die damalige Sowjetunion zu gehen und Erfahrungen zu sammeln, als heute in die Russische Föderation ...Wir müssen die Neugier junger Deutscher auf Rußland und junger Russen auf Deutschland wecken und wachhalten.«

Moskau verfolgte mit dem bemannten INTERKOSMOS-Programm mehrere Ziele gleichzeitig. Angesichts der latenten politischen und ökonomischen Differenzen innerhalb des RGW-Verbundes und der instabilen Verhältnisse in den einzelnen Ländern wollte der Kreml die Verbündeten enger an sich binden. Nach einer ersten Aufstandswelle in der Deutschen Demokratischen Republik 1953 und in Ungarn 1956 gab es 1968 den »Prager Frühling« in der Tschechoslowakei, und 1976 wuchsen infolge von Preiserhöhungen und unzureichender Verfassungsreform die Spannungen in Polen, die zwei Jahre später, im Juni 1978, zum »Streik-Sommer« anwuchsen.

Die sowjetische Führung zog natürlich auch ins Kalkül, daß die enormen Kosten der bemannten Raumfahrt durch die selbstfinanzierten Beiträge der Partnerländer von INTERKOSMOS mit hochwertigen Bordgeräten und neuartigen Programmen verringert werden konnten. Das galt insbesondere für die im Vergleich zu den anderen Mitgliedstaaten industriell hochentwickelten Länder DDR, Polen, CSSR und Ungarn. Schließlich spielten auch die geplanten internationalen Missionen der USA mit dem Space Shuttle eine Rolle, das 1981 seinen Jungfernflug absolvieren sollte und für das die Teilnahme von »Euronauten« der westeuropäischen Raumfahrtorganisation ESA (European Space Agency) vorgesehen war. Als erster flog dann, fünf Jahre nach Sigmund Jähn, Ulf Merbold für die Bundesrepublik als erster Ausländer ...

DIE HEGEMEDAILLE DES SOZIALISTISCHEN JAGDWESENS

Sigmund Jähn erhielt später in Moskau die Gelegenheit, die Protokollstenogramme der INTERKOSMOS-Beratungen zu lesen. Aus ihnen geht hervor, daß die Besatzungsmitglieder für die sowjetischen Raumschiffe und Orbitalstationen zunächst durch nationale Komitees der betreffenden Länder auszuwählen waren. Das erfolgte nach bestimmten medizinischen Untersuchungsmethoden, die auf langjährigen Erfahrungen beruhten. Immerhin konnten die sowjetischen Raumfahrtmediziner und Kosmosbiologen auf mehr als zwei Jahrzehnte Aktivitäten bei Auswahl und Ausbildung, Flugeinsatz und -auswertung von Hunderten von Versuchstieren und Dutzenden von Menschen zurückblicken.

Die abschließende Untersuchungsetappe für die zwei Kandidaten aus jedem Land sollte in der Sowjetunion stattfinden, die sich auch das letzte Wort für den Einsatz vorbehielt. Die drei Hauptanforderungen für die Aspiranten lauteten: Solide Erfahrungen als Flugzeugführer, uneingeschränkte Flugtauglichkeit und Beherrschung der russischen Sprache.

Sigmund Jähn, der die Entwicklung der Raumfahrt seit dem

ersten SPUTNIK und insbesondere seit dem Flug Juri Gagarins aufmerksam verfolgte, hatte natürlich auch die kurzen Meldungen über das vorgesehene bemannte INTERKOSMOS-Programm gelesen. Aber als Inspekteur für Flugsicherheit war er ständig auf Achse. So bemerkte er zunächst gar nicht die Anzeichen dafür, daß der Moskauer Beschluß auch in der DDR bereits in Angriff genommen worden war.

»Eigentlich hätte ich stutzig werden müssen, als ausgerechnet zu einer Zeit, da mich die Vorbereitungen auf ein Manöver in Anspruch nahmen, ein mit Verschlußsachen beauftragter Offizier an mich herantrat und sich nach meinem Werdegang erkundigte. Ich antwortete unkonzentriert, und als er mich nach meinen Auszeichnungen fragte, ulkte ich: ›Die Hegemedaille des sozialistischen Jagdwesens in Bronze‹, wußte ich doch, daß auch er ein passionierter Jäger war. Doch er ging nicht auf meinen Ton ein, sondern bat um meinen Dienstausweis. Darin war vermerkt, daß ich die höchste fliegerische Leistungsklasse besaß und unter allen Wetterbedingungen flog. Nachdem er einen Blick auf die ihn interessierenden Seiten geworfen hatte, konterte er meine lose Bemerkung: ›In deinen zwanzig Dienstjahren als Militärflieger hast du dich aber nicht gerade überanstrengt. Geht man von den Eintragungen aus, da habe ich ja mehr Medaillen als du, obwohl ich eure Kisten nur von außen kenne.‹ Ich verkniff mir eine weitere Bemerkung und dachte: Es gibt wichtigere Dinge als Orden und Ehrenzeichen. Der Grund dieses eigenartigen Gesprächs wurde mir erst später klar: Man hatte begonnen, einen Kreis von Jagdfliegern auszuwählen, die eine Eignung als Kosmonauten vermuten ließen. Heute weiß ich, daß den Fragen jene prinzipiellen Qualifizierungsmerkmale zugrunde lagen, die auf den Erfahrungen von fünfzehn Jahren bemannter Raumfahrt beruhten.«

Sie waren von General Wladimir Schatalow formuliert worden, der selbst an drei Raumflügen teilgenommen hatte und als Kommandeur des sowjetischen Kosmonautenkorps für die Auswahl und Ausbildung der Interkosmonauten verantwortlich zeichnete. Dabei handelte es sich im wesentlichen um drei Hauptforderungen:

• Ein Kosmonaut muß wie auch jeder andere hochqualifizierte Experte seine klar formulierten Pflichten kennen und in der Lage sein, sie effektiv und zuverlässig zu erfüllen.

• Ein Kosmonautenkandidat hat die in den Auswahlkriterien

geforderten schöpferischen Veranlagungen als Forscher ständig zu entwickeln und zu vervollkommnen. Er muß in der Lage sein, auf unvorhergesehene Situationen und Aufgaben schnell zu reagieren und sie zu bewältigen oder zu lösen.

• Wer Kosmonaut werden will, muß kerngesund und für die Anforderungen des Raumfluges gut geeignet und trainiert sein. Außerdem muß sein Organismus Reserven für außerordentliche Fälle mobilisieren können.

General Schatalow, selbst ein alter Militärflieger, vertrat den Standpunkt, daß Piloten von Strahlflugzeugen, die ständig einer strengen medizinischen Kontrolle unterliegen, diesen Anforderungen am besten gerecht werden. Solche Überlegungen hatten auch bei der Auswahl der ersten Kosmonauten und Astronauten den Ausschlag gegeben.

AUCH TAUCHER UND BERGSTEIGER

Vor Juri Gagarins Raumflug waren auch andere Berufsgruppen im Gespräch, zum Beispiel Taucher, die unter weltraumähnlichen Bedingungen in Skaphandern tief unter der Wasseroberfläche operieren. Noch heute erfolgt die Simulation der Schwerelosigkeit nicht nur bei Parabelflügen, sondern auch im Wasserbassin. Bergsteiger wiederum wurden vorgeschlagen, weil sie in großen Höhen bei dünner Luft einsatzfähig sein müssen. Fallschirmspringer gehörten dazu, die nach freiem Fall und verzögerter Schirmöffnung punktgenau landen. Sogar U-Bootfahrer und Panzerleute waren im Gespräch, wird ihnen doch unter äußerst beengten Verhältnissen höchste Leistung abgefordert.

Für die erste Generation von Raumfahrern obsiegten die Jagdflieger, weil sie auf sich allein gestellt die schnellsten Maschinen in größten Höhen und in schwierigsten Situationen meistern – an der Grenze zum Weltraum. Außerdem lassen sie sich in kürzester Zeit für den neuen Beruf ausbilden. In der Sowjetunion waren das vor allem die Flugzeugführer der Luftstreitkräfte, in den Vereinigten Staaten von Amerika die Marineflieger, gehören doch Start und Landung auf einem Flugzeugträger zu den schwierigsten fliegerischen Manövern. Doch von all dem wußte Sigmund Jähn damals noch nichts.

»Eines Tages wurde ich zu Generalleutnant Wolfgang Reinhold befohlen, dem Stellvertreter des Ministers für Nationale Verteidigung und Chef Luftstreitkräfte/Luftverteidigung. Das war recht ungewöhnlich. Ich ging mein Sündenregister durch, konnte darin aber nichts finden, das auf die Ebene des Chefs gehörte. Belobigung oder Bestrafung – das war hier die Frage. Selbst mein unmittelbarer Vorgesetzter wußte nicht, worum es sich handelte. Er schien sogar noch mehr zu rätseln als ich.

Zehn Minuten vor der befohlenen Zeit meldete ich mich im Vorzimmer und wurde in einen Nebenraum verwiesen. Dort hatte sich schon eine Gruppe Fliegeroffiziere eingefunden. Wir kannten uns alle gut, aber keiner hatte die geringste Ahnung, was der General mit uns vorhatte. In aller Schnelle versuchten wir zu kombinieren – von vielleicht zu erwartenden neuen Flugzeugtypen bis zur aktuellen Weltlage spannte sich der Bogen unserer Vermutungen. Wer geht schon gern ohne taktischen Plan, ohne Eventualantworten zu einem Vorgesetzten?

Offenbar hatte man uns nach bestimmten Kriterien ausgewählt: Erstens saßen im Zimmer nur Jagdflieger versammelt. Zweitens waren alle nicht mehr ganz jung, sondern erfahrene Männer, von denen kaum einer unter 1.000 Flugstunden mit schnellen Flugzeugen auf dem Konto hatte. Drittens trug jeder Verantwortung für ein größeres Kollektiv. Viertens hatten wir alle eine Militärakademie absolviert, und zwar fast alle die der sowjetischen Luftstreitkräfte »Juri Gagarin«. Fünftens hatte jeder von uns Familie, und – soweit ich das einschätzen konnte – über die Jugendsünden war Gras gewachsen.

Ob wir damals in zehn Minuten all diese Kriterien erörterten, weiß ich nicht mehr. Ich weiß nur, daß wir sowohl Auszeichnung als auch Bestrafung mit hoher Wahrscheinlichkeit ausschlossen, uns aber auf eine andere Variante nicht einigen konnten. Jeder hat sich wohl auch seine ganz persönlichen Gedanken gemacht, die er nicht aussprach. Gleich mir werden bestimmt noch andere an eine Sonderaufgabe gedacht haben.

Besonders freute ich mich, auch Oberstleutnant Köllner in dieser Gruppe zu begegnen. Wir hatten vier Jahre lang gemeinsam in der Sowjetunion studiert und auch danach nie die Verbindung abreißen lassen. Ich schätzte Eberhard damals schon als einen energischen und verantwortungsbewußten Offizier und Jagdflieger, dem wie mir nichts zufiel, der aber mit unermüdlicher Energie an sich arbeitete.«

Ähnliche Aktivitäten wie in der DDR erfolgten zur gleichen

Zeit auch in der Tschechoslowakei und in Polen, sollten doch Kandidaten dieser Länder, von Moskau als Eisernes Dreieck ihres Imperiums gegen die NATO betrachtet, als erste Gruppe ausgebildet werden. Unmittelbar nach der INTERKOSMOS-Verlautbarung erschien in der »Wochenpost« 31/1976 eine Kolumne, in der es unter der Überschrift »Neid auf einen Unbekannten« hieß: »Seit 14 Tagen beneide ich einen Mann, den ich noch gar nicht kenne; von dem ich weder weiß, wie er heißt noch wo er wohnt, wie alt er ist und welchen Beruf er ausübt. Nur durch eine Zeitungsnotiz erfuhr ich, daß er irgendwo in unserer Republik lebt und etwas vollbringen wird, von dem ich seit Jahrzehnten träume. Das Kuriose daran ist, daß dieser Mann selbst noch nichts von seinem zukünftigen Glück weiß. Ich meine jenen Bürger der DDR, der eines Tages als erster an einem der Unternehmen teilnehmen wird, über die Vertreter von neun sozialistischen Staaten Europas, Asiens und Amerikas von zwei Wochen in Moskau berieten ... Wir wissen noch nicht, wer die All-Aspiranten sein werden, und doch haben wir schon eine ganz konkrete Vorstellung von ihnen: wissenschaftlich und technisch hochgebildete Männer im Zenit ihres Lebens – etwa zwischen 30 und 40 Jahren – mit großer Berufserfahrung und körperlicher Leistungsfähigkeit ...«

DAUMEN NACH OBEN

Freunde hat sich der Autor dieses Beitrags unter den »Offiziellen« des eigenen Landes nicht gerade gemacht, waren die doch von pathologischer Geheimniskrämerei und bürokratischer Sturheit besessen, die aus einer lächerlichen Mischung von Minderwertigkeitskomplexen und Größenwahn erwuchs. Denn was hätte die Bürger mehr interessiert und begeistert, als an der Auswahl und dem Wettbewerb der Besten für das große Abenteuer Weltraum teilzuhaben? Sigmund Jähn, der bis zum Tag seines Starts der große Unbekannte blieb, erinnert sich: »Der erste wurde gerufen. Das bedeutete, der Chef nahm sich Zeit, mit jedem einzelnen zu sprechen. Die Sache wurde immer spannender: Jeder, der zurückkam, nahm seine Mütze, zuckte auf die fragenden Blicke nur mit den Schultern und ging. Er war also verpflichtet, über den Inhalt des Gesprächs Stillschweigen zu bewahren. So auch Heinz Boback aus Neubrandenburg. Doch er zeigte nur mit seinem Daumen nach oben, was auch immer das heißen sollte.

Die Reihe kam an mich. Der General fiel nicht gleich mit der Tür ins Haus, sondern fragte mich nach diesem und jenem, nach Dienst, Familie, Interessen, Gesundheit. Er forderte mich auf, meine dienstliche Tätigkeit und meine Arbeitsergebnisse zu bewerten. Vorgeplänkel, dachte ich – bis es ausgesprochen wurde:

›Es geht um die mögliche Beteiligung an einem Weltraumflug. Wer von den bisher Ausgewählten zum Einsatz kommt, wird sich herausstellen. Zunächst findet ein Lehrgang statt. Danach kommandieren wir die geeignetsten Genossen in die Sowjetunion. Im Sternenstädtchen wird die abschließende Auswahl und Beurteilung erfolgen. Die Kandidaten haben mit einer etwa zweijährigen Ausbildungszeit zu rechnen. Eingesetzt wird vorerst nur ein Kosmonaut. Die Sache ist absolut freiwillig. Sie haben zwei Tage Bedenkzeit, können sich mit ihrer Familie beraten und mir dann Ihre Entscheidung melden.‹

Dazu brauchte ich weder zwei Tage noch zwei Stunden noch zwei Minuten. Obwohl ich an diesem Morgen noch nicht einmal geahnt hatte, daß mir diese Frage jemals gestellt werden würde, gab es kein Zögern, sie augenblicklich mit Ja zu beantworten. Ich wußte, daß ich dabei auf meine Familie bauen konnte. Erika, meine Frau, hatte schon in den vier Jahren meines früheren Aufenthalts in der Sowjetunion alle Probleme gemeistert und die Kinder in unserem Sinne erzogen. Ich konnte fest damit rechnen, daß sie mir auch diesmal treu zur Seite stehen würde. Mit unserer Jüngsten, die erst in die vierte Klasse ging, konnte es Schwierigkeiten geben. Von heute auf morgen müßte sie sich in ein sowjetisches Schülerkollektiv eingewöhnen und versuchen, dem Unterricht in der fremden Sprache zu folgen.

Doch über Schwierigkeiten konnte man später sprechen. Mich reizte jetzt vor allem die neuartige Aufgabe; ich freute mich darüber, daß man mir solch großes Vertrauen entgegenbrachte. Ich verspürte die gleiche Romantik wie damals, als ich die Chance erhalten hatte, Flieger zu werden.«

Heute gehört Sigmund Jähn, der als 90. Mensch in den Weltraum flog und am 96. Unternehmen der bemannten Raumfahrt teilnahm, längst zu den Veteranen. Gegenwärtig umfaßt die Bilanz bereits weit mehr als 200 Missionen, an denen fast 400 Menschen aus 30 Ländern teilnahmen, die sich zusammengerechnet annähernd 60 Jahre im All aufhielten. Davon entfallen rund 40

Jahre auf die UdSSR und die GUS. Die 34 Weltraumfliegerinnen aus sieben Ländern bringen es auf zwei Jahre.

ERSTE HÜRDE: KÖNIGSBRÜCK

Im Sommer 1976 liefen in der DDR die Vorbereitungen für einen Speziallehrgang am Institut für Luftfahrtmedizin in Königsbrück bei Dresden auf Hochtouren. Dort sollte die weitere Auslese der Kandidaten für den Raumflug erfolgen. Von der Vorauswahl waren nur sechzehn übriggeblieben, aus denen nunmehr jene vier herausgefunden werden mußten, die zum Endausscheid nach Moskau gehen würden. Doch zunächst galt es, die umfangreichen sowjetischen Unterlagen für die Tauglichkeitskriterien, die naturwissenschaftlich-technischen Lehrfächer, den sehr spezifischen Sportunterricht und den intensiven fachbezogenen Russischunterricht zu übersetzen und geeignete Dozenten und Lehrer, Ärzte und Schwestern zu finden. Etwa zwei Monate nach der ersten Aussprache beim Chef begann der Lehrgang. Die Liste der Kandidaten war bereits so weit zusammengeschrumpft, daß die Teilnehmer in einem Seminarraum Platz fanden, unter ihnen Sig und Ebb, die Oberstleutnante Sigmund Jähn und Eberhard Köllner, als Platznachbarn.

Prof. Dr. Claus Grote, Generalsekretär der Akademie der Wissenschaften der DDR und Vorsitzender des Nationalen Koordinierungskomitees für die friedliche Erforschung und Nutzung des Weltraums – kurz KOKO genannt, aber nicht identisch mit dem Devisenbeschaffungs-Imperium des Dr. Alexander Schalck-Golodkowski –, gab einen Überblick über die Aktivitäten der DDR im INTERKOSMOS-Pogramm. Schon zu diesem Zeitpunkt waren annähernd einhundert Geräte »made in GDR« an Bord von rund fünfzig Forschungsraketen und Raumflugkörpern eingesetzt worden. Die DDR arbeitete in allen fünf ständigen Arbeitsgruppen von INTERKOSMOS mit: Kosmische Physik, Kosmische Meteorologie, Kosmisches Nachrichtenwesen, Kosmische Biologie und Medizin sowie Fernerkundung der Erde mit aerokosmischen Mitteln.

Der Physiker Professor Grote hob besonders den Beitrag hervor, den die Wissenschaftler und Techniker der DDR mit der Multispektralkamera MKF-6 leisteten, die in dem äußerst kurzen Zeitraum von nur einem Jahr entwickelt und im VEB Carl Zeiss

JENA gebaut worden war. Ihre Weltraumtaufe erhielt sie im September 1976 beim achttägigen Testflug mit den Raumschiff SOJUS 22. Kommandant dieser Mission war Dr. Waleri Bykowski, der 1963 in WOSTOK 5 den Gemeinschaftsflug mit Walentina Tereschkowa in WOSTOK 6 ausführte und zwei Jahre später gemeinsam mit Sigmund Jähn in SOJUS 31 starten sollte. Als Bordingenieur arbeitete Dr. Wladimir Axjonow, der vier Jahre darauf bei seinem zweiten Raumflug das neue Raumschiff SOJUS T erprobte.

Professor Grote machte seine Hörer darauf aufmerksam, daß dieser Lehrgang keinen typischen Verlauf nehmen würde. Gewöhnlich galt es als Sinn solcher Veranstaltungen, daß alle Teilnehmer das Ziel erreichten. Diesmal jedoch würde nur ein einziger derjenige sein, der schließlich fliegt, doch jeder einzelne müsse so arbeiten, als ob er dieser Allerbeste sei.

»In die Rolle des Schülers mußten wir uns erst wieder hineinfinden. Hinzu kam, daß unsere Lehrer geradezu enthusiastisch an ihre Aufgabe gingen. Unser Russischlehrer, ein erfahrener Dolmetscher und begeisterter Pädagoge, hatte sowjetische Fachzeitschriften herangeschafft und sich anscheinend in den Kopf gesetzt, uns zu Raumfahrt-Sprachgenies auszubilden, bevor auch nur einer von uns das Sternenstädtchen gesehen hatte. Er lebte und arbeitete für sein Fach und erwartete – wie viele Lehrer – fast dasselbe von seinen Schülern. Über jeden Fortschritt freute er sich wie über ein Geschenk, und er wurde sichtbar traurig, wenn einer nicht so recht vorankam. Seine Berufsbesessenheit hat mir Achtung eingeflößt.«

Zu dieser Zeit konnte die aktive Raumfahrt bereits auf zwei Jahrzehnte zurückblicken, in denen sich ein »Fachchinesisch« herausgebildet hatte. Das siebensprachige »Astronautische Wörterbuch«, das 1970 von der Internationalen Astronautischen Akademie herausgegeben worden war, enthielt noch 5.547 Termini. Das »Deutsch-Russische Wörterbuch für Weltraumfahrt und Raketentechnik«, das 1972 im Moskauer Militärverlag erschien, enthielt bereits etwa 30.000 Fachbegriffe – allerdings einschließlich der militärischen.

»Ich hätte unserem Russischlehrer gern noch mehr Freude an mir gewünscht, zumal mir sein Unterricht Spaß machte. Aber ich sah schon, daß der Sache mit Russisch allein nicht beizukommen war. In Physik und Mathematik war tiefe Einsicht in Zusammenhänge gefragt. Eberhard Köllner, mein Platznachbar, mußte wohl die gleichen Überlegungen angestellt haben. In den Pausen tauschten wir uns aus und fanden eine gemeinsame ›Strategie‹: Wie damals auf der Militärakademie würden wir auch hier wieder auf eigene Faust das Allerwichtigste vom Wichtigen trennen, also jeweils die ›Hauptstoßrichtung‹ festlegen und dementsprechend unsere ›Kräfte‹ und ›Mittel‹ einsetzen müssen.

Alles, was hier an Wissen vermittelt wurde, gleichrangig aufnehmen und verarbeiten zu wollen, wäre weder klug noch möglich gewesen. Halb im Scherz, halb im Ernst gestanden wir uns ein: Sollten wir uns beide im Sternenstädtchen wiederfinden – ein leichtes Leben würde es nicht werden. Wir waren keine schlechten Praktiker, die Theorie hingegen machte uns nicht die größte Freude. Vermutlich sahen der Physik- und auch der Mathematiklehrer diesen Sachverhalt nicht anders. Ich bin besonders diesen Lehrern für ihr Einfühlungsvermögen und für ihr pädagogisches Geschick dankbar. Sie verstanden es, rasch das ›Verschüttete‹ aus den Köpfen wieder hervorzuholen und uns wesentliche Erkenntnisse in der neuen Ausbildungsrichtung zu vermitteln.«

Breiten Raum nahm im Königsbrücker Kosmos-Kurs der Sport ein. Täglich mußten neue Übungen ausgeführt werden, täglich wurde das Laufpensum erhöht. Dabei waren es die Kursanten gewöhnt, ihre Widerstandsfähigkeit auf der Überschlagschaukel zu festigen und zu lernen, sich in jeder Lage zu orientieren.

TEUFELSSTUHL UND GERUCHSFALLE

Den Lehrgangsteilnehmern schien es, als wolle der Sportlehrer sie zu Spitzenathleten machen. In Wirklichkeit ging es diesem jedoch darum, jeden der einzelnen Kandidaten an seine individuelle Leistungsgrenze heranzuführen. Für die Eignung als Kosmonaut ist nämlich entscheidend, inwieweit er in der Lage ist Reserven zu mobilisieren und seine Leistungsgrenzen hinauszuschieben. Deswegen wurden weniger sportliche Höchstleistungen als vielmehr eine solide physische Kondition verlangt, die sich in hoher Belastbarkeit und Ausdauer erweisen mußte. So war beim Laufen nicht die Stoppuhr das Wichtigste, sondern der Kilometerzähler. Sig litt natürlich wie alle anderen Kursanten auch unter Muskelkater, aber er besaß eine gute Kondition, und es kam ihm zugute, daß er Nichtraucher war. In seinem Buch »Erlebnis Weltraum« schreibt er: »Heute dürfte als gesichert gelten, daß die physische Vorbereitung den Organismus des Raumfahrers auf ein sehr breites Spektrum unterschiedlichster Beanspruchungen einstellen muß – von extremen Überbelastungen bei Start und Abstieg bis zu extremer Unterforderung des Kreislaufs in der Schwerelosigkeit. Beim Start und beim Abstieg von der Umlaufbahn bis hin zur Landung treten starke Kräfte auf, gegen die man schon gewappnet sein muß. Aber die Startbelastung dauert nur etwa zehn Minuten. Danach tritt für Tage, Wochen oder Monate Schwerelosigkeit ein. Das Herz-Kreislauf-System wird schlagartig und für längere Zeit auf ›Leerlauf‹ geschaltet. Ein hochtrainierter Radsportler, wie mein Vorbild in jungen Jahren, Täve Schur, hätte mit seinem Herzvolumen bei dieser plötzlichen Ruhestellung des Organismus möglicherweise mehr Anpassungsprobleme gehabt als ein ›normaler‹ gesunder Mensch. Täve, sollte er diese Zeilen einmal lesen, wird mir diese ›Unterstellung‹ sicherlich nicht übelnehmen.«

Eine besonders harte Probe aufs Exempel stellte in Königsbrück der längere Test auf dem Drehstuhl dar, für manche ein Teufelsstuhl, der bei ihnen Alpträume hervorrief. Der Proband wurde etwa fünfzehn Minuten lang bei wechselnder Drehrichtung schnell im Kreise herumgewirbelt und mußte dabei gezielte Bewegungen mit dem Oberkörper ausführen. Das verstärkte noch den sowieso schon unangenehmen Reiz der Drehung auf den Magen. An dieser Barriere scheiterten die ersten und mußten die Gruppe verlassen. Darunter befanden sich erfahrene Piloten, die beim höheren Kunstflug ohne mit der Wimper zu zucken einen Looping nach dem anderen flogen. Viele kämpften bis zur letzten Minute um die Fahrkarte ins Sternenstädtchen, konnten aber nicht verhindern, daß ihr Magen rebellierte.

»Für mich war die Dreherei nicht weiter problematisch. Ich hätte an manchen Tagen auch dreißig Minuten oder länger auf diesem Stuhl sitzen können. Das war eine Besonderheit meines Vestibularapparates, die ich bisher nicht beachtet hatte, die mir aber nun zustatten kam. Ich erinnerte mich in diesen Tagen daran, wie wir als Kinder an einem Karussell eine besondere Freude hatten, bei dem man noch eine Art Käfig zusätzlich in Drehung versetzen konnte. Damals hatte ich mich nur gewundert, warum der eine oder andere meiner Freunde so schnell wieder aus dem Käfig heraus wollte.

Unsere Vorbereitungsgruppe wurde allmählich kleiner und kleiner. Wer gehen mußte, tat es schweren Herzens. Dennoch waren die guten Wünsche für die Verbliebenen und für den Erfolg der Sache aufrichtig. Davon bin ich fest überzeugt.«

Die physiologischen und psychologischen Tests gingen weiter. Neben dem Drehstuhl bildete auch der Kipptisch ein wichtiges Kriterium. Dabei mußte der Proband liegend den Kopf nach unten hängen lassen. Auch damit hatte Sigmund keine Probleme. »Doch meine absolute Unkenntnis in der Zubereitung von Speisen und Getränken, mein Desinteresse gegenüber allen Küchenangelegenheiten sollte mich in arge Bedrängnis bringen. Das traf mich wie ein Blitz aus heiterem Himmel.

In den sowjetischen Unterlagen mußte wohl auch die Beurteilung des Geruchssinnes gefordert worden sein. Also wurde dies ebenfalls wie alles bisher von unseren Spezialisten mit Gründlichkeit besorgt. Unser Hals-Nasen-Ohren-Arzt hatte – wahrscheinlich aus den Beständen seiner hauseigenen Küche – ein umfangreiches Sortiment Gewürze und Essenzen zusammengestellt. Nun begann er sie mir der Reihe nach unter die Nase zu halten. Als ich bei der ersten Riechprobe sagte: ›Ich weiß zwar, wonach es riecht, ich weiß nur nicht, wie es heißt‹, blieb er noch ganz ruhig. Er griff zum nächsten Fläschchen. Ich tippte auf Anis, es war Fenchel. So ging das weiter. Aus jeder Flasche roch es anders. Ich begann zu raten, brachte dadurch alles vollends durcheinander. Der Arzt brach die Übung ab. ›Sie können mir doch nicht erzählen, daß Sie Ihrer Frau noch nie in den Kochtopf geschnuppert haben‹, bemerkte er fast verärgert. Was sollte ich ihm antworten? Tatsächlich konnte ich kaum mehr als Kaffee, Tee und Eier kochen.

Es mußte sich bei mir eher um eine Bildungslücke als um mangelhaften Geruchssinn handeln. Das mußte bewiesen werden. ›Wenn ich zur Jagd gehe‹, versuchte ich mich zu rechtfertigen, ›kann ich eindeutig die Witterung von Schwarzwild und Rotwild unterscheiden.‹

Das ließ er nicht gelten. Mir schien, er war nicht mehr zu Scherzen aufgelegt. Da half mir der Zufall. Am Institut weilte seit kurzem eine sowjetische Expertengruppe, die unseren Ärzten für die letzte Phase der Auswahl zur Seite stand. Ein Mitglied dieser Gruppe, wie ich später erfuhr, war es Professor Brjanow vom Moskauer Institut für Medizinisch-Biologische Probleme, einer der führenden HNO-Spezialisten der Sowjetunion, kam gerade zur Tür herein. Man erklärte ihm die Situation. Ich hörte mir alles etwas bedrückt mit an und beschloß dann doch in die Offensive zu gehen. So überzeugend es mein Russisch erlaubte, erklärte ich ihm, was es mit meiner Nase und meinem freilich fragwürdigen Verhältnis zu Gewürzen auf sich hätte. Brjanow ging ohne ein Wort auf unseres Doktors Flaschenvorrat zu, nahm eine davon und hielt sie mir hin. Jetzt brauchst du nur noch die russische Vokabel nicht zu wissen, schoß es mir durch den Kopf, dann ist Feierabend. Aber schon schlug mir aus dem Fläschchen der unverwechselbare scharfe Geruch von Essig entgegen. »Uksus«, sagte ich erleichtert und sah, wie sich die Miene unseres Arztes etwas aufhellte. Damit hatte sich die Sache für den Professor erledigt und für mich zum Guten gewendet.

›Hat er sonst noch irgendwelche Probleme?‹ erkundigte er sich. Er meinte meinen Hals-Nasen-Ohren-Bereich. Unser HNO-Arzt verneinte. ›Auf unserem Fachgebiet hat er nie etwas Ernstes gehabt.‹ – ›Dann kann sogar noch ein richtiges Küchenwunder aus ihm werden‹, verabschiedete sich der Professor lachend.

Er war in meinen Augen ein entscheidungsfreudiger Mensch. Gesundes Risiko eingehen, Entscheidungen nicht vor sich her- oder anderen zuschieben, sich entschließen, wenn auch noch nicht alles abgesichert ist – solche Eigenschaften haben mir seit jeher immer besonders imponiert. Vielleicht auch deshalb, weil ich an wichtigen Stationen meines Lebens immer entscheidungsfreudige Genossen zur Seite hatte. Solchen Männern zum Beispiel habe ich es zu verdanken, daß ich Flugzeugführer wurde und es auch nach meinem Weltraumflug bleiben konnte.«

KEINE ANGST VOR GROSSEN KANÜLEN

Bleibt noch anzumerken, daß der für Kosmonauten wichtige Geruchstest auch variiert hätte durchgeführt werden können. Im Raumschiff und in der Orbitalstation kommt es darauf an, jede Veränderung in der Kabinenatmosphäre sofort zu bemerken, um Gefahrenquellen beseitigen zu können. Das gilt insbesondere für Kurzschlüsse und Treibstofflecks, für die gerade ein Flieger eine feine Nase hat. Benzol und Kerosin, Metall und Holz, Spiritus und Gase wären also für die Prüfung des Geruchssinn ebenso geeignet gewesen.

Zu den verschiedenen Testreihen gehörten am Institut für Luftfahrtmedizin vor der Kommandierung in das Kosmonautenausbildungszentrum »Juri Gagarin« wiederholte Blutentnahmen. »Dabei ist mir eine Untersuchung noch unangenehm in Erinnerung. Ich glaube, den zwei Ärzten und den beiden Schwestern, die den ›Aufstieg‹ in der Unterdruckkammer mitmachen mußten, war auch nicht wohl dabei. Gewiß gehörte es nicht zu ihren alltäglichen Routineaufgaben, in simulierten 5.000 Metern Höhe und unter der ungewohnten Sauerstoffmaske Blutproben zu entnehmen. Wir, die ›Patienten‹, saßen natürlich ohne Sauerstoffmaske da. Nur für alle Fälle lag sie in greifbarer Nähe. Es kam ja eben darauf an, Veränderungen im Blut bei geringen Luftdrücken zu erkennen. Mich störten weder der verringerte Luftdruck noch der Sauerstoffmangel, sondern die – meiner Meinung nach etwas zu groß geratene – Kanüle in der Ellenbeuge. Der Einfachheit halber und um nicht mehrmals stechen zu müssen, beließ man sie in der Vene. Am Ende der Kanüle befand sich ein Hahn, über den alle fünf oder zehn Minuten ein paar Kubikzentimeterchen ›Lebenssaft‹ abgefüllt wurden. Nicht, daß mich diese Prozedur an den Rand einer Ohnmacht geführt hätte, aber ich empfand sie als sehr unangenehm. Im Grunde war das eine Lappalie, aber mach' was dagegen.

Natürlich hütete ich mich, mir etwas anmerken zu lassen. Ich versuchte mir zu suggerieren: In den bevorstehenden Situationen wirst du wahrscheinlich noch ganz andere Sachen zu verkraften haben. Auch zwang ich mich, vor den Frauen, den Krankenschwestern, keine Schwäche zu zeigen. Ich wollte ja nicht so dastehen oder – richtiger – so daliegen wie einer meiner Mitkandidaten. Dieser war schon blaß geworden, als die Kanüle ausgepackt wurde, und nach der Blutabnahme hatte er das Angebot der Schwester, sich erst ein wenig hinzulegen, angenommen. Ihre anschließende Bemerkung hat mir wohl den Rest von Schwäche endgültig ausgetrieben: Sie hätte immer gedacht, für den Weltraumflug würden mutige Männer gesucht, aber dieser Genosse fürchtete sich ja vor einem Tropfen eigenen Blutes. Sicherlich war dieses Urteil nicht ganz gerecht. Ich wußte ja auch nicht, woher ich diese tiefe Abneigung gegen große wie kleine Kanülen hatte. Ob Mut, Selbstüberwindung oder männlicher Stolz – jedenfalls hatte ich mir geschworen: Wegen solch läppischer Kleinigkeiten läßt du dich hier nicht aussondern!«

Nur vier Teilnehmer des Sonderlehrgangs am Institut für Luftfahrtmedizin in Königsbrück wurden ausgewählt, um zum Endausscheid für die Kandidatur zum Kosmonauten nach Moskau zu
gehen: die Oberstleutnante Rolf Berger, Eberhard Golbs, Sigmund
Jähn und Eberhard Köllner, allesamt erfahrene Jagdflieger der
Nationalen Volksarmee.

OUVERTÜRE IM ORBIT

Im Spätsommer 1976 warfen die zukünftigen INTERKOS-
MOS-Gemeinschaftsflüge ihre Schatten voraus. Am 15. September starteten die beiden sowjetischen Kosmonauten Oberst Dr.
Waleri Bykowski als Kommandant und Dr. Wladimir Axjonow
als Bordingenieur mit SOJUS 22 zum achttägigen Unternehmen
RADUGA (Regenbogen). Diese Mission diente der Erprobung
der Multispektralkamera MKF-6 vom VEB Carl Zeiss JENA im
Weltraum. Zum ersten Mal beteiligte sich die DDR mit einem
komplexen und komplizierten Bordgerät an einem bemannten
Raumflug. Dr. Bykowski hatte bereits 1963 in WOSTOK 5
gemeinsam mit Walentina Tereschkowa in WOSTOK 6 einen
Gruppenflug durchgeführt und wurde 1978 der Kommandant des
Raumschiffes SOJUS 31, in dem er gemeinsam mit dem Forschungskosmonauten Sigmund Jähn zu SALUT 6 flog. Dr. Axjonow arbeitete als junger Ingenieur am Bau von SPUTNIK 1 mit
und beteiligte sich 1980 am Test der neuen Raumschiffvariante
SOJUS T. Die MKF-6 war von Mitarbeitern des Instituts für Kosmosforschung in Moskau und des Instituts für Elektronik in Berlin-Adlershof erdacht und unter Hinzuziehung von zwanzig weiteren Einrichtungen entwickelt worden. Ein Kollektiv des traditionsreichen VEB Carl Zeiss JENA, das zeitweilig 600 Wissenschaftler, Techniker und Facharbeiter umfaßte, projektierte und
produzierte die neue Kamera. Mit einer Entwicklungszeit von nur
einem Jahr – zwischen der Unterzeichnung der Aufgabenstellung
und der Übergabe des Instruments – setzte die MKF-6 eine
Rekordmarke eigener Art.

Ihr Einsatz erfolgte innerhalb des Programms der 1975 in Baku
gegründeten ständigen INTERKOSMOS-Arbeitsgruppe »Fernerkundung der Erde mit aerokosmischen Mitteln«. Diese etwas
umständlich und aus dem Russischen übernommene Bezeichnung
galt der modernsten Disziplin der Weltraumforschung und -nut-

zung, die erst mit der bemannten Raumfahrt voll zur Entfaltung kam. German Titow, der im August 1961 die Erde siebzehnmal umkreiste, fotografierte als erster unseren Blauen Planeten von außen, und zwar durch die Bullaugen seines Raumschiffes WOSTOK 2 mit einer handelsüblichen »einäugigen« Spiegelreflexkamera, bei der lediglich das Objektiv und das Magazin modifiziert worden waren.

Mit der aus 4.000 Einzelteilen und 50 elektronischen Leiterplatten bestehenden »sechsäugigen« MKF-6 erreichte diese Aufnahmetechnik einen neuen Höhepunkt, gestattete sie doch die Arbeit bei Tag und Nacht, gutem und schlechtem Wetter. Mit ihren sechs Objektiven – vier Kanälen im sichtbaren und zwei im infraroten Bereich – fotografierte sie in schmalen Spektralbereichen gleichzeitig bestimmte Gebiete der Erdoberfläche. Während des einwöchigen Fluges von SOJUS 22 konnten etwa 2.400 Bildsätze mit je sechs Aufnahmen gewonnen werden, die annähernd 50 Millionen Quadratkilometer abbildeten. Das entspricht einem Zehntel der gesamten Oberfläche unseres Globus oder zweimal dem Territorium aller ehemaligen RGW-Staaten.

Die Multispektralkamera war in einer speziellen Fotosektion von SOJUS 22 installiert, die eine zylinderförmige »Nase« am Bug des Raumschiffes bildete, wo sich die Orbitalsektion für die Arbeit in der Umlaufbahn befindet. Diese kugelförmige Sektion mit der MKF-6 wurde vor der Landung abgetrennt und verglühte beim Eindringen in die dichteren Schichten der Erdatmosphäre. Mit RADUGA wurde die Ouvertüre für die Raumflüge der Interkosmonauten intoniert. Die DDR erhielt als erster Teilnehmerstaat die Gelegenheit, sich an einer bemannten Mission zu beteiligen. Zugleich drückte das aber auch aus, wie nötig Moskau die moderne Kamera brauchte, die nur Jena bauen konnte. Professor Roald Sagdejew, der mächtige Chef des Moskauer Instituts für Kosmosforschung, erklärte damals in einem Gespräch: »RADUGA ist sowohl vom Umfang wie auch vom Inhalt das bisher bedeutendste Experiment innerhalb des INTERKOSMOS-Programms. Nunmehr kommt es darauf an, die uns interessierenden Objekte auf der Erde bestimmten Spektralklassen zuzuordnen und eine wohlgeordnete ›Bibliothek‹ der Spektralproben anzulegen. Diese erlaubt einen schnellen Zugriff zu den gesuchten ›Schätzen‹ – Nahrungsmittelanbau, Fischfangzonen, Trinkwasservorräte, Bodenreichtümer und vieles andere mehr. Das wird den Volkswirtschaften aller beteiligten Länder zugute kommen und vor allem auch der Dritten Welt, die am meisten leidet.« Übrigens lernte Professor Sagdejew im sogenannten Gorbatschow-Komitee, einem internationalen Beratungsgremium, Susan Eisenhower, die Enkeltochter des ehemaligen USA-Präsidenten und Fünfsterne-Generals Dwight D. Eisenhower, kennen, heiratete sie unter dem Zeichen von »Glasnost« und »Perestroika« und siedelte nach dem Zusammenbruch der Sowjetunion in die Vereinigten Staaten von Amerika über.

SECHS TRÜMPFE

Die Multispektralkamera aus Jena stellte damals eine internationale Spitzenleistung dar, die mit sechs Trümpfen stach:
• Das Auflösungsvermögen, die bei geeigneten Kontrasten erkennbaren Einzelheiten der Abbildung, übertraf das moderner Luftbildkameras um das Zwei- bis Dreifache. So waren im sichtbaren Bereich des Spektrums in der Bildmitte bis zu 160 Linienpaare je Millimeter zu erkennen. Das menschliche Auge bringt es ohne Hilfsmittel nur auf fünf Linien, also auf weniger als den dreißigsten Teil. Das erlaubte es, Objekte von bis zu zehn Meter Ausdehnung aus dem Weltraum zu erkennen – Hütten, Feldwege und Bootsstege ebenso wie Raketenwaffen, Kampfflugzeuge und Kriegsschiffe.
• Auf Negativen von 55 mal 80 Millimetern wurde aus einer mittleren Höhe von 265 Kilometern ein relativ großes Areal von 18.975 Quadratkilometern abgebildet. Beim Fotografierten ohne Überdeckung waren für die vollständige Erfassung des Territoriums der DDR von rund 108.000 Quadratkilometern nur acht bis zehn Aufnahmen in jedem Kanal erforderlich.
• Das hohe Auflösungsvermögen und die Überlappungsmöglichkeit der Aufnahmen gestatteten es, stereoskopische, das heißt dreidimensionale Bilder zu gewinnen. Während des Experiments RADUGA wurde ein Überdeckungsgrad von bis zu 80 Prozent der einzelnen Bildsätze gewählt.
• Die Distorsion, also die Verdrehung der Kamera um ihre vertikale Achse, lag mit millionstel Teilen eines Meters im Bereich der Zeichengenauigkeit und des Papierverzuges internationaler Weltkarten.
• Die in der MKF-6 ausgeblendeten und für die Spektralauf-

nahmen verwendeten Frequenzbereiche waren schmaler als bei allen bisher eingesetzten Multispektralkameras. Auch diese Eigenschaft erhöhte den Nutzeffekt des Geräts wesentlich.

• Eine wichtige Voraussetzung für die hervorragenden Eigenschaften der Kamera bildete die hochkomplizierte Technik, die die störende Relativgeschwindigkeit des Raumschiffes gegenüber der Erde ausglich. Wie jeder andere Raumflugkörper auf erdnaher Umlaufbahn umkreiste SOJUS 22 unseren Planeten mit einer Geschwindigkeit von etwa 28.000 Kilometern in der Stunde. Selbst bei sehr kurzen Belichtungszeiten bewegte sich dabei das Raumschiff bis zu einigen Dutzend Metern an den Objekten auf der Erdoberfläche vorbei. Damit würde der hohe Auflösungseffekt zunichte, wenn die Objektive nicht während der Aufnahme um einen entsprechenden Winkel mitschwenkten. Die Bewegung mußte deshalb in Abhängigkeit von der Flughöhe exakt kompensiert werden.

Für das Experiment RADUGA wurden in den einzelnen Ländern bestimmte Teststrecken ausgewählt, so in der Sowjetunion das Gebiet der Kursker Magnetanomalien mit seinen besonders reichen Erzvorkommen und in der DDR das Zentrum der Chemieindustrie im Raum Halle-Bitterfeld, das besonderer Aufmerksamkeit des Umweltschutzes bedurfte. Am vierten Tag erfolgte der erstmalige Überflug der DDR von Südwest nach Nordost. Beginnend im Gebiet Brambach-Plauen wurde ein 230 Kilometer langer Streifen fotografiert. Die zweite Überquerung erfaßte die mittleren Gebiete und die dritte die Ostseeküste.

BLICK AUS DREI ETAGEN

Während des Unternehmens RADUGA erfolgte die Erderkundung räumlich und zeitlich parallel aus drei »Etagen«.

• Aus dem »Dachgeschoß« von Bord des Raumschiffes SOJUS 22 mit einer mittleren Höhe von 265 Kilometern »schossen« die Kosmonauten Raumbildaufnahmen eines Geländestreifens von 115 mal 165 Kilometern.

• Aus der »Zwischenetage« gewannen Spezialisten durch die Bodenluken eines Forschungsflugzeuges An-30 ebenfalls mit der MKF-6 Luftbildaufnahmen. Aus 6.000 bis 7.000 Metern Höhe wurde jedoch ein kleinerer Ausschnitt von nur 3,5 mal 4 Kilometern erfaßt.

• Aus dem »Parterre«, am Boden oder auf dem Wasser führten Fachleute verschiedener Disziplinen – Agronomen und Aerologen, Hydrologen und Meteorologen – Vergleichsmessungen durch, beispielsweise der Bodenfeuchtigkeit und des Erntestandes sowie der Luft- und Wasserverschmutzung.

Wissenschaftliche Analogien erlaubten nach der Auswertung aller Multispektralaufnahmen auf der Erde, die Fernerkundungstechnik weiter zu verfeinern. Dafür hatte der VEB Carl Zeiss JENA den vierkanaligen Multispektralprojektor MSP-4 entwickelt, mit dem unter Verwendung von Filtern und durch Überdeckung die aus dem Weltraum gewonnenen Aufnahmen kombiniert werden konnten. So erlaubte es der MSP-4, gleichzeitig vier der sechs jeweils vom selben Objekt gewonnenen Aufnahmen in einer Projektion zur Deckung zu bringen, wobei jedes Foto durch Filter in einer beliebigen Farbe wiedergegeben werden kann. Diese Mischbilder vervielfachen den Informationsgehalt durch die mögliche Verstärkung von Tönungen und durch Farbverfälschungen. Theoretisch sind etwa eine Million Kombinationen eines Bildsatzes denkbar. Am Auswerter liegt es dann, die für die Aufgabenstellung sinnvollsten auszuwählen.

In der multispektralen Farbverteilung steht weiß für Wolken, Schnee und Eis; rot für frisch bestellte Felder und lebende Vegetation; braun für Waldgebiete; blaugrau für Brachland; grün für Städte und Gebirge oberhalb der Vegetationsgrenze; blaugrün für Luftverschmutzung; blauschwarz für Wasser – Meere, Seen und Flüsse. Veränderungen der Farbe sind auf Verschmutzungen zurückzuführen, so daß sich auch ihr Grad feststellen läßt, was die rechtzeitige Einleitung von Maßnahmen zum Schutz und zur Sicherung, zur Regulierung und Regeneration ermöglicht. Das ist eine entscheidende Grundlage für den regionalen und globalen Umweltschutz.

Bodenschätze wiederum sind durch Fernerkundung nicht unmittelbar nachweisbar. Aber bestimmte Mineralien lagern in der Nachbarschaft ihrer geologischen »Lieblings«-Strukturen, oder sie machen sich durch Sekundäreffekte bemerkbar, wie beispielsweise ein besonderes Abschmelzmuster des Schnees und geringfügige spektrale Unterschiede in der Vegetation. Synthetische Farbbilder erlauben wertvolle Aussagen für die Land-, Forst- und Fischwirtschaft, so über die Beschaffenheit des Bodens, seinen Salz- und Feuchtigkeitsgehalt sowie die Erosion, aber auch über das Entwicklungsstadium von Pflanzen, ihren Befall durch Krankheiten und Schädlinge und damit über Termine und Erträge von Ernten. Auf dieser Grundlage sind Mißernten vorhersehbar und Import- und Exportverträge rechtzeitig abschließbar. In Mischwäldern können die Abteile der einzelnen Baumarten genau abgeschätzt werden, denn gesunde und kranke Bäume heben sich auf den Aufnahmen deutlich voneinander ab. Die für das Überleben von Millionen Menschen wichtigen Trinkwasservorräte lassen sich ebenso aufspüren wie die für die Ernährung bedeutsamen Fischfanggebiete. Das alles ist für große Flächen mit geringem Aufwand in kürzester Zeit möglich. Während der Mission RADUGA mit SOJUS 22 saßen erstmals Wissenschaftler und Techniker der DDR beim Flug eines bemannten Raumschiffes vor den Bildschirmen des sowjetischen Flugleitzentrums bei Moskau: Professor Hans-Joachim Fischer, Direktor des Instituts für Elektronik der Akademie der Wissenschaften in Berlin-Adlershof als Leiter der deutschen Konsultationsgruppe, und Professor Karlheinz Müller, Direktor des Forschungszentrums im VEB Carl Zeiss JENA als Technischer Leiter für das Experiment von DDR-Seite.

MOSKAUS EMBARGO

Für den ersten Test der Multispektralkamera im Weltraum konnte auf die sowjetische Reserverakete des ersten gemeinsamen bemannten Raumfluges USA-UdSSR – APOLLO-SOJUS-Test-Projekt – zurückgegriffen werden. Doch deren Verfallsdatum lief nach einem guten Jahr ab, so daß Eile geboten war. Die DDR wollte die MKF-6 zu einem Preis an die Sowjetunion verkaufen, der wenigstens die Kosten der Entwicklung von 82 Millionen Mark und die der Herstellung für ein Exemplar von 3,5 Millionen decken würde. Bis zur Vertragsunterzeichnung kurz vor dem Start feilschte der kleine mit dem großen Bruder, denn Moskau wollte das System umsonst haben oder anderenfalls die Aufnahmen vom ostdeutschen Territorium nicht kostenlos liefern. Von den drei Überflügen der DDR wurden nur einige ausgewählte Bilder zur Verfügung gestellt, angeblich weil die Kamera gerade nicht lief oder die Wetterverhältnisse keine brauchbaren Aufnahmen zuließen. Strapazierte Paradebeispiele waren die Bilder vom Süßen See im Kreis Eisleben nahe den Ortschaften Seeburg und Aseleben sowie die Halbinsel Darß mit dem Fischland und Zingst.

Die MKF-6 hätte für die Raumfahrt der DDR kommerziell zu einem großen Wurf werden können, stellte sie doch international anerkannt eine wissenschaftlich-technische Spitzenleistung dar. Potentielle Kunden für die Kamera gab es sowohl im Osten wie im Westen. Doch die Herstellung lief ebenso »cosmic secret« wie die Entwicklung. Das offizielle Autorenkollektiv, zu dem auch ein Bürger der DDR, Professor Müller gehörte, erhielt den Staatspreis der UdSSR, und auf der Leipziger Messe wurde das System mit einer Goldmedaille ausgezeichnet. Die Sowjets waren damit zufrieden, doch in Jena hätte man gern die Kamera in Valuta versilbert. Dazu erklärte Professor Müller, nach der Wende als Gesellschafter und Marktstratege bei Jenoptik wieder an Bord: »Moskau blieb hart und erteilte keine Genehmigung zum Export. Obwohl die Kunden zum Teil schon in den Jenaer Hotels saßen, sogar mit Koffern voller Schweizer Franken. Aber die kurze Leine Moskaus wirkte für uns wie ein Embargo. Wir konnten das gut durchkalkulierte und Gewinn versprechende Geschäft nicht abschließen. Daß sich auch die Volksrepublik China mit ihrem Riesenmarkt und der erdölfördernde Golfstaat Irak in die Schlange der Kaufwilligen eingereiht hatten, blieb geheim, wie so viele interessante Informationen.« Vermarktet wurde das erstklassige Gerät letztlich für die Agitation und Propaganda, und die Bevölkerung spottete nur über die »Multispektakelkamera«.

Seit dem RADUGA-Experiment sind mehr als zwei Jahrzehnte vergangen, in denen sich die Multispektralkamera und die dazugehörigen Auswertegeräte in verschiedenen Modifikationen an Bord von Forschungsflugzeugen und Raumstationen wie SALUT 6, SALUT 7 und MIR sowie in Bodenstationen bewährten. Kosmonauten aller zehn INTERKOSMOS-Länder gewannen mit der MKF-6M und MKF-6MA Aufnahmen hoher Qualität, die volkswirtschaftlich zu Buche schlugen. Die Wissenschaftler und Techniker der DDR erwarben durch ihre frühe aktive Beteiligung an der Fernerkundung der Erde aus dem Weltraum einen wertvollen Erfahrungsschatz, den sie in das vereinte Deutschland einbringen konnten. Sigmund Jähn, der später zu dieser Problematik promovierte, ist heute einer von ihnen. Damals hatte er alle Hände voll zu tun, um sich auf die bevorstehende endgültige Entscheidung über sein weiteres Schicksal im Sternenstädtchen bei Moskau vorzubereiten.

GANGSTER ÜBERFALLEN GELEHRTE

Mitte Oktober 1976 fand im Convention Center in Anaheim bei Los Angeles der 27. Internationale Astronautische Kongreß statt, auf dem interessante Aussagen über zukünftige bemannte internationale Raumflüge gemacht wurden. Diese Beratung sorgte auch deshalb für Sensationsnachrichten, weil im Foyer des First-Class-Hotels »Howard Johnson's« ein Verbrechen verübt wurde: Mit vorgehaltenen Pistolen beraubten unerkannte Gangster die sowjetischen Akademiemitglieder Leonid Sedow und Boris Petrow. Die amerikanischen Zeitungen wußten am nächsten Tag zwar nichts von einer Spur der Banditen, wohl aber vom schnellen Reaktionsvermögen der beiden greisen Gelehrten zu berichten, die geistesgegenwärtig in einen Fahrstuhl gesprungen waren, um den Verbrechern zu entkommen. Das State Department äußerte sein Bedauern über den Vorfall und ließ für den Rest der Konferenz uniformierte Polizeibeamte um das Hotel patrouillieren.

Für die kalifornischen Sheriffs war das ein ganz alltäglicher Fall, nur peinlich wegen seiner internationalen Optik. Heute herrschen die gleichen Verhältnisse in Moskau und Sankt Petersburg. Professor Sedow wurde im Westen lange Zeit als »Vater des Sputniks« bezeichnet, obwohl er als Grundlagenforscher mit dem Bau von Satelliten nichts zu tun hatte. Aber er vertrat nun einmal auf internationalen Veranstaltungen offiziell die Sowjetunion, während der legendäre Chefkonstrukteur Sergej Koroljow aus Geheimhaltungsgründen nie ins Ausland reisen durfte. Professor Petrow war zu dieser Zeit Vorsitzender des Rates INTERKOSMOS bei der Akademie der Wissenschaften der UdSSR. Beide Wissenschaftler waren aber nicht nur als Opfer des Raubüberfalls interessant, sondern vor allem, weil von ihnen Aussagen über die Zukunft der sowjetischen Raumfahrt und die internationale Zusammenarbeit erwartet wurden. Im Mittelpunkt stand das ein Jahr zuvor erfolgreich durchgeführte Gemeinschaftsunternehmen APOLLO-SOJUS.

Im Rückblick scheint es erstaunlich, daß es schon vor fast einem halben Jahrhundert zu einem ersten Gipfeltreffen im Weltraum kam. Doch während des vierzigjährigen Kalten Krieges verbesserten sich die Beziehungen zwischen den rivalisierenden Supermächten einige Male – allerdings immer nur teilweise und vorübergehend. So trat auch in der ersten Hälfte der siebziger Jahre, in der Ära Breshnew-Nixon, eine Verschnaufpause ein, in der die Eiszeit von Tauwetter unterbrochen wurde. Innerhalb von drei Jahren kamen dreißig Abkommen zwischen Moskau und Washington zustande – in Wirtschaft und Wissenschaft, Technik und Kultur, darunter auch die Vereinbarung zwischen dem Rat INTERKOSMOS und der NASA über das APOLLO-SOJUS-Test-Projekt.

Die Gegner jeder Verständigung diffamierten das ASTP als »Techtelmechtel im All« und als »Space Show«, als »Politrummel« und »Entspannungszirkus« ohne wissenschaftlichen und technischen Wert. Doch Professor Petrow und Dr. Arnold Fruitkin, stellvertretender NASA-Direktor für internationale Angelegenheiten, waren sich in Los Angeles einig, daß der Gemeinschaftsflug in mehrfacher Hinsicht für beide Partner von großer Bedeutung sei.

Erstens trug er dazu bei, die Sicherheit des Menschen im Kosmos zu erhöhen und den Raumrettungsvertrag der Vereinten Nationen von 1967 mit Leben zu erfüllen. Denn die Erprobung anpassungsfähiger Rendezvous-, Dockungs- und Kopplungsvorrichtungen sowie von Kommunikations- und Lebenserhaltungssystemen machte in Gefahrensituationen internationale Hilfeleistungen überhaupt erst möglich.

Zweitens führte das Unternehmen APOLLO-SOJUS zu einer technischen Angleichung verschiedener Systeme und Aggregate, Anlagen und Instrumente im Weltraum und auf der Erde. Das erleichtert die Zusammenarbeit beider Länder bis heute, wo Kopplungen des amerikanischen Space Shuttles mit der russischen Orbitalstation MIR im wahrsten Sinne des Wortes alltäglich waren, und der Aufbau der Internationalen Raumstation auf der Tagesordnung steht.

Drittens eröffnete die Mission von 1975, während der die Astronauten und Kosmonauten eine Vielzahl wissenschaftlicher und technischer Versuche unternahmen, neue Perspektiven für die Lösung komplizierter Aufgaben globaler Natur wie Lebensmittelversorgung, Trinkwasserbevorratung, Katastrophenwarnung und Umweltschutz.

GENERAL VERRÄT GEHEIMNIS

Im Anschluß an den Kongreß der Internationalen Astronautischen Föderation in Anaheim flog die sowjetische Delegations-
leitung nach Washington, um dort im Hauptquartier der NASA
über die Weiterführung der Kooperation im Kosmos zu beraten.
Im darauffolgenden Jahr lief nämlich das im Mai 1972 abgeschlossene Weltraumabkommen zwischen den USA und der UdSSR mit
einer fünfjährigen Laufzeit aus und sollte verlängert werden. Auf
der Grundlage der reichen Erfahrungen, die beide Seiten bei der
dreijährigen Vorbereitung, der einwöchigen Durchführung und
der zweijährigen Auswertung der Mission APOLLO-SOJUS sammeln konnten, wurde dann am 17. November 1977 in Moskau
eine Vereinbarung über den gemeinsamen Raumflug einer sowjetischen Orbitalstation SALUT und einer amerikanischen Raumfähre unterzeichnet.

Da zu diesem Zeitpunkt SALUT 6 bereits im Einsatz war, das
nicht raumflugfähige Space Shuttle »Enterprise« aber gerade erst
seine Erprobungsflüge aufnahm, legten die Partner fest, daß eine
Kopplung SALUT-Shuttle nach 1980 erfolgen sollte, wenn die
»Columbia« ihren Jungfernflug im Weltraum absolviert hätte.
Das zweite Gipfeltreffen in der Umlaufbahn sollte fünf Tage
dauern, in einer Flughöhe zwischen 300 und 400 Kilometern
ablaufen und mit interessanten wissenschaftlichen und technischen Experimenten verbunden sein. Dieses Projekt hätte längst
Geschichte sein können. Doch Washington lehnte 1982 die fäl-
lige Verlängerung der vertraglichen Beziehungen ab. Dafür erklärte US-Präsident Ronald Reagan am 23. März 1983 sein Sternenkriegsprogramm. Die Flottille der vier Space-Shuttle-Orbiter
sollte darin das Rückgrat der Weltraumstreitkräfte US Space Force bilden.

Am Kongreß in Los Angeles nahmen auch die beiden sowjetischen Kosmonauten des ASTP teil: General Alexej Leonow, der
Kommandant von SOJUS 19, und Dr. Waleri Kubassow, der
Bordingenieur. Auf einer internationalen Pressekonferenz und
in persönlichen Gesprächen hatten die sie begleitenden Journalisten Gelegenheit, ihnen Fragen zu den Projekte der bemannten
Raumfahrt zu stellen. Dr. Kubassow, 1969 Teilnehmer des Grup-
penfluges von drei SOJUS-Schiffen und erster Schweißer im All,
sagte dazu: »Für 1977 ist der Start von SALUT 6 vorgesehen.

Dabei handelt es sich um eine Orbitalstation der zweiten Generation, die mit zwei Kopplungsstutzen – einer am Bug und einer am Heck – ausgerüstet sein wird. Das eröffnet völlig neue Möglichkeiten für den ständigen Betrieb und die Beteiligung von Gästen aus anderen Ländern. Das vordere Dockungsaggregat dient vor allem den Stammbesatzungen und Besuchermannschaften, die mit Passagierraumschiffen der SOJUS-Klasse anreisen. Den hinteren können unbemannte Frachtraumschiffe nutzen, die Nachschub an Nahrungsmitteln, Trinkwasser und Atemluft sowie an Treibstoff, Ersatzteilen und Reparaturmaterial zur Station bringen. Außerdem lassen sich Forschungsmodule ankoppeln, mit denen das Arbeitsprogramm erweitert wird.« Diese Prognose traf haargenau ein: Am 29. September 1977 startete SALUT 6, am 11. Dezember des gleichen Jahres begann ihr bemannter Betrieb, am 20. Januar 1978 legte der erste PROGRESS-Frachter an und am 25. April 1981 das betriebstechnische Modul KOSMOS 1267.

Generalmajor Alexej Leonow, der 1965 als erster Mensch einen »Salto Orbitale« in den freien kosmischen Raum wagte und wegen seines aufgeblähten Skaphanders ernsthafte Schwierigkeiten hatte, wieder in die Luftschleuse von WOSCHOD 2 zurückzukehren, antwortete auf die Frage nach der Ausbildung und dem Einsatz von Kosmonauten aus den RGW-Ländern: »Im Spätherbst dieses Jahres treffen die Kandidaten aus der Tschechoslowakei, Polen und der DDR zur Endausscheidung im Sternenstädtchen ein, und Anfang Dezember beginnt die Ausbildung der jeweils zwei Übriggebliebenen aus jedem dieser Länder als Forschungskosmonauten für die Arbeit an Bord von SOJUS-Raumschiffen und SALUT-Orbitalstationen. Das Studium umfaßt neben theoretischen Fächern von der Astronomie bis zur Zoologie auch praktische Übungen auf dem Startplatz Baikonur, im Landegebiet der kasachischen Steppe und für die Wasserung auf dem Schwarzen Meer. Kurz vor dem Start erfolgt die endgültige Bestätigung der Einsatzmannschaft und der Doubles. Die Flüge von Kosmonauten aller Mitgliedstaaten von INTERKOSMOS sind für den Zeitraum 1978 bis 1983 vorgesehen.«

Die »Wochenpost«, die Auszüge aus diesen Gesprächen veröffentlichte, handelte sich und dem Autor damit nur Ärger ein, denn die Oberen in der DDR waren wieder einmal beleidigt. Zum einen, weil sie ihrem Staatsvolk die Termine für das historische

Ereignis selbst bekanntgeben wollten, und zum anderen, weil sie mit dem Ärger, an dritter Stelle nach den Tschechoslowaken und den Polen zu rangieren, nicht fertig wurden. Doch der General, der diese »Geheimnisse« verraten hatte, war kein Geringerer als der Chef der sowjetischen Kosmonautenabteilung, der für die Auswahl der Weltraumflieger verantwortlich zeichnete.

Im Sternenstädtchen

1976 bis 1978

Die Zeiten sind vorbei, wo die Phantasie
der Schriftsteller dem Leben vorauseilte
ins Reich der Phantasie. Die Physiker und
Ingenieure haben die Initiative an sich
gerissen und machen die Träume der
Utopisten zur Wirklichkeit.
Aus Stefan Heym: »Das kosmische Zeitalter«, 1959

SWJOSDNY GORODOK

An einem kalten Novembertag des Jahres 1976 landeten auf dem Moskauer Flughafen Scheremetjewo fast zur gleichen Zeit drei Flugzeuge. Sie waren in Prag, Warschau und Berlin gestartet. Unter den Passagieren, die jeder Maschine entstiegen, befanden sich vier Fliegeroffiziere in den Uniformen der jeweiligen Armeen und ein sie begleitender Arzt. Von Seiten der Nationalen Volksarmee der Deutschen Demokratischen Republik waren das die Oberstleutnante Rolf Berger, Eberhard Golbs, Sigmund Jähn und Eberhard Köllner sowie Oberst Medizinalrat Dr. med. Hans Haase. Sie wurden empfangen von Vertretern ihrer Botschaften und von Offizieren der sowjetischen Luftstreitkräfte. Die drei Quintetts fuhren zu ihrem gemeinsamen Ziel, dem Kosmonautenausbildungszentrum »Juri Alexejewitsch Gagarin« im Sternenstädtchen, das eine Zeitlang auch den Namen Breshnew trug. Doch er setzte sich im Volksmund nie durch, und so blieb es bei Swjosdny Gorodok. Hier sollte sich in den nächsten vierzehn Tagen entscheiden, wer die jeweils beiden endgültigen Kandidaten der drei Staaten für den Raumflug wären.

Sigmund Jähn war dieser Ort nicht unbekannt, war er doch während seines vierjährigen Studiums an der Militärakademie oft mit der Elektritschka, der Moskauer Schnellbahn, am Sternenstädtchen vorbeigefahren, dessen Haltestelle Ziolkowskaja heißt. Von hier aus brauchte er nur noch wenige Minuten bis Monino, einem der wissenschaftlichen Zentren der sowjetischen Luftstreitkräfte.

Das Gelände für Swjosdny Gorodok war 1958 von Generaloberst der Flieger Nikolai Kamanin ausgewählt worden, dem legendären ersten Leiter der Kosmonautenabteilung und ersten Helden der Sowjetunion. Er erklärte nachdrücklich: »Kein Zweifel, die Luftfahrt ist der Bereich, aus dem die Kandidaten für das Kosmonauten-Kollektiv ausgewählt werden müssen. Der Weltraumflieger arbeitet bei der Steuerung des Raumschiffes als Pilot. Während des Fluges können sich Schwierigkeiten ergeben, die nur ein erfahrener Flieger überwinden kann.«

Am Montag, dem 14. März 1960, um neun Uhr Moskauer Zeit, nahmen die legendären Zwanzig der ersten Gruppe sowjetischer Kosmonauten ihr Studium im Sternenstädtchen auf. Sie alle waren junge Flieger, zu deren Idolen Waleri Tschkalow gehörte, der drei Jahrzehnte zuvor vom nahegelegenen Flugplatz aus siebzig Flugzeugmuster testete und sein Leben für die Luftfahrt gab. Als die ersten Interkosmonauten nach Swjosdny Gorodok kamen, wirkten dort von diesen Veteranen noch German Titow sowie Waleri Bykowski, Jewgeni Chrunow, Viktor Gorbatko, Alexej Leonow, Andrijan Nikolajew, Pawel Popowitsch, Georgi Schonin und Boris Wolynow. Walentin Bondarenko, der Benjamin unter ihnen, kam 1961 beim Training in der Barokammer ums Leben, Wladimir Komarow war 1967 bei der Erprobung von SOJUS 1 abgestürzt, Juri Gagarin verunglückte 1968 bei einem Übungsflug mit einer MiG-15UTI und Pawel Beljajew starb 1970 an einem Krebsleiden. Andere schieden aus verschiedenen Gründen aus der Gruppe aus.

Die zwölf Aspiranten und ihre drei Ärzte aus den INTER-KOSMOS-Ländern wohnten im »Prophylaktorium«, dem Hotel des Sternenstädtchens, das so genannt wurde, weil sich dort die Raumschiffbesatzungen vor ihrem Einsatz zu prophylaktischen Maßnahmen aufhielten. Der Naturfreund Sigmund Jähn erinnert sich: »Die Zimmer waren geräumig, modern eingerichtet und gewährten einen herrlichen Ausblick auf den künstlich angelegten See. Die zahlreichen Stockenten darauf – sie blieben auch im Winter, weil ihnen mit einer Art Rührwerk eine kleine Stelle eisfrei gehalten wurde – und das Schwanenpaar erfreuten sich allgemeiner Beliebtheit.«

Zu dieser Zeit war die bemannte Raumfahrt erst fünfzehn Jahre alt und verzeichnete 58 Missionen, an denen eine Frau und achtzig Männer aus den beiden Raumfahrtnationen UdSSR und USA teilgenommen hatten. Mit 84 Tagen hielt die dritte SKYLAB-Besatzung seit 1974 den Rekord, der ein Jahr später von der zweiten SALUT-Mannschaft gebrochen wurde.

In den vier Jahrzehnten hat sich die Zusammensetzung des Kosmonautenkorps ständig verändert. Zwar bilden die Jagdflieger und Testpiloten immer noch den harten Kern, doch in zunehmendem Maße stießen Naturwissenschaftler und Mediziner, Ingenieure und Konstrukteure mit großer Berufserfahrung hinzu. Dementsprechend erhöhte sich auch das Durchschnittsalter der Raumfahrer von Mitte bis Ende der Zwanzig auf Ende Dreißig, Anfang Vierzig. Viele Bewohner des Sternenstädtchens haben heute zwei und mehrere Hochschuldiplome in der Tasche und tragen Doktorhüte; einige ehemalige Kosmonauten sind Professoren und Chefkonstrukteure.

DER TOTMANNKNOPF

»Die zwei Wochen in den Händen der sowjetischen Raumfahrtmediziner, Psychologen und Pädagogen wurden zu einer soliden Nervenprobe,« entsinnt sich Sigmund Jähn. »Alle waren freundlich und mitteilsam, wenn man sie nach dem Sinn der einen oder anderen Untersuchung befragte, aber um keinen Preis hätten sie den Stand der Dinge auch nur angedeutet. Das war einzusehen. Der jeweilige Spezialist hatte die Tauglichkeit auf seinem Gebiet einzuschätzen. Mit voreiligen Auskünften hätte er nur die Arbeit der anderen erschwert.«

Aus der Tatsache, daß er keine Untersuchung wiederholen mußte, schloß Sig mit Recht, daß die Sache bei ihm gar nicht so schlecht stand. Doch die schwerste Herausforderung, der Test in der Zentrifuge, war noch zu bestehen. Er diente dazu, die Beschleunigungskräfte, die beim Start durch die Zündung der einzelnen Raketenstufen und nach der Abbremsung beim Eintritt in die dichteren Schichten der Erdatmosphäre auftreten, zu simulieren. So etwa in den knapp zehn Minuten, in denen ein SOJUS-Raumschiff von Null auf mehr als 28.000 Kilometer in der Stunde beschleunigt wird und während des etwa 30 Minuten dauernden Abstiegs, bei dem die mehr als zwanzigfache Schallgeschwindigkeit auf eine Fallschirmsinkgeschwindigkeit von wenigen Metern pro Sekunde abgebremst wird.

Die erste Zentrifuge für medizinische Zwecke wurde übrigens 1807 im Königlichen Armeehospital zu Berlin eingesetzt. Sie hatte einen Ausleger von 1,80 Metern und erzeugte eine Beschleunigung von 5 g (g = Gravitations-, Schwere- und Fallbeschleunigung = 9,81 m/sec – als abgerundeter Wert für mittlere Breiten auf der Erdoberfläche), was dem Fünffachen des Eigengewichts entspricht. Diese Anlage diente der klinischen Behandlung von Geisteskranken. 1878 baute der russische »Vater der Raumfahrt«, Konstantin Ziolkowski, eine kleine Zentrifuge für biologische

Forschungen. Seit Mitte des 20. Jahrhunderts werden medizinische Geräte dieser Art gegen Krankheiten wie Netzhautablösung genutzt.

Die große Zentrifuge im Sternenstädtchen besteht aus einem senkrecht angeordneten Metallschaft mit einem 18 Meter langen waagerecht herausragenden, turmförmigen Arm, an dessen Ende ein Gehäuse montiert ist. Die Testperson wird in der Kabine auf einem Sessel festgeschnallt und dann mit großer Geschwindigkeit wie auf einem Karussell herumgeschleudert, wobei sie gleichzeitig um andere Achsen bewegt werden kann. Mit Zentrifugen lassen sich Beschleunigungen bis zu 25 g erzeugen, doch liegen die Werte in der Praxis meist unterhalb von 8 g. Lediglich bei Einsätzen der Rettungsraketen von SOJUS, die das Raumschiff bei Gefahr während des Starts zur Notlandung seitlich wegkatapultieren, wirkten für Bruchteile von Sekunden bis zu 17 g auf die Kosmonauten. Die bisher größte Schwerebeschleunigung, der ein Mensch ausgesetzt war, betrug 83 g während eines sehr kurzen Zeitraumes von 0,04 Sekunden. Diese Belastung überstand der US-Air-Force-Major Beeding auf einem »Daisy Decelerator« genannten Schienenschlitten, der zuerst stark beschleunigt und dann scharf abgebremst wurde. Der amerikanische Luftfahrtmediziner Dr. Stapp, der sich im Selbstversuch auf einer solchen Anlage bis auf 40 g beschleunigen ließ, erzählte uns, daß er zeitweilig ohnmächtig, blind und gelähmt war und mehrere Wochen im Krankenhaus zubringen mußte. Immerhin wog der Arzt für Sekundenbruchteile mehr als drei Tonnen!

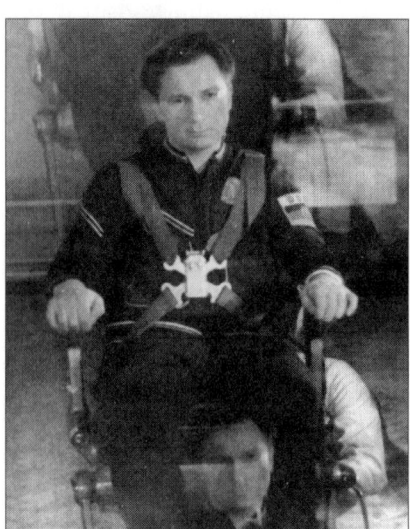

Auf der »Teufelsstuhl« genannten Schielow-Schaukel

Über sein erstes Erlebnis in der Zentrifuge des Sternenstädtchens, das für längere Zeit andauerte, berichtet Sigmund Jähn: »Wahrscheinlich hat sich wieder einmal bestätigt: Es ist nie von Schaden, wenn man sich auf eine ungewohnte, komplizierte Aufgabe psychologisch etwas einstimmen kann. Das war nicht jedermanns Stärke. Bei den gewiß nicht leichten Überprüfungen auf der Zentrifuge kam es darauf aber besonders an. Einer solchen Belastung, bei der man das Achtfache des eigenen Körpergewichts spürt, durfte man sich nicht unvorbereitet aussetzen. Andererseits war es keinesfalls gut, sich schon vor der ersten Umdrehung so aufzuschaukeln, daß der Puls weit über den normalen Ruhewert kletterte. Die sowjetischen Spezialisten gaben uns selbstverständlich Hinweise für das zweckmäßigste Verhalten. Das wichtigste sei, so erklärten sie, richtig zu atmen. Unter dem enormen Druck auf den Brustkorb muß man ganz bewußt und mit Kraftanstrengung ausatmen, sonst treten unangenehme Folgen ein. Unter anderem kann man dem Zwang die Augen zu schließen nur schwer widerstehen.

Der leitende Arzt verfolgte natürlich auf einem Monitor alles genau, war über Herz- und Atemfrequenz jederzeit im Bilde. Er konnte die Zentrifuge sofort anhalten. Außerdem drückt der ›Patient‹ ständig eine Notstopptaste, den sogenannten Totmannknopf. Sollte ihn in der rechten Hand infolge Bewußtlosigkeit die Kraft verlassen, bliebe das Karussell automatisch stehen.

Ich weiß nicht mehr, wie viele Schläge in der Minute man bei mir registrierte. Bestimmt waren meine Werte nicht die besten, doch der Rat, konzentriert zu atmen war goldrichtig. Ich verspürte zwar das Vielfache meines Gewichts unangenehm, hatte aber meine Reaktionen gut unter Kontrolle. Beispielsweise wurde von Zeit zu Zeit eine Leuchttafel mit nach rechts und links auslaufenden Ziffern zugeschaltet, die man lesen mußte. Eine Aufgabe, die nur der richtig lösen konnte, dessen Gesichtsfeld durch die verminderte Sauerstoffversorgung der feinsten Nerven und Sinneszellen nicht allzusehr eingeengt worden war. Nach dem Test zeigte mir die Assistentin, eine kesse Moskauerin, die Papierstreifen mit den für mich unverständlichen Kurven der Herz- und Atemfrequenz. Mein Herz und meine Lunge, meinte sie scherzend, hätten gearbeitet wie ein Generator. Durch diese Bemerkung ist sie mir wahrscheinlich noch sympathischer geworden, als sie mir ohnehin schon war.«

DER TOLLKÜHNE FÜNFTE MANN

Vom ersten bis zum letzten Tag betreute Dr. Haase, stellvertretender Direktor des Instituts für Luftfahrtmedizin und Mitglied der ständigen INTERKOSMOS-Arbeitsgruppe Kosmische Medizin und Biologie, die Kandidaten der DDR als Kosmonautenarzt. Sigmund Jähn setzt ihm in seinem Buch »Erlebnis Weltraum« ein bleibendes Denkmal:

»Was unseren Arzt, Oberst Dr. Haase, betraf, so hätte er sich am liebsten auch als Kosmonautenkandidat nominieren lassen. Er war ein erfahrener Luftfahrtmediziner und Offizier und zudem ein guter Sportler. Nach zwanzig Jahren beim medizinischen Dienst bedauert er nun fast, nicht Jagdflieger geworden zu sein. Er war nicht nur bestrebt, bei allen Untersuchungen dabeizusein und sich so viele neue Kenntnisse wie möglich in der Raumfahrtmedizin anzueignen, er wollte auch im wahrsten Sinne des Wortes am eigenen Leibe Erfahrungen sammeln. Unser tollkühner fünfter Mann überredete seinen sowjetischen Kollegen, an ihm einen Sondertest auf der Zentrifuge vorzunehmen. Wir umstanden die Apparatur und begannen ungläubig zu staunen. In Richtung Brust-Rücken hielt er der Beschleunigung tatsächlich ganz gut stand. Aber nachdem die Kabine geschwenkt worden war, und der Beschleunigungsandruck in Richtung Kopf-Becken wirkte, war unser Arzt doch etwas überfordert. Wir verfolgten den Test gespannt am Monitor. Unser Doktor kämpfte, das war ihm anzusehen, alle Achtung. Dann aber wurde sein Gesicht lang und länger; die Fliehkraft zog ihm die Wangen herunter, und schließlich war er fast aus dem Gesichtsfeld der Kamera herausgerutscht. Der leitende Arzt brach die ›Übung‹ ab, und wir nahmen unseren wackeren Kosmonautenanwärter mit Hallo in Empfang. Er, bereits wieder lachend, bekannte etwas gequält: ›Ihr habt schon so viele Loopings mit euren Jagdflugzeugen geflogen, daß euch das alles nichts mehr ausmacht. Ihr seid eben im Vorteil.‹ Er hatte natürlich recht, dennoch war es auch für uns kein Kinderspiel. Aber das brauchte er in diesem Moment nicht unbedingt zu wissen.«

Die zwei Prüfungswochen im Sternenstädtchen vergingen wie im Fluge. Die Kandidaten hatten Zutritt zu allen Hallen und Übungsgeräten des Kosmonauten-Ausbildungszentrums. General Leonow machte den gravierenden Unterschied zwischen der

Luft- und der Raumfahrt deutlich: »An Fliegerschulen absolvieren die Flugschüler ihr Praktikum in Lehrmaschinen mit Doppelsteuerung, bei denen der Instrukteur korrigierend eingreifen kann. Ganz anders verläuft die Ausbildung der Kosmonauten. Diese müssen lernen, ein Raumschiff zu steuern, ohne je zuvor im Weltraum gewesen zu sein. Die Lösung dieser sehr komplizierten Aufgabe wird durch die moderne Technik unterstützt. Sie erlaubt es auch, auf der Erde die Bedingungen eines Raumfluges zu reproduzieren.«

DAS LETZTE WORT

Da es jedoch nicht möglich ist, die Gesamtheit aller dieser Umstände in einer Anlage zu simulieren, müssen die Kosmonautenkandidaten an verschiedenen Geräten nach unterschiedlichen Methoden trainieren. Diese Einrichtungen können sowohl fest montiert als auch frei beweglich sein. Im Gagarin-Zentrum unterschied man damals drei Kategorien von Trainern:

• System-Übungsgeräte, in denen die Arbeitsweise ganzer Bordsysteme, wie beispielsweise das für die Lebenserhaltung, demonstriert wird;

• Manöver-Übungsgeräte, mit deren Hilfe der Kursant lernt, bestimmte Aufgaben, wie die Lagestabilisierung des Raumschiffs oder der Orbitalstation in der Umlaufbahn, bis zur Vollkommenheit zu beherrschen;

• Flug-Übungsgeräte in Gestalt von originalgetreuen Raumschiffen und Orbitalstationen, in denen für die Mannschaften alle Phasen eines Unternehmens vom Start bis zur Landung, einschließlich Zwischenfälle und Havarien, simuliert werden können. Mit solchen komplexen Schulraumschiffen üben die Kandidaten zum Beispiel das Umfliegen der Zielstation sowie das Koppeln und Entkoppeln. Der Versuchsleiter, an dessen Schaltpult die gesamte Bordapparatur doppelt installiert ist, registriert jeden Fehler des Probanden am »Steuerknüppel« und ist in der Lage, jede beliebige Situation nachzubilden, wie Druckabfall durch Meteoritentreffer und Probleme mit der Lageregelung, Stromausfall oder Triebwerksschaden.

»Und dann saßen wir das erste Mal in einem Raumschiffsimulator«, erzählt Sigmund Jähn. »Sogar als Jagdflieger empfand ich damals noch den Abstand und die staunende Hochachtung eines

Laien vor dieser komplizierten Technik. Sie erzeugte zunächst in mir die Vorstellung, ein Raumschiff hätte mit einem Flugzeug nichts mehr gemein und müßte deshalb völlig neu begriffen werden. Bald aber erfuhr ich, daß es viele Ähnlichkeiten und Verwandtschaften zwischen beiden gibt und man ein Raumschiff besser beherrschen lernt, wenn man Flugzeugführer ist.«

Am Ende der vierzehn ereignisreichen Tage im Sternenstädtchen war die sowjetische Auswahlkommission zu ihrem Urteil darüber gelangt, wer die jeweils beiden endgültigen Kandidaten aus der Tschechoslowakei, Polen und der DDR sein sollten. Dennoch überließ sie das letzte Wort über die Nominierung den zuständigen Stellen der drei Länder. Dr. Haase kannte als einziger des deutschen Quintetts die Untersuchungsergebnisse, die er in einer dicken Mappe fest unter dem Arm hielt, als die Fünf den Heimflug antraten. Doch der Stabsoffizier handelte nach dem strengen Prinzip der militärischen Geheimhaltung, deren oberstes Gebot es ist, daß jeder nur das zu wissen braucht, was er zur Erfüllung seiner Aufgabe benötigt.

Lange warten mußten die auf die Folter gespannten Vier allerdings nicht. Schon einen Tag nach ihrer Rückkehr entschied der Verteidigungsminister der DDR: »Mit Wirkung vom 4. Dezember werden zur Dienstausübung beim Militärattaché an der Botschaft der Deutschen Demokratischen Republik in Moskau kommandiert:

1. Oberstleutnant Jähn, Sigmund
2. Oberstleutnant Köllner, Eberhard.«

Die zwiespältige Situation unter den vier Betroffenen charakterisiert Sigmund so: »Unsere beiden Genossen, mit denen wir uns in schweren und erlebnisreichen Wochen bis zu diesem Moment auf die gemeinsame Aufgabe vorbereitet hatten, drückten uns an sich und wünschten uns Erfolg. Daß sie es mit einem weinenden Auge taten, wer wollte es ihnen verdenken?«

AUF DER SCHULBANK

Bevor Sigmund Jähn ins Sternenstädtchen umsiedelte, mußte er seine verantwortungsvolle Aufgabe als Inspekteur für Flugsicherheit beim Stab der Luftstreitkräfte an seinen Nachfolger übergeben. Aber auch im persönlichen Leben waren Entscheidungen zu treffen, die gar nicht so leicht fielen: »Einige Gedanken machte ich mir über meine Familie, insbesondere über Grit, unsere Jüngste. Zehn Jahre zuvor, als ich mein Studium an der Gagarin-Akademie aufnahm, hatte ich die Familie daheim gelassen. Meine Frau und ich glaubten, das wäre für unsere beiden Kinder besser. Später blieb mir von Marina, unserer Ältesten, der sanfte Vorwurf nicht erspart, falsch gehandelt zu haben. Das wäre doch die Gelegenheit gewesen, sagte sie wohl zu Recht, sich mit dem Leben in der Sowjetunion vertraut zu machen, vor allem richtig Russisch zu lernen und überhaupt sich zu beweisen. Jetzt standen wir vor einer ähnlichen Frage. Nicht wegen Marina. Sie war inzwischen achtzehn, ging fast ihre eigenen Wege. Wir wußten, auf Marina konnten wir uns verlassen. Doch Grit war jetzt etwa in dem Alter wie Marina damals. Sie käme im Sternenstädtchen in eine moderne Schule, jedoch mit ziemlich anders geartetem Lehr-

Am Anfang stand die Theorie

profil. Sie hatte ja zu Hause noch keinen Russischunterricht gehabt. Bisher waren ihre Leistungen nicht schlecht, aber ob sie einen solchen Sprung verkraften würde? Ines, die Tochter unseres Nachbarn, die später Lehrerin wurde, mühte sich in den letzten vierzehn Tagen vor unserer Abreise rechtschaffen, Grit in die Anfangsgründe der fremden Sprache einzuführen. Trotzdem, der Ortswechsel bedeutete ein gewagtes Experiment. Dennoch entschlossen wir uns dazu und zogen diesmal als Familie in die Sowjetunion.«

Am Montag, dem 6. Dezember 1976, eröffnete die erste internationale Fakultät für Raumfahrt bei Moskau ihre Pforten. Die sechs immatrikulierten Studenten, allesamt Jagdflieger, kamen aus drei Ländern: Hauptmann Vladimir Remek und Major Oldrich Pelcak aus der Tschechoslowakei, Major Miroslaw Hermaszewski und Oberstleutnant Zdenek Jankowski aus Polen sowie die Oberstleutnante Sigmund Jähn und Eberhard Köllner aus der DDR. Trotz der Unterschiede im Alter und Dienstgrad sprachen sie sich bald nur noch mit ihren Kosenamen an: Wolodja und Olda, Mirek und Zden, Sig und Eb. Sig saß zehn Wochen vor seinem vierzigsten Geburtstag wieder einmal auf der Schulbank, an die er sich nach langer selbständiger Tätigkeit erst gewöhnen mußte. Das fiel nicht schwer, wurden doch die Neuen von Anfang an in das Kollektiv der sowjetischen Kosmonauten, das damals eine Frau und rund fünfzig Männer umfaßte, herzlich aufgenommen.

Generalleutnant Georgi Beregowoi, der 1968 SOJUS 3 manuell an das unbemannte Raumschiff SOJUS 2 heranmanövriert hatte, war damals Kommandant des Kosmonauten-Ausbildungszentrums »Juri Alexejewitsch Gagarin«. Der hochdekorierte Kampfflieger des Zweiten Weltkrieges und Verdiente Testpilot, der 1995 im Alter von 74 Jahren nach einer Operation starb, erklärte: »Sie erhalten während Ihrer etwa anderthalbjährigen Arbeit im Sternenstädtchen eine Ausbildung, die einem fünf- bis sechsjährigen Hochschulstudium entspricht.«

Die Entwicklung der bemannten Raumfahrt vom Soloflug zu Mannschaftsmissionen – auf MIR zeitweilig bis zu zehn Personen –, von zweistündiger zu einjähriger Dauer, vom Einzelversuch zu parallel verlaufenden Komplexexperimenten, führte zu Variationen der Auswahlverfahren und Ausbildungsmethoden. Doch die Grundvoraussetzungen blieben die gleichen: absolute Gesundheit, starker Charakter, hohe Intelligenz, abgeschlossene Hochschulausbildung. Wie vor zwei Jahrzehnten zur Zeit der ersten Interkosmonauten müssen Anforderungen auf drei Ebenen erfüllt werden.

OPEN END ZWISCHEN SCHÜTTELROST UND RADAUBUDE

Die medizinischen Maßstäbe gelten während der gesamten Zeit der Zugehörigkeit zum fliegenden Personal, das heißt zum Kreis der aktiven Kosmonauten. Der Internist mißt Herz- und Kreislauftätigkeit mit Hilfe von Elektro-, Phono-, Ballisto- und Vektorkardiogrammen. Beim EKG erfolgen statt zwei bis zu sechzehn Ableitungen. So muß die Testperson beispielsweise auf einem

Laufband mit Steigerung rennen, weil die dabei gewonnenen Werte von Herzströmen und Atemfrequenz latente Erkrankungen der Herzgefäße sichtbar machen können. Elektroenzephalogramme – EEG – geben Aufschluß über die Gehirnströme, Spezialmeßgeräte über die Strahlungszahl des Körpers. Der Röntgenarzt gewinnt Aufnahmen von Brustkorb und Wirbelsäule, Kiefer und Zähnen, Nasennebenhöhlen und Speiseröhre, Magen und Darm. Der Hals-Nasen-Ohren-Spezialist testet den Geschmacks- und Geruchssinn ebenso wie die Sensibilität des Labyrinths im Innenohr. Blut und Magensaft, Stuhl und Urin werden gründlichen Analysen unterzogen. Der Senior der russischen Raumfahrtmedizin, Akademiemitglied Oleg Gasenko sagte dazu: »Der Kosmonaut verkörpert den gesunden Menschen schlechthin, so wie wir Ärzte uns ihn seit Hippokrates wünschen. Die Medizin hat zwar umfangreiche Erfahrungen in der Diagnostik und Therapie der verschiedenen Krankheiten gesammelt, doch der Gesunde ist weitgehend das unbekannte Wesen geblieben. Möglicherweise ist es deshalb so schwer, die frühesten und verstecktesten Formen von Krankheiten zu diagnostizieren, denn um die feine Grenze zwischen Gesundheit und Krankheit ziehen zu können, muß man nicht nur die Symptome der Krankheit, sondern auch die Merkmale der Gesundheit gut kennen. Das geschieht vornehmlich durch die Arbeits- und Sport- sowie Luftund Raumfahrtmedizin, die damit einen wertvollen Beitrag für das Gesundheitswesen leisten.«

Psychologische Prüfungen der Kosmoskandidaten erfolgen durch stundenlange Gespräche zwischen Wissenschaftlern und Probanden sowie durch permanente Beobachtung während seiner Auswahl und Ausbildung. Dabei gilt es zu ergründen, warum der Kandidat Kosmonaut werden will, ob er bereit ist, Entbehrungen auf sich zu nehmen, wie schnell er auf veränderte Situationen reagiert. Abenteuerlust allein reicht selbstverständlich nicht aus. Vielmehr geht es darum, daß die Hingabe an die humanistische Zielstellung der Raumfahrt – friedliche Erforschung und Nutzung des Weltraums im Dienst der Wissenschaft und zum Nutzen der Menschheit – kategorischer Imperativ seines Denkens und Handelns ist. »Von Natur aus muß man allerdings noch eine Eigenschaft haben: Humor!«, meinte Generalleutnant Wladimir Schatalow, Dreifachkosmonaut und damals oberster Kosmonautenchef. »Ein gutmütiger Scherz und ein Lachen sind Balsam für die

Seele, eine Art Ventil für Leute, die wochen- und monatelang auf engem Raum zusammenleben und unter schwierigen, bisweilen gefährlichen Verhältnissen mit voller Energie arbeiten müssen.«

So erzählte Pawel Popowitsch, Kommandant von SALUT 3, nach seinem Flug, daß er sich sehr schnell an die Schwerelosigkeit gewöhnt habe und dann wie ein Engel durch die Station geschwebt sei: »Ich sitze an meinem ›Stammtisch‹, dem Kommandopult, und denke nichts Böses, da kommt doch plötzlich mein Bordingenieur Juri Artjuchin auf einem Staubsauger um die Ecke geritten. Das Ding ist angestellt, und der Rückstoß treibt das Gerät samt seinem Reiter voran. Im ersten Moment wäre ich vor Schreck fast vom Stuhl gekippt, doch dann brachte mich die Bemerkung von Jura wieder ins Gleichgewicht und zum Lachen: ›Moderne Hexen reiten nicht auf Besen, sondern auf Staubsaugern.‹«

Eine dritte Ebene der Auswahl und Ausbildung von Weltraumfliegern bilden *diverse Tests*, mit denen die Leistungsfähigkeit und Belastbarkeit, Geschicklichkeit und Anpassungsfähigkeit der Kandidaten erkundet werden. Deshalb kommen in allen Einrichtungen der Welt, die sich mit dem Einsatz von Menschen und Maschinen im Weltraum beschäftigen, neben dem rotierenden »Teufelsstuhl« und dem zentrifugalen »Karussell« auch die isolierende »Einzelzelle« und der vibrierende »Schüttelrost«, die temperaturverändernde »Hitzekammer« und die lärmüberfüllte »Radaubude« zum Einsatz.

Astronauten beispielsweise werden Temperaturen von bis zu 60 Grad Celsius und Vibrationen von über 6.000 Hertz ausgesetzt. Sie müssen komplizierte mathematische Aufgaben in unmittelbarer Nähe eines Breitbandgenerators lösen, der mit 150 Dezibel dröhnt. Das entspricht etwa dem Lärm beim Start einer Großrakete. Die Aspiranten springen im Rhythmus eines Metronoms fünf Minuten lang auf eine 50 Zentimeter hohe Plattform herauf und herunter. Im Unterkörper wird der Druck mit einer Spezialvorrichtung stufenweise gesenkt. Dabei schießt das Blut ähnlich wie bei der Rückkehr zur Erde in die Beine, die sich dadurch um bis zu sechs Prozent ausdehnen können. Am Ende all dieser strapaziösen Prozeduren liegt das vollständigste und gründlichste physiologische und psychologische Gutachten vor, das überhaupt von einem Menschen gemacht werden kann. Nur wer alle diese Prüfungen zur Zufriedenheit der Wissenschaftler und Ärzte besteht, hat Aussicht, mit einem Raumschiff zu starten. Mit Recht erklärte Generalmajor Andrijan Nikolajew, Zweifachkosmonaut und Kosmonautenausbilder: »Es ist weniger hart, dort oben im Kosmos zu fliegen, als hier unten seinen ›Paß‹ für die Raumreise zu erlangen.«

Zwischen dem ersten Studientag von Sigmund Jähn im Sternenstädtchen und seinem Starttag mit SOJUS 31 in Baikonur lagen genau 628 Tage. Das bedeutete rund 500 Tage angestrengter Arbeit von früh am Morgen bis tief in die Nacht, fangen doch die Kosmonauten zwar erst um neun Uhr an, nehmen es dafür aber mit dem Feierabend nicht so genau – open end. Zunächst jedoch mußte sich der Flugzeugführer in einen Forschungskosmonauten verwandeln:

»Anfangs glaubte ich, es handele sich um die Fortsetzung des Fliegens mit technisch besonders ausgefallenen Mitteln, extravaganten Flugkörpern. Doch bald wurde ich eines Besseren belehrt. Das Flugzeug reagiert unmittelbar spürbar auf jede Steuerbewegung. Der Jagdflieger kann ständig korrigierend eingreifen und die gewünschte Fluglage einnehmen. Mensch und Maschine stehen in einem direkten, unmittelbaren Wechselverhältnis. Anders beim Steuern eines Raumschiffes. Das durch Knopfdruck gegebene Steuersignal löst eine ganze Kette von Operationen aus, die dann unveränderlich ablaufen und wo Steuerfehler nur schwer oder gar nicht korrigiert werden können.«

WALENTINA AUF DEM BALKON

Doch zunächst einmal mußten sich die sechs Interkosmonauten und ihre Familien an die neue Umgebung gewöhnen, die für die nächsten anderthalb Jahre ihre zweite Heimat wurde. Mit ihren Kindern ging das schneller als vermutet. Grit Jähn und Claudia Köllner hatten sich schon nach einem Vierteljahr eingelebt. Ständig kamen sie mit Neuigkeiten nach Hause: »Ich muß eine Wandzeitung machen ... Die Schüler sind hier sehr diszipliniert ... Die Jungen lassen die Mädchen zuerst ins Klassenzimmer gehen, dazu werden sie von den Lehrern angehalten ...« Als sich die Mädchen im Herbst 1978 von ihren sowjetischen Freundinnen und Freunden verabschiedeten, gab es Tränen.

Sig erinnert sich: »Meine Frau und ich, wir waren froh, daß der Umstieg unserer Tochter in die Klasse 3 b der Schule im Sternenstädtchen so gut verlief. In gewissem Sinne betrachteten wir dies als unser erstes erfolgreiches ›kosmisches Experiment‹. Anfangs verstand Grit wohl nicht viel mehr als das Klingelzeichen. Aber wie wir erwartet hatten, wurde sie weder von den Lehrern noch von den Klassenkameraden alleingelassen. Ihre neuen Freunde holten sie regelmäßig ab, verwöhnten sie mit kleinen Geschenken und stellten sich als Kollektiv die Aufgabe, dafür zu sorgen, daß auch Grit das Ziel mit guten Noten erreichte. Wie sollte sie sich unter diesen Bedingungen fremd fühlen oder gar Tränen vergießen? Es dauerte nur einige Monate, und sie sprach wie die anderen Verse von Puschkin in akzentfreiem Russisch. Das brachte mich nicht selten in Verlegenheit. Nicht nur einmal mußte ich das Wörterbuch zur Hand nehmen. In den Gedichten kamen Vokabeln vor, die ich noch nie gehört hatte. Angelina Iwanowna, die Englischlehrerin der Schule, übernahm für Grit die Patenschaft. Ich möchte ihr und den anderen Pädagogen ein herzliches Dankeschön dafür sagen, daß sich unsere Tochter so schnell in das neue Kollektiv einlebte. Grit schloß Freundschaften, die sie noch heute mit dem Sternenstädtchen verbinden. Auch Köllners Kinder kamen sehr gut zurecht. Für Eberhard und mich war das eine große Erleichterung.«

Zum schnellen Eingewöhnen trug auch bei, daß Grit mit der Nachbarstochter Jelena Nikolajewa-Tereschkowa, einem sehr klugen und hübschen Mädchen, das zweieinhalb Jahre älter war, in dieselbe Schule ging. Grit und Lenotschka wurden Freundinnen und sind heute beide als Ärztinnen tätig. Lena war das erste und bisher einzige Kind der Menschheitsgeschichte, dessen Vater Andrijan Nikolajew und Mutter Walentina Tereschkowa sich ein Jahr beziehungsweise drei Monate vor der Zeugung vier und drei Tage im Weltraum aufhielten. Das sechseinhalb Pfund schwere Baby wurde sieben Monate nach der Heirat der Eltern geboren, die sich während der Ausbildung im Sternenstädtchen kennengelernt hatten.

In seinem Erinnerungsbuch schreibt Sigmund Jähn über die weltberühmte Nachbarsfrau: »Walentina Tereschkowa lernten wir auf eine etwas seltsame Weise näher kennen. Köllners und uns war inzwischen Wohnraum im Hochhaus neben dem Gagarin-Denkmal zugewiesen worden. Dort wohnten vorwiegend die Kosmonauten der ersten Garde. Die drei Zimmer von Eberhards Familie lagen im Erdgeschoß, unsere in der siebenten Etage. Ein paar Tage nach unserem Umzug vom Hotel fand ich eines Abends Frau und Tochter vor verschlossener Tür. Sie hatten mich schon ungeduldig erwartet. Der Schlüssel klemmte im Schloß. Aber auch meine Versuche, das Schloß zu öffnen, nützten nichts, und für rohe Gewalt war mir die gediegene Holztür zu schade. Zu allem Unglück war Freitag und die Chance, einen Handwerker zu bekommen, nicht größer als bei uns daheim. Durch die Geräusche aufmerksam geworden, trat eine ältere Frau, Walentinas Mutter, in den Flur. Wir wußten zwar, daß wir Nachbarn geworden waren, nur gesehen hatten wir die erste Kosmonautin noch nicht. Die Mutter bedauerte, leider wäre bei ihr niemand zu Hause. Da kam ich auf einen rettenden Einfall. Außen am Gebäude führte eine Feuerleiter nach oben. Zum Glück stand unsere Balkontür offen. Nachdem ich meiner Frau ausreichend Mut zugesprochen hatte, konnten wir den Freitagabend-Aufstieg wagen.

Wir befanden uns schon eine halbe Stunde in unserer Wohnung, als plötzlich Walentina Tereschkowa an die Balkontür klopfte. Im Trainingsanzug stand sie vor uns. Ihre Mutter hatte ihr von unserem Mißgeschick erzählt, und sie hatte sogleich ebenfalls den Weg über die Feuerleiter genommen, um uns ihre Hilfe anzubieten. Bis der Schaden behoben sei, schlug sie uns vor, sollten wir doch unsere Wohnung über den gemeinsamen Küchenbalkon verlassen oder betreten. Nach dieser ungewöhnlichen nachbarlichen Begegnung schlossen insbesondere Lena, die Tochter der Familie Nikolajewa-Tereschkowa, ein bescheidenes Mädchen, und unsere Grit Freundschaft.«

Wie allen Prominenten dieser Welt wurden auch Walentina Tereschkowa Affären und Romanzen nachgesagt. So auch ein Verhältnis mit Juri Gagarin, mit dem sie 1963 gemeinsam die DDR besuchte. Später wußten Klatschkolumnisten zu berichten, sie leide nach Ehekrach und Arbeitsproblemen an Einsamkeit und greife zur Flasche. Wahr ist, daß Gagarin ihr Trauzeuge war, als sie fünf Monate nach ihrem Jungfernflug in den Weltraum den Kosmonauten Andrijan Nikolajew heiratete. Diese Ehe wurde später geschieden; manche meinten, weil sie im Auftrag der Partei geschlossen worden sei. Tatsache ist, daß Walja – ihre Freunde nennen sie nach ihrem Funkcodenamen auch Tschaika (Möwe) – nach ihrem Raumflug mit Ehren und Ämtern überhäuft wurde. Sie schloß ein 1963 begonnenes Studium mit der Promotion zum Doktor der Kosmonautik ab und wurde zum Mitglied des

Zentralkomitees der KPdSU sowie zur Vorsitzenden des Komitees der Sowjetfrauen gewählt. Propagandareisen führten sie um die ganze Erde. Heute wirkt die über sechzigjährige Dr. Tereschkowa als Präsidentin des Zentrums für internationale wissenschaftliche und kulturelle Zusammenarbeit bei der Regierung der Russischen Föderation und ist damit auch Chefin des Hauses der Russischen Wissenschaft und Kultur in der Berliner Friedrichstraße.

Als Sigmund Jähn im Sternenstädtchen studierte, war Walentina Tereschkowa die einzige Frau der Welt, die bis dahin im Kosmos geweilt hatte. Nach diesem Prestigeunternehmen mit der Arbeiterin, Fallschirmspringerin und Komsomolfunktionärin blieben die Russinnen zwei Jahrzehnte lang Alleinherrscherinnen im All. 1982 flog die Testpilotin und Ingenieurin Swetlana Sawizkaja, Tochter eines Fliegermarschalls und Weltmeisterin im Motorkunstflug, mit SOJUS T-7 für sieben Tage zu SALUT 7. Zwei Jahre darauf stieg sie dann als erste Frau in den freien kosmischen Raum aus und führte dort Montagen und Demontagen, Schweiß- und Schneidarbeiten aus. Für sie war sogar eine Duschkabine an Bord undurchsichtig gemacht worden. Die Dritte im Bunde der russischen Raumfahrerinnen, Jelena Kondakowa, arbeitete 1994 als erste Frau ein halbes Jahr lang in der Schwerelosigkeit an Bord von MIR. Die Ingenieurin und Konstrukteurin ist mit dem stellvertretenden Generaldirektor des führenden Raumfahrtunternehmens RKK Energija, Waleri Rjumin, verheiratet, der insgesamt vier Raumflüge mit mehr als einem Jahr Gesamtflugdauer für sich verbucht.

Seit 1983 ging es international mit dem Einsatz von Astronautinnen zügig voran. Bis 1998 waren es schon 34 Frauen aus sieben Ländern, die zusammengerechnet zwei Jahre lang im Weltraum lebten und arbeiteten – drei Russinnen und 26 Amerikanerinnen sowie je eine Engländerin, Kanadierin, Japanerin, Französin und Inderin.

KOSMISCHE MAUERBLÜMCHEN

Vor zwanzig Jahren lernte der erste deutsche Kosmonaut aber auch andere Grande Dames der sowjetischen Raumfahrt kennen: »So las eine charmante Frau in meinem Alter Lektionen über die Keplerschen Gesetze und über Störeinflüsse auf die Bewegung von

Zu seinen Lieblingsbeschäftigungen in der Freizeit gehören Lesen ...

I

*... und
Gartenarbeit*

*Die junge Familie
Jähn 1960 in
Rautenkranz:
Erika, Sigmund
und Marina*

Vier Jahrzehnte später: Oma und Opa in Strausberg

Der junge Jagdflieger und sein Mechaniker

Der Student von Monino, 1968

Vater Paul und Sohn Sigmund in Rautenkranz

Die Büsten von Bykowski und Jähn …

… für den Kosmonautenhain an der Archenhold-Sternwarte in Berlin-Treptow

*In froher Runde
mit Freunden, 1987*

*… und als
»First German
Cosmonaut«,
1998*

Immer wieder sind Fragen zu beantworten ...

... und Autogramme zu geben

Die Macher des DEFA-Dokumentarfilms »Himmelsstürmer« im Armeefilmstudio, 1979

Beratungen auch zu Hause in Strausberg, 1986: Der erste ungarische Kosmonaut Bertalan Farcas (Mitte) und Horst Hoffmann (li.)

Nach dem Raumflug: Herzlicher Empfang in Potsdam

… und eine Kutschfahrt durch den Park von Sanscouci

Kinder sind seine liebsten Partner

Der stolze Vater Paul Jähn in Rautenkranz

Vor der Landekapsel von SOJUS 29 im Armeemuseum Dresden

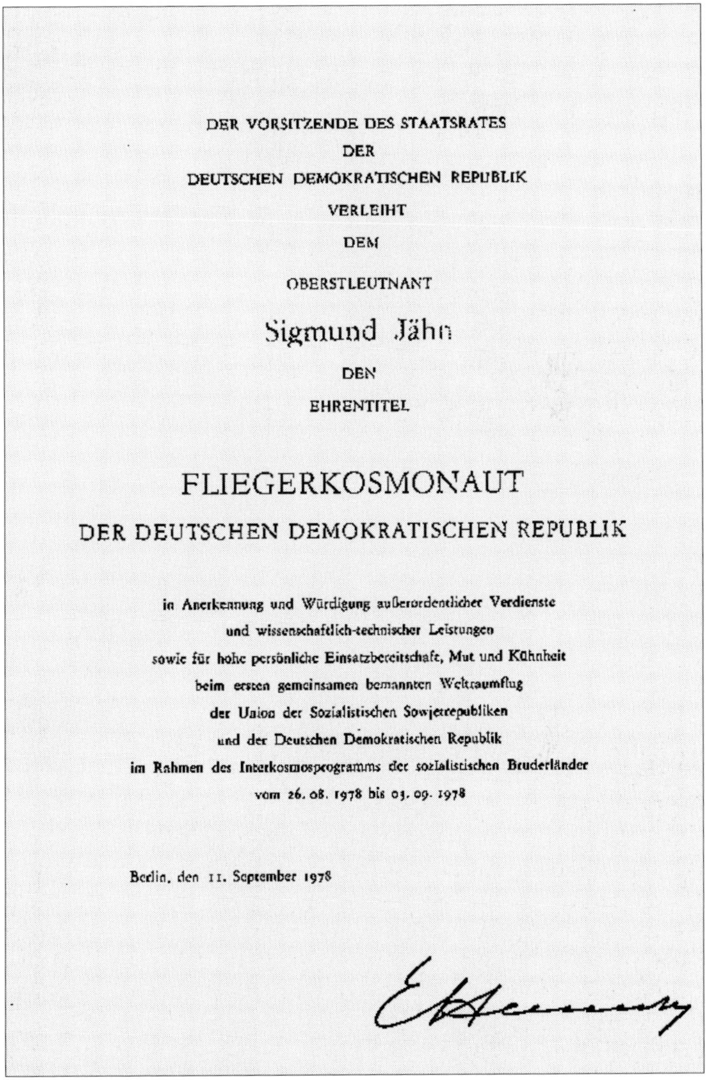

DER VORSITZENDE DES STAATSRATES

DER

DEUTSCHEN DEMOKRATISCHEN REPUBLIK

VERLEIHT

DEM

OBERSTLEUTNANT

Sigmund Jähn

DEN

EHRENTITEL

FLIEGERKOSMONAUT

DER DEUTSCHEN DEMOKRATISCHEN REPUBLIK

in Anerkennung und Würdigung außerordentlicher Verdienste
und wissenschaftlich-technischer Leistungen
sowie für hohe persönliche Einsatzbereitschaft, Mut und Kühnheit
beim ersten gemeinsamen bemannten Weltraumflug
der Union der Sozialistischen Sowjetrepubliken
und der Deutschen Demokratischen Republik
im Rahmen des Interkosmosprogramms der sozialistischen Bruderländer
vom 26. 08. 1978 bis 03. 09. 1978

Berlin, den 11. September 1978

*Ein einmaliges Dokument, denn es gab in der DDR nur einen einzi-
gen Fliegerkosmonauten*

Mit dem ersten »Castronauten«, dem kubanischen Kosmonauten Arnaldo Tamayo Méndez vor Jähns MiG in Rautenkranz

Auch Kosmonauten werden älter – die »Kosmischen Zwillinge« By-kowski und Jähn lange nach ihrer Mission

Der Kosmonaut, Kunstmaler und Kommandeur General Alexei Leo-now erzählt, »Sascha« (Alexander Wolkow) und »Sig« hören zu

Die vier Enkel: André, Daniel, Alexander (v.l.n.r.) und Johannes (vorn), 1998

Jähns jüngster Enkel Johannes, 1999 in der Sonnenuhr des Tierparks Eberswalde

Flugkörpern im Weltraum. An der Tafel entstanden Formelreihen, Ableitungen und Zahlenkolonnen. Wenn sie mit zwingender Logik eine kreisförmige oder elliptische Flugbahn herleitete, entschuldigte sie sich, daß sie nicht gut zeichnen könne. Mir kam es immer so vor, als fühle sie sich schuldig, wenn uns etwas rätselhaft blieb. Nebenher erfuhren wir, daß sie Flugbahnen berechnete, doch das war für uns – wie ich fand zum Glück – nicht vorgesehen. Eines Tages sahen wir sie mit Walentina Tereschkowa im Fahrstuhl. Unsere kluge, zurückhaltende Lehrerin und Walentina hatten sich einst gemeinsam auf einen Raumflug vorbereitet. Sie mußte zurücktreten, war aber als Wissenschaftlerin im Sternenstädtchen geblieben.«

Walentina Ponomarjowa gehörte zu jenen fast vergessenen vier jungen Frauen, die gemeinsam mit Walentina Tereschkowa im Sommer 1961 ausgewählt wurden und ihre Ausbildung im Sternenstädtchen aufnahmen. Den Frauen gelang es nicht, die Auflösung ihrer Gruppe im Jahre 1969 zu verhindern. Von den USA drohte keine Konkurrenz auf diesem Gebiet. Wohl aber lief dort das bemannte APOLLO-Mondprogramm auf Hochtouren. Es war übrigens Walentina Tereschkowa, die bei einem Besuch in Havanna enthüllte, daß die erste sowjetische Mondcrew von Juri Gagarin geleitet würde und daß sie mit von der Partie sei. Wunsch oder Wirklichkeit? Die »vier kosmischen Mauerblümchen« jedenfalls, die auf der Erde sitzenblieben, haben allerdings eines gemeinsam: Sie blieben der Raumfahrt treu.

Walentina Ponomarjowa, humorvoll »Walentina II« genannt, war eine diplomierte Flugzeugbauingenieurin und passionierte Amateurfliegerin, die in der Abteilung für Angewandte Mathematik der Akademie der Wissenschaften der UdSSR in Moskau arbeitete und schon einen Sohn hatte. Sie fieberte danach, als zweite zu fliegen und als erste in den freien kosmischen Raum auszusteigen. Nach Auflösung der ersten Kosmos-Frauengruppe der Welt spezialisierte sich die heutige Großmutter auf Raumflugmechanik, insbesondere Stabilisierung und Annäherung. Irina Solowjowa, Weltrekordlerin im Fallschirmspringen, war Double von Walentina Tereschkowa. Sie erinnerte sich: »Als ich auf der Erde zurückbleiben mußte, fühlte ich mich furchtbar einsam und niedergeschlagen.« Doch die Diplomingenieurin gab nicht auf, sondern widmete sich der psychischen Vorbereitung von Kosmonauten auf die Arbeit in extremen Situationen. Tatjana Kusnezowa, ebenfalls mehrfache Weltrekordlerin im Fallschirmspringen, hielt sich acht Jahre lang an das Gebot des legendären Chefkonstrukteurs Sergej Koroljow: »Entweder in den Kosmos starten oder im Kreißsaal landen.« Heute leitet die Familienmutter ein geophysikalisches Laboratorium im Kosmonautenausbildungszentrum »Juri Gagarin«. Shanna Jerkina kam vom Rjasaner Aeroclub. Sie erzählte: »Ich habe Koroljows Rat nicht befolgt. Mein 1964 geborener erster Sohn absolvierte inzwischen eine Fliegerschule.« Auch sie ist längst Babuschka und trainierte junge All-Aspiranten, darunter auch aus Deutschland, Frankreich, Schweden, Spanien und den USA, im Raumschiffsimulator des Sternenstädtchens.

Ursprünglich sah die sowjetische Raumfahrtplanung für Ende 1966/Anfang 1967 den Start des Raumschiffes WOSCHOD 4 mit einer weiblichen Besatzung vor: Walentina Ponomarjowa sollte als Kommandantin und Irina Solowjowa als Bordingenieurin arbeiten, wobei ein Außenbordeinsatz vorgesehen war. Shanna Jerkina und Tatjana Kusnezowa bildeten die zweite Besatzung. Doch die Mission wurde gestrichen, und keine der vier Damen kam zum Zuge.

GEÜBTES AUGE UND GOLDENE HÄNDE

Inzwischen war es Frühling 1977 geworden. Das Leben im Sternenstädtchen ging seinen »sozialistischen Gang«, wie es humorvoll hieß. Die sechs Kandidaten aus den drei Ländern standen in der allgemeinen kosmischen Ausbildung, die sowohl die Theorie als auch die Praxis des Raumfluges umfaßte. Sigmund Jähn hatte am 13. Februar im Kreis von Familie und Freunden seinen 40. Geburtstag gefeiert. Die Frauen aus Prag, Warschau und Berlin kannten sich inzwischen in Moskau gut aus, und ihre Kinder waren in ihrer einheitlichen Schulkleidung und mit ihrem Russisch kaum noch von den sowjetischen Klassenkameraden zu unterscheiden.

Vorgänge auf der internationalen politischen Bühne spielten für die osteuropäischen Aspiranten des Alls nur im Hintergrund eine Rolle. Manche Meldungen aus dem anderen deutschen Staat erschienen Sigmund Jähn und Eberhard Köllner wie von einem anderen Stern: daß etwa die Konzertierte Aktion gegen Arbeitslosigkeit und Wirtschaftskrise scheiterte, daß die mit der Ermordung des Generalbundesanwalts Siegfried Buback eröffnete Terrorwelle der »Roten Armeefraktion« einen neuen Gipfelpunkt erreichte, daß die feministische Bewegung mit der Gründung der Frauenzeitschrift »Emma« von Alice Schwarzer einen publizistischen Ausdruck fand.

Die erste Ausbildungsetappe der Interkosmonauten erfolgte für alle Kandidaten nach einem einheitlichen Programm. Zum theoretischen Teil gehörten Vorlesungen und Seminare über Probleme der Aerodynamik und Astronavigation, der Raumflugdynamik und Raumflugmedizin, der Astronomie und Astrophysik, der Elektronischen Datenverarbeitung und der Kosmischen Nachrichtentechnik, der Technik und Technologie im Weltraum sowie in vielen anderen Fächern. Zu einer Zeit, in der die Besatzungen von Raumschiffen und Orbitalstationen noch relativ klein waren, mußte ein Kosmonaut für verschiedene Forschungs- und Beobachtungsaufgaben sowie Bedienungs-, Wartungs- und Reparaturaufträge einsetzbar sein. Neben hohem Wissen und scharfem Verstand benötigte er das geübte Auge eines Bildauswerters und die goldenen Hände eines Feinmechanikers. Die immer stärker praxisbezogene Orientierung der Weltraummissionen forderte von den Kandidaten auch Kenntnisse in Geologie, Glaziologie, Hydrologie, Kartographie, Meteorologie und Vulkanologie ebenso wie in Land-, Forst- und Fischwirtschaft, im Katastrophenschutz, in der Raumplanung und im Umweltschutz. Für die Ausbildung konnte auch das Raumfahrtplanetarium vom VEB Carl Zeiss JENA im Sternenstädtchen genutzt werden, das von jedem beliebigen Punkt der Erdumlaufbahn den Blick auf den entsprechenden Sternenhimmel erlaubte.

DIE UNZERTRENNLICHEN

Den Unterschied zu den Lehr-, Lern- und Prüfungsmethoden für Fliegeroffiziere an Militärakademien machte Sigmund Jähn folgendermaßen deutlich: »Im Kosmonautenausbildungszentrum waren Theorie und Praxis derart eng miteinander verbunden, daß man nur bestehen konnte, wenn man die Problematik komplex und nicht ein Fachgebiet nach dem anderen bewältigte. So kamen auch nie Zweifel am praktischen Nutzen dessen auf, was wir lernten. Außerdem prüften hier die Lehrer, Ausbilder und Spezialisten jeden ›Schüler‹ einzeln auf Herz und Nieren. Beim Examen waren die Prüfer in beachtlicher Überzahl; bei den Zulassungen zum Flug stand man nicht weniger als zehn Mann gegenüber. Der Raum war mit Schemata und anderen Ausbildungsmaterialien gefüllt. Die Examinatoren stellten ihre Fragen aus der Situation heraus, ohne eine bestimmte Rangfolge der Probleme einzuhalten, aber immer in direkter Beziehung zum konkreten Raumflug. Bemerkten sie in der Antwort eine Unsicherheit, kamen ›klärende Fragen‹ hinzu. Man brauchte nicht wie aus der Pistole geschossen zu antworten. Einige Sekunden ruhigen Nachdenkens – so erfuhr ich später – bewertete die Kommission eher positiv. Aber es gab keine Hilfsmittel, die man noch einmal hätte zu Rate ziehen können. Am Ende wußte jeder ganz genau, was er vom anderen zu halten hatte. Das waren, schien mir, harte, aber wirksame Prüfungen; ihr Sinn lag auf der Hand. Die Besatzung wurde nicht formal nach mehreren Noten bewertet, die im Laufe einer Ausbildungsperiode einen mehr oder weniger realistischen Durchschnitt ergaben, sondern nach dem Ergebnis eines umfassenden Prüfungsgesprächs. Dort mußte jeder seine Kenntnisse ohne lange Vorbereitung vor einem prominenten Gremium überzeugend nachweisen. Nach erfolgreichem Abschluß wußten dann beide Seiten: Diese Besatzung hat die allerbesten Voraussetzungen für den Flug. Sie wird auch in besonderen Situationen sicher handeln.«

Diese Methoden kamen dem überlegten und bedächtigen Vogtländer sehr entgegen. Sigmund Jähn und Eberhard Köllner verband zwei Jahrzehnte Dienst in der relativ kleinen Gruppe von Jagdfliegern der NVA und vier Jahre gemeinsames Studium in einer Lehrgruppe an der Militärakademie der sowjetischen Luftstreitkräfte »Juri Gagarin« in Monino bei Moskau. Nun kamen zwei weitere Jahre im Kosmonautenausbildungszentrum »Juri Gagarin« hinzu: »Vieles, was Eberhard und ich zu bereden hatten, erledigten wir auf dem Weg vom Hochhaus Nummer zwei zum Ausbildungskomplex, wo das originalgetreue Modell der Station SALUT 6 stand. Überhaupt sah man uns beide im Sternenstädtchen fast stets zusammen. Das war allgemein aufgefallen und mit Befriedigung vermerkt worden. Wir nutzten diese Zeit, um uns auch als Freunde noch näherzukommen. So ›philosophierten‹ wir gern über alles mögliche, über die Vorgänge zu Hause und in der Welt, über die Kindererziehung, über unsere Zukunft und natürlich über den Start künftiger Raumschiffe. Jedem war klar, daß nur einer Kosmonaut werden konnte. Der andere, von dem genauso viel abhing, würde am Boden bleiben. Irgendwann im nächsten Jahr würde sich einer von uns aus dem Weltraum melden. Aus einem sowjetischen Raumschiff würde entweder ein Akzent aus dem Magdeburgischen oder aus dem Vogtland zu vernehmen sein, ulkten wir.«

Deutsch-sowjetische Kosmos-Quadriga: Sigmund Jähn, Waleri Bykowski, Eberhard Köllner und Viktor Gorbatko (v.r.n.l.)

Als es dann soweit war, gab diese Episode beiden Anlaß über die Kapriolen der Journaille zu lachen. So schrieb die »Süddeutsche Zeitung« vom 29. August 1978: »Zum ersten Mal wird im Weltraum deutsch gesprochen, wenn auch mit sächsischem Akzent ... Der erste richtige Deutsche soll schließlich erst 1980 mit einem amerikanischen Spacelab-Raumschiff in den Weltraum fliegen.« Mit dem »richtigen Deutschen« war Ulf Merbold gemeint, der erste Astronaut der Bundesrepublik. Allerdings startete er erst fünf Jahre später als Sigmund Jähn, und zwar mit der amerikanischen Raumfähre »Columbia«, die in ihrer Ladebucht das westeuropäische Weltraumlaboratorium SPACELAB mitführte.

Das SPACELAB ist ein Kind der europäischen Raumfahrt und wurde innerhalb eines Jahrzehnts für das amerikanische Space Shuttle maßgeschneidert. Unter der Projektführung von Unternehmen der Bundesrepublik, die mehr als die Hälfte der Gesamtkosten von rund zwei Milliarden Mark aufbrachte, entstand das technische Meisterstück der europäischen Weltraumorganisation ESA. Doch durch einen Bubenstreich der amerikanischen Weltraumbehörde NASA wurde es zu einem Milliardengeschenk für die USA. Nur ein einziges Mal durfte es von dem ESA-Nutzlastspezialisten Ulf Merbold kostenlos benutzt werden. Danach ging das bis zu fünfzigmal wiederverwendbare Weltraumlaboratorium entschädigungslos in das Eigentum der NASA über. Die USA verlangten beim Eintreffen des Labors im Land nicht nur einen horrenden Zoll von den Europäern, sondern von ihren »Partnern« auch für jede weitere Benutzung den stolzen Flugpreis von 250 Millionen Mark. Der letzte und zugleich zweiundzwanzigste Einsatz des SPACELAB erfolgte mit der »Columbia« im April 1998. Im April 1999 kehrte das Weltraumlabor als Ausstellungsstück nach Bremen zurück.

KOSMISCHE HAUTE COUTURE

Anfang März 1977 fanden die Interkosmonauten auf dem Ausbildungsplan zwei volle Stunden für das Maßnehmen ihrer individuellen Raumanzüge. Diese Druckanzüge werden in der Kosmonautik ebenso wie in der Welt der Flieger und Taucher Skaphander genannt, was aus dem Griechischen kommt und soviel wie »ausgehöhlter Körper« bedeutet. »Das erschien uns viel zu lange. Eberhard und ich witterten eine der seltenen ›außerplanmäßigen‹ Gelegenheiten, schnell ein paar persönliche Besorgungen in Moskau erledigen zu können. Schließlich stand der Frauentag vor der Tür. Aber da hatten wir uns wieder einmal verrechnet!

Dieser Skaphander, ein maßgeschneiderter Anzug mit mehreren Schichten, hatte die Aufgabe, seinem Träger im Havariefall bei fehlendem Luftdruck das Leben zu erhalten. Beim Verlust der Kabinenatmosphäre – infolge einer Beschädigung des Raumschiffes – mußte sein Drucksystem augenblicklich den erforderlichen Innendruck schaffen, um die Atemfunktionen beziehungsweise den Sauerstoffdruck aufrechtzuerhalten. Man wird in solchen Fällen aufgeblasen wie ein Frosch, und nur eingearbeitete Stahlseile gewährleisten etwas Beweglichkeit, um die Geräte zu bedienen. Da diese Situation für Stunden eintreten konnte und so auch trainiert wurde, mußte der Skaphander möglichst ideal passen, durfte zum Beispiel an keiner Stelle drücken.«

Noch nicht einmal sechs Jahre waren seit dem Unglück vergangen, bei dem drei sowjetische Kosmonauten den Tod gefunden hatten. Vierundzwanzig Tage lang war alles gut gegangen: der Start von Georgi Dobrowolski, Viktor Pazajew und Wladimir Wolkow mit dem Raumschiff SOJUS 11 in Baikonur, die dreiwöchige Arbeit an Bord der Orbitalstation SALUT 1 und die Abkoppelung zur Heimkehr am 28. Juli 1971. Doch dann antwortete Jantar (Bernstein), so der Funkcode der Troika, nicht mehr. Als die Bergungsmannschaft die normal gelandete Raumkapsel in der kasachischen Steppe öffnete, fand sie die wie schlafend wirkenden Kosmonauten tot in ihren Konturensesseln vor. Nur kleine Blutfäden an den Mundwinkeln kündeten von der Tragödie, die nach einer plötzlichen Dekompression des Raumschiffes eingetreten war. Auslöser der Katastrophe war ein Druckausgleichsventil, das sich normalerweise in 5.000 Metern Höhe öffnet. Wenn sich beispielsweise die Ausstiegsluke verklemmt und von innen nicht hätte öffnen lassen, sollte es dafür sorgen, daß die Besatzung normale Luft einatmet und wartet, bis Rettung eingetroffen ist. So geschehen 1965 bei der Landung von WOSCHOD 2 mit Pawel Beljajew und Alexej Leonow, die unvorhergesehen mit Handsteuerung erfolgen mußte und am Rand einer Schlucht auf einem Baum endete. Doch bei SOJUS 11 hatte sich das Ventil schon in einer Höhe von 80.000 Metern geöffnet, und die Kabinenluft war plötzlich entwichen. Das hatte augenblicklich das Sieden des Blutes und das Platzen der Adern der Besatzungsmitglieder zur Folge. Hätten die drei Männer in dieser Situation Skaphander getragen und ihre Schutzhelme geschlossen, wären sie lebend davongekommen. Aber sie trugen nur leichte Bordanzüge, wie während des gesamten Raumfluges. Hemdsärmelige Bequemlichkeit, Nachlässigkeit, Leichtsinn? Jedenfalls lautete eine Schlußfolgerung für alle Besatzungen russischer Raumschiffe bis heute: Bei allen risikoreichen Manövern wie Start und Landung, Aufstieg und Abstieg sowie komplizierten Kopplungen ist das Tragen von Raumanzügen obligatorisch. Für diese muß jedoch präziser Maß genommen werden, als das selbst in der Haute Couture üblich ist. Außerdem wurde die Konstruktion der Ventile verändert.

SKAPHANDER VON MEISTER NADELÖHR

»Wie uns die Raumanzug-Schneider wissen ließen, war es sehr kompliziert, einen Skaphander durch nachträgliche Änderungen paßgerecht zu machen. Jedes Versetzen einer Naht, jeder neue Nadelstich würde die Dichtheit gefährden und zusätzliche Überprüfungen in der Unterdruckkammer nach sich ziehen. Kurzum, die aus einem Spezialbetrieb eingetroffenen kosmischen Meister Nadelöhre hatten die Aufgabe, ihre Kunden so zu vermessen, daß der Anzug auf Anhieb saß, seiner lebenserhaltenden Funktion gerecht wurde und ein bestimmtes Maß an Bequemlichkeit zuließ. Selbstredend gingen die Schneidermeister mit äußerster Genauigkeit und Sorgfalt zu Werke. Das Abdrücken, so nannten wir die spätere Überprüfung des Skaphanders am Mann in der Unterdruckkammer, blieb unvergeßlich. Ich geriet dabei in eine Situation, in der ich fast aufgegeben hätte.«

Dabei waren solche Prozeduren Sigmund Jähn nicht unbekannt. Wie jeder Flugzeugführer, so erzählte er, mußte er in der Vergangenheit periodisch Überprüfungen seines Druckanzuges bei geringen Luftdrücken bestehen. Wer bei einem Druck, der einer Flughöhe von 6.000 Metern entspricht, eine Stunde lang arbeitsfähig bleibt, kann gewiß sein, daß er bei einem Ausfall des Sauerstoffsystems im Flugzeug seine Aufgabe ohne Hast abbricht.

Die Druckkabine, wie sie sowohl der Jagdflieger als auch der Passagier eines modernen Verkehrsflugzeuges kennt, schafft deshalb günstige Bedingungen, weil sie den normalen Druckabfall nach einer bestimmten Gesetzmäßigkeit verringert. So entspricht in einem Jagdflugzeug der Kabinendruck bei einer realen Höhe von 12.000 Metern nur der von etwa 6.000 Metern. Der Pilot atmet dabei ein Gemisch von Sauerstoff und Luft. Doch bei realen Flughöhen von über 12.000 Metern und analogen Werten in der Unterdruckkammer reicht die Zuführung von Sauerstoff allein nicht aus. Um in der Lunge den notwendigen Teildruck aufrechtzuerhalten, muß der Sauerstoff unter einem bestimmten Druck eingeatmet werden. Das erfordert Training – vor allem das Ausatmen und das gleichzeitige Sprechen gegen den Widerstand des anströmenden Gases waren ungewohnt und schwer. Dennoch brachten die sechs Weltraumkandidaten die Vorübungen in der Unterdruckkammer ohne größere Probleme hinter sich, und jeder einzelne der Skaphander war überprüft worden:

»Jetzt ging es um die Kontrolle seines richtigen Sitzes und seiner Funktion am Mann, das heißt um unsere Fähigkeit, mit ihm ›im Weltraum‹ zu handeln. Dazu war ein ›Aufstieg‹ in der Unterdruckkammer auf 40.000 Meter vorgesehen. Der Luftdruck, der dieser Höhe entspricht, ist so gering, daß man durchaus von kosmischen Höhen sprechen kann. Bei diesem Test wurde faktisch die gesamte erste Phase des Raumfluges vom Platznehmen in der startbereiten Rakete, dem Start und einer vollen Erdumkreisung bis zum Abstieg zur Erde nach dem realen Zeitplan trainiert. In der Unterdruckkammer befand sich auch der eigene Konturensessel mit allen Befestigungsgurten, und man nahm die gleiche Stellung ein wie beim Flug.

Alles verlief ziemlich echt, sogar der Puls stieg an, wie sich das bei einem Raketenstart gehörte. Die Situation war ungewöhnlich. Außerhalb der Helmscheibe und des dünnen Skaphanders gab es keine Lebensbedingungen. Angst jedoch, daß die Nähte etwa nicht ganz dicht sein könnten, hatte ich nicht. Die Raumschneider besaßen mein volles Vertrauen. Doch da stellte sich nach einiger Zeit ein Druckschmerz in der Kniebeuge ein, der stärker und stärker wurde. Die Beine auszustrecken war nicht möglich. Ich saß ja wie im Landeapparat, die Beine leicht angezogen und festgeschnallt. Durch Zählen und Kopfrechnen versuchte ich mich abzulenken. Das gelang aber kaum. Als ich meinte, den Schmerz in der Kniekehle nicht mehr lange aushalten zu können, fragte ich den Arzt über Funk nach der Uhrzeit. ›Nur noch zwei Stunden‹, gab der zurück. Das traf mich wie ein Hieb. Noch zwei Stunden so liegen – unmöglich. Am meisten ärgerte ich mich, daß ich wegen dieser Kleinigkeit, die ich vielleicht beim Anziehen der Unterwäsche verursacht hatte, noch einmal zwanzig Mann in Bewegung setzen würde und die ganze Prozedur zu wiederholen wäre. Mir muß der Schreck so in die Glieder gefahren sein, daß sich im Nebenraum, wo meine Körperfunktionen über Telemetrie mitgeschrieben wurden, die ›Linien kräuselten‹. Der Arzt kam eilends an die Glasscheibe, um nach mir zu sehen.

Meine Gedanken kreisten. Was sollte ich antworten, wenn er fragte? Mein Dilemma schildern, ohne einen konkreten Vorschlag zum Abbrechen oder Fortsetzen des Trainings, das kam nicht in Frage. Hier mußte ich schon selbst einschätzen, ob ich im Havariefall mit diesem Skaphander arbeitsfähig wäre. So gab ich mir zunächst noch eine halbe Stunde. ›Alles normal‹, sagte ich. Aber der Doktor ging nicht mehr von der Glasscheibe weg und verwickelte mich über Sprechfunk in ein Gespräch über den Sport in unserer Republik. Obwohl mir überhaupt nicht nach Unterhaltung zumute war, gebot die Höflichkeit zu antworten. Dieser Arzt, sicherlich ein guter Menschenkenner, verstand es mich abzulenken, mich meine mißliche Situation vergessen zu lassen. Jedenfalls überstand ich die gesamte Zeit. Nach der ›Landung‹ ermittelte ich auch den corpus delicti: Eine Schnur oder ein verdrehtes Stück Gewebe im Hosenbein hatte in der Kniebeuge unangenehm gedrückt und nur wenig Blut in den Unterschenkel durchgelassen. Der Skaphander selbst paßte wie angegossen.«

IMMUN GEGEN RAUMKRANKHEIT

Der Eintrittspreis für das von allen Weltraumfliegern gepriesene Paradies der Schwerelosigkeit, in der es kein Unten und kein Oben gibt, und wo jeder so viele Saltos vorwärts und rückwärts drehen kann, wie er will, ist oft die Raumkrankheit. Sie trat zum ersten Mal beim Flug von German Titow im Sommer 1961 auf. Die Mediziner sprechen von der Kosmos-Kinetose, der Raumbewegungskrankheit, deren Symptome denen der See- und Luftkrankheit oder anderen Fahr- und Bewegungserkrankungen gleichen: Atembeschwerden, Schwindelgefühl, Appetitlosigkeit, Übelkeit und Brechreiz. Etwa jeder zweite bis dritte der annähernd 400 Raumfahrer war bisher von diesen zeitweiligen, aber unangenehmen Erscheinungen betroffen.

Um es gleich vorwegzunehmen: Sigmund Jähn litt nicht darunter. Zum einen, weil er von Natur aus stabile Gleichgewichtsorgane besaß; zum anderen aber auch deshalb, weil er besonders intensiv trainierte. »Ich konnte doch nicht für eine Woche zur Station fliegen und dann nicht voll arbeitsfähig sein. Das hätte ja bedeutet, die Stammbesatzung, die Monate vor und nach meinem Besuch wirken mußte, zu belasten.« Auch sein Kommandant Waleri Bykowski erwies sich als immun gegen die Raumkrankheit.

Die Raumkrankheit tritt vor allem in der akuten Anpassungsphase an die Schwerelosigkeit auf, die etwa eine Woche dauert. Die ihr zugrundeliegenden Mechanismen sind noch immer nicht vollständig geklärt. Eine allgemein anerkannte Hypothese führt sie auf die Umverteilung des Blutes aus den unteren in die oberen Körperpartien und damit verbundene Veränderungen in der Durchblutung zurück. Auch konnten noch keine geeigneten Methoden gefunden werden, die wissenschaftlich gesicherte Prognosen darüber erlauben, welcher Mensch für die Raumkrankheit besonders anfällig ist und welcher nicht. Das hängt sicherlich auch damit zusammen, daß die Schwerelosigkeit der einzige Raumflugfaktor ist, der sich auf der Erde nicht gleichwertig simulieren läßt – abgesehen vom Parabelflug, bei dem die Maschine antriebslos auf einer Freiflugbahn fliegt. Je nach der Geschicklichkeit des Piloten und den Wetterverhältnissen läßt sich dabei für maximal 40 Sekunden Schwerelosigkeit oder genauer gesagt Nahe-Null-Gravitation mit einer Genauigkeit von ± 0,01 g erzielen. Beim Training im Wasserbecken handelt es sich hingegen nur um eine Verringerung der Schwerkraftwirkung durch die Auftriebskräfte.

Menschen, die auf der Erde unter Seekrankheit leiden, müssen im Kosmos nicht unbedingt raumkrank werden, und bewährte Piloten, die keine Luftkrankheit kennen, können im Weltraum von Kosmos-Kinetose befallen werden. Ungeachtet dessen kommen dennoch in der Raumfahrt nur Kandidaten in die engere Wahl, die von vornherein eine hohe Stabilität der Gleichgewichtsorgane aufweisen, wie das bei Sigmund Jähn und Eberhard Köllner der Fall war.

Eines der wichtigsten Trainingsgeräte für die schnelle Anpassung an die Schwerelosigkeit ist der von den Kosmonauten verwünschte Drehstuhl, von dem Eberhard Köllner sagte: »Ich werde die geforderte Zeit absitzen, aber keine Sekunde länger. Mein Appetit läßt jetzt schon nach.« Und Sigmund Jähn erinnerte sich: »Bei allem Ernst, mit dem jeder trainierte – der Drehstuhl wurde trotzdem mit manch bissig-humoristischer Bemerkung bedacht: Ilja Tarassow, der diesen Teufelsstuhl bediente, sollte lieber hundert Gramm hochprozentigen Wodkas ausgeben. Der Effekt wäre doch der gleiche. Wer Alkohol verträgt, brauche sich nicht drehen zu lassen, der wäre sicher für die Schwerelosigkeit geeignet. Doch dieser ›Logik‹ hat sich die Wissenschaft bisher wohl aus gutem Grund nicht angeschlossen! Immerhin aber fragte mich bei einer der ersten Untersuchungen ein Arzt auch nach meiner Alkoholverträglichkeit. Ich kannte zwar diesen von den Kosmonautenlehrlingen entdeckten ›Zusammenhang‹ zwischen Alkohol und Schwerelosigkeit damals noch nicht, antwortete aber sicherheitshalber mit ›sehr gut‹. – ›Wieso, trinken Sie viel?‹ fragte der Arzt zurück. Wir einigten uns auf Durchschnittswerte.

Der Drehstuhl zur Festigung des Vestibularapparats blieb natürlich bei weitem nicht die einzige spezielle Trainingsmethode. Das Herz-Kreislauf-System zum Beispiel wurde mit einer anderen Methode an die Schwerelosigkeit gewöhnt. Sie bestand darin, einige Wochen oder Monate vor dem Raumflug in einer bestimmten Neigung mit dem Kopf nach unten zu schlafen. Das war natürlich eine völlig freiwillige Angelegenheit, aber ihr Sinn war nicht schwer zu verstehen. Die fehlende Schwerkraft erzeugt bei den meisten Kosmonauten in den ersten Tagen Blutandrang im Kopf, etwa so, als ob man auf der Erde ständig Kopf stünde. Wer nicht an diese Lage gewöhnt ist, kann leicht Kopfschmerzen bekommen. Daher hingen wir beim speziellen Training und in mancher Sportstunde oft für länger und weit mehr als den empfohlenen Neigungswinkel nach unten. Diese Schlaflage sollte zusätzlichen Effekt bringen.

Ich beschloß, es auf alle Fälle zu probieren und packte unter die Beine am Fußende unseres Ehebetts Bücher in der erforderlichen Höhe. Dadurch entstand eine schiefe Ebene – aber natürlich auch für meine Frau. Erika hatte zwar volles Verständnis für meinen Trainingseifer, aber meine theoretischen Erläuterungen über die Vorteile dieser Methode zur Stimulierung des Kreislaufes war sie nicht bereit zu akzeptieren. So mußte ich meine ›Schlafschanze‹ für mich allein bauen. Jedenfalls hat sich das Schlafen mit dem Kopf nach unten – wie das spezielle Training insgesamt – später für mich ausgezahlt … Sogar meine Partner in SALUT 6 versicherten, sie hätten auf meinem Gesicht keine Anzeichen von Blutandrang wahrgenommen. Dabei könnte man doch auf der Umlaufbahn einige Jahre jünger werden, scherzten sie. Durch die prall gefüllten Blutgefäße im Gesicht glätteten sich alle Falten, und das macht, zwar mit Kopfschmerzen, einen guten Eindruck. ›Aber dort, wo's drauf ankommt, auf der Erde, siehst du wieder alt aus‹, erwiderte ich.«

SCHWEBEZUSTAND BEIM PARABELFLUG

Sigmund Jähn und seine fünf Kandidatenkameraden waren als Jagdflieger mit allen Stilarten der Flugkunst vertraut, die zugleich gute Voraussetzungen für den Raumflug darstellten:

• Der Höhenflug, bei dem ein Druckanzug getragen wird, der dem Skaphander gleicht, erfolgt unter Bedingungen, die denen eines Raumfluges ähneln.

• Der Streckenflug verbessert die Fertigkeiten in der Geländeorientierung, was insbesondere der Fernerkundung der Erde aus dem Weltraum zugute kommt.

• Der Kunstflug – Kurven, Loopings, Rückenlagen und andere komplizierte Manöver – stählt den Willen und stärkt den Organismus des Piloten für die Arbeit unter Bedingungen, die den Gleichgewichtssinn belasten.

• Der Blindflug in geschlossener Kabine und in den Wolken bildet sicheres Handeln und die Fähigkeit aus, von der Umgebung zu abstrahieren.

• Der Sturzflug kommt Empfindungen nahe, die im Raumschiff während der Beschleunigungsphase auftreten.

• Der Verbandsflug mehrerer Maschinen lehrt, die Lage von Flugkörpern im Raum zu beurteilen, was auch für Annäherungs- und Kopplungsmanöver im Weltraum wichtig ist.

Im Sternenstädtchen stehen auch heute noch vier verschiedene Typen von Spezialflugzeugen für die Ausbildung zur Verfügung: das Trainingsflugzeug Aero L-39, die Laborflugzeuge Tupolew Tu-154M-LK-1 und Tu-134LK für Navigation, Orientierung und Fernerkundung mit bis zu zwölf Arbeitsplätzen, sowie das Laborflugzeug Iljuschin IL-76MDK-2 zur Simulierung von Schwerelosigkeit, Prüfung von Weltraumausrüstungen und biomedizinischen Forschungen. Letzteres gestattet es in einem Abstand von drei bis dreieinhalb Minuten 15 bis 20 verschiedene Arten von Flugregimen mit Belastungen zwischen 0,3 und 2 g für 22 bis 28 Sekunden Dauer auszuführen. Für die Kameraden der Sechs-Mann-Klasse von Interkosmonauten war das Training, bei dem sie sich während des Parabelfluges etwa eine halbe Minute im Schwebezustand der Schwerelosigkeit befanden, eine neue Erfahrung.

»Diese Methode vermittelt erste Eindrücke von den völlig anders gearteten Bewegungsabläufen und schult nebenbei bestimmte Reflexe, muß man doch während dieser Sekunden ein Höchstmaß an Konzentration aufbringen. In solch einem Flugzeug-Laboratorium hing ich einmal kurz vor Ende der 30-Sekunden-Phase reglos über einem Tisch, auf dem wertvolle Geräte befestigt waren. Um beim ›Wiedereintritt in die Schwerkraft‹ nicht

Schwerelosigkeitssimulation in der Tu-104

auf diese Apparate zu stürzen, mußte ich Bruchteil einer Sekunde einen Haltegriff fassen. Bei der echten Schwerelosigkeit benötigt man Reaktionsschnelligkeit dieser Art nicht. In der Raumstation konnte man das einmalig schöne Gefühl der fehlenden Schwere richtig auskosten: die Arme verschränken, die Knie anhocken, sich irgendwohin in die Luft setzen, sich langsam um sich selbst drehen und sich staunend darüber freuen, daß die Praxis mit der im Kosmonautenausbildungszentrum gelernten Theorie so herrlich übereinstimmt. Das ließ sogar das härteste Training in Vergessenheit geraten. Aber so weit war es zu diesem Zeitpunkt noch lange nicht.«

Zum theoretischen Teil der Ausbildung gehörten viele Unterrichtsstunden über die Konstruktion des Raumschiffes SOJUS und der Orbitalstation SALUT. Hierbei waren Konstrukteure sowie Techniker des Herstellerwerkes die Lehrer und später auch die Examinatoren. Die Kandidaten mußten mit allen Einzelheiten vertraut sein. Das galt für das funktechnische Annäherungssystem, die mechanischen Kopplungselemente, das Hermetisierungssystem, die Temperaturregelungsanlage, die Systeme zur Produktion von Sauerstoff und zur Absorption des Kohlendioxids, zur Regulierung der Luftfeuchte, die Triebwerksanlagen, die wissenschaftliche Ausrüstung bis hin zu den sanitären Anlagen wie Dusche, Zahnbürste, Rasierapparat und Bordtoilette.

Nach einem guten halben Jahr, im Sommer 1977, gab es Heimaturlaub. Das öffentliche Leben in der Sowjetunion stand ganz im Zeichen der Vorbereitung auf den 60. Jahrestag der Großen Sozialistischen Oktoberrevolution. Leonid Breshnew hatte seine innenpolitische Machtstellung ausgebaut, ließ sich den Titel eines Marschalls der Sowjetunion verleihen und übernahm neben der Funktion des Generalsekretärs der KPdSU zum zweiten Mal als Vorsitzender des Obersten Sowjets das Amt des Staatsoberhauptes. USA-Präsident Jimmy Carter, seit Anfang des Jahres im Amt, betonte zwar die ethische Fundierung in der Politik, ersuchte aber gleichzeitig den Senat um Bereitstellung finanzieller Mittel für die Produktionsaufnahme von Neutronenwaffen. In der Bundesrepublik Deutschland platzte die Konzertierte Aktion von Regierung, Gewerkschaften und Unternehmern gegen Wirtschaftskrise und Arbeitslosigkeit. Der Terrorismus erreichte mit den Morden am Generalbundesanwalt Siegfried Buback und am Vorstandssprecher der Dresdner Bank Jürgen Ponto sowie mit der Entführung von Arbeitgeberpräsident Hans-Martin Schleyer und einer Lufthansamaschine einen neuen Gipfelpunkt. Die Öffentlichkeit in der DDR wurde durch das schwere Eisenbahnunglück bei Lebus im Kreis Seelow erschüttert.

Die drei Jähns aus dem Sternenstädtchen verbrachten den Urlaub bei ihrer Familie in der Heimat. Tochter Marina war inzwischen eine junge Frau von 20 Jahren, die ihr Leben selbständig meisterte. Das zerstreute die letzten Zweifel der Eltern, ob sie richtig entschieden hatten, die Große nicht mit nach Moskau zu nehmen. Sorgen bereitete Sigmund die Mutter, die ernsthaft erkrankt war und ständiger Hilfe bedurfte: »Ich mußte mich an die bittere Wahrheit gewöhnen, daß die Zeiten, da unsere Kinder in den Schulferien nach Rautenkranz gefahren waren, die Kaninchen gefüttert und durch Oma die heimatlichen Wälder lieben gelernt hatten, endgültig zu Ende gingen. Hatte ich mich bei meinen Stippvisiten in all den Jahren eigentlich jemals bedankt bei Mutter für ihre Mühe und Liebe?«

DAS DRITTE-MANN-SYNDROM

Nach ihrer Rückkehr aus dem Sommerurlaub erwarteten die Interkosmonauten im Sternenstädtchen einschneidende Veränderungen. Die erste Vorbereitungsphase, die acht Monate allgemeiner Grundausbildung umfaßte, fand ihren Abschluß. Der Leiter des Kosmonautenausbildungszentrums Generalleutnant Georgi Beregowoi verkündete Ende August 1977 feierlich die Startreihenfolge und die Besatzungen der bevorstehenden internationalen Raumflüge:

Sowjetunion/Tschechoslowakische Sozialistische Republik
1. Besatzung: Alexej Gubarew und Vladimir Remek
2. Besatzung: Nikolai Rukawischnikow und Oldrich Pelcák
Sowjetunion/Volksrepublik Polen
1. Besatzung: Pjotr Klimuk und Miroslaw Hermaszewski
2. Besatzung: Waleri Kubassow und Zdenek Jankowski
Sowjetunion/Deutsche Demokratische Republik
1. Besatzung: Waleri Bykowski und Sigmund Jähn
2. Besatzung: Viktor Gorbatko und Eberhard Köllner

Der jeweils erste Name war der des sowjetischen Kommandeurs, der zweite der des Forschungskosmonauten aus dem Partnerland. Die Bezeichnungen erste und zweite Besatzung wurden jedoch weder verbindlich noch endgültig verstanden, zumal bis zur Eröffnung des kosmischen Reigens noch mehr als ein halbes Jahr vergehen sollte. In der weiteren Ausbildung galten beide Mannschaften als gleichberechtigt. Sowohl die Reihenfolge der Starts nach Ländern als auch die Zusammensetzung der Mannschaften waren auf Regierungsebene zwischen Moskau, Prag, Warschau und Ostberlin abgestimmt worden.

Nicht Sigmund Jähn und Eberhard Köllner, wohl aber die Gerontokraten im Großen Haus am Werderschen Markt litten unter dem Dritte-Mann-Syndrom. Sie verstanden die DDR als politischen, wirtschaftlichen und militärischen Hauptverbündeten der UdSSR, dem der erste Platz unter den INTERKOSMOS-Partnern gebührt hätte. In früheren Zeiten wäre das auch sicher der Fall gewesen, doch nunmehr mußte der Kreml Rücksicht auf seine unruhigen slawischen Brüder nehmen. 1978, im Jahr der ersten Gemeinschaftsflüge in den Weltraum, jährte sich zum zehnten Mal der Prager Frühling, und in Polen begann sich die politische Opposition zu formieren, die 1980 als Gewerkschaft Solidarnosc konstituiert wurde.

Für die sechs kosmonautischen Pärchen spielten diese Probleme keine Rolle. Sie waren vollauf mit ihrer intensiven Spezialvorbereitung auf die Raumflüge beschäftigt. Dazu gehörte auch eine dreitägige Exkursion in die mehr als zweieinhalbtausend Jahre alte Hafenstadt Feodossija am Schwarzen Meer. Der heutige Badeort liegt an der Südostküste der Krim und gehört mit seinen 80.000 Einwohnern zur Ukraine. Im sechsten Jahrhundert vor unserer Zeitrechnung von Griechen aus Milet gegründet, blickt die Stadt auf eine wechselvolle Geschichte zurück: Sie wurde als Zentrum des Getreideexports genutzt und für den Sklavenhandel mißbraucht, von den Hunnen zerstört, von den Tartaren und Türken erobert und von den Russen annektiert. Doch nicht der interessanten Geschichte dieser alten Stadt und dem lustvollen Kurbetrieb am Sonnenstrand galt der Ausflug der Kosmoskandidaten. Vielmehr ging es um das harte Überlebenstraining, mußten die zukünftigen Raumreisenden doch auf alle Arten von möglichen Notlandungen vorbereitet sein. Diese konnten auf Bergen und Burgen, in Wäldern und Wüsten, auf Seen und Sümpfen erfolgen. Deshalb mußte die Landung auf festem Boden ebenso wie das Niedergehen auf dem Wasser geübt werden. Ein Notrettungspaket, das zu jeder Landekapsel gehört, enthält alles Erforderliche um an jedem beliebigen Ort der Erde und unter allen klimatischen Verhältnissen so lange zu überleben, bis Hilfe eintrifft. Dazu gehören sogar Macheten und Waffen, kann der Landeort doch auch im Dschungel oder in Gebieten mit Raubtieren liegen.

ÜBERLEBENSTRAINING IM SCHWARZEN MEER

In seinem Buch »Erlebnis Weltraum« erinnerte sich Sigmund Jähn: »Damals erschien mir, der Zeitpunkt dieses Überlebenstrainings wäre ungünstig gewählt worden. Wir kannten uns als Besatzung noch sehr wenig. Mich zum Beispiel machte die Autorität meines Kommandeurs etwas befangen. Schließlich besaß Waleri Bykowski einen höheren Dienstgrad als ich und war zudem einer der erfahrensten sowjetischen Raumflieger. In der Kommandosektion des Raumschiffes wußte er entschieden besser Bescheid als ich, und auch das Überlebenstraining war für ihn nichts Neues. Zudem hatte ich seinen Charakter noch nicht näher studieren können. Auf den ersten Blick empfand ich ihn als strengen, etwas rauhbeinigen Vorgesetzten. Das alles zusammen schien mir eine ungünstige Ausgangsposition zu ergeben. Immerhin stand uns bevor, Stunden in der engen Landekapsel auf dem Meer zu schaukeln und aufeinander angewiesen zu sein. Würde das gut gehen?

In einer Übungslage beispielsweise hatten wir die Skaphander gegen eine mehrschichtige, schwimmfähige und wärmende Schutzkleidung auszuwechseln. Das Umziehen war nur in einer halb liegenden Stellung möglich und erforderte eingespielte gegenseitige Unterstützung. Anschließend mußten wir uns über ein Seil mit der Überlebensausrüstung verbinden, die Tür öffnen und nacheinander ins Wasser springen. Meine Aufgabe war es dabei, den mit Verpflegung, Angelgerät, Signalmitteln, einer Notfunkstation und anderen lebensnotwendigen Utensilien gefüllten Container gezielt über Bord zu werfen und danach als letzter auszusteigen. Das alles mußte, besonders bei Seegang, schnell gehen. Die Leine sollte uns helfen, im Wasser zusammenzubleiben, gemeinsam den Container zu öffnen und schwimmend Signalpatronen und Funkstation in Betrieb zu setzen, damit man uns in einem Boot oder mit einem Hubschrauber aufnehmen konnte. Würde ich die Erwartungen eines Waleri Bykowski erfüllen können?

Heute beurteile ich die Wahl des Zeitpunktes für ein solch hartes Training anders. Bei der Auswahl und Zusammenstellung der Besatzungen hatten offensichtlich auch die Psychologen des Sternenstädtchens ihre Hände mit im Spiel gehabt. Dieses Überlebenstraining sollte zugleich Auskunft über die Verträglichkeit der ›Pärchen‹ geben. Dazu brauchte man möglichst extreme Situationen. Stellte sich Unverträglichkeit heraus, war es noch nicht zu spät für Umbesetzungen. Deshalb war auch ein Psychologe mit nach Feodossija gekommen. Er bezog seine Position auf dem Schiff, von dem aus der Landeapparat samt Besatzung über Bord gehievt werden sollte. Vor und nach dem Training testete er uns einzeln und auch gemeinsam mit Aufgaben, deren Sinn ich ebenfalls erst später begriff. Da ging es unter anderem darum, Bilder zu beschreiben, die wie auseinandergelaufene Tintenkleckse aussahen. Mit etwas Phantasie konnte man freilich Tiere, Landkarten, Tischbeine, und, wenn man es darauf anlegte, auch bestimmte schöne Rundungen erkennen. Ich konnte beim individuellen Test leider nicht feststellen, ob der Psychologe mit meinen Deutungen zufrieden war. Er notierte emsig Zeichen in sein Buch. Im Beisein von Waleri Bykowski ließen sich die ›Bildchen‹ leichter dechiffrieren. Zu meiner großen Freude registrierte ich nämlich bei meinem Kommandeur, daß er über feinen Humor verfügte. ›Was sehen wir denn jetzt?‹ fragte er mit leicht ironischem Unterton, das Blatt zur Seite drehend. Wir einigten uns schnell auf einen Schmetterling, obwohl es genauso gut ein Frosch hätte sein können. Der Psychologe notierte alles kommentarlos. Wahrscheinlich interessierte ihn nur, ob wir zwei eine gemeinsame Sprache finden würden.

Etwas schwieriger wurde es, als wir – jeder allein vor einem Steuerpult sitzend – gemeinsam ein elektrisches Potential ansteuern sollten. Jeder mußte die Regulierungstätigkeit des anderen sozusagen erfühlen, um mit vereinten Anstrengungen einen Zeiger in eine bestimmte Lage zu bringen. Dabei versuchte ein Dritter von seinem Pult aus, unsere Bemühungen immer wieder aus dem Gleichgewicht zu bringen. Ich gewann den Eindruck, Waleri und ich ›justierten‹ uns bei diesen Übungen wie auch bei denen im Wasser gut aufeinander ein.

Zum Zusammenwirken bei der Wasserung will ich noch ergänzen, daß der Psychologe auch jedes Wort unserer Gespräche während der stundenlangen Schaukelei in der Landekapsel mitgehört und ausgewertet hat. Das erfuhr ich allerdings erst nach dem Abschluß des Übungskomplexes. Das Trainieren der Wasserlandung war eigentlich mehr eine Sicherheitsmaßnahme für alle Fälle. In Kasachstan steht ein unbewohnter, 900 Kilometer langer und über 200 Kilometer breiter Landestreifen zur Verfügung, der die technologisch einfachere Landung auf festem Grund – ohne den Einsatz ganzer Schiffskonvois zur Bergung – sicher gewährleistet. Freilich gibt es in diesem Sektor, vor allem aber auf den Reservelandeplätzen nicht wenige Seen, und so ist es natürlich angebracht, die Kosmonauten auf alle Möglichkeiten vorzubereiten.«

IN DER RAUMSCHIFF-WERFT

Zu den eindrucksvollsten Erlebnissen für Sigmund Jähn und seine »Klassenkameraden« gehörten in den letzten fünf Monaten des Jahres 1977 der Übergang zur zweiten Phase der Vorbereitung auf ihre Raumflüge, die praktische Ausbildung im Herstellerwerk der Raumschiffe und Orbitalstationen und der Start von SALUT 6, ihrem künftigen Reiseziel im Weltraum: »Bisher hatten wir alle Anlagen und Systeme der Raumflugkörper und ihre Funktionen einzeln kennengelernt. Jetzt begann die komplexe Ausbildung. In den Hallen gab es originalgetreue Modelle, daran wurden die

Bewegungsabläufe, der Annäherungsprozeß, die Steuerung und andere dynamische Operationen mit Hilfe von Rechentechnik simuliert. So neu und ungewöhnlich diese Arbeit mir zu Anfang vorkam, sie wurde bald zur Routine.«

Unweit vom Sternenstädtchen, in Kaliningrad, dem heutigen Koroljow nordöstlich von Moskau, befindet sich der Hauptsitz der Raumschiff-Werft, die über Zweigwerke in Samara und Primorsk bei Sankt Petersburg verfügt. Das mehr als ein halbes Jahrhundert alte Unternehmen spiegelt die politischen und wirtschaftlichen Wechselfälle des Landes wieder. 1946 als Ingenieurwissenschaftliches Versuchswerk OKB-1 gegründet, avancierte es 1966 zum Zentralen Konstruktionsbüro für Experimentaltechnik ZKBEM. 1974 erhielt das Kombinat die Bezeichnung Forschungs- und Produktionsvereinigung NPO Energija und 1991 den Namen des legendären Chefkonstrukteurs Sergej Pawlowitsch Koroljow. Schließlich erfolgte 1994 die Umwandlung in die Aktiengesellschaft für Raketen und Raumflugkörper AOOT RKK Energija. Die langen und umständlichen Abkürzungen entsprechen den russischen Bezeichnungen. Hier entstanden alle Raumschiffe von WOSTOK bis SOJUS, die Orbitalstationen SALUT und MIR sowie die Raumfähre BURAN, die nur einmal unbemannt zum Einsatz kam.

»Die Sauberkeit und Ordnung in diesem blitzblanken Werk übertraf das jedoch noch, was bei den Luftstreitkräften Usus ist. Die Arbeiter trugen kleine Beutel an ihren Kombinationen. Darin befand sich das notwendige Arbeitsgerät bis hin zur genau abgezählten Menge von Muttern und Schrauben. Hier herrschte das Prinzip: Es wird nichts weggelegt; es darf nichts verlorengehen. Jedes Teilchen; das später nicht niet- und nagelfest war, würde in der Schwerelosigkeit seine Wanderung durch das Raumschiff antreten und Schaden anrichten können. Man muß die Notwendigkeit solcher Arbeitsdisziplin wirklich mit aller Konsequenz begriffen haben, um auch die ›Kleinigkeiten‹ nicht außer acht zu lassen. Ein Arbeiter beispielsweise bekam aus folgendem Grund tüchtigen Ärger: Er hatte bei einem der unbemannten PRO-GRESS-Transporter unterlassen, auch den letzten Metallspan abzusaugen, der beim Nachbohren einer Halterung entstanden war. Vielleicht hatte er sich gesagt: PROGRESS befördert keine Menschen, und war daher etwas großzügiger an diese Arbeit gegangen. Eines hatte er nicht bedacht: Ausgerechnet dieser

Metallspan würde beim Öffnen der Schleuse – nach der Kopplung an SALUT 6 – den Kosmonauten sozusagen als Begrüßung entgegenschweben und könnte von einem Mitglied der Besatzung eingeatmet werden.

Nicht weit von den Raumschiffen entfernt stand die Wiege von SALUT 6, der neuen Orbitalstation. Da lag die noch Unbekannte, die unsere Erde in reichlich vier Jahren und zehn Monaten mehr als 28.000mal umrundet haben würde, fast fertig auf der Helling. In ihr trainierten wir mit den Langzeitbesatzungen die Handlungsabläufe bis zum Verlassen der Station im Havariefall. Die Ausbildung an der ›echten‹ SALUT 6, die bald ihre Reise nach Baikonur antreten würde, und das Vertrautwerden mit den im Bau befindlichen Raumschiffen war für mich nicht nur der Beginn einer noch interessanteren Vorbereitungsetappe. Die Raumschiff-Werft faszinierte mich. Ich befand mich an jenem Ort, an dem die Voraussetzungen für die sowjetischen Raumfahrterfolge geschaffen wurden. Hier war Juri Gagarins WOSTOK 1 entstanden. Alle Typen der Folgezeit hatten von hier aus ihren Weg in die Weiten des Weltraums genommen. Und wie viele würden es künftig sein?«

DOPPELTE GEBURTSTAGSFEIER

Selbst in seinen kühnsten Träumen konnte Sigmund Jähn damals nicht ahnen, daß eine solche Vielzahl verschiedener Typen von Raumflugkörpern für die bemannte Raumfahrt zum Einsatz kommen würde, wie wir sie heute kennen: die Transportraumschiffe für die Kosmonauten WOSTOK, WOSCHOD, SOJUS, SOJUS T und SOJUS TM, die unbemannten Frachter und Tanker PROGRESS und PROGRESS M, die Orbitalstationen SALUT und MIR sowie die Anbaumodule KOSMOS, KWANT, KRISTALL, SPEKTR und PRIRODA.

Heute lassen sich für die sowjetische und russische Kosmonautik drei Generationen von Raumstationen unterscheiden: Die erste umfaßt SALUT 1 bis SALUT 5 von 1971 bis 1977 mit einem Kopplungsstutzen, zur zweiten zählen SALUT 6 und SALUT 7 von 1977 bis 1987 mit zwei Anlegestellen, und eine dritte verkörpert MIR seit 1986 mit sechs Dockungsmöglichkeiten.

Von WOSTOK zum Orbitalkomplex MIR stieg die Startmasse der Raumflugkörper von fünf auf 250 Tonnen, die Anzahl der

Besatzungsmitglieder von einem auf zeitweilig zehn und die Aufenthaltsdauer eines Menschen im All von anderthalb Stunden auf weit mehr als ein Jahr. An Bord der Orbitalstationen SALUT und MIR hielten sich rund 150 Raumfahrer aus 20 Ländern zusammengerechnet etwa 35 Jahre auf. Annähernd 150 Raumflugkörper führten während dieses Reigens mehr als 300 An-, Ab- und Umkopplungen aus.

Für die Interkosmonauten gab es am Donnerstag, dem 29. September 1977, doppelten Grund zum Feiern. An diesem Tag startete in Baikonur ihre Orbitalstation SALUT 6 mit einer PROTON-Rakete, und im Sternenstädtchen beging Eberhard Köllner seinen 38. Geburtstag. »Zu solchen Anlässen floß der Alkohol zwar nicht in Strömen, doch um bei der Wahrheit zu bleiben, wir haben ihn auch nicht ganz und gar gemieden«, verriet Sig.

Zehn Tage später starteten die beiden sowjetischen Kosmonauten Wladimir Kowaljonok und Waleri Rjumin, die heute mit je drei Einsätzen und 216 beziehungsweise 362 All-Tagen zu den Spitzenreitern unter den Raumfahrern gehören, mit SOJUS 25 zu ihrem Jungfernflug. Die Hauptaufgabe dieser Premiere war es, SALUT 6 in bemannten Betrieb zu nehmen. Das Raumschiff hatte zwar mit der Orbitalstation kurzzeitig mechanischen Kontakt, doch die Kopplung kam nicht zustande. Sigmund Jähn, der gemeinsam mit Eberhard Köllner die spannende Verfolgungsjagd in der Funkempfangsstation des Sternenstädtchens miterlebte, erinnerte sich: »Ein Fehlschlag ist immer deprimierend, aber bekanntlich sind auch die ersten Schritte immer die schwersten. Zwei Tage nach dem Start kehrte SOJUS 25 auf die Erde zurück, wenn man's streng nimmt, unverrichteterdinge. Doch das sah keiner so, im Gegenteil. Die Freude, Wolodja Kowaljonok und Waleri Rjumin vor dem Gagarin-Denkmal gesund wieder in die Arme schließen zu können, überwog alles andere. Zudem würden die Spezialisten diesen Flug genauso gründlich wie jeden anderen auswerten. Sie würden die Ursachen dieses Fehlschlages herausfinden und die Konsequenzen für die folgenden Flüge ableiten. Insofern hatten auch Wolodja und Waleri wertvolle neue Erkenntnisse für künftige Kopplungsmanöver mit nach unten gebracht. Ganz gewiß würden auch wir von ihren Erfahrungen profitieren.«

Diese Haltung hat Sigmund bis heute beibehalten, gleichgültig, ob es sich um Probleme oder Pannen bei Missionen der Raumfähre Space Shuttle oder an Bord des Orbitalkomplexes MIR handelt. Für ihn sind das die Universitäten des Lebens im All. Die Praxis des Betriebs von SALUT 6 bestätigte dies: Von den 70 An- und Abkopplungen, die an den beiden Dockungsaggregaten stattfanden, mißglückten insgesamt nur zwei. Das bedeutet immerhin eine Erfolgsquote von 97 Prozent. Vorsichtshalber legte die erste Stammbesatzung – Juri Romanenko und Georgi Gretschko – mit SOJUS 26 am 11. Dezember 1977 am Heckstutzen von SALUT 6 an, der eigentlich den PROGRESS-Frachtraumschiffen und SOJUS-Transportraumschiffen der Gastmannschaften vorbehalten blieb. Es galt nämlich zunächst durch einen Ausstieg in den freien kosmischen Raum von außen zu überprüfen, ob möglicherweise der Dockungsadapter am Bug von SALUT 6 beim Start mit der PROTON-Rakete infolge eines starken Eisregens beschädigt worden war. Da sich diese Sorge als unberechtigt erwies, konnte der reguläre Betrieb weitergehen. Sigmund Jähn und seine fünf Klassenkameraden erlebten die dramatische Situation am Anfang des Programms von SALUT 6 kurz vor Weihnachten 1977 und nach Neujahr 1978 im Sternenstädtchen. Sie wurden Zeitzeugen eines anlaufenden Forschungsprogramms, das nach Abschluß 1.600 Forschungsaufträge abrechnen konnte – davon allein 400 Experimente zur Materialforschung.

681 Tage und Nächte, also fast zwei Jahre lang, arbeiteten zwischen 1977 und 1981 Menschen an Bord von SALUT 6. Insgesamt 31 Raumflugkörper legten am Bug und am Heck dieser Orbitalstation an: 18 SOJUS-Schiffe, davon vier des neuen Typs SOJUS T, brachten die Stammbesatzungen der UdSSR und Gastmannschaften aus acht INTERKOSMOS-Partnerländern. Die unbemannten Raumschiffe SOJUS 34 und SOJUS T-1 dienten der Erprobung; zwölf PROGRESS-Schiffe beförderten als Frachter und Tanker 27 Tonnen Nachschub an Treibstoff, Frischluft, Nahrungsmitteln und Ausrüstungsgegenständen. Mit dem ersten Modulsatelliten KOSMOS 1267 wurden Erfahrungen in der Montage großer Bauteile im Orbit gewonnen. Die PROGRESS-Schiffe dienten außerdem auch als Bugsierfahrzeuge, um die allmählich absinkende Flugbahn der Station von Zeit zu Zeit wieder anzuheben.

33 Kosmonauten aus neun Ländern wirkten an Bord von SALUT 6. Davon kamen sechs zweimal zum Einsatz. Mann-mal-Flugzeit gerechnet, wirkten sie vier Jahre im Weltraum. Fünf Stammbesatzungen hielten sich zwischen 75 und 185 Tage in der

Station auf, eine Reparatur- und zehn Gastmannschaften zwischen drei und zwölf Tagen. Waleri Rjumin brachte es dabei auf 362 All-Tage.

DIE REIHEN LICHTEN SICH

Die Geduld von Sigmund Jähn und Eberhard Köllner wurde in den ersten acht Monaten auf eine harte Probe gestellt. Sie wußten, daß nur einer von ihnen beiden als dritter Mann von INTER-KOSMOS im Sommer starten konnte; aber wer und wann das genau sein würde, entschied sich erst kurz davor. Langsam lichteten sich die Reihen der Sechser-Klasse. Zuerst gingen die Tschechen Vladimir Remek, der am 2. März zu SALUT 6 flog, und Oldrich Pelcak: »Eberhard und ich verfolgten die Abschlußphase im Sternenstädtchen mit größter Aufmerksamkeit. Aus jedem Detail wollten wir lernen, uns selbst in jeder Hinsicht auf die letzte Periode gut einzustellen. Wir glaubten, zwischen Wolodja und Olda eine gewisse Gereiztheit wahrzunehmen. Ganz so problemlos schien es wohl nicht zu sein, den Beschluß der Kommission, die eben für vier Bewerber nur ein Raumschiff mit zwei Plätzen zu vergeben hatte, gelassen hinzunehmen.

Im Sternenstädtchen gab es viele schöne Gepflogenheiten, die die Erziehung und Ausbildung sinnvoll ergänzten. Scheinbare Kleinigkeiten wurden hier manchmal zu kollektiven Erlebnissen. So war an dem Tag, als die beiden Besatzungen mit Vladimir Remek und Oldrich Pelcak nach Baikonur abflogen, der Frühstückstisch beinahe festlich gedeckt. Um ihn versammelten sich leitende Genossen des Ausbildungszentrums, die vier Kosmonauten – die beiden sowjetischen und die beiden tschechoslowakischen – mit ihren Familien und wir restlichen vier Mann der internationalen Klasse. Doch nicht allein die Tafel und die gefüllten Sektgläser gaben der Stunde etwas Feierliches. Es tat einfach gut, vor der ungewöhnlichen Aufgabe noch einmal im vertrauten Kreis zusammenzusitzen. Wir unterhielten uns anders als an anderen Tagen, berührten gemeinsam Erlebtes und bemerkten an jenem Morgen plötzlich, daß unsere Sechs-Mann-Klasse gar nicht mehr existierte.«

Anfang des Jahres 1978 traf die zweite Gruppe von Interkosmonauten – je zwei Offiziere der Luftstreitkräfte Bulgariens, Ungarns, Kubas, der Mongolischen Volksrepublik sowie zwei Fliegeringenieure Rumäniens – im Kosmonautenausbildungszentrum ein. Zwei kampferprobte Jagdflieger aus Vietnam stießen später dazu. Mit zwölf Mann war die neue internationale Klasse von Kandidaten doppelt so stark wie die erste.

Wladimir Kowaljonok und Alexander Iwantschenkow machten sich am 15. Juni auf den Weg zur sechsten Orbitalstation SALUT, um dort als zweite Stammbesatzung für fünf Monate zu arbeiten. Wolodja und Sascha, das wußten Sig und Eb, würden auch Gastgeber für einen von ihnen sein. Doch zunächst startete am 22. Juni die zweite INTERKOSMOS-Gastmannschaft – Pjotr Klimuk und Miroslaw Hermaszewski – zu einem einwöchigen Arbeitsaufenthalt im All.

Sigmund Jähn und Eberhard Köllner blieben als die beiden letzten Kandidaten aus der ersten internationalen Studiengruppe im Sternenstädtchen zurück. Der große Komplextrainer konnte nunmehr ausschließlich von den beiden Mannschaften – Waleri Bykowski und Sigmund Jähn sowie Wiktor Gorbatko und Eberhard Köllner – genutzt werden. Dieses Lehrraumschiff erlaubte es, die Funktionen sämtlicher Systeme von SOJUS und alle Operationen und Manöver des Raumfluges wirklichkeitsgetreu nachzuahmen. Vom Ausbilder unvorbereitet eingesteuerte Komplikationen, die von fehlerhaften Funktionen bis zu lebensgefährlichen Situationen reichten, lösten deshalb nicht weniger starke psychische Reaktionen aus als tatsächliche Havarien.

In dieser letzten Phase der Vorbereitung auf die Weltraummission brachten die beiden Besatzungen, die für SOJUS 31 vorgesehen waren, oft sechs Stunden täglich in diesem Flugsimulator zu. Das bedeutete eine enorme Belastung für die doppelt eingeengten Partner – zum einen durch den ungelenken Skaphander und zum anderen durch die nur zweieinhalb Kubikmeter Platz bietende Kommandokapsel. Das entspricht etwa der Situation von zwei Aquanauten im Taucheranzug in einer Telefonzelle. Hinzu kommt die Notwendigkeit eines extrem schnellen Reagierens der Probanden auf Kommandos, legt doch das Raumschiff in der Umlaufbahn in einer Sekunde rund acht Kilometer zurück.

TAKTISCHE EINLAGEN

»Doch es machte mir Freude zu spüren, daß ich immer sicherer wurde,« erzählte Sigmund, »und es kam der Tag, da befahl mir der Kommandant sogar: ›Steig allein ein!‹ Er setzte sich zu Juri, unserem Ausbilder, vor das Kontrollpult und verfolgte, wie ich mit dem Raumschiff allein fertig würde. Wenngleich man mit derartigen ›taktischen Einlagen‹ immer rechnen mußte, kam der konkrete Fall dennoch stets unerwartet. In solchen Situationen hat sich für mich vielleicht ein Prinzip besonders ausgezahlt, das schon mein erster Fluglehrer auf der Jak-18 durchsetzte: Kenntnisse und Fertigkeiten, die du am Boden gut beherrschst, sitzen in der Luft nur noch befriedigend. Man muß also sehr gute Leistungen fordern, um gut zu sein.

Ich hatte mir dazu eine eigene Vorbereitungsmethode erdacht. Wenn es schwerfiel, Tätigkeitsreihen im Kopf zu behalten, erarbeitete ich mir meist ein logisches Schema auf einem möglichst kleinen Blatt Papier. Ging es um mathematisch zu erfassende Gesetzmäßigkeiten, fertigte ich eine Tabelle oder eine grafische Darstellung an, von der sich die Ergebnisse ablesen ließen. Waleri Bykowski, der ein anderer Lerntyp war als ich, lachte manchmal, wenn ich meine ›Wissenschaft‹ hervorholte. Aber ich fand mich gut damit zurecht, und er erkannte das an. Konnte ich gar mit meinen Hilfsmitteln schnell einen eleganten Ausstieg aus einer verzwickten Situation vorschlagen, so gab es offenes Lob.

Nun saß ich also allein im Simulator. Etwas eigenartig war mir

Training im Raumstationsmodul

schon zumute. In wenigen Wochen fand die praktische Zulassungsprüfung statt, die zwei Tage dauerte. Sollte das hier eine Art Vorprüfung sein? Meine präparierten ›Papierchen‹ lagen günstig. Sie zu verwenden war völlig legitim, denn auch während des Fluges könnten sie anwendbar und nützlich sein. Nur müßte ich mir dann noch etwas einfallen lassen, um ihr Davonschweben zu verhindern. Über zwei Stunden lief alles programmgemäß. Ich überprüfte regelmäßig die Anzeigen und Kontrollsignale und trug die Werte in das Meldejournal ein. Nachdem ich die von der ›Erde‹ übermittelten codierten Werte für die Arbeit des Marschtriebwerkes in den Rechenblock eingegeben hatte, brachte ich das Raumschiff mit Handsteuerung in die erforderliche Lage zur Silhouette der Erde. Ich freute mich, wie genau die kreisrund reflektierte Horizontlinie unseres Planeten mit den Nullmarkierungen im Visier übereinstimmte.

Plötzlich leuchtete nacheinander eine Serie von Signalfeldern auf. Es war sofort klar: Bis zum automatischen Einschalten des Haupttriebwerkes verblieben nur Sekunden. In dieser Zeit mußte der Entschluß gefaßt sein. Die Reihenfolge der erforderlichen Handlungen hatte ich nicht lückenlos im Kopf. Aber am Leuchten der Signalfelder erkannte ich, daß es sich nur um eine von fünf theoretisch möglichen Ausfallerscheinungen im Steuersystem für die Lageregulierung handeln konnte. Diese fünf Situationen hatte ich mir, nach ihren Unterscheidungsmerkmalen geordnet, grafisch dargestellt. Ein Blick genügte, und ich meldete: ›Havarie drei im Logikblock‹, schaltete die beiden großen Kreiselaggregate ab und verhinderte das Einschalten des Haupttriebwerkes. Das mußte geschehen, sonst hätte es mich auf eine unbeabsichtigte Bahn gebracht. Nach dem Aussteigen klopfte mir Waleri Bykowski auf die Schulter: ›Na, du hast dich mit deiner ›Wissenschaft‹ aus der Schlinge gezogen‹, meinte er anerkennend. Auch Juri schien zufrieden, was bei ihm nicht oft vorkam.«

SONDERURLAUB

Zwei unerwartete Ereignisse hatte das Jahr 1978 für die Familie Jähn noch bereit: Im Frühjahr heiratete die ältere Tochter Marina, und im Sommer, eine Woche vor dem Start von Sigmund Jähn in den Weltraum, wurde Daniel, der erste von vier Enkelsöhnen geboren. »Meine erste, längst nicht so gründlich wie im Komplextrainer durchdachte Reaktion war: Mag Mutter ohne mich an der Hochzeit teilnehmen. Nicht genug der Arbeit, die wir hier schon zu bewältigen hatten – Erika mit der Sprache, Grit mit der Schule und ich mit den bevorstehenden Prüfungen – nein, ausgerechnet in dieser Zeit mußte unsere Große eine Familie gründen wollen! Meine Frau beurteilte die Lage gefaßter und überlegter. ›Vielleicht denkst du mal zwanzig Jahre zurück‹, gab sie mir zu bedenken, ›und erinnerst dich, wie lange wir uns mit deinen und meinen Eltern über unsere Hochzeit beraten haben‹. Darauf mußte ich passen, denn wir hatten uns damals mit überhaupt niemandem beraten, außer mit uns selbst. Trotzdem war uns beiden nicht so recht wohl bei der überraschenden Wendung der Dinge mit unserer Tochter. Erika wußte, daß ich deswegen nicht um außerplanmäßigen Urlaub bitten würde. So flog sie allein nach Hause.«

Doch wie so oft im Leben kam es anders, als man denkt. Eine Woche vor dem Hochzeitstag wurde Oberstleutnant Jähn zu Generalleutnant Leonow gerufen, der wegen seines sonnigen Gemüts und seiner Kunstfertigkeit als erster Weltraummaler inter-

Erika und Grit
im Moskauer
Winter

nationales Ansehen genoß. Der erste Außenseiter der Kosmonauten teilte seinem Studenten mit, daß ihm ein Sonderurlaub genehmigt worden war: »Am Freitag habt ihr Prüfung über die Annäherungssysteme. Vorausgesetzt, du fällst nicht durch, könntest du dich mit Grit gegen fünfzehn Uhr in Marsch setzen. Den Rückflugtermin sprich bitte mit deinem Vorgesetzten selbst ab. Die nächste Prüfung am Dienstag nimmt dir aber keiner ab. Was Grits Unterricht betrifft, so wird ihr Oxana bestimmt beim Nachholen behilflich sein.«

Vater Jähn am Postkasten im Sternenstädtchen. Mit 74 Jahren machte er seine erste Auslandsreise.

Seine Tochter Oxana und Grit besuchten dieselbe Klasse und wurden von dem berühmten Vater manchmal zu Ausflügen in den Wald mitgenommen. Walentina Bykowskaja, die Frau des Kommandanten, sorgte dafür, daß das Auto für die beiden Jähns zum Flugplatz rechtzeitig bereitstand.

Der unerwartete Wochenendurlaub war voller Überraschungen. Die elfjährige Grit genoß es, als Brautjungfer bei der Hochzeit ihrer einzigen Schwester dabeisein zu dürfen. Die Kleine freute sich, für die rund zweitausend Kilometer lange Strecke von Moskau nach Berlin scheinbar nur eine halbe Stunde zu benötigen, denn um 18.00 Uhr in Scheremetjewo gestartet, landete die Maschine schon um 18.30 Uhr in Schönefeld. Doch dieser fiktive Zeitgewinn ging auf der Fahrt mit dem Auto ins Erzgebirge mehr als verloren. Bei strömendem Regen stießen Vater und Tochter in stockfinsterer Nacht auf einen Trabantfahrer mit Motorschaden, den sie bis nach Annaberg abschleppten. Als sie ihr Ziel erreichten, war der Polterabend bereits vorbei. Dafür gestaltete sich der Hochzeitstag um so schöner. Die Zeit reichte sogar noch für einen kurzen Besuch bei den Eltern von Sig im Vogtland aus.

»»Nimm das der Oma als Gruß von meiner Hochzeit mit‹, bat mich die junge Ehefrau zum Abschied und drückte mir ihren Brautstrauß in die Hand. Diese spontane Geste rührte mich. Mein Vater war wohlauf, und auch Mutter freute sich sehr über unseren Besuch. Wir waren froh darüber, sie in guten Händen zu wissen. Während der Hochzeitsfeier war das Thema Raumflug nicht berührt worden. Außer den jungen Eheleuten, die an diesem Tag andere Interessen hatten und sowieso meinen Wunsch nach Diskretion streng respektierten, kannte keiner der zahlreichen Gäste meine Moskauer Studienrichtung. Jetzt bei Vater und Mutter machte ich mir Gedanken. Sie wußten beide ja auch nicht genau, worauf ich mich in der Sowjetunion vorbereitete. Wenigstens Vater wollte ich reinen Wein einschenken. Er sagte nicht viel dazu, aber ich spürte, daß ihn meine Mitteilung aufgewühlt hatte. Sie würde ihn noch lange nach meiner Abreise beschäftigen, zumal ich ihn gebeten hatte, nicht darüber zu sprechen.

Nach dem Abschied von Mutter überkam mich eine fast wehmütige Stimmung. Schließlich stand mir womöglich eine Reise mit vielen Unbekannten bevor. Selten fühlte ich so deutlich, wie stark ich an meiner Heimat hänge. Sollte ich mir aus meinem Gebirge nicht wenigstens eine Erinnerung ins Sternenstädtchen, nach Baikonur und vielleicht ins Weltall mitnehmen? Ich wußte, an Bord von SOJUS 31 würden sich wertvolle symbolische Gegenstände befinden. Doch die Kosmonauten durften auch etwa ein Kilogramm persönliches Gepäck mitführen. Da fiel eine Ansichtskarte, die ich im Musikinstrumentenmuseum von Markneukirchen schnell noch kaufte, nicht ins Gewicht. Mit den Pioniertüchern von Grit und Claudia Köllner sowie zahlreichen Briefen gehörte diese Karte dann im August tatsächlich zu meinem ›Frachtgut‹.«

Die pathologische Geheimniskrämerei während der Vorbereitung des Raumfluges, vom sowjetischen Vorbild übernommen, erfuhr in der DDR mit preußischer Gründlichkeit eine peinliche Perfektion. Hätte dieses top secret der militärisch relevanten Technik gegolten, so wäre das durchaus verständlich gewesen. Doch die strikte Geheimhaltung betraf vor allem die handelnden Personen und die wichtigen Termine. Offensichtlich erhofften sich die Drahtzieher von dem Überraschungsmoment eine besonders starke propagandistische Wirkung. Dabei hätte sich die Bevölkerung mit einer bekannten und beliebten Persönlichkeit viel früher identifiziert und um seinen Start gebangt – man denke nur an Täve Schur und die Friedensfahrt. Nachdem bereits 1976 gemeldet worden war, daß die Ausbildung der Kandidaten aus der CSSR, Polen und der DDR im Gagarin-Zentrum begonnen hatte, war es sowieso illusorisch, an einer Nachrichtensperre festzuhalten. Schließlich lebten die Aspiranten mit ihren Frauen und Kindern im Sternenstädtchen, dessen Rolle international bekannt war. Auch die Starttermine und Flugzeiten waren für jeden berechenbar: Der erste Zyklus von SALUT 6 begann Ende 1977 und dauerte ein halbes Jahr. Die Stammbesatzung wurde von zwei Gastmannschaften besucht – von einer sowjetischen und zwei Monate später von der ersten INTERKOSMOS-Crew mit dem Tschechen Vladimir Remek für eine Woche. Nach einer unbemannten Pause von drei Monaten begann im Sommer 1978 der zweite Zyklus von SALUT 6 mit einer neuen Stammbesatzung. Zu diesem Zeitpunkt konnte also mit den beiden nächsten INTERKOSMOS-Mannschaften aus Polen und der DDR im Juni und August gerechnet werden, was ja dann auch zutraf. In Ostberlin allerdings gab es Ärger wegen solcher »Spekulationen«. Als an einem feucht-fröhlichen Abend im engen Kreis von Fachjournalisten darüber gefrozzelt wurde, daß für die DDR ein Pole namens Zygmunt ins »Jähnseits« fliege und sein Double ein Westdeutscher aus Köln sei, wurden die Teilnehmer umgehend wegen ihres »instinktlosen Verhaltens« zur Ordnung gerufen.

GEHEIMNISSE UM EINEN OPA

Sigmund Jähn, der von alledem nichts wußte, sich aber über die Situation durchaus im klaren war, handelte nach seiner ruhigen und besonnenen Art. Als Offizier war er ja gewohnt, strenge Disziplin zu halten. Doch als warmherziger Mensch entschied er sich, seinem Vater und Vertrauten noch vor dem Raumflug die Wahrheit zu sagen. Gegenüber seiner geliebten Mutter jedoch schwieg er, um der kranken Frau vorzeitige Aufregung zu ersparen. Von der Geburt seines ersten Enkels erfuhr Sigmund kurz vor seinem Start, doch das erste Foto von diesem erhielt er erst unmittelbar nach der Landung. Einigen der Chefagitatoren des Großen Hauses am Werderschen Markt in Berlin paßte eigentlich gar nicht, daß der nunmehr als Held und Himmelsstürmer gefeierte Fliegerkosmonaut der DDR ein Opa war.

Bevor dieser jedoch auf die große Traum- und Raumreise ging, mußte er im Sternenstädtchen seinen Koffer für den Flug zum Kosmodrom Baikonur packen. Zum Gepäck für die Weltraummission selbst gehörten neben den persönlichen Souvenirs auch die »von oben« zusammengestellte obligatorische Symbolik. Die dafür vorgesehenen Gegenstände wurden anläßlich eines Empfangs in der Botschaft der DDR in Moskau kurz vor dem Abflug nach Kasachstan vorgestellt. Mitarbeiter des INTERKOSMOS-Koordinierungskomitees für die friedliche Erforschung und Nutzung des Weltraums hatten das historische Paket aus Berlin eingeflogen und auf einem Ausstellungstisch die Symbole ins richtige Licht gerückt: Miniaturausgaben von Goethes »Faust« und dem »Manifest der Kommunistischen Partei« von Marx und Engels sowie ein Bildbändchen über die DDR. In der Post-Personenkultära durfte natürlich das Bild des Generalsekretärs und Staatsratsvorsitzenden Erich Honecker nicht fehlen. Die Leibnizmedaille, höchste Auszeichnung der Akademie der Wissenschaften, war ebenso dabei wie das in Gold geprägte Staatswappen mit Hammer und Zirkel sowie die Wimpel und Wappen der Hauptstadt und der Bezirksstädte. Ungeteilter Beliebtheit erfreute sich das Sandmännchen des Kinderfernsehens in Adlershof, das die Kosmonauten auf SALUT 6 kurzerhand mit der Puppe »Mascha« aus Bjelorußland verheirateten.

Besonderen Spaß hatten Sigmund Jähn und Eberhard Köllner daran, daß ihnen vom Botschafter der DDR in Moskau der zeitlich begrenzte Status eines »Angestellten der Deutschen Post im Weltraum« übertragen wurde. Da sich die üblichen Handstempel in der Schwerelosigkeit nicht bewährten, konstruierten findige Neuerer einen Stempelapparat mit eingebautem Stempelkissen und ließen diesen patentieren. Sein Rücktransport zur Erde war eigentlich aus Platz- und Gewichtsgründen nicht vorgesehen. Doch Kommandant Bykowski ließ sich erweichen, das Museumsstück in SOJUS 29 zu verstauen. Am 11. August 1978, zwei Wochen vor dem Start von SOJUS 31, flogen beide Mannschaften für die

Weltraummission UdSSR-DDR, Waleri Bykowski und Sigmund Jähn sowie Wiktor Gorbatko und Eberhard Köllner, von Moskau nach Baikonur – aus Sicherheitsgründen wie üblich voneinander getrennt in zwei Maschinen.

Heute, wo Sensationen vor Informationen, Virtuelles vor Reellem rangieren, wird behauptet, die DDR-Führung habe sich bemüht, den Starttermin um einen Tag vorzuverlegen, damit er mit dem 66. Geburtstag von Erich Honecker am 25. August zusammenfällt. In Wirklichkeit jedoch stand der 26. August seit einem halben Jahr für alle Beteiligten fest. Zwar gab es einige, die sich mit einem solchen Arrangement gerne Liebkind gemacht hätten, doch für Honecker kam das nicht in Frage.

Acht Tage im All

26. August bis 3. September 1978

Nachdem eine orangefarbene Wolke, die sich
infolge eines Sandsturms über der Sahara
gebildet hatte, von Luftströmungen bis zu den
Philippinen getrieben worden war, wo sie als
Regen niederging, habe ich begriffen, daß wir
alle im gleichen Boot sitzen.
Wladimir Kowaljonok

VOM KARAKUL ZUM KOSMODROM

Als Sigmund Jähn fünfzehn Tage vor seinem Raumflug in Baikonur eintraf, weilte er nicht zum ersten Mal auf dem Kosmodrom, denn er hatte bereits am Start seines polnischen Vorgängers Miroslaw Hermaszewski teilgenommen. Daß er jedoch in den kommenden zwei Jahrzehnten viele Male dabeisein würde, wenn Kosmonauten verschiedener Länder von hier aus in den Weltraum aufbrachen, konnte er damals nicht einmal ahnen. Geschweige denn, daß er selbst einmal als ehemaliger General der NVA mit Offizieren der Bundeswehr zusammenarbeitet, die mit ihrem russischen Führungsoffizier im Range eines Obersten zu einer Raumstation fliegen, die den Namen MIR – Frieden – trägt und von Professor Konstantin Feoktistow, einem Kosmonauten, konstruiert worden war. Über die Geschichte von Baikonur, die bis in die Mitte des vorigen Jahrhunderts zurückreicht, war er hingegen durch Erzählungen und Beschreibungen gut informiert.

Wegen »unsinniger und aufrührerischer Reden über einen Flug zum Mond« wurde im Jahre 1849 ein gewisser Nikifor Nikitin von der zaristischen Justiz an den Rand der Hungersteppe nach Baikonur verbannt. Weder der Missetäter noch seine Richter konnten wissen, daß just von diesem Verbannungsort 110 Jahre später der erste von Menschenhand geschaffene Mondflugkörper – LUNIK 1 – zu unserem natürlichen Trabanten emporsteigen und ihn in 5.000 Kilometern Entfernung passieren würde. Aus der kasachischen Hungersteppe kamen später auch die LUNA-Sonden, die als erste »hart« und »weich« auf dem Mond landeten, seine bis dahin unbekannte Rückseite fotografierten, Bodenproben von seiner Oberfläche zur Erde holten und LUNOCHOD genannte Automobile absetzten.

Während der Operationen der Armeen Alexander II. von Rußland in Zentralasien wurde 1860 etwa 80 Kilometer vom heutigen Kosmodrom Baikonur entfernt, nahe der Karakum, ein Karakul, ein Kosakenposten errichtet, um die Nomadenzüge zu beobachten. Genau 100 Jahre danach starteten hier die ersten KORABL-Raumschiffe mit Hunden und anderen Tieren an Bord, von denen die meisten nach ihrem Flug wohlbehalten in der kasachischen Steppe landeten.

Anfang des 20. Jahrhunderts entdeckten englische Geologen, daß das Gebiet um Baikonur mit seinen reichen Lagerstätten an Bodenschätzen eine wahre Goldgrube ist. 1911 erhielt ein gewisser Mister Arkwright, nicht zu verwechseln mit Richard Arkwright, der 1769 die erste Baumwollspinnmaschine erfand, von Zar Nikolaus II. die Erlaubnis »... im gesamten Gebiet des Generalgouvernements der Steppe nach Bodenschätzen zu schürfen«. Der Brite ließ das bei Dsheskasgan entdeckte Kupfer und das bei Dshesaij gefundene Manganerz auf Kamelrücken zur nächsten Station der Transsibirischen Eisenbahn bringen. Baikonur lag auf dem Territorium, das der Aktiengesellschaft »Kupferwerk Atbassai« mit einem Grundkapital von 250.000 Pfund Sterling, damals etwa fünf Millionen Mark, gehörte. Nach dem Besuch amerikanischer Spezialisten beteiligten sich auch Unternehmen aus den USA an dem lukrativen Geschäft. Im Herbst 1919 mußten die Vertreter des Kapitals dieses Gebiet verlassen, und am 4. Oktober 1920 verkündete der erste Allkasachische Sowjetkongreß die Ausrufung der Kasachischen Sowjetrepublik.

Wiederum ein 4. Oktober war es, als 1957 die Völker die Signale des vom Kosmodrom Baikonur 300 Kilometer nordöstlich des Aralsees gestarteten ersten künstlichen Erdsatelliten SPUTNIK 1 hörten. Knapp vier Jahre später, am 12. April 1961, startete von dem gleichen Areal Juri Gagarin mit seinem Raumschiff WOSTOK 1, um als erster Mensch in den Kosmos vorzudringen. Als Sigmund Jähn SOJUS 31 bestieg, konnte bereits folgende Bilanz gezogen werden: 36 Raumschiffe stachen von Baikonur »in See«, um den »Sechsten Ozean« genannten Weltraum zu erforschen. 44 sowjetische Kosmonauten und zwei Interkosmonauten umrundeten fast 8.000mal den Blauen Planeten. Sie legten dabei weit über 300 Millionen Kilometer zurück, was einem Flug von der Erde zur Sonne und zurück entspricht. Während fast 500 All-Tagen sammelten sie wertvolle wissenschaftliche und technische Erfahrungen. Sie alle begannen ihre Große Fahrt in Baikonur, dem ersten Tor der Menschheit zum Weltraum.

HAUPTBAHNHOF IM HERZEN EURASIENS

Anfang der fünfziger Jahre, als Sigmund Jähn in Klingenthal seiner Buchdruckerlehre nachging, kamen Spezialisten aus allen Teilen der UdSSR in die Goldene Steppe, um nahe des Schubar-Tengis-Sees das neue Baikonur-Tjuratam, den Hauptbahnhof der sowjetischen Raumfahrt, zu errichten. Diese Pioniere wohnten in Eisenbahnwaggons und Zelten. Im Sommer brannte die Sonne erbarmungslos auf sie nieder; im Winter nahm ihnen der Buran, ein heftiger Nordoststurm mit starkem Schneetreiben, die Sicht. Nach ihm wurde später die sowjetische Raumfähre benannt, die jedoch ein glückloser Eintagsflieger blieb. Wasser mußte in Tanks aus großer Entfernung herangeholt werden. Entlang der ersten Betonstraßen und Leitungsmasten wuchs trotz alledem unweit von Tjuratam eine neue und bis dahin einmalige Stadt. Fünf gute Gründe sprachen dafür, das erste Kosmodrom der Welt gerade hier zu bauen:

• Baikonur liegt im Herzen des europäisch-asiatischen Kontinents. In nordöstlicher Richtung gestartete Raketen überfliegen auf der sibirischen Raumtrasse, die bis Kamtschatka und zur Behringstraße reicht, über 6.500 Kilometer ein Territorium, das damals zur UdSSR und heute zur GUS gehört, und gestatteten ein gestaffeltes Bahnverfolgungsnetz.

• In Kasachstan, insbesondere in der Gegend um Zelinograd, gibt es günstige Landegebiete für zurückkehrende Raumschiffe. Außerdem befinden sie sich nordöstlich von Baikonur und gestatten eine schnelle Rückführung der Kosmonauten zum Raumflughafen.

• Das Kosmodrom Baikonur bildet mit den Raketenstartplätzen im Norden und Süden des Riesenreichs fast ein gleichschenkliges Dreieck. Die Basisstrecke Aralsee–Wolga mißt etwa 1.500 Kilometer und die beiden Schenkel von Plessezk bei Archangelsk nach Kapustin Jar an der Wolga und nach Baikonur jeweils rund 3.000 Kilometer. Das erleichtert koordinierte und komplexe Weltraumunternehmen verschiedener Art.

• Der Weltraumhafen ist weit entfernt von Bevölkerungszentren und Hauptverkehrsstraßen. Die nächsten regulären Aeroflot-Linien verlaufen mehr als 400 Kilometer nordwestlich beziehungsweise 500 Kilometer östlich.

• Baikonur liegt 300 Meter über dem Meeresspiegel und hat ein für Raumfahrtunternehmen günstiges Festlandklima. Das Wetter ist relativ beständig. Fast das ganze Jahr über ist der Himmel wolkenlos, und der Niederschlag beträgt nur 200 Millimeter. Im Vergleich dazu liegt er im Osten Deutschlands bei 700 Millimeter. Nur selten gibt es im Sommer wolkenbruchartige Regenfälle.

Diese günstigen Bedingungen machten Baikonur zum Hauptbahnhof der sowjetischen und russischen Raumfahrt. Von den etwa 3.000 Raumflugkörpern des Landes, die seit SPUTNIK 1 ihre kosmische Bahn erreichten, startete die Hälfte hier. Der Anteil an der Gesamtmasse dieser künstlichen Himmelskörper beträgt rund 80 Prozent und bei denen auf geostationären Bahnen sogar 100 Prozent.

Irgendwie erinnert das Kosmodrom nördlich von Baikonur in der kasachischen Region Kayl Oidiaskaya an einen großen Überseehafen, obwohl es mitten in der Steppe liegt. In seiner Ausdehnung jedoch übertrifft es alle Häfen der Welt. Von Norden nach Süden mißt der Komplex 75 Kilometer, von Ost nach West 90 Kilometer, und seine Fläche beträgt genau 6.717 Quadratkilometer. Damit ist das Kosmodrom siebeneinhalbmal so groß wie Berlin und übertrifft zweieinhalbmal das Saarland.

Die weitläufigen Anlagen für die Ausrüstung und Erprobung von Trägerraketen ähneln Werften und die Hallen für die Montage von Raumflugkörpern und Raketen Hellingen. Allein die zentrale Prüfhalle, die von mehreren Eisenbahngleisen durchquert wird, hat eine Höhe von 25 Metern und eine Länge von mehr als 100 Metern. In riesigen Tanks lagern die beiden flüssigen Komponenten des Treibstoffes – Kohlenwasserstoff als Brennstoff und Sauerstoff als Oxydationsmittel – sowie Wasserstoffperoxid für die Turbopumpenaggregate, flüssiger Stickstoff und Druckgas, die beispielsweise gleichzeitig in die SOJUS-Trägerrakete getankt werden. Dabei entweicht durch die Ventile Flüssigsauerstoff bei einer Temperatur von minus 182 Grad Celsius, eine weiße Wolke kondensierten Wasserdampfes hüllt die Rakete ein, und Reif bedeckt ihre Wandung. Die mehretagigen Starttürme für die Ausrüstung und Betankung des Systems Raumschiff-Rakete gleichen den Kais und Kränen eines Hafens ebenso wie die Startrampen den Piers und Docks entsprechen. An Startlöcher wiederum erinnern die Abgaskanäle unter den betonierten Pisten.

EIN HORIZONTALES GEWERKE

Doch die Seele des Kosmodroms ist das unterirdische Startzentrum mit seinen langen Korridoren, Sälen voll Computern und Monitoren, an denen die Generalstäbler des Startkommandos arbeiten. Ihr Chef verfolgt den Abschuß durch ein Periskop, bekannte Wissenschaftler und Techniker übernehmen bei bemannten Unternehmen die verschiedensten Kontrollfunktionen.

In Baikonur werden die einzelnen Stufen der Rakete und das Raumschiff horizontal zusammengefügt, dann gemeinsam mit der Aufrichtemechanik waagerecht auf einen speziellen Eisenbahnwaggon geladen und von einer Diesellok die zwei Kilometer bis zur Abschußrampe gezogen. Der Nachteil dieser Methode – mehrmalige komplexe Prüfungen vor und nach dem Aufrichten – wird durch die Vorteile weit überwogen: günstige Arbeitsbedingungen, geringer Aufwand und die Möglichkeit, mehrere Trägerraketen gleichzeitig zu montieren. Günstig bei der auf dem US-amerikanischen Raketenstartplatz Cape Canaveral verwendeten vertikalen Methode hingegen ist, daß der Anschluß aller versorgungstechnischen, pneumatischen und elektrischen Verbindungen für das System sehr früh erfolgen kann. Die überdimensionale Montagehalle und der gigantische Transportwagen stellen hingegen sehr teure und komplizierte Komplexe dar.

Der Raketenstartkomplex Baikonur-Tjuratam wurde 1955 als Einrichtung des Verteidigungsministeriums der UdSSR und seiner Strategischen Raketentruppen gegründet und am 27. August 1957 mit dem Abschuß der ersten interkontinentalen ballistischen Rakete der Welt in Betrieb genommen. Nach der Herausbildung der Weltraumstreitkräfte als eigenständige Waffengattung übernahmen diese das Kommando über Baikonur bis Mitte der neunziger Jahre. Heute sind dafür wieder die Strategischen Raketentruppen zuständig.

Die Wohnstadt erreichte eine Einwohnerzahl von 80.000 Menschen – Militärangehörige und Zivilbeschäftigte mit ihren Familien. Heute sind es nur noch knapp 50.000 Russen und Kasachen. Baikonur hat sein eigenes Zentrum, in dem der Kulturpalast und das Kinotheater, das Postamt und das Warenhaus stehen, und alle Wege zusammenlaufen. Die verschiedenen Geschäfte bilden ein Ensemble, an das sich die Wohnhäuser der Wissenschaftler und

Techniker anschließen, die jedoch inzwischen zum Teil unbewohnt sind und verfallen. Das Hotel am Platze trägt den Namen »Kosmonaut«. Doch am berühmtesten ist das kleine Holzhaus, in dem Juri Gagarin die letzte Nacht vor seinem historischen Flug schlief, und das seitdem alle Kosmonauten vor ihrem Start besuchen.

Nach den jüngsten Informationen der russischen Kosmosagentur RKA in Moskau verfügt das Kosmodrom heute über neun Startkomplexe mit fünfzehn Rampen für folgende Typen von Raketen: Molnija, Proton, Rokot, Sojus und Zenit. Elf Einrichtungen dienen als Montagehallen und drei als Tankstellen. Je ein Zentrum arbeitet für die medizinische Betreuung der Weltraumflieger und für die nachrichtentechnische Verbindung zu den Raumflugkörpern. Die Versorgung des Areals mit Energie, Wärme und Wasser erfolgt durch ein eigenes System, und das Verkehrsnetz umfaßt Straße, Schiene und Flugplatz.

Die Macht über das Raketenland ist dreigeteilt: Kommandeur ist ein General der Strategischen Raketentruppen, Direktor des Zentrums für die Bodeninfrastruktur ein Wissenschaftler und Bürgermeister für die Einwohner ein Verwaltungsexperte. Seit der Auflösung der Sowjetunion 1991 muß Moskau 115 Millionen Dollar jährlich an Akmola, die neue Hauptstadt der unabhängigen Republik Kasachstan in der Wüste, als Miete bezahlen. Angesichts der permanenten Geldnot eine horrende Belastung, die zu einer zunehmenden Vernachlässigung des Objektes und zum Aufbau eines eigenen russischen Raumfahrtzentrums Swobodny im jakutischen Amurgebiet führte. Die Pacht wird teils mit Verzug in bar entrichtet, im Zuge des bilateralen Handels verrechnet oder durch wissenschaftliche Dienstleistungen, wie die Mitnahme des kasachischen Kosmonauten Taktar Aubakirow, beglichen. Doch noch immer ist Baikonur der Hauptbahnhof ins All. Auch wenn der Anteil der Kosmonautik am Nationalprodukt Rußlands in den vergangenen zehn Jahren von mehr als 1,5 auf weniger als 0,3 Prozent sank, und die Anzahl der jährlichen Starts von Raumflugkörper von durchschnittlich 120 auf 30 zurückging.

STUNDE DER WAHRHEIT

»Vierzehn Tage hatten wir Zeit, uns mit unserem Raumschiff zusammenzuleben«, erinnert sich Sigmund Jähn an die letzte Phase der Vorbereitung in Baikonur. »SOJUS 31 stand – fabrikneu, noch in einem Wartungsgerüst und stellenweise mit Schutzhüllen umgeben – in einer großen Halle. Die Trägerrakete lag daneben, in den ersten Tagen noch ohne sichtbare Beziehung zum Raumschiff. Obwohl der große Komplextrainer im Kosmonautenausbildungszentrum in fast allen seinen Abmessungen und Bedienungselementen einem Raumschiff entsprach, so respekteinflößend wie das echte SOJUS-31-Schiff hatte er nicht gewirkt.«

Bis zwei Tage vor dem Start arbeiteten beide Besatzungen immer noch parallel. Dann schlug die Stunde der Wahrheit. Die Staatliche Kommission tagte. Ihr gehörten Wissenschaftler und Weltraumflieger, Raumfahrtkonstrukteure und Kosmosmediziner an. Auch der »Generalstab« des Kosmonautenkorps war vertreten, durch den Dreifachkosmonauten Dr. Wladimir Schatalow, den Zweifachkosmonauten Generalmajor Alexej Leonow und den dienstältesten Raumfahrer der Welt, Generalmajor German Titow. Es gab nur einen Tagesordnungspunkt: »Entscheidung über die Besatzung von SOJUS 31 und ihre Ersatzmannschaft.« Am späten Abend des 25. August erfolgte die Bekanntgabe im großen Konferenzsaal des Hotels »Kosmonaut«. Die vier Kandidaten saßen hinter einer großen Glasscheibe, die ihnen Schutz vor Infektionen in letzter Minute bot. Trotz sichtlich guter Laune der Betroffenen waren ihre Nerven strapaziert. Spannung lag über der Versammlung, an der auch Gäste und Journalisten als stille Zuhörer teilnahmen. Dann gab der Vorsitzende der Kommission bekannt: Die Besatzung von SOJUS 31 bilden Waleri Bykowski und Sigmund Jähn, die Ersatzmannschaft Wiktor Gorbatko und Eberhard Köllner. Eberhard Köllner stand als erster auf, ging auf Sigmund Jähn zu, schüttelte ihm die Hände, und beide umarmten sich. Noch heute hat Sigmund diese Szene in Erinnerung: »Eberhard war der erste, der mir gratulierte und Erfolg wünschte. Wir wußten beide, daß es ihm schwerfiel, auf den Flug ins All zu verzichten, und daß mir das an seiner Stelle nicht leichter gefallen wäre. Natürlich möchte jeder fliegen. Einer aber konnte nur das Raumschiff besteigen. Das gibt schon schwierige Momente. Wir waren bestens vorbereitet. Er war nicht schlechter als ich. Geholfen hat uns in der Stunde der Entscheidung ganz sicher, daß wir uns lange und gut kannten, und daß wir uns sagten: Wichtig ist eigentlich gar nicht, wer von uns fliegt, sondern daß es einer von uns ist.« Auf der traditionellen Pressekonferenz, die eine halbe Stunde später begann, stand das schwere Los des Doubles natürlich ebenfalls im Mittelpunkt. Sigmund Jähn bemerkte dazu: »Vielleicht hatte ich auch ein wenig Glück, daß die Wahl auf mich fiel. Wäre die Entscheidung aber zu Eberhards Gunsten ausgegangen, dann hätte ich ihm ebenso herzlich und neidlos gratuliert, wie er mir vorhin.«

Zum ersten Mal in seinem Leben geriet Sigmund Jähn, der über Nacht vom unbekannten Jagdflieger zum weltbekannten Fliegerkosmonauten aufstieg, ins Kreuzverhör durch internationale Journalisten. Allerdings handelte es sich bei den handverlesenen Reportern aus den sozialistischen Staaten um wohlwollende Fragesteller. Die Meute der Journaille aus aller Welt hingegen fiel erst nach seinem Flug über ihn her. Seine unerschütterliche Ruhe und Bescheidenheit stellten den besten Schutz dar. Gutmütig gab er während dieser Pressepremiere in Baikonur die gewünschten Auskünfte. Eine der Fragen, die an beide gerichtet war, lautete: »Was machten Sie am 4. Oktober 1957, als der erste Sputnik flog, und am 12. April 1961, als Juri Gagarin in den Weltraum startete?«

Waleri Bykowski und Sigmund Jähn waren bei dem ersten historischen Ereignis, welches das kosmische Zeitalter einläutete, Jagdflieger beziehungsweise Flugschüler. Waleri gehörte bereits der ersten Gruppe von Kosmonauten an, die Juri zur Startrampe in Baikonur geleiteten. Seit WOSTOK 1 war er mehrmals als Raumschiffkommandant und Besatzungsdouble, Betreuer und Berater dabei, hatte alle Typen von Raumflugkörpern kennengelernt. Sigmund, der 1961 als Leutnant in den Luftstreitkräften diente, erinnerte sich: »Als Flieger freuten wir uns natürlich alle, daß ein Berufskollege der erste Mensch im All war. Wir hofften und wünschten, daß vielleicht einmal unsere Söhne und Töchter in den Kosmos fliegen werden. Daß jedoch ein Vertreter der damaligen Fliegergeneration der Deutschen Demokratische Republik mit einer Weltraumrakete starten könnte, kam uns einfach nicht in den Sinn.« Später fügte er hinzu: »Nicht einmal, als wir im vierten Studienjahr an der Militärakademie ›Juri Gagarin‹ auch Vorlesungen über Probleme der Raumfahrt hörten. Die abschließenden Worte des Dozenten, er würde sich nicht wundern, wenn einer von uns im Sternenstädtchen gründlicher in Theorie und Praxis der Kosmonautik ausgebildet würde, nahmen wir mehr als freundliche Floskel, ohne zu ahnen, daß sieben Jahre später dieses Wort für zwei Hörer Wirklichkeit wurde.«

Nach ihren sehnlichsten Wünschen befragt, betrafen beider Antworten die Raumfahrt. Waleri, der bis zu seinem zweiten Flug dreizehn Jahre warten mußte und innerhalb von fünfzehn Jahren nun schon zum dritten Mal startete, wollte gern öfter und länger im Weltraum arbeiten. Sigmunds Wunsch: »Ich würde gern die Kosmonautik in dreißig oder fünfzig Jahren erleben. Sicherlich wird die Menschheit dann schon zu interplanetaren Flügen starten. Es wäre schön, das mit eigenen Augen zu sehen.« Heute, zwei Jahrzehnte später, ist Sigmund Jähn als Berater daran beteiligt, die großartige Vision einer Internationalen Raumstation zu verwirklichen, die als Zwischenstufe für bemannte Missionen zum Mars betrachtet wird.

Während Waleri Bykowski als Lieblingsbeschäftigung in der Freizeit mit den Jahren wechselnd Fußball, Sportschießen, Camping und Autotouristik zwischen Wolga und Ural, Mittelasien und Fernost angab, erklärte der »Fliegende Vogtländer«: »Ich liebe die Natur von Kindheit an. Das liegt wohl an der schönen Landschaft, in der ich großgeworden bin. Auch vom Sternenstädtchen aus habe ich alle umliegenden Wälder durchstreift; kenne sie sicher so gut wie manch Alteingesessener. Zwei Elchgeweihe habe ich gefunden und bin sehr stolz, sie ohne Schuß erbeutet zu haben.«

Seine Antwort auf die Frage, wie er die wenigen Stunden bis zum Start ausfülle: »Die Vorbereitungen sind abgeschlossen. Jetzt sind wir vor allem bemüht, uns zu entspannen. Ganz gewiß wird jeder für sich das eine oder andere durchdenken.«

STERNSTUNDE

An einem Sonnabend erblickte Sigmund Jähn das Licht der Welt, und an einem Sonnabend schlug seine Sternstunde. Am 26. August 1978 stieß er als erster Deutscher in die Unendlichkeit des Universums vor. »Solche dramatisch geballten, solche schicksalsträchtigen Stunden«, so der österreichische Schriftsteller Stefan Zweig, »in denen eine zeitüberdauernde Entscheidung auf ein einziges Datum, eine einzige Stunde und oft nur eine Minute zusammendrängt ist, sind selten im Leben eines einzelnen und selten im Laufe der Geschichte.«

An diesem Samstag regnete es in Prag, Warschau und Moskau. In der DDR gingen die großen Sommerferien der Schulkinder zu Ende. Für den Kosmoskandidaten wurde es ein sehr langer Tag, dessen Ablauf nach einem »verkehrten« Tagesplan erfolgte, bei dem alles um einige Stunden verschoben war. Dabei fand Berücksichtigung, daß die Besatzung von SOJUS 31 erst nach fünf Erdumkreisungen zur Ruhe kommen würde – spät in der Nacht oder richtiger früh am nächsten Morgen. Deshalb erfolgte das Wecken nach Ortszeit mittags um zwölf. Doch keiner der beiden konnte lange schlafen, zumal jeder wußte, daß am vergangenen Tag ihre Konturensessel in das Raumschiff montiert worden waren und in den frühen Morgenstunden eine Diesellok die Plattform mit der Aufrichtvorrichtung und dem SOJUS-System Trägerrakete-Raumschiff aus der Montagehalle zur Startrampe transportierte.

In seinem Buch »Erlebnis Weltraum« schreibt Sigmund Jähn: »Ich kann mich an fast jede Kleinigkeit erinnern, und vieles wird mir wohl für immer im Gedächtnis bleiben. An diesem Morgen, als ich ans Fenster meines Zimmers trat, stand die Sonne hoch am Horizont, und das wolkenlose Blau über der Steppe schien mir sogar noch einen Ton wärmer und freundlicher als sonst. Die Uhr zeigte noch lange nicht zehn, als ich meinen Frühsport beendete. Ich schwitzte, ohne daß ich mich besonders angestrengt hätte. Eigentlich hatte ich mir fest vorgenommen, mich so zu verhalten, als wäre dieser Tag zwar kein normaler wie jeder andere, aber auch kein außergewöhnlicher, sondern ein Tag wie, sagen wir der 1. Mai oder der vierzigste Geburtstag. Aber dieser gutgemeinte Vorsatz war wohl nicht zu verwirklichen. Immer wieder kreisten meine Gedanken um den bevorstehenden Flug. Sollte ich heute abend wirklich das Phänomen erleben, mein eigenes Gewicht nicht mehr zu spüren? Würde in der Schwerelosigkeit tatsächlich oben und unten nicht mehr zu unterscheiden sein? Dann müßte ich die Erde auch nicht von oben, sondern sozusagen von der Seite sehen. Als Kind hatte ich eine Zeitlang nicht so recht eingesehen, was uns der Lehrer erklärte: Die Erde sei eine Kugel, dennoch hingen die Menschen auf der anderen Seite unseres Planeten nicht mit dem Kopf nach unten. Mir fehlte einfach die Vorstellung vom Zusammenhang zwischen Gewicht und Schwerkraft. Keine Schwerkraft, so meinte der Lehrer, hieße für den Menschen, auch kein Gewicht zu besitzen. Sonderbar, wenn man das einmal ausprobieren könnte!«

Später hatte er Bertolt Brechts »Leben des Galilei« gelesen, wo ihn zwei Passagen besonders stark beeindruckten. Zum einen die Worte Galileis selbst: »Durch zweitausend Jahre glaubte die

Menschheit, daß die Sonne und alle Gestirne des Himmels sich um sie drehten. Der Papst, die Kardinäle, die Fürsten, die Gelehrten, Kapitäne, Kaufleute, Fischweiber und Schulkinder glaubten, unbeweglich in dieser kristallenen Kugel zu sitzen. Aber jetzt fahren wir heraus, in großer Fahrt. Denn die alte Zeit ist herum, und es ist eine neue Zeit.« Zum anderen überzeugte ihn, was Brecht seinem Balladensänger in den Mund legte:

»Als der Allmächtige sprach sein großes Werde
Rief er die Sonn, daß sie auf sein Geheiß
ihm eine Lampe trage um die Erde
Als kleine Magd in ordentlichem Kreis.
Denn sein Wunsch war, daß sich ein jeder kehr
Fortan um den, der besser ist als er.
Und es begannen sich zu kehren
Um die Gewichtigen die Minderen
Um die Vorderen die Hinteren
Wie im Himmel, so auch auf Erden.
Und um den Papst zirkulieren die Kardinäle,
Und um die Kardinäle zirkulieren die Bischöfe,
Und um die Bischöfe zirkulieren die Sekretäre,
Und um die Sekretäre zirkulieren die Stadtschöffen;
Und um die Stadtschöffen zirkulieren die Handwerker,
Und um die Handwerker zirkulieren die Dienstleute,
Und um die Dienstleute zirkulieren die Hunde, die Hühner
                                     und die Bettler.«

Bertolt Brecht schrieb dieses Meisterwerk vierzig Jahre zuvor, 1938 am Vorabend des Zweiten Weltkrieges. Als es 1943 uraufgeführt wurde, war die Wende an der Wolga bereits vollzogen. Sigmund Jähn las zum ersten Mal den »Galilei« 1956, in dem Jahr, in dem der große Dichter in Berlin starb und er selbst das Fliegen lernte. Nunmehr erkannte er: »Meine Zweifel aus früheren Kindheitstagen waren längst beseitigt – lange vor meiner ersten Begegnung mit diesem Brecht-Stück. Aber daß mir der 26. August 1978 die letzte Kindheitsvorstellung von der gewaltigen Größe unserer Erde nehmen würde, daran wollte ich an diesem Morgen selbst im reifen Mannesalter nicht so recht glauben.«

EINE ABREIBUNG

An diesem Tag lief alles anders als sonst. Vor ihrem Start mußten die beiden Kosmonauten verschiedene Prozeduren über sich ergehen lassen und an traditionellen Zeremonien teilnehmen. Als erster traf ihr »Leibarzt«, Dr. Iwan Matwejewitsch ein, um »spezielle hygienische Maßnahmen« – wie sie offiziell hießen – an ihnen vorzunehmen. Dabei handelte es sich um eine Abreibung des gesamten Körpers der Kandidaten mit reinem Alkohol, was natürlich zu ironischen Bemerkungen Anlaß bot. Diese langwierige Reinigungsprozedur diente der Prophylaxe gegen Infektionen, was der gesamten vierköpfigen Besatzung von SALUT 6 zugute kam, insbesondere aber den beiden Gastgebern, die schon seit mehreren Wochen an Bord lebten. Von den Gästen mitgebrachte aggressive Bakterien könnten ihnen gefährlich werden, weil sich möglicherweise ihre Immunitätslage herabgesetzt hatte. Bei vorangegangenen Dauerflügen war nämlich entdeckt worden, daß längerer Aufenthalt im Zustand der Schwerelosigkeit zu einer gewissen Schwächung der körpereigenen Abwehrkräfte führt. Heute ist in den USA sogar von einer Art »Weltraum-Aids« die Rede. Das ist jedoch insofern irreführend, als die Schwächung des Immunsystems in diesem Fall nicht durch eine HIV-Infektion, sondern einzig und allein infolge fehlender Gravitationskraft eintritt und sich nach der Rückkehr zur Erde wieder völlig normalisiert. Allerdings führt sie während des Raumfluges zu einer erhöhten Ansteckungsgefahr und kann es selbst beim leichten Erkrankungen notwendig machen, den Betroffenen zurückzuholen. Das ist übrigens inzwischen einige wenige Male geschehen. Für die biologische und medizinische Forschung sind Analogiestudien zwischen den Prozessen, die bei einer infektiösen und bei einer gravitativen Schwächung des Abwehrsystems ablaufen, von großem Wert. Die Wissenschaftler erwarten neue Erkenntnisse, die der Vorbeugung, Behandlung und Heilung zugute kommen könnten. Übrigens werden AIDS-Viren seit dem Flug STS-26 der »Discovery« im Jahre 1988 regelmäßig zu Forschungszwecken in Raumfähren mitgeführt. Für die Internationale Raumstation ISS ist eine ständige Arbeit auf diesem Gebiet vorgesehen.

»Im nachhinein«, so Sigmund Jähn, »scheint mir, als hätte das Desinfektionszeremoniell nicht nur einen medizinisch-prophylaktischen, sondern auch einen psychologischen Zweck verfolgt:

Es half uns, die innerliche Spannung in diesen Stunden vor dem Start viel besser zu beherrschen.«

Auch das Frühstück verlief nicht wie gewöhnlich. Abgesehen davon, daß es erst gegen Mittag des Tages erfolgte, saßen Waleri und Sigmund, vom Scheitel bis zur Sohle desinfiziert, ihrem Arzt gegenüber, der eine hygienische Binde vor dem Gesicht trug. Die alte russische Sitte kam nicht zu ihrem Recht: Das Frühstück allein essen, das Mittagsmahl mit dem Freund teilen und das Abendbrot dem Feind überlassen! Auch der für Flieger übliche opulente Imbiß vor Beginn der Flugschicht fiel aus, für den das Motto gilt: »Wer am Morgen nichts richtiges im Magen hat, kommt nicht auf die befohlene Flughöhe.« Sigmund Jähn hatte keinen rechten Appetit. Sogar den ansonsten üblichen Morgentee ließ er unberührt stehen. Er wollte nicht, daß es ihm so erginge wie einst seinem Kommandanten. Waleri Bykowski, den er neugierig nach dessen Gefühlen beim Erreichen der kosmischen Umlaufbahn befragte, erzählte ihm folgendes: Er hatte vor seinem ersten Weltraumstart mit WOSTOK 5 am 14. Juni 1963 zu viel Tee getrunken. Infolgedessen empfand er nach einiger Zeit einen ganz gewöhnlichen menschlichen Drang, der zunehmend stärker wurde. Schließlich erwartete er nichts sehnlicher als endlich in der Erdumlaufbahn den Skaphander öffnen zu können. Dieses elementare Bedürfnis hatte alle anderen Empfindungen beeinträchtigt.

Noch schlimmer war es dem 1998 verstorbenen amerikanischen Astronauten Alan Shepard ergangen, der am 5. Mai 1961 in einer MERCURY-Kapsel mit dem wohlklingenden Namen »Freedom 7« den ersten ballistischen Flug über eine Weite von 486 und eine Höhe von 187 Kilometern ausführte. Infolge eines heiß gewordenen Wechselgleichrichters kam es zu einer vierstündigen Unterbrechung des Countdown, in der Shepard bewegungslos angeschnallt auf seinem Sitz saß. Sein Harnandrang nahm so katastrophale Ausmaße an, daß ein Ausweg gefunden werden mußte, um das Unternehmen nicht abbrechen zu müssen. Da der Flug nur fünfzehn Minuten dauerte, hatte jedoch niemand daran gedacht, einen Auffangbehälter für den Urin im Druckanzug zu installieren. Dem Harnandrang einfach nachzugeben schien nicht ungefährlich, konnte doch die Flüssigkeit einen Kurzschluß verursachen, der die Mission in Frage stellte. Glücklicherweise waren jedoch die einzigen Drähte, mit denen der Urin innerhalb des

Skaphanders in Kontakt kommen konnte, Schwachstromleitungen zu Biosensoren. Deshalb erhielt Shepard schließlich von der Flugleitung die Genehmigung, sich einfach »in die Hose zu machen«. Eine wohltuende Entlastung war das jedoch für ihn nur im ersten Moment, denn infolge seiner halb liegenden Stellung ergoß sich der Urin nämlich über den ganzen Körper und sammelte sich als lauwarme Pfütze in der Rückenmitte.

Durch diese Erfahrungen gewitzt, überstanden Waleri und Sigmund die langen sechs Stunden zwischen dem Anziehen ihrer maßgeschneiderten Raumanzüge und deren Öffnung nach der zweiten Erdumkreisung von SOJUS 31. Zunächst jedoch galt es einige offizielle Akte zu überstehen. Dazu gehörte die Begegnung mit der am Starttag in Baikonur angereisten Partei- und Regierungsdelegation der DDR. Sie wurde vom Mitglied des Politbüros des ZK der SED und Minister für Nationale Verteidigung, Armeegeneral Heinz Hoffmann, geleitet. Sigmund hegte große Achtung vor dem antifaschistischen Widerstandskämpfer, der als Offizier im Spanischen Bürgerkrieg schwer verwundet worden war. Zur Delegation gehörten auch der Minister für Wissenschaft und Technik, Dr. Herbert Weiz, und der Generalsekretär der Akademie der Wissenschaften, der Kernphysiker Professor Claus Grote, ein ehemaliger Wismut-Kumpel, zugleich Vorsitzender des Nationalen Koordinierungskomitees für die friedliche Erforschung und Nutzung des Weltraums. Den »Kultursektor« vertrat der Vorsitzende des Schriftstellerverbandes Hermann Kant.

Die Delegationsmitglieder und das Journalistenkorps fuhren am Nachmittag voraus zu der Startrampe. Steil aufgerichtet stand dort die SOJUS-Trägerrakete mit dem Raumschiff SOJUS 31 auf der Spitze – nur noch von stählernen Armen gehalten. Der Koloß von Baikonur, obwohl fünfzig Meter hoch und dreihundert Tonnen schwer, wirkte dennoch leicht und elegant. Sein schneeweißer Körper bildete einen beeindruckenden Kontrast zu dem strahlend blauen Himmel und dem zarten Gelbgrün der kasachischen Steppe. Das untere Drittel des Arbeitspferdes der bemannten sowjetischen Raumfahrt war von einer weißen Wolke umgeben. Seine Flanken glitzerten im Reif, weil der tiefgekühlte flüssige Sauerstoff beim Betanken verdampfte.

ABLENKUNGSMANÖVER

Nach zehn Minuten Fahrt traf der Omnibus mit den beiden Kosmonauten und ihren beiden »Leibwächtern«, den unmittelbaren Betreuern ein. Waleri Bykowski und Sigmund Jähn trugen bereits Kosmonautenkleidung. Dazu gehörten direkt am Körper Geber für die Ableitung der wichtigsten medizinischen Werte wie Puls- und Atemfrequenz. Offiziell hieß diese Ausrüstung »Gürtel mit Ableitungskabeln«, doch die Beteiligten nannten ihn ironisch »Büstenhalter«. Die Unterwäsche war ebenso maßgeschneidert wie der Raumanzug selbst. Durch eingearbeitete »Löcher« führten die Kabel nach außen.

Den Weg vom Bus zur Gagarin-Rampe markieren Sterne im Boden, die an jene vor dem Uraufführungskino »Chinese Theatre« in Hollywood erinnern. Allerdings gelten sie in Baikonur nicht irgendwelchen Filmstars, sondern den einzelnen bemannten Unternehmen, die von hier aus zu den Sternen führten. Zu diesem Zeitpunkt waren das 36 Missionen. Nunmehr begann mit dem ersten deutsch-sowjetischen Raumflug die 37. Während das Duo auf sein kosmisches Arbeitspferd SOJUS zustapfte, verhielt Sigmund plötzlich etwas den Schritt. Offensichtlich wollte er noch einmal zur Spitze der Rakete mit dem Raumschiff und dem Rettungssystem hinaufschauen. Doch es war gar nicht so einfach, eingezwängt in dem straff sitzenden Skaphander den Kopf nach hinten zu beugen, noch dazu mit dem ominösen Köfferchen in der Hand. Dieses enthielt einen Ventilator, der in der Minute mehrere hundert Liter Frischluft durch den schwitzenden Raumanzug pumpte und somit auch im geschlossenen Zustand auf der Erde alle Lebensfunktionen sicherte. Über seinen letzten Blick auf das Raumschiff schreibt Sigmund später: »Die Rakete stand dampfend vor uns. Sie erstrahlte in blendendem Weiß. Gestern in der Halle hatte ich sie noch im schlichten Grau gesehen. Obwohl mir das Phänomen theoretisch klar war, stutzte ich zunächst. So bewußt hatte ich es nicht erwartet und so blendend weiß die Spuren des ausströmenden flüssigen Sauerstoffs nicht vermutet. Der über spezielle Leitungen nach außen entweichende Dampf erforderte übrigens ein Nachtanken. Allerdings war nicht nur flüssiger Sauerstoff aufzutanken, auch andere technische Flüssigkeiten und Gase wurden benötigt: die Treibstoffkomponenten, Wasserstoffperoxid für die Turbopumpen und flüssiger Stickstoff als

Die Doubles Viktor Gorbatko und Eberhard Köllner winken zum Abschied

Druckgas zur Entleerung der Tanks während des Fluges.« Am Fuß der Rakete meldete Kommandant Oberst Waleri Bykowski dem Vorsitzenden der Staatlichen Kommission: »Die dritte Interkosmos-Besatzung ist bereit, ihren Auftrag zu erfüllen.«

Vor der kleinen gelben Treppe, die zum Fahrstuhl führte, nutzten Journalisten und Fotoreporter ihre letzte Chance. Waleri, der bereits zum dritten Mal startete, »verlor auch hier seinen trockenen Humor und seine Neigung zum Sarkasmus nicht«, wie Sigmund sich erinnert. Auf eine entsprechende Frage antwortete er: »Jetzt ist es fast sicher, daß ich eine Woche lang keine Zigarette sehen werde.« Die Essenz von Sigmunds Antworten lautete: »Wir vertrauen der Technik ... Wir sind bestens vorbereitet und gut aufeinander eingespielt ... Was in unserer Kraft und Macht steht, werden wir tun.« Bevor er nach seinem Kommandanten in den Lift stieg, den er mit den Förderanlagen im Bergbau verglich, rief er: »Grüßt alle daheim! Auf Wiedersehen!«, und von unten ertönte es auf deutsch »Hals- und Beinbruch« und auf russisch »Der Teufel soll euch behüten!«

Die kosmischen Zwillinge Waleri und Sigmund

Seit Stunden lief der Countdown, das Rückwärtszählen der Vorbereitungszeit für den Start. Fünf-Stunden-Bereitschaft, Vier-
Stunden-Bereitschaft, Drei-Stunden-Bereitschaft ... Bis zu jedem
Zeitpunkt mußte ein genau festgelegter Kontrollrhythmus abgeschlossen sein. Als die beiden Kosmonauten den Fahrstuhl ver-
ließen, war die Zweieinhalb-Stunden-Bereitschaft erreicht. Beider Funkcodename lautete »Jastreb« (Habicht). »Jastreb 1«, Waleri Bykowski, der diesen Codenamen schon bei seinem ersten
Raumflug trug, mußte die richtige Einstellung aller Bedienungs-
elemente in der Orbitalsektion kontrollieren; »Jastreb 2«, Sigmund
Jähn, schloß in der darunter liegenden Kommandosektion seinen
Skaphander an die Bordversorgung an und überprüfte das Drucksystem sowie die Ventilation, die Funkverbindung und das System
der medizinischen Datenübertragung. Alle Sender des Raumschiffes wiesen mit »Fünf« die beste Hörbarkeitsstufe zwischen
SOJUS 31 und dem Flugleiter »Sarja« auf. Nachdem auch Waleri von der Orbitalsektion in die Kommandosektion herunterge-
stiegen war, setzten beide »Jastreby« die Kontrollen gemeinsam
fort.

140 Minuten lagen zwischen dem Platznehmen der Besatzung
in den maßgeschneiderten Konturensesseln und dem Zünden der
Starttriebwerke der SOJUS-Trägerrakete. Das erschien den Kosmonauten als die längste und schwierigste Zeit der gesamten Mission; Sigmund Jähn noch mehr als Waleri Bykowski, der diese
Nervenanspannung schon zweimal zuvor überstanden hatte. Die
größte Sorge aller Raumfahrer in dieser Situation besteht darin,
daß im letzten Moment noch irgend etwas Außergewöhnliches
dazwischen kommt, der Countdown oder gar der Start aus technischen, meteorologischen oder menschlichen Gründen unterbrochen oder abgebrochen werden muß. In der Geschichte der
bemannten Raumfahrt gibt es dafür genügend Beispiele. Deshalb
unternehmen die betreuenden Psychologen diverse Entspan-
nungsversuche, zu denen humorvolle Gespräche zwischen den
Besatzungen und der Bodenstation ebenso gehören wie beschwin-
gende Musik.

Sigmund Jähn erinnert sich: »Die getragenen Klänge russischer
Volksmusik, in denen man die Weite der Landschaft und die
Lebenskraft der Menschen zu spüren meint, ließen mich sogar
hier oben in der Raketenspitze an das Schöne denken, das in diesen Melodien zum Ausdruck kam. An unserer gespannten, erwar-

Empfang zum 10. Jahrestag des Fluges, 1988

tungsgeladenen Grundverfassung hat die Musik aber wohl nicht viel verändert. Fest stand: Im Anschluß an diese besinnlichen Klänge würde ein tosendes Konzert in drei Sätzen, oder besser mit drei Raketenstufen, ablaufen, in dem es nicht eine einzige besinnliche Sekunde gab. Der Gedanke daran und der Umstand, daß man relativ lange auf diese Phase warten mußte, ließen die zwei Stunden bis zum Start trotz aller ›Ablenkungsmanöver‹ zu einer harten Nervenprobe werden. Zwar hatten wir im Raumschiff Hunderte Parameter zu überprüfen und ebenso viele Handgriffe auszuführen, aber uns schien es, die Zeit kroch nur noch vorwärts. All diese Tätigkeiten nahmen uns nicht das Gespanntsein auf das Kommende. Mir war zumute wie jemand, der sich auf dem Bahnsteig schon dreimal von seinem Besuch verabschiedet hat, doch dessen Zug nicht abfährt.«

SCHWIERIGKEITEN MIT DEM DEUTSCHEN

Oberstleutnant Jähn belastete in dieser Situation aber auch noch ein anderes Problem. Er war von seinen Vorgesetzten in Berlin vergattert worden, kurz vor dem Start eine feierliche Erklärung abzugeben, daß er seinen Flug dem 30. Jahrestag der DDR widme, verbunden mit dem üblichen Dank an die Partei- und Staatsführung. Dazu drückte ihm Oberst Cartsburg vor Ort ein Papier in die Hand, das wortwörtlich formulierte, was er sagen sollte. Für ihn als Offizier war das ein Auftrag wie jeder andere, der erfüllt werden mußte. Auch wenn ihm persönlich solche pathetischen

Floskeln wie »teure Genossen«, »große Ehre« und »historisches Ereignis« nicht lagen. Zum Glück bestand der Text nur aus sechs, wenn auch gestelzten Sätzen. Es war also nicht allzu schwer, sie auswendig zu lernen. Außerdem befestigte er in der Kommando-kabine den Zettel in Sichtweite.

Dafür fiel es ihm nicht leicht, die ungewohnte Formulierung vom »ersten Deutschen« über die Lippen zu bringen, paßte sie doch nicht zur üblichen Sprachregelung in der DDR, die sich bemühte, ein eigenes Staats- und Nationalbewußtsein zu ent-wickeln. So wurde von der Nationalhymne und der National-flagge, von der Nationalen Volksarmee und der Nationalen Front, von Nationalpreisen und Nationalkomitees gesprochen. Es gab Parteien und Organisationen, in deren Namen »Deutschland« und »Deutsch« vorkam – Sozialistische Einheitspartei Deutschlands und ihr Zentralorgan Neues Deutschland, Demokratische Bau-ernpartei Deutschlands, National-Demokratische Partei Deutsch-lands, Liberal-Demokratische Partei Deutschlands, Freier Deut-scher Gewerkschaftsbund, Freie Deutsche Jugend usw. Doch wur-den hierfür meist die Abkürzungen gebraucht: SED und ND, DBD, NDPD und LDPD, FDGB, FDJ. Wo es nur ging, wurde umbenannt: Kulturbund zur demokratischen Erneuerung Deutschlands in Kulturbund der DDR, Deutsche Akademie der Wissenschaften in Akademie der Wissenschaften der DDR, Deut-sche Astronautische Gesellschaft in Astronautische Gesellschaft der DDR und schließlich in Gesellschaft für Weltraumforschung und Raumfahrt der DDR. Doch das waren nicht Sigmund Jähns Sorgen.

In seinem Erinnerungsbuch schreibt er: »Wir konnten nicht beobachten, was um uns und unter uns vor sich ging, dafür konn-te man uns um so besser sehen. Über dem mittleren Gerätepult war die Fernsehkamera montiert, die von schräg oben beständig wie ein großes neugieriges Auge auf uns schaute. Wenn man nicht gewußt hätte, daß sie eingeschaltet war, hätte man sie glatt über-sehen. Dennoch spürte ich, wie mich diese Optik von Minute zu Minute mehr störte. Einen gewissen Druck in der Magengegend hätte ich ihr beinahe auch noch angelastet. Doch der Druck war ein anderer. Der Zeitpunkt rückte nämlich näher, an dem wir unsere Erklärungen abgeben sollten. Mein Kommandeur war auch hierbei offensichtlich gelassener als ich. Zumindest klang seine Stimme nicht anders als sonst.

Mich hielt der unangenehme Gedanke gefangen: Wenn du dich jetzt versprichst oder plötzlich nicht mehr weißt, was du sagen wolltest, dann haben sie zu Hause gleich den besten Eindruck von dir. Die Kurve meiner Pulswerte erreichte vermutlich in dem Augenblick ihren Höhepunkt, als ich zu meiner Erklärung ansetzte. Meine Befürchtungen stellten sich als unnötig heraus. Ich kam mit meiner Erklärung gut zurecht. Trotzdem war diese ›Rede‹ für mich einer der aufregendsten Momente seit Beginn meiner Kosmonautenausbildung.«

Nicht weniger erleichtert war der für Agitation und Propaganda und damit auch für die Wochenzeitung »Volksarmee« in der Politischen Hauptverwaltung des Ministeriums für Nationale Verteidigung zuständige Generalmajor Ernst Hampf. Er, den alle nur »mein Hampf« nannten, hatte nämlich den Wortlaut der vorgeschriebenen Erklärung einen Tag zuvor in Satz geben lassen.

NORMAN MAILERS REFLEXION

Seit zwei Stunden erwarteten Waleri Bykowski und Sigmund Jähn mit zunehmender Ungeduld den Start. Endlich ertönte die Stimme des Flugleiters: »Abschwenken der Wartungsbühne«. Die Ausführung dieses Kommandos spürten die Kosmonauten körperlich. Der nächste Befehl lautete: »Abschwenken des Kabelmastes«. Danach gab es keine direkte Verbindung nach draußen mehr. »Obwohl ich mir immer wieder suggerierte, Ruhe ist das Allerwichtigste, um keine Fehler zu machen, ließ sich der Puls beim besten Willen nicht unter hundert Schläge drücken«, erinnert sich Sigmund. »Mir war, als ob die Rakete im kräftigen Steppenwind etwas schwankte. Sie stand jetzt frei, nur in einer Art mechanischer Verriegelung am Fuß gehalten, aus der sie sich in wenigen Sekunden, nach oben strebend, selbst befreien würde.«

Zu diesem Zeitpunkt ging in Baikonur die Sonne unter, in Moskau schlug die Stunde des Abendbrotes, und in Berlin trank man Kaffee; in Washington hingegen herrschte noch Vormittag, und in Tokio war bereits der neue Tag angebrochen. Für SOJUS 31 lief der automatische Anlaßzyklus; die Triebwerke der ersten und zweiten Stufe wurden gezündet. Die Stimme des Flugleiters klang fast feierlich, als er laut und deutlich das entscheidende Wort »Podjom!« – »Aufstieg!« aussprach. Von diesem Zeitpunkt an war der Start durch nichts und niemanden mehr aufzuhalten. Sigmund

Jähn versuchte eine Bewegung, wie man sie macht, um sich richtig zurechtzusetzen. Doch in seinem Konturensessel gab es nichts mehr zu rücken. Er saß wie in einem Futteral, die Beine etwas angezogen und durch einen Gurt festgehalten. Nach links und rechts betrug die Bewegungsfreiheit nur ein paar Millimeter.

»Für ein bis zwei Sekunden schien nichts zu passieren – als holte die Rakete vor der gigantischen Kraftanstrengung noch einmal tief Luft. Dann ging ein Ruck durch ihren Körper. Es war zuerst, als würde es in weiter Ferne donnern. Das dumpfe Grollen kam schnell näher und näher und wurde immer lauter. Ich hatte das Gefühl, jetzt steht die Rakete schon nicht mehr auf dem Starttisch. Sie begann zu vibrieren, als zittere sie, so schnell wie möglich vom Krater des Vulkans wegzukommen, auf dem sie saß. Ich wartete auf den Beschleunigungsandruck als spürbares Zeichen dafür, daß die Reise begonnen und die Geschwindigkeit zugenommen hat. Da kam auch schon der sanfte Stoß in den Rücken; er signalisierte, die Verankerung hatte den nach oben drängenden Kräften freien Lauf lassen müssen.

Scheinbar vorsichtig drückte die Rakete unser Raumschiff die ersten Meter hoch. Bald hatte sie sich in Schwung gebracht und gewann rasch an Höhe. Obwohl wir das eindrucksvolle Schauspiel, das soeben fünfzig Meter unter uns abgelaufen war, nicht hatten mit ansehen können, gab uns das Donnern und Dröhnen, das an unsere Ohren drangt, eine lebhafte Vorstellung von dem rasenden Feuertanz, der um die Startrampe tobte.«

Im letzten Quartal des 20. Jahrhunderts wohnte Sigmund Jähn vielen Starts bemannter und unbemannter Raketen auf verschiedenen Startplätzen der Welt bei. Doch nie wurde dies für ihn zur Routine, immer spürte er das Originäre eines solchen technischen Vorgangs. Er las auch die Reportagen wortgewandter Publizisten über die Faszination eines Raketenstarts. So das Buch des großen amerikanischen Romanciers Norman Mailer »Auf dem Mond ein Feuer – Report und Reflexion« über die Mission APOLLO 11, in dem er anläßlich des Starts der Saturn V meditierte: »Wenn man die Morphologie der Rakete studiert, erkennt man, daß der Mensch eher den Phallus verehrt als einen Tropfen seines Samens. Sie ist Saft und Kraft, Klempnerarbeit mit Superrohren, und Luzifer oder der Erzengel Gabriel drehen am Ventil. Sie ist ein Glutofen, ein feuriger Wagen – man kann zusehen und sich als Zeugen einer Art von flammensprühender Himmelfahrt wähnen ...

So verbinden sich Vorstellungen wie ›Sonne‹ und ›königliches Schauspiel‹ mit dem Mysterium der Flamme ...« Die Trägerrakete erschien dem Schriftsteller »... so riesig wie ein Zerstörer und doch so zierlich wie ein Pfeil aus Silber. Im Augenblick seines Abhebens von der Erde würde er soviel Sauerstoff verbrennen, wie eine halbe Milliarde Menschen bei einem Atemzug verbraucht ...« Den Austritt von flüssigem Sauerstoff, der unter einer Temperatur von minus 183 Grad Celsius in den Tanks zusammengepreßt wird, sieht er poetisch so: »Diese selbstgeschaffenen Wolken gaben ihr das Aussehen eines in tiefes Sinnen versunkenen Philosophen, der sich hoch über das Gewölk seiner eigenen Gedanken erhob ...« Der eigentliche Start der Rakete hatte für Mailer »eher etwas von einem Wunder als von einem mechanischen Vorgang«. Die Flammen, die das scheinbar plötzlich und lautlos schwerelos gewordene Gefährt jagen, vergleicht er mit den »Schwingen eines gelben feurigen Vogels, die den ganzen Platz mit strahlendgelben Flammenblüten bedeckten. Zwischen ihnen erhob sich, weiß wie ein Gespenst, wie der weiße Wal Moby Dick aus Melvilles Roman, weiß wie der Schrein der Madonna in den Kirchen der halben Welt, dieses schlanke, engelgleiche, geheimnisvolle Schiff aus seiner feurigen Inkarnation und stieg langsam himmelwärts ...« Den nachfolgenden Lärm nennt er eine »brüllende, lauter und lauter werdende Kakophonie, ein donnerndes Grollen von tausend Niagarafällen aus Feuer, ein apokalyptischer Wutausbruch der Töne, gleich der Vorstellung, die man von den Geräuschen im Augenblick des Todes hat, vom Dröhnen in den Ohren in der Stunde des Ertrinkens, ein Alptraum aus Lärm.«

HERMANN KANTS RESIGNATION

Es entspricht dem Wesen von Sigmund Jähn, daß er, bei aller Bewunderung für die literarische Reflexion von Norman Mailer, auch volles Verständnis für die Resignation von Hermann Kant hat, der als Augenzeuge am Start von SOJUS 31 teilnahm. Dieser wurde nämlich gefragt: Du warst doch dabei, warum erzählst du nichts darüber? Seine Antwort lautete: »Sollte ich einmal passende und unverbrauchte Worte finden, werde ich es tun. Vorerst weiß ich nur, daß sich Berichte von Raketenstarts und erlebte Raketenstarts so zueinander verhalten wie Liebesromane und die Liebe.«

Nur neun Minuten dauerte der Aufstieg des Raumschiffes von der Startrampe bis zum Einflug in die Erdumlaufbahn. Doch den beiden Kosmonauten erschien er wie eine Ewigkeit, obwohl sie alle Hände voll zu tun hatten. Besonders traf das auf Sigmund Jähn zu, der zum ersten Mal zwei Belastungsfaktoren am eigenen Leibe erlebte, die so während des Vorbereitungstrainings nicht simuliert werden konnten: permanente und progressive Beschleunigung und Vibration.

Als Pilot von Überschallmaschinen kannte er zwar vom Fliegen steiler Vollkurven und Einleiten von Loopings Überbelastungen bis zum Achtfachen des Körpergewichts. Aber zwischen Luftfahrt und Raumfahrt gibt es in dieser Hinsicht zwei gravierende Unterschiede: Zum einen dauert die Beschleunigungsphase im Flugzeug nur einige Dutzend Sekunden, im Raumschiff beim Raketenstart hingegen sich ständig steigernd volle neun Minuten – 540 Sekunden! Zum anderen steuert der Flugzeugführer seine Maschine selbst, während die Rakete ihren eigenen Gesetzen gehorcht: »Beide Unterschiede empfand ich als recht unangenehm. Die lang andauernde Überbelastung ließ mir die Startphase wie eine Ewigkeit vorkommen, und meine passive Rolle bei der Veränderung des Andrucks störte mich zusätzlich. Ich fühlte mich etwa so, als säße ich in einem Übungsflugzeug hinten, und der Flugschüler vorn wollte mir beweisen, daß er eine unwahrscheinlich lange Kette von Loopings fliegen könne.«

AUF VIERECKIGEN RÄDERN

Die Vibration, das Rütteln und Schütteln, Schwingen und Zittern, das der Pilot beim Anlassen und Hochtreiben der Düsentriebwerke kannte, bereitete ihm weniger Schwierigkeiten, obwohl sie mit zunehmender Geschwindigkeit und Flughöhe immer stärker wurden. Als er beobachtete, wie sich die Hand seines Kommandeurs, die unter dem Beschleunigungsandruck dreimal schwerer geworden war, beim Griff zur Fernsehkamera rhythmisch hin und her bewegte, mußte er an die Worte seines Ausbildungschefs Alexej Leonow denken: »Wenn man den Eindruck hat, in einem Auto mit viereckigen Rädern zu sitzen und damit über Kopfsteinpflaster zu holpern, dann ist alles normal.« Mit dem gleichen Bild verglich Gerald Carr, der Kommandant der letzten SKYLAB-Besatzung, seiner Erfahrungen 1976 auf einer Pressekonferenz in

Ostberlin. Er war der einzige US-Astronaut, der offiziell die DDR besuchte.

Was die Belastungsfaktoren während der Aufstiegsphase erträglicher machte, war die ständige Funkverbindung mit dem Flugleitzentrum, dessen Codename »Sarja« – zu deutsch Morgenröte – Sigmund an seinen Heimatort erinnerte, so wie ihn sein eigener »Jastreb« – Habicht – an den Greifvogel mit den kurzen Flügeln und dem langen Schwanz denken ließ, der auch über den Wäldern des Vogtlandes seine Bahnen zog. Die vertraute Stimme des Flugleiters gab den Kosmonauten mit der jeweiligen Ansage der Zeit, die seit dem Start vergangen war, wichtige Informationen über die erreichte Höhe und die Operationen, die im System Rakete-Raumschiff abliefen.

10 Sekunden: In zwölf Kilometern Höhe wurde die Schallmauer durchbrochen. 100 Sekunden: Die erste Raketenstufe hatte SOJUS 31 auf vierzig Kilometer Höhe gebracht; wenig später trennten sich ihre vier Blöcke mit ihren 20 Flüssigkeitstriebwerken mit einem Ruck. 140 Sekunden: In achtzig Kilometern Höhe wurden das nun überflüssig gewordene Rettungssystem SAS durch ein spezielles Triebwerk abgetrennt und die aerodynamischen Verkleidungen abgesprengt. Das führte zu schlagartiger Helligkeit, war doch die untergehende Sonne noch einmal eingeholt worden. 200 Sekunden: In mehr als einhundert Kilometern Höhe trennte sich auch die zweite Raketenstufe mit ihrem ausgebrannten Block von vier Flüssigkeitstriebwerken. 450 Sekunden: Die schlagartig eintretende Dunkelheit zeigte an, daß SOJUS 31 in den Erdschatten eingeflogen war. 500 Sekunden: Das Abtrennen der dritten und letzten Raketenstufe mit seinem Flüssigkeitstriebwerk und der Beginn des selbständigen Fluges des Raumschiffes in seiner Umlaufbahn standen bevor.

SAS BEI SOS

Waleri Bykowski und Sigmund Jähn wußten um die Gefahren in den einzelnen Etappen des Aufstiegs und kannten die verschiedenen Mechanismen der Rettung. Der Kommandant, der zur ersten Gruppe der sowjetischen Kosmonauten gehörte, erinnerte sich noch an die Raumschiffe der WOSTOK-Klasse. Bei diesen war für den Fall einer Havarie auf der Rampe vorgesehen, daß die Luke der Kapsel abgesprengt, der Kosmonaut mit seinem

Schleudersitz herauskatapultiert und in einem aufgespannten Netz aufgefangen werden sollte. Dieser Vorgang ähnelte dem bei der Landung mit dem Fallschirm. Die SOJUS-Klasse verfügte hingegen von Anfang an über das Rettungssystem im Havariefall – auf Russisch sistema awarinowo spasenija – SAS. Auf dem Kongreß der Internationalen Astronautischen Föderation 1983 informierte der Raumschiffkonstrukteur und Wissenschaftskosmonaut Professor Konstantin Feoktistow über dieses System, das erstmals am 28. September desselben Jahres beim Start von Wladimir Titow und Gennadi Strekalow mit SOJUS T10-1 zum Einsatz kam, als in den letzten Minuten der Startvorbereitungen ein Brand in der Trägerrakete auftrat.

Der markanteste Teil des SAS ist die deutlich sichtbare Rakete an der Spitze der Verkleidung der SOJUS-Raumschiffe, die über drei verschiedene Antriebe verfügt. Im Kopfteil befindet sich das zylinderförmige Trenntriebwerk mit seinem Kranz von Ausströmdüsen. Unter einer schirmartigen Abdeckung sind die kleineren, lampenschirmähnlichen Steuertriebwerke und die glockenförmigen größeren Düsen des Haupttriebwerkes angeordnet. Das SAS kommt bei Havarien auf der Startrampe oder in der aktiven Flugphase der ersten und zweiten Stufe des Trägerraketensystems zum Einsatz. Wenn eine Gefahrensituation eintritt, leitet der Computer des Rettungssystems in Bruchteilen von Sekunden automatisch alle notwendigen Manöver ein. Für die Auslösung dieses Signals gibt es eine Reihe von Grenzwerten wie Schubkraftverlust der Triebwerke oder zu starke Kursabweichung des Trägersystems, Nichtzünden oder vorzeitiges Abschalten einer Raketenstufe und andere Zwischenfälle. Auch der Flugleiter im Befehlsbunker kann die Rettung einleiten. Zuerst erfolgen eine Notabschaltung der Triebwerke des Trägersystems sowie die Trennung der Orbitalsektion und der Kommandokapsel des Raumschiffes mit der Besatzung von der dritten Raketenstufe. Dann entfernen die Antriebe der Rettungsrakete das SOJUS-Schiff etwa tausend Meter nach oben. Damit soll verhindert werden, daß die Trägerrakete das Raumschiff einholt oder ihm bei einer Explosion Schaden zufügt.

Ereignet sich die Havarie unmittelbar beim Start, so trägt das SAS die Orbital- und die Kommandosektion von SOJUS aus der Gefahrenzone. Bei diesem Katapultvorgang wirkt ein Schub wie die Triebwerksleistung von zehn Jagdflugzeugen beim Start mit der entsprechenden Beschleunigung. Die Überbelastung erhöht sich in diesem Fall für ganz kurze Zeit bis zum Zwanzigfachen. Auf dem Gipfelpunkt der neuen Flugbahn tritt dann das Trenntriebwerk in Aktion, und das SAS mit der Orbitalsektion fliegt weiter. Die abgetrennte Kommandokapsel mit den Kosmonauten aber geht wegen der geringen Höhe und der kurzen Flugzeit am Reservefallschirm nieder, der um die Hälfte kleiner als der Hauptfallschirm ist. Letzterer kommt bei Havarien in größeren Höhen zum Einsatz. In diesen Fällen trägt die SAS-Rakete das Raumschiff nach der Trennung auf eine hochsteigende Bahn, auf der es durch die Steuertriebwerke stabilisiert wird.

Bei normalem Flugverlauf wird das SAS nach gut zwei Minuten durch seine Spezialtriebwerke vom Raumschiff entfernt. Treten danach, vor Erreichen der anfänglichen Erdumlaufbahn, Havarien auf, erfolgt die Notlandung ähnlich wie bei der planmäßigen Rückkehr zur Erde. Dies war der Fall beim Start von SOJUS 18-1 mit Wassili Lasarew und Oleg Makarow am 5. April 1975, also gut drei Jahre vor dem ersten deutsch-sowjetischen Raumflug. Wegen fehlerhaften Arbeitens der letzten Raketenstufe mußte der Aufstieg in den Orbit abgebrochen werden, und die Landekapsel ging nach einem ballistischen Flug von 21 Minuten und 27 Sekunden Dauer 1.574 Kilometer von Baikonur entfernt nieder.

»Im Sternenstädtchen hatte ich begriffen: Der kritische Augenblick einer Notlandung mit dem Raumschiff ist nicht dessen Aufsetzen auf der Erde, sondern das Abtrennen von der Rakete«, erklärt Sigmund Jähn später. »Ich hatte auch Gelegenheit gehabt, mit den beiden Kosmonauten zu sprechen, die damals notgelandet waren. Selbstredend hatten sie aufregende Minuten durchlebt, wenngleich sie im nachhinein etwas untertreibend – wie es die Art von Leuten ist, die der Gefahr ins Auge geblickt haben – über das Geschehen berichteten: Erstens wäre alles normal verlaufen. Zweitens hätte die Automatik einwandfrei funktioniert, und drittens hätte sich besonders ausgezahlt, daß sie auf der Zentrifuge immer eine gute Figur gemacht hätten. Ihr Mißgeschick gab sogar Anlaß zu Spott. Da das Raumschiff in der Heimat des Kommandanten Wassili Lasarew – Poroschino im Altaigebiet – niedergegangen war, scherzte man sogleich, gewiß hätte er mit der Rakete nach Hause fliegen wollen.«

Das SAS der Raumschiffe vom Typ SOJUS T und SOJUS TM

wurde gegenüber seinem Vorgänger grundlegend verbessert. Es verfügt über neue Feststoffraketen und eine Automatik, mit der der Landeapparat noch schneller aus der Gefahrenzone gebracht und sicher zur Erde zurückgeführt werden kann. Lag zudem die Lebensdauer der SOJUS-Schiffe der ersten Generation bei 90 Tagen, so betrug sie bei der T-Klasse bereits 180 Tage.

DER TOD FLIEGT MIT

Sigmund Jähn ist wie alle Kosmonauten und Astronauten später oft gefragt worden, ob und wann er während seiner Abenteuer im All Angst gehabt hätte, und wie hoch das Risiko eines Raumfahrers sei. Unmittelbar nach seinem Raumflug berichtet er: »Wer sich beim Einstieg in die Raumkapsel Gedanken darüber macht, daß ein Raketentriebwerk ausfallen könnte, ist wohl nicht der richtige Mann für ein solches Unternehmen. Ich empfand echte Freude, als die Rakete abhob. Wir spürten die 20 Millionen Pferdestärken, die da nacheinander frei wurden. Das polterte und wummerte, vibrierte und summte. Nach drei Minuten, in etwa 80 Kilometern Höhe, fiel die Verkleidung ab, und wir konnten die Erde wieder sehen. Es wurde hell – wir waren ja in der Dunkelheit gestartet. Wenige Minuten später erreichten wir die Umlaufbahn, und schon wieder herrschte Nacht. Das alles begeisterte mich eher, als daß es ängstigte.«

Vor Sigmund Jähn flogen 89 Menschen aus vier Ländern – UdSSR, USA, CSSR und Polen – bei 88 Missionen in den Weltraum. Bei zwei dieser Unternehmen (2,3 Prozent) fanden vier Menschen (4,5 Prozent) innerhalb von vier Jahren den Tod: 1967 Wladimir Komarow bei der Erprobung von SOJUS 1 wegen Versagens des Fallschirmsystems und 1971 Georgi Dobrowolski, Viktor Pazajew und Wladimir Wolkow bei der Rückkehr von der ersten Schicht auf SALUT 1 infolge Dekompression des Landeteils von SOJUS 11. Außerdem kamen 1967 die Astronauten Roger Chaffee, Virgil Grissom und Edward White beim Brand einer APOLLO-Kapsel mit reiner Sauerstoffatmosphäre während eines Bodentests auf Cape Canaveral ums Leben. Trotz der Explosion der Raumfähre Challenger 1986 kurz nach dem Start, dem schwersten Unglück in der mittlerweile fast 40jährigen Geschichte der bemannten Raumfahrt, das sieben Todesopfer forderte, ist das Risiko geringer geworden. Weltraummissionen von Menschen, die nur knapp fünf Prozent aller Raumfahrtaktivitäten ausmachen, sind relativ sicher. Dazu trugen vor allem drei Faktoren bei: technische Verbesserungen, insbesondere mittels mehrfacher Ausführung der Lebenserhaltungssysteme, weitgehende Berücksichtigung natürlicher Gefahren sowie strenge Auswahl und Ausbildung der Raumfahrer.

Bemannte Raumflüge sind weder Himmelfahrtskommandos noch Routineangelegenheit, sondern Pionierleistungen. Obwohl seit vier Jahrzehnten betrieben, ist die Raumfahrt kein normaler Verkehrsbetrieb, im Unterschied zur Luftfahrt, die schon 20 Jahre nach dem ersten Motorflug der Gebrüder Wright reguläre Fluglinien für den Passagier- und Frachtverkehr hervorbrachte. Bis heute gilt, was Frank Borman, der die erste Umfliegung des Mondes mit APOLLO 8 kommandierte, nach der Challenger-Katastrophe sagte: »Dies ist immer noch die Ära der Testpiloten. Wir haben nur vergessen, daß auf den Missionen der Tod mitreist.«

Bis Ende 1998 nahmen 385 Menschen an 209 bemannten Raumflügen teil und hielten sich zusammengerechnet 58 Jahre lang im Kosmos auf. Davon endeten drei Missionen (1,4 Prozent) für elf Raumflüge (2,9 Prozent) tödlich. Von den drei Katastrophen erfolgten eine beim Start und zwei bei der Landung. Alle hatten technische Ursachen. Viel zahlreicher sind hingegen die sogenannten Beinahe-Katastrophen. Am bekanntesten ist das Unglück von APOLLO 13, bei dem es 1970 zu einer Explosion im Geräteteil kam, der Flug zum Mond abgebrochen werden mußte und die Notlandung auf der Erde trotz aller Schwierigkeiten glückte. Die meisten der Fehler an Bord von Raumfähren und Orbitalstationen – Kurzschlüsse und Brandausbrüche, Energieverluste und Computerausfälle – wurden meistens von den Besatzungen behoben. International vereinbart gibt es heute vier Gefahrenklassen für Havarien:

Unbedeutend, wenn die Mission fortgesetzt und Fehlerbeseitigung gewährleistet ist.

Bedeutend, wenn der Flugverlauf und die Arbeitsfähigkeit der Raumfahrer beeinträchtigt werden.

Kritisch, wenn die Missionsziele und die Gesundheit der Besatzung gefährdet sind.

Katastrophal, wenn durch Ausfall des Raumflugkörpers die Gefährdung der Umwelt und der Verlust von Menschen drohen.

In der Vergangenheit betrug das Verhältnis zwischen einer tödlichen Katastrophe und der Anzahl bemannter Raumflüge 1 : 70. Die Schätzungen internationaler Experten schwanken für die Zukunft zwischen 1 : 78 und 1 : 230, liegen also im Mittel bei 1 : 150. Nach Analysen von Raumfahrtmedizinern tragen Kosmonauten und Astronauten ähnlich wie Bergsteiger und Tiefseetaucher, Rennfahrer und Lebensretter ein Risiko, das den Tod einschließt. Die durchschnittliche Lebenserwartung eines aktiven Weltraumfliegers ist etwa ebenso hoch wie die eines Testpiloten oder Berufsboxers.

FURCHT SCHÜTZT VOR ÜBERMUT

In seinem Buch »Erlebnis Weltraum« berichtet Sigmund Jähn über seine Empfindungen, die einen interessanten Einblick in das Verhältnis von Furcht und Angst geben, die sich pathologisch bis zur Panik steigern kann: »Die Fachleute verstehen unter Angst einen unangenehmen emotionalen Zustand, der mit negativen Reaktionen wie beschleunigter Atmung, erhöhten Puls- und Blutdruckwerten, Schwitzen, Zittern und Herzklopfen einhergeht. Meine Pulswerte waren erhöht; die meines Kommandanten, der zum dritten Mal startete, lagen sogar noch darüber. Hatten wir Angst? Brauchten wir Angst zu haben? Wir kannten unsere Aufgaben und wollten sie erfüllen. Dazu waren wir aufs gründlichste ausgebildet worden, und wir vertrauten der uns ausgezeichnet bekannten Technik. Zweifellos war bei uns ein ›besonderer emotionaler Zustand‹ nicht zu leugnen. Er ließ sich mit dem Gefühl vergleichen, das ich vor meinem ersten Fallschirmsprung verspürte. Als der Absetzer die Tür öffnete und ich das riesengroße Loch ohne Boden vor mir sah, in das ich springen sollte, war mir unbehaglich zumute. Dennoch brauchte keiner nachzuhelfen. Ich sprang eben hinaus. Hätte ich mir ›helfen‹ lassen, dann hätte ich vor den anderen und vor mir selbst als Feigling dagestanden.

Das, was man da als psychischen Widerstand gegen die Gefahr aufbringt, nennen die Psychologen Mut. Dieser psychische Widerstand ist mit einer emotionalen Anstrengung verbunden und macht einen Teil der psychischen Belastung aus. So weit, so gut. Herzklopfen und unangenehme Gefühle hat man ja auch vor Abschlußprüfungen in der Schule, oder wenn man eine Rede halten soll. Von Gefahr aber kann doch in solchen Situationen nicht gesprochen werden. Auch das berücksichtigt die Psychologie, indem sie zwischen Angst und Furcht unterscheidet. Furcht ist sozusagen ›weniger‹ als Angst. Furcht ist das ›normale‹ Gefühl, das sich beim Auftreten oder in Erwartung eines unangenehmen oder bedrohlichen Ereignisses einstellt. Dieses Gefühl hat jeder schon kennengelernt, und jeder hat wohl auch seine kleinen Kniffe, damit fertig zu werden. Angst hingegen, ob beim Start eines Raumschiffes, beim Fallschirmsprung, vor einem Wettkampf oder einer Prüfung, Angst verschlechtert die Chancen des Erfolges, des Sieges. Eine leichte Furcht dagegen – im Sinne der Befürchtung, etwas falsch zu machen – ist in besonderen Situationen ein Schutz vor Unbedenklichkeit, Übermut und Leichtsinn. Dieses Gefühl ist gut und notwendig. In solchen Fällen ist das Herzklopfen ein anregender Zustand, und in diesem, so scheint mir, befanden wir uns auch während des Starts.«

Als Sigmund Jähn startete, betrug die Weltbevölkerung rund 4,5 Milliarden Menschen – auf 50 Millionen Erdenbürger, die der Schwerkraft unseres Blauen Planeten verhaftet blieben, kam einer, der sie zeitweilig überwand. Heute, da die Bevölkerung der Erde die Sechs-Milliarden-Grenze erreicht hat und es bald 400 Raumfahrer gibt, kommt schon auf 15 Millionen Menschen ein Raumreisender. Sie alle genossen den Vorzug, unsere Erde aus dem All in ihrer ganzen globalen Schönheit zu bewundern und ihre kugelförmige Gestalt mit eigenen Augen zu erblicken. Sie gewannen im wahrsten Sinne des Wortes eine Weltanschauung, wenn wir unter Welt unseren Heimatplaneten verstehen.

Sigmund Jähn war der erste Deutsche, der eine solche Weltanschauung hatte. Als Scheibe am Himmel – so wie uns der Mond mit bloßem Auge und die Planeten unseres Sonnensystems im Fernrohr erscheinen – sahen jedoch nur 24 APOLLO-Astronauten unsere Erde, weil dazu ein Abstand von mehreren tausend Kilometern nötig ist. Den Begriff Weltanschauung führte übrigens Immanuel Kant in seinem 1790 erschienenen Werk »Kritik der Urteilskraft« in die philosophische Diskussion ein. Er verstand darunter die persönliche Zusammenfassung der Unendlichkeit jener durch die Sinne erfaßten Welt. Nach zahlreichen Veränderungen dient der Terminus heute als Sammelbezeichnung für politische und soziologische, religiöse und ökonomische Auffassungen vom Leben und von der Welt.

An seinen ersten Blick aus dem Weltraum erinnert sich Sigmund: »Über der Erde lagen dunkle Schatten, aber die Sonne stand noch am Westhimmel. Dabei waren wir in Baikonur nach Sonnenuntergang gestartet! Wir hatten die untergehende Sonne noch einmal eingeholt. Aus der Höhe von über einhundert Kilometern hatten wir einen Blickwinkel bis weit hinter den irdischen Horizont. Aber wir flogen ja nach Osten – mit der Rotationsrichtung der Erde weg von der untergehenden Sonne. Bald mußte die Nacht auch in unserer noch immer zunehmende Höhe eintreten. ›Bemerkst du, wie der Himmel schwarz wird?‹, fragte Waleri Bykowski neben mir. Tatsächlich. Das seidige Azurblau des kasachischen Steppenhimmels war einem tiefen Schwarz gewichen. Das gab es auf der Erde nicht – einen schwarzen Himmel bei strahlender Sonne. Die Atmosphäre unserer Erde mit ihrem feinen, lebendigen Blau war unter uns geblieben. Wir befanden uns im Weltraum. Würde uns die dritte Stufe auf die berechnete Geschwindigkeit bringen? Ich zweifelte nicht daran. Jetzt ließ auch die Spannung nach, die mich seit Stunden beherrscht hatte, wich echter Ausgelassenheit und Lebensfreude. Ich empfand ein Glücksgefühl, ähnlich wie bei meinem ersten Alleinflug.«

SCHWERELOS – EIN SCHWERES LOS

Nach dem elektronischen Kommando »Abtrennen des Raumschiffes von der Rakete« hörten die Triebwerke der dritten Stufe auf zu arbeiten, und SOJUS 31 wurde mit einem kräftigen Ruck abgestoßen. Das hatte drei bedeutsame Folgen: Das Raumschiff flog von nun an selbständig auf seiner anfänglichen Erdumlaufbahn, die Kosmonauten waren bis zu ihrer Rückkehr schwerelos, und die Borduhr begann die Zeit in der Umlaufbahn anzuzeigen. Der erfahrene Kommandant hatte seinen Kameraden auf diese komplizierte Situation seines Jungfernfluges vorbereitet: »Wenn wir die Umlaufbahn erreicht haben, geht es nicht darum zu erkunden, wie die Schwerelosigkeit ist. Das bekommst du später auch noch mit. Wir haben uns auf jede Kleinigkeit zu konzentrieren und die erforderlichen Kommandos auf die Sekunde auszulösen. Uns darf nicht der kleinste Fehler unterlaufen, damit wir uns nicht selbst das Messer an die Kehle setzen.«

Sigmund Jähn hatte lange gebraucht, um sich an die Borduhr zu gewöhnen, weil sie 24 Ziffern besaß und die Zwölf unten stand. Nun verfolgte er mit der Stoppuhr einige sehr schnell ablaufende Prozesse, wie das Aufleuchten der Kontrollampen, welche die

Arbeit der Lageregelungstriebwerke signalisierten, und das Herauskatapultieren einiger Antennen. Wären dabei Fehler aufgetreten, dann hätte die Besatzung sofort die Reservesysteme auslösen müssen. Während dieser konzentrierten Arbeit spürte Sigmund plötzlich die Wirkungen der Schwerelosigkeit: »Ich schaute erneut auf die Stoppuhr, dann auf das Gerätebrett. Die Armaturen lagen nicht mehr vor mir, wo sie die ganze Zeit gewesen waren, sondern irgendwo unter mir. Hing ich denn plötzlich an der Decke? Wenn das die Schwerelosigkeit mit sich brachte, konnte es ja heiter werden; schließlich war ich noch angeschnallt. Mir schien dieses Gefühl, irgendwo in der Kabine zu hängen, eine Ewigkeit zu dauern. Ich war einer Lageillusion unterworfen. Obwohl ich das theoretisch erfaßte, ärgerte ich mich darüber, daß ich die Illusion nicht augenblicklich überwinden konnte. gerade jetzt hatte ich durch das Bullauge zu kontrollieren, wie die Winkelgeschwindigkeit des Raumschiffes gedämpft wurde. Es war einfach folgendes passiert: Beim Abtrennen von der Trägerrakete hatten wir einen Drehimpuls bekommen. Unser Raumschiff überschlug sich. Wir empfanden das zwar in der Schwerelosigkeit nicht so wie ein Autofahrer, wenn ihm solches geschähe. Doch rührte meine illusionäre Vorstellung von der räumlichen Lage von diesem Drehimpuls her. Um diese Drehbewegung zu dämpfen, hatten sich kleine Lageregelungstriebwerke eingeschaltet; sie arbeiteten ohne unser Zutun ... Ich hatte die Dämpfung der Winkelgeschwindigkeit an Hand der zeitlichen Verlagerung der Sterne visuell zu bestimmen. Dazu mußte die Illusion verschwinden! Sie behinderte mich bei der Arbeit. Mit äußerster Konzentration gelang mir das auch. Das Gerätebrett drehte sich scheinbar wieder dorthin, wo es hingehörte. Jetzt konnte ich wieder handeln.«

Kaum war diese Situation gemeistert, da folgte die nächste Überraschung. Sigmund hatte die Anschnallgurte seines Konturensessels gelockert, um aus dem Bullauge zu schauen und sich einen Stern zu suchen, mit dessen Hilfe er die Verringerung der Drehbewegung angeben konnte. Er erblickte jedoch etwas völlig Unerwartetes und zunächst Unerklärliches: »Neben uns flogen, zum Greifen nahe, Hunderte kleinere und größere Sterne mit uns! Funkelnd und blitzend tanzten sie um uns herum wie ein märchenhaftes Feuerwerk. Ist das etwa – um mit Waleri zu sprechen – eine neue Überraschung? schoß es mir durch den Kopf. Doch im nächsten Augenblick konnte ich mir den Spuk erklären. Ich hatte mich also verhältnismäßig schnell auf die veränderte Situation eingestellt. Den Lichtertanz hatten die Lageregelungstriebwerke verursacht. Der Dämpfungsprozeß war noch im Gange. Es waren wirklich nur Sekunden vergangen. Die Sterne waren nichts anderes als nachleuchtende Verbrennungsrückstände des Treibstoffs, glühende Pünktchen, die, durch nichts gebremst, meteoritenähnlich ihre Bahn zogen. Bald verglühten sie, und die echten Sterne, die ich suchte und deren Bilder ich kannte, wurden sichtbar. Noch fiel mir unter dem Zeitdruck der ersten Beobachtung nicht auf, daß sie ruhig und ohne zu funkeln am Himmel standen. Aber eines gewahrte ich sofort: Es schienen viel mehr zu sein als auf der Erde.«

BREMSEN UND GASGEBEN

Das Ziel der Raumreise, der Komplex SALUT 6/SOJUS 29 mit Wladimir Kowaljonok und Alexander Iwantschenkow an Bord, flog mehr als 100 Kilometer über und 10.000 Kilometer vor SOJUS 31. Wenn das Raumschiff trotz seiner hohen Geschwindigkeit von etwa 28.000 Kilometern in der Stunde dennoch rund 25 Stunden benötigte, um die Orbitalstation einzuholen, so darf folgendes nicht vergessen werden: Beide Objekte rasten wie die Gondeln eines Karussells auf derselben Bahnebene mit der gleichen Geschwindigkeit um unseren Planeten. Hinzu kam der grundsätzliche Unterschied zwischen Flugmanövern im Luftraum und im Weltraum.

Flugzeuge können unter Ausnutzung aerodynamischer Kräfte ihren Kurs beliebig sowie ihre Höhe und Geschwindigkeit ihrem Leistungsvermögen entsprechend ändern. Sie sind in der Lage, Kurven und Kreise, Schleifen und Loopings zu fliegen. Ein Raumflugkörper hingegen ist den Gesetzen der Himmelsmechanik unterworfen. Sobald er einmal in eine bestimmte Richtung auf eine Umlaufbahn gebracht wurde, ist es praktisch nicht möglich, ihn danach einen entgegengesetzten Kurs fliegen zu lassen. Im Weltraum müssen für Änderungen der Flughöhe oder gar der Flugrichtung die Geschwindigkeit beziehungsweise der Neigungswinkel zum Äquator durch Zünden der Triebwerke geändert werden. Gasgeben bedeutet im Orbit, die Geschwindigkeit zu erhöhen und die Umlaufbahn anzuheben. Bremsen wiederum hat Verringerung der Geschwindigkeit und der Bahnhöhe zur Folge.

Kursänderung, oder richtiger Änderung des Neigungswinkels der Umlaufbahn, ist zweckmäßigerweise durch Steuermanöver an den sogenannten Knoten möglich. Das sind jene beiden Punkte, wo sich die Ebene des Äquators mit der Bahnebene des Raumflugkörpers schneidet. Es gibt jeweils einen aufsteigenden und einen absteigenden Knoten. Welcher Antriebsbedarf für ein solches Bahnmanöver erforderlich ist, macht folgender Vergleich deutlich: Ein Raumflugkörper mit einer Masse von einer Tonne – also ein kleinerer Satellit – besitzt im Flug etwa die gleiche kinetische Energie wie ein 50.000-Tonnen-Schiff, das mit Schnellbootgeschwindigkeit von 75 Kilometern in der Stunde unterwegs ist. Ein SOJUS-Raumschiff mit sieben Tonnen Masse käme dem größten jemals in Deutschland gebauten Tanker, der »Lagena«, gleich, die 315.000 Bruttoregistertonnen aufweist.

Der russische »Vater der Kosmonautik«, Konstantin Ziolkowski, betrachtete schon um die Wende vom 19. zum 20. Jahrhundert die Raumfahrt als eine logische Weiterentwicklung der Luftfahrt auf höherer Ebene. Der Flugzeugführer und Forschungskosmonaut Sigmund Jähn sieht heute das Verhältnis zwischen diesen beiden Ebenen der modernen Transporttechnik so: »Anfangs habe ich geglaubt, es handele sich um die Fortsetzung des Fliegens mit anderen Mitteln – mit technisch besonders ausgefeilten extravaganten Flugkörpern. Doch bald wurde ich eines Besseren belehrt. Das Flugzeug reagiert unmittelbar spürbar auf jede Steuerbewegung. Der Flieger kann ständig korrigierend eingreifen und die gewünschte Fluglage einnehmen. Mensch und Maschine stehen in einem direkten, unmittelbaren Wechselverhältnis. Anders beim Steuern eines Raumschiffes. Das durch Knopfdruck gegebene Steuersignal löst eine ganze Kette von Operationen aus, die dann unveränderlich ablaufen, und wo Steuerfehler nur schwer oder gar nicht korrigiert werden können.«

KOSMISCHES CREDO

Während jeder Erdumkreisung mußten die beiden Kosmonauten gemeinsam etwa 30 unterschiedliche Kenngrößen von verschiedenen Bordgeräten ablesen. Das machte innerhalb der zwei Tage Annäherung von SOJUS 31 an den Komplex SALUT 6/SOJUS 29 bei 34 Umläufen mehr als eintausend Kontrollen aus. Diese bezogen sich auf lebenswichtige Parameter wie den Sauerstoffdruck und die Anteile von Sauerstoff und Kohlendioxid in der Kabinenatmosphäre, die den normalen Werten auf der Erde – etwa ein Fünftel Sauerstoff und vier Fünftel Stickstoff – entsprach. Ein Ausfall der Sauerstofferzeugung und ein Absinken des Teildrucks auf unter 120 Millimeter Quecksilbersäule oder ein Ansteigen des Kohlendioxidgehalts auf über 20 Prozent lösten optisch ein rotes Leuchtfeld und akustisch einen Sirenenton aus. Frühzeitiges Erkennen von Abweichungen vor Erreichen von kritischen Grenzen erlaubte es, rechtzeitig Korrekturen auszuführen.

Ein anderer wichtiger Wert war der atmosphärische Gesamtdruck in der Kommandokabine und in der Orbitalsektion von SOJUS 31, deren Verbindungsluke zunächst noch geschlossen blieb. Er zeigte an, ob irgendwo eine Undichtheit aufgetreten war – infolge der starken Vibration beim Start, des Absprengens der letzten Raketenstufe, des Abwerfens der Verkleidungen oder gar eines Meteoritentreffers. Die Außenhaut des Raumschiffes bestand nur aus zwei Millimetern Dural, einer besonders harten Legierung aus bis zu 95 Prozent Aluminium und Zusätzen an Kupfer, Magnesium, Mangan oder Silizium, wie sie auch im Flugzeugbau verwendet wird. Selbst ein haarfeiner Riß konnte zur Enthermetisierung führen und in kurzer Zeit die knapp zehn Kubikmeter Kabinenluft entweichen lassen. In einem solchen Fall würden die Skaphander zwar die Kosmonauten bis zur Landung schützen, aber die Mission wäre mißlungen. Doch die Differenz zwischen einem Druck von 780 Millimetern Quecksilbersäule im Kommando- und Landeteil sowie von 800 Millimetern in der Orbitalsektion von SOJUS 31 war der Beweis dafür, daß das Raumschiff dicht war und die Luke fest schloß. Das erlaubte später den Verbindungsdurchgang mühelos zu öffnen.

Während der nächsten Erdumkreisungen hatte Sigmund Jähn etwas mehr Zeit, die alte Mutter Erde aus dem für ihn neuen Weltraum zu beobachten. In seinem Erlebnisbuch hält er fest: »Rechts, in Höhe meines Kopfes, befand sich ein Bullauge. Als ich jetzt nach draußen schaute, bot sich mir ein unvergeßlicher Anblick. In dem tiefen Schwarz, das uns außerhalb des Raumschiffes umgab, zeigte sich ein schmaler, sichelförmiger Spalt in zartem Türkis. Von Sekunde zu Sekunde dehnte sich diese Sichel aus und leuchtete in durchsichtigem Blau, das sich schnell verfärbte und vergrößerte – nicht zu einem Regenbogen, sondern zu einem strahlenden Halbkreis: Ich erlebte meinen ersten richtigen kosmischen

Sonnenaufgang. Soweit das Rund der Erde zu sehen war, wurde es nun von einer immer breiteren, faszinierenden Aureole umspannt; schnell färbte sich der Bogen an seinem oberen Rand rötlich. Es gab ein Feuerwerk von Strahlen, aus dem schließlich an der hellsten Stelle die Sonne – viel, viel schneller als auf der Erde – unter dem Horizont hervorbrach. Dann stand sie als Feuerball an ihrem Platz, am Himmel. Nur die weithin sichtbaren Ozeane und Kontinente unserer Erde waren in ein leuchtendes Blau gehüllt, wie wir es von einem wolkenlosen Sommerhimmel kennen. So ungewöhnlich das alles war, man hatte schon lange eine theoretische Erklärung dafür gefunden. Woher sollte im Kosmos auch der blaue Himmel kommen? Es ist doch die schützende Lufthülle unserer Erde, die dieses herrliche Azur aus dem Licht der Sonne hervorzaubert! Und diese dünne Lufthülle unserer Erde, des einzigen Planeten unseres Sonnensystems, der über einen solch lebenserhaltenden Schutzschild verfügt, war weit unter uns geblieben. Das war er also, der Blaue Planet Juri Gagarins, des ersten Erdenbewohners, der ihn an jenem historischen 12. April 1961 so gesehen und eindrucksvoll beschrieben hat.«

Die internationale Raumfahrervereinigung Association of Space Explorers gab 1989 im Verlag Zweitausend den einzigartigen Farbbildband »Der Heimatplanet« mit einem Vorwort von Jacques Yves Cousteau heraus, in dem Astronauten, Kosmonauten und Spationauten aus zwanzig Ländern ihre Gefühle und Gedanken im Fluge ausdrücken. Sigmund Jähn hat sich mit seinem kosmischen Credo beteiligt: »Bereits vor meinem Flug wußte ich, daß unser Planet klein und verwundbar ist. Doch erst als ich ihn in seiner unsagbaren Schönheit und Zartheit aus dem Weltraum sah, wurde mir klar, daß der Menschheit wichtigste Aufgabe ist, ihn für zukünftige Generationen zu hüten und zu bewahren.«

UNBENUTZTE BETTEN

Während der zweiten Erdumkreisung genehmigte die Flugleitung den Kosmonauten die Verbindungsluke zwischen der Kommandokabine und der Orbitalsektion zu öffnen und ihre Skaphander auszuziehen. Nachdem das Schloß geöffnet worden war, ließ sich der schwere Deckel in der Schwerelosigkeit mit einem Finger bewegen. Damit er nicht hin- und herschwang, fixierte Sigmund ihn mit einer dafür vorgesehenen Lasche. Nun stand den beiden ein zweiter Raum zur Verfügung, den sie ihre »gute Stube« nannten und als Umkleideraum, Wartezimmer und Schlafraum nutzten.

Alle SOJUS-Raumschiffe bestehen aus drei Teilen: Vorderschiffs befindet sich die kugelförmige Orbitalsektion für Arbeiten in der Erdumlaufbahn mit Beobachtungsgeräten, Bordapotheke und Vorratskammer. Am Bug ist das Kopplungsaggregat mit der ausfahrbaren Führungsstange angebracht. Mittschiffs hat die glockenartige Kommandokabine mit dem Steuerpult ihren Platz, die zugleich als Landeapparat mit Hitzeschild und Fallschirmsystem dient. Achtern schließt sich die zylinderförmige Gerätesektion mit Treibstofftanks und Triebwerken an, die für die Besatzung unzugänglich ist. An ihren Außenwänden sind zwei flügelartige Solarzellenausleger angebracht, die eine längere Lebensdauer gewährleisten und zudem im angekoppelten Zustand ihre Energie in das Energienetz des Orbitalkomplexes einspeisen.

Waleri Bykowski und Sigmund Jähn entledigten sich in der Orbitalsektion ihrer unbequemen Raumanzüge, die sie vor der Kopplung mit SALUT 6 jedoch aus Sicherheitsgründen wieder anlegen mußten. Die bequemeren Bordanzüge, die sie statt dessen trugen, besaßen siebzehn Taschen, in denen alles, vom Eßlöffel bis zum Kameraobjektiv, untergebracht werden konnte. Allerdings war ein strenges Ordnungsprinzip geboten, um nicht zu viel Zeit mit Suchen zu vergeuden. Innerhalb von SOJUS 31 herrschte eine angenehme Zimmertemperatur von 21 Grad Celsius und eine Luftfeuchtigkeit wie in heimatlichen Breiten auf der Erde. Und das, obwohl die Außenhaut des Raumschiffes ständig einem mörderischen Wechselbad von 300 Grad Temperaturschwankungen ausgesetzt war: höllische Hitze von plus 150 Grad auf der von der Sonne beschienenen Seite und tödliche Kälte von minus 150 Grad auf der von ihr abgewandten Seite. Da eine Erdumkreisung etwa anderthalb Stunden dauerte, überflog SOJUS 31 innerhalb von 24 Stunden sechzehnmal die Tag- und Nachtseite unseres Planeten. Die Kosmonauten erlebten im Dreiviertel-Stunden-Takt einen Sonnenaufgang und einen Sonnenuntergang.

Rendezvous von Raumflugkörpern gehören zu den kompliziertesten Manövern der Kosmonautik. Damals lagen auf sowjetischer Seite erst Erfahrungen über 30 An- und Abkopplungen bemannter Orbitalobjekte vor. Heute hingegen kann die bemannte russische Raumfahrt auf etwa 300 An-, Ab- und Umkopplungen zurückblicken. Davon mißlangen sechs (zwei Prozent), ohne daß die Besatzungen Schaden nahmen. Innerhalb der SALUT- und MIR-Programme erfolgten die Manöver in drei Etappen:

• In der ersten Phase galt es mit Hilfe der Triebwerke des Trägerraketensystems das Raumschiff auf eine Ausgangsbahn zu befördern, deren Neigungswinkel zum Äquator möglichst genau mit dem der Orbitalstation übereinstimmte. Das erreichte SOJUS 31 innerhalb der ersten Stunde nach dem Start mit einem Orbit von etwa 230 Kilometern mittlerer Höhe.

• In der zweiten Etappe mußte durch mehrfaches Zünden des Marschtriebwerks des Raumschiffes dieses zunächst auf eine Übergangsbahn und dann so weit wie möglich an die Station herangebracht werden. Ersteres gelang SOJUS 31 mit zwei Schubimpulsen währen der fünften Erdumrundung, die das Raumschiff auf eine Bahn mit einem erdnächsten Punkt von 271 Kilometern und einem erdfernsten Punkt von 326 Kilometern anhob. Während der 18. Erdumkreisung erfolgten zwei weitere Impulse, die SOJUS 31 bis auf 23 Kilometer an den Komplex SALUT 6/SOJUS 29 heranführten.

• In der dritten Phase manövrierte sich das Schiff mit Hilfe seiner Triebwerke unmittelbar an die Station heran. Um die Begegnungsgeschwindigkeit so niedrig wie möglich zu halten, mußte das Raumschiff zeitweilig um 180 Grad gedreht werden, damit das Marschtriebwerk zum Bremsen eingesetzt werden konnte. SOJUS 31 minderte seine Annäherungsgeschwindigkeit von 27 auf 0,5 Meter in der Sekunde, oder anders ausgedrückt von fast 100 auf knapp zwei Kilometer in der Stunde. Das entspricht dem Durchschnittstempo auf unseren Autobahnen beziehungsweise dem Schlendergang eines Spaziergängers.

Zwischen dem Kommandanten Oberst Bykowski und dem Forschungskosmonauten Oberstleutnant Jähn, der auch als Bordingenieur wirkte, bestand bei der Ausführung der einzelnen Manöver Arbeitsteilung. Diese sah beispielsweise vor, daß Sigmund zunächst die Verriegelung der Gyroblocks genannten Kreiselgeräte zur exakten Lageregelung von SOJUS 31 löste und mit Blick auf den Uhrzeiger den Countdown mitzählte. Waleri wiederum drückte dann sekundengenau den roten Knopf, der die Triebwerke einschaltete.

Beide Kosmonauten gehörten zu jenem begnadeten Drittel der Raumfahrer, die keine Schwierigkeiten mit der Anpassung an die

Schwerelosigkeit hatten. Diese kann zeitweilig Übelkeit bis zum Erbrechen und Illusionen bis zur Panik hervorrufen. Der Wissenschaftskosmonaut und Raumfahrtarzt Professor Oleg Atkow erzählte einmal, daß Waleri Bykowski für die Mediziner ein Phänomen sei. Man könne ihn zu jeder Tag- und Nachtzeit und aus jeder beliebigen Situation heraus in ein Raumschiff setzen – sein Gleichgewichtssinn funktioniere immer einwandfrei. Sigmund Jähn wiederum habe eine so starke Willenskraft, daß er jede noch so schwierige Aufgabe meistere. Außerdem hielt er sich an die Empfehlung seines Kommandanten, keine zu hastigen und heftigen Bewegungen zu machen. Schließlich wußte er, daß man sich hier oben im Orbit ebenso eine Beule oder Schramme holen konnte, wie dort unten auf der Erde. In der Schwerelosigkeit verlieren zwar alle Körper ihr Gewicht, nicht aber ihre Masse. Die Folgen eines Zusammenstoßes hängen deshalb lediglich von deren Massenverhältnis und der Geschwindigkeit ab, mit der sie aufeinandertreffen. Der Raumfahrer kann sich also an der Wandung des Raumschiffes oder einem fest installierten Gerät ebenso abstoßen, wie ihn frei umherschwebende Gegenstände – Werkzeuge und Fotozubehör, Muttern und Schrauben – treffen können. Den durchaus als angenehm und sogar verführerisch empfundenen Zustand des schwerelosen Umherschwebens nennen die russischen Kosmonauten »Schwimmen« und die amerikanischen Astronauten »Kwimmen«.

Obwohl es nach Moskauer Zeit weit nach Mitternacht war, dachte keiner der beiden an Schlaf. Der Kommandant konnte sich von seinem Steuerpult nicht lösen und überprüfte immer wieder die einzelnen Geräte auf ihre Funktionsfähigkeit für die bevorstehenden entscheidenden Operationen der Kopplung des Raumschiffes mit der Orbitalstation. Der Forschungskosmonaut baute zwar pflichtgemäß die Betten, indem er die Schlafsäcke wie Hängematten in der Orbitalsektion aufspannte. Doch er hatte etwas anderes im Sinn: »Mich drängte es, die Kamera aus Dresden auszupacken und das Farbspiel zwischen Sonne und Erde zu fotografieren. Mir war der schnelle Lichtwechsel bei den Sonnenauf- und untergängen besonders aufgefallen. Eine automatische Kamera wie die Practica EE2 mußte viel genauer belichten können als ein Fotograf mit der herkömmlichen Methode. Trotzdem: Auch die genaueste Belichtung und der empfindlichste Film vermochten nicht das Spektrum der Farben eindrucksvoll so wiederzugeben, wie wir es auf der Umlaufbahn erlebten. Ich vertiefte mich jetzt in meine kosmische Umwelt und hielt meine Eindrücke mit dem Fotoapparat fest. Was ich jetzt beobachtete und fotografierte, gehörte eigentlich noch nicht zu meiner vorgesehenen wissenschaftlichen Arbeit, es waren Schnappschüsse von dem unvergeßlichen Sonnenuntergang. Ich wollte diese starken Eindrücke gleich bei der ersten Begegnung mit ihnen festhalten. Später würden sie vielleicht an Reiz verlieren, wie so vieles, an das man sich im Laufe der Zeit gewöhnt.«

KOPPLUNG GUT, ALLES GUT?

Schließlich mußten die beiden »Habichte« aber doch ihr »Schlafzimmer« in der Orbitalsektion aufsuchen. Für Sigmund war es die erste Bettruhe im All. Er wußte von seinen Kosmonautenkollegen, daß Schlaf im Raumschiff ein relativer Begriff ist. Natürlich fand er nach diesem bisher aufregendsten Tag seines Lebens nicht sofort Ruhe. Seine Gedanken kreisten um das, was ihm nun bevorstand. Von Liegen konnte trotz der Befestigung des Schlafsackes keine Rede sein, drückte doch kein Körpergewicht auf die Unterlage. Doch schließlich schlief er ein und erwachte ausgeruht und in guter Stimmung voller Tatendrang.

Bevor die letzten Annäherungsmanöver in der 18. Erdumkreisung begannen, ordnete er die Geschenke für die Stammbesatzung von SALUT 6. Ein Päckchen trug die Aufschrift »Erst im Weltraum öffnen«. Es enthielt vier Armbanduhren aus Ruhla mit einem eigens für die erste deutsch-russische Weltraummission gestalteten Zifferblatt und einer Widmung. Eine davon verstaute Sigmund jedoch sogleich wieder und entschied kurz entschlossen, sie nach der Landung seinem Freund Eberhard Köllner zu schenken, der das schwere Los des Doubles zu tragen hatte. Dieser stand in den acht All-Tagen, die beider Leben grundlegend veränderte, der Familie Jähn im Sternenstädtchen mit Rat und Tat zur Seite, erklärte geduldig, was jeweils oben im Orbit passierte.

Die Annäherungsmanöver wurden mit zwei weiteren Zündungen des Triebwerks eingeleitet. Es folgten Ausrichtungen und Drehungen beider Raumflugkörper, um sie in die richtige Stellung zueinander zu bringen. Schließlich sorgte eine ganz geringfügige Beschleunigung für die Ankopplung von SOJUS 31 an das

Heck von SALUT 6. Technisch glich diese Begegnung einem Akt, bei dem das Raumschiff den aktiven und die Orbitalstation den passiven Part spielte. Die am Bug von SOJUS ausgefahrene Führungsstange mußte in den Empfangskegel von SALUT eingeführt werden, um sie dort zu verriegeln und beim Zurückziehen die mechanische Vereinigung zu vollenden. Ein anderes Dockungsverfahren wurde erstmals 1975 bei der Mission APOLLO-SOJUS erprobt und findet auch heute in der Modulbauweise von Weltraumstrukturen Verwendung. Die dafür entwickelten androgynen, das heißt zweigeschlechtlichen Kopplungsaggregate gestatten es jedem der beteiligten Raumflugkörper sowohl die aktive als auch die passive Rolle bei der Vereinigung zu spielen.

Während dieser Phase saßen Waleri Bykowski und Sigmund Jähn, erneut mit Skaphandern bekleidet, in ihren Konturensesseln der Kommandokabine; die Luke zur Orbitalsektion war wieder geschlossen. Den Orbitalkomplex SALUT 6/SOJUS 29 sahen sie bis zur Kopplung ständig im optischen Visier und auf dem elektronischen Monitor. Über der Nachtseite der Erde waren, ähnlich wie bei Schiffen, Signalfeuer gesetzt. Beide hatten in dieser Phase alle Hände voll zu tun, um die verschiedensten Anzeigen abzulesen und Meldungen über die sich ständig ändernden Positionen an die Bodenstation durchzugeben. Sigmund blickt zurück: »Ich war fast an der Grenze meiner Konzentrationsfähigkeit angelangt. Auch der Kommandant schwitzte. Weder am Boden noch während des bisherigen Fluges hatte ich ihn jemals so angespannt gesehen. Das beruhigte mich fast wieder etwas. Theoretisch hätten wir ganz ruhig bleiben können. Ein Frachter koppelte auch, und das völlig ohne Besatzung. Aber es war nun einmal unsere erste Kopplung im Kosmos; auch Waleri hatte ein derartiges Manöver noch nicht ausgeführt. Und was das Frachtraumschiff betraf, so trug es eben nur Fracht und keine Verantwortung ... Wenn wir jetzt die Handsteuerung benutzen müßten, würde es noch eine Idee aufregender werden, durchzuckte mich ein Gedanke. Aber sicherlich würde das Unternehmen dadurch noch reizvoller.

Wie andere Kosmonauten war auch ich nicht gerade begeistert gewesen, als beschlossen wurde, die gesamte Annäherungsphase einschließlich der Kopplung automatisch zu steuern. Sah das nicht so aus, als zweifele man an unseren handwerklichen Fähigkeiten als Flieger? Die Festlegung aber lautete: Es ist nur dann zur Hand-

steuerung überzugehen, wenn die Automatik außerhalb der vorgegebenen Grenzwerte arbeitet. Das bedeutete für die Besatzung
freilich keine geringere Verantwortung. Sie mußte nicht nur die
Arbeitsweise des Systems ausgezeichnet kennen, sondern auch seine Funktionstüchtigkeit ständig beurteilen und im richtigen
Moment eingreifen ... Wenn wir von der entscheidenden Rolle
des Menschen im Verhältnis Mensch-Technik sprechen, heißt das
nicht, der Mensch brächte alles besser. Der leidenschaftslose, nicht
mitdenkende Automat ist ›erschossen‹, wenn schöpferisch gehandelt, wenn mit Gefühl entschieden werden muß. Aber er ist eindeutig besser, leistungsfähiger als der Mensch, wenn es um Operationen geht, die sich durch mathematische Gesetzmäßigkeiten
fassen lassen und mit höchster Präzision in Bruchteilen von Sekunden ausgeführt werden müssen. Jedenfalls mußte ich – besonders
in der letzten Phase der Annäherung – neidlos anerkennen: So
wie der Rechner und all die zahlreichen Triebwerke das Raumschiff steuerten, so exakt und ohne Verzögerung hätten wir das
wohl nicht zuwege gebracht.«

Während der gesamten Annäherungsphase von SOJUS 31 an
den Orbitalkomplex bestand eine rege Funkverbindung sowohl
zwischen der Bodenstation und den »Habichten« an Bord als auch
zwischen ihnen und den »Photonen« in der Station. Bei der unmittelbaren Berührung von SOJUS 31 mit SALUT 6 gab es einen
metallischen Schlag, der den vier beteiligten Kosmonauten Steine von den Herzen fallen ließ. Kopplung gut, alles gut?

VOR VERSCHLOSSENER TÜR

Zunächst aber mußten die Besuchermannschaft – Waleri Bykowski und Sigmund Jähn – und die Stammbesatzung von SALUT
6 – Wladimir Kowaljonok und Alexander Iwantschenkow – eine
gute Stunde lang streng vorgeschriebene Sicherheitskontrollen
durchführen. Sie betrafen vor allem die mechanische Verriegelung
von Raumschiff und Orbitalstation durch acht Schloßpaare, die
beide Flugkörper mit einer Kraft von 20 Tonnen verbanden, die
hermetische Abdichtung aller Sektionen und den Druckausgleich
zwischen ihnen, die elektrischen und hydraulischen Verbindungen sowie die Stabilisierung des nunmehr aus drei Raumflugkörpern – SOJUS 29, SALUT 6 und SOJUS 31 – bestehenden Orbitalkomplexes mit einer Länge von etwa 30 Metern und einer Mas-

se von mehr als 30 Tonnen. Laut Dienstvorschrift gab es dafür zwei Prüfungsmethoden: die normale, aber sehr zeitaufwendige und die verkürzte, aber nicht weniger gründliche. Der Kommandant von SALUT 6, Wladimir Kowaljonok, erzählte 20 Jahre später: »Mir ist kein Fall in unserer bemannten Raumfahrt bekannt, bei dem das Zeitlupenverfahren angewendet wurde. Stets nutzten die Kosmonauten die Expressmethode. Schließlich wollten sich die Wirtsleute in der Station und die Gäste im Schiff so schnell wie möglich in die Arme schließen. Übrigens wurde dies vom Flugleitzentrum stets stillschweigend toleriert. Auch Sascha und ich freuten uns nach mehr als zweimonatiger gemeinsamer Einsamkeit auf Waleri und Sig. Ich war besonders aufgeregt, war doch Oberst Dr. Waleri Bykowski für uns ein besonderer Ehrengast. Er gehörte zur Gagarin-Generation, flog bereits zum dritten Mal in den Weltraum und war noch dazu mein Vorgesetzter im Kosmonautenausbildungszentrum ›Juri Gagarin.‹«

Der Bordingenieur von SALUT 6, Alexander Iwantschenkow, ergänzte: »Wir hatten während unserer fünfmonatigen Mission als zweite Stammbesatzung das Glück, zwei Gastmannschaften zu empfangen: Pjotr Klimuk und Miroslaw Hermaszewski sowie Waleri Bykowski und Sigmund Jähn, die jeweils eine Woche lang an Bord arbeiteten. Sie brachten uns die lang erwartete Privatpost, frische Leckerbissen und überraschende Geschenke mit. Nach der geglückten Kopplung mit SOJUS 31 und den erfolgreichen Kontrollen bauten wir schon die Fernsehkamera auf, um den Einzug von Waleri und Sigmund festzuhalten. Wir öffneten unsere Luke am Heck von SALUT 6 und klopften an die noch geschlossene Luke der Orbitalsektion des Raumschiffes. Doch diese öffnete sich nicht zum vorgesehenen Termin.«

Was in der folgenden halben Stunde geschah, ruft bei Sigmund Jähn manchmal heute noch Alpträume hervor. Die dramatische Situation von damals schilderte sein Kommandant so: »Bis zu diesem Zeitpunkt war alles planmäßig verlaufen: der Start in Baikonur, der Einflug in die Erdumlaufbahn und das Heranmanövrieren an die Station ebenso wie Kontakt und Kopplung. Wir hatten die Skaphander abgelegt und bereiteten uns in leichten Bordanzügen darauf vor, zu Wolodja und Sascha umzusteigen. Sigmund schwebte zur Luke, um diese nach innen zu öffnen. Doch sie rückte und rührte sich nicht. ›Kommandant‹, rief er, ›die Tür geht nicht auf, komm und hilf mir.‹ Ich folgte seiner

Bitte, und wir bemühten uns beide gemeinsam, doch ohne den geringsten Erfolg. Wir überlegten, was die Ursache sein könnte. Druckunterschied zwischen Station und Schiff kam nicht in Frage, das hatten wir selbst überprüft. Es konnte eigentlich nur an dem Dichtungsring aus Gummi liegen, der die Luke umgab und sie blockierte. Also probierten wir es immer wieder. Ich weiß nicht, wie viele Versuche wir unternahmen, aber die verdammte Luke gab nicht nach. Ich weiß auch nicht, wieviel Zeit verging, aber schließlich kamen wir auf die Idee, die Beine an der Innenwand der Orbitalsektion abzustützen, und mit vier Armen gelang es uns endlich, das Tor zu öffnen. Nach bangen und langen Minuten der Verzweiflung verlieh uns offenbar die Angst vor einer Blamage und die Sehnsucht nach unseren beiden Freunden auf der anderen Seite Titanenkräfte.«

Während dieser angestrengten Arbeit war der Orbitalkomplex längst aus der Funkzone herausgeflogen, ohne daß dem Flugleitzentrum die Öffnung des Durchgangs und der Überstieg der beiden »Habichte« gemeldet werden konnte. Sigmund hat noch die Enttäuschung, ja Verzweiflung vor Augen, die zeitweilig aufkam: »Ausgerechnet jetzt, da der Augenblick gekommen war, den wir mit großer Spannung erwartet hatten, auf den wir uns besonders freuten, und an dem niemand eine Komplikation vermutete, lief zum ersten Mal etwas schief. Zwar ließ sich der Schließmechanismus leicht entriegeln, doch der Deckel gab keinen Millimeter nach. Ich schwitzte Blut und Wasser, und mir kam der niederschmetternde Gedanke, daß wir vor verschlossener Tür wieder umkehren müßten. Aufstieg gelungen, Umstieg verpatzt! würde es heißen. Unvorstellbar! Das Hängen und Ziehen am Deckel brachte in der Schwerelosigkeit nicht viel. Wir mußten unsere gesamte Körperkraft einsetzen, und das ging nur, wenn wir festen Boden unter die Füße bekamen, gegen den wir sie abstützen konnten. Gesagt, getan, und der Erfolg stellte sich endlich ein. Der Dichtungsring hatte sich ganz besonders fest angesaugt, das war das Geheimnis der Panne. Ich war erschöpft, aber erleichtert.«

Den Effekt kennt übrigens jeder, der sich schon einmal vergeblich bemühte, ein zu gut verschlossenes Einweckglas zu öffnen. Da hilft jedoch meist ein Messer, das man zwischen Gummi und Glas preßt. Doch ein ähnliches Werkzeug für die Luke im Raumschiff zu verwenden ist ausgeschlossen, weil eine Beschädigung des Dichtungsringes beim Abkoppeln zu einer lebensbedrohlichen Enthermetisierung führen könnte.

Nun stand der Vereinigung des kosmischen Quartetts nichts mehr im Wege. Waleri ließ dem ersten Deutschen im All den Vortritt. Wolodja hat alles noch vor Augen: »Zuerst schwebte Sigmund herein. Ich war überrascht über sein kaum verändertes Aussehen, obwohl wir natürlich alle wußten, daß sich infolge der Schwerelosigkeit das Blut von den unteren in die oberen Körperregionen umverteilt und das Gesicht aufgedunsen wirkt. Sicher sahen wir nach mehr als zehn Wochen Aufenthalt an Bord auch nicht gerade taufrisch, sondern blaß aus. Dann folgte Waleri, wie immer gelassen und spöttisch; ihm schien das alles nichts anzuhaben. Wir umarmten unsere Gäste und begrüßten sie nach alter russischer Sitte.«

Für Sig wirkte die Station hier oben noch größer und geräumiger als unten auf der Erde beim Training. Das lag sicher auch an der Enge des Raumschiffes in den vergangenen 25 Stunden, in dem für jeden der beiden Kosmonauten weniger als fünf Kubikmeter Raum zur Verfügung standen. Der dreiteilige Orbitalkomplex hingegen wies über 100 Kubikmeter nutzbares Volumen auf – für jeden der vier also 25 Kubikmeter!

DAS KOSMISCHE QUARTETT

Über seine Empfindungen beim Empfang in der Station schreibt Sigmund Jähn in dem Buch »Erlebnis Weltraum«: »Als mich Wolodja und Sascha in die Arme nahmen und vor mir zur Begrüßung eine kleine russische Puppenbäuerin schwebte – mit kosmischem Spezialbrot in der Rechten und einem Salzfäßchen in der Linken –, erfüllten mich Freude, Überraschung und ein unbeschreibliches Glücksgefühl. Im Moment der Kopplung war mir ein Stein vom Herzen gefallen. Doch die Freude über unser Wiedersehen schien mir anderer Natur zu sein. Die Kopplung war Ausdruck wissenschaftlich-technischer Perfektion. Bei der Begegnung mit Wolodja und Sascha trat die Technik in den Hintergrund. Irgendwo im Weltraum trafen sich vier Freunde und waren froh darüber, daß sie sich gefunden hatten.«

Diese echte Männerfreundschaft hielt trotz aller politischer und persönlicher Veränderungen bis heute. Das bewies nicht zuletzt das gemeinsame Auftreten anläßlich des 20. Jahrestages

ihrer Mission beim »Tag der Raumfahrt« 1998 in Neubrandenburg. Dort wurde aber deutlich, was Sigmund schon früher feststellte: »Wir sind ziemlich unterschiedliche Charaktere mit verschiedenen Temperamenten.«

*Arbeit an Bord von SALUT 6 – Waleri Bykowski, Wladimir Kowal-
jonok und Sigmund Jähn (v.l.n.r.)*

Dennoch würde dieses kosmische Quartett jederzeit wieder
gemeinsam fliegen. Das jedenfalls brachte jeder einzelne zum Ausdruck, obwohl kaum einer von ihnen noch einmal eine Chance
dazu hat. Sicher haben die Psychologen des Sternenstädtchens bei
der Zusammenstellung der beiden Duos auch die Erfahrungen
anderer Expeditionen genutzt. So erklärte der norwegische Eth-
nologe Thor Heyerdahl, der die Ozeane mit Balsaflößen und
Schilfbooten nach frühzeitlichen Vorbildern überquerte: »Nach
der ersten Fahrt wußten wir, wen wir auf der zweiten nicht mitnehmen.« Es hatte sich nämlich gezeigt, daß die meisten Expedi-
tionsteilnehmer trotz unterschiedlicher Nationalität und Mentalität in Gefahrensituationen ohne große Worte richtig und schnell
reagierten – also zueinander paßten. Das traf vollends auch auf
die Männer an Bord von SALUT 6 zu, weil sie eines gemeinsam
haben: Sie sind Vollblut-Kosmonauten, die Leidenschaft, Zielstrebigkeit und Tatkraft für ihren Beruf aufbringen, den sie als
Berufung verstehen und empfinden. Heute bezeichnet man das

mit Professionalität oder noch unschöner mit Profi oder sogar Vollprofi. Ihre Psychogramme jedoch weisen viele individuelle Unterschiede auf, die das ganze Spektrum menschlicher Stärken und Schwächen umfaßt. Kosmonauten sind eben auch nur Menschen, unter denen es introvertierte und extrovertierte Typen mit Zügen von Sanguinikern, Phlegmatikern, Melancholikern und Cholerikern gibt. Deshalb erfordert die Zusammenstellung von Besatzungen insbesondere für Langzeitraumflüge großes Wissen und Können der Psychologen.

Waleri Bykowski ist 1934 im alten russischen Städtchen Pawlowski Possad vor den Toren Moskaus geboren, hat aber auch Vorfahren aus dem Nahen Osten. In der Metropole groß geworden wollte er nach dem Krieg zur See, hörte aber auf seinen Vater, der ihm zur Hochschulreife riet. Bis heute hat er etwas von einem Abenteurer und Piraten an sich. Der Kosmonaut Nr. 5 gehörte zur legendären Gagarin-Garde von jungen Jagdfliegern, die 1960 als erste ins Sternenstädtchen einzogen. Innerhalb von 15 Jahren flog er dreimal für insgesamt drei Wochen in den Weltraum. Nach der ersten Mission promovierte er 1973 an der Shukowski-Ingenieur-Akademie der sowjetischen Luftstreitkräfte mit einer Dissertation über Navigationsprobleme der Raumfahrt zum Kandidaten der technischen Wissenschaften, was unserem Doktortitel entspricht. Bykowski ist normalerweise wortkarg und verschlossen, kann aber auch spöttisch, ironisch und sogar zynisch reagieren. Das macht den Umgang mit ihm nicht gerade leicht. Doch wen er als Freund anerkennt, der kann alles von ihm verlangen. Offensichtlich ist er weder ein bequemer Vorgesetzter noch ein solcher Untergebener. Das erklärt vielleicht, warum er trotz seiner großen Verdienste nur als Oberst aus dem Dienst schied.

Wladimir Kowaljonok erblickte 1942 in Glebowo nahe der weißrussischen Hauptstadt Minsk das Licht der Welt. Der Transportflieger wurde 1967 Berufskosmonaut. Mit drei Raumflügen innerhalb von gut drei Jahren – zwei davon als Kommandant von SALUT 6 – brachte er es auf mehr als sieben Monate Aufenthalt im All. Auf Sigmund Jähn wirkte er schon bei der Ausbildung »äußerst robust, energiegeladen und quicklebendig«. Hinzufügen läßt sich, daß er über einen sprühenden Humor verfügt und direkt auf die Menschen zugeht. Nachdem in Neubrandenburg vorgeschlagen worden war, zur Unterstützung der Entwicklungsländer auf der Weltraumkonferenz der vereinten Nationen UNISPACE

99 in Wien eine International Space Organisation – ISO – zu gründen, wollte er sofort wissen, was er dafür tun könne. Kowaljonok machte eine steile Karriere in den Luftstreitkräften und ist heute Generaloberst, Professor und Chef der Shukowski-Akademie.

Alexander Iwantschenkow, 1940 in Iwantejewka bei Moskau geboren, ging nach seinem Studium am Moskauer Luftfahrtinstitut MAI als Projektant von Raumflugkörpern in das Konstruktionsbüro von Sergej Koroljow, dem »Vater des Sputniks«, unter dessen Leitung er noch zwei Jahre arbeiten konnte. 1973 wurde er ins Kosmonautenkorps aufgenommen und wirkte bei zwei Flügen innerhalb von vier Jahren fünf Monate lang an Bord von SALUT 6 und SALUT 7. Sigmund Jähn charakterisierte den Bordingenieur im Vergleich zu Kowaljonok als »zurückhaltend, besonders ausgeglichen, gesammelt«. Sicher hat der besonnene Mann während der 140-Tage-Mission, die damals einen neuen Weltrekord aufstellte, manches um des lieben Friedens willen von seinem Partner eingesteckt. Freundlich und geduldig erklärte er seinen Gesprächspartnern in Neubrandenburg in allen Einzelheiten den Zustand der MIR nach zwölfjährigem Einsatz und den russischen Anteil an der International Space Station ISS. Dr. Iwantschenkow ist heute einer der Verantwortlichen des Raumfahrtunternehmens »Energija« in Koroljow, wo alle Raumschiffe von WOSTOK bis SOJUS TM entstanden, und das an den Orbitalstationen SALUT und MIR sowie dem Modul SARJA für die Internationale Raumstation mitarbeitete.

Sigmund Jähn, der vierte im Bunde, wurde von seinen drei Freunden übereinstimmend als leidenschaftlicher Flieger und Kosmonaut beschrieben, der wegen seines hohen fachlichen Könnens geachtet und wegen seiner stets freundlichen, gutmütigen und bescheidenen Art geliebt wird. General Alexej Leonow, damals Chefausbilder im Sternenstädtchen: »Sigmund ist ein ungewöhnlich einfacher Mensch, sehr höflich und aufmerksam, ein Mensch mit hohen inneren Werten, er kennt die Kultur seines Volkes, die Kultur Rußlands, er ist ein Internationalist ...«

Waleri Bykowski, mit dem Sigmund Jähn zwei Jahre lang hautnah trainierte und acht anstrengende All-Tage verbrachte sowie mehr als 20 Jahre befreundet ist, erklärte: »Ich freue mich, Sigmund kennengelernt und mit ihm Freundschaft geschlossen zu haben. Er ist ein guter Fachmann und Flieger und ein sehr guter

Mensch ... Wir haben uns eigentlich von Anfang an gut verstanden. Mein Partner hat schnell und gut gelernt, hat intensiv trainiert. Wir kennen und verstehen uns wie zwei Brüder.«

Während des Gesprächs der vier Kosmonauten mit Raumfahrtinteressierten aus der ganzen Bundesrepublik anläßlich des 20. Jahrestages ihres gemeinsamen Fluges zog Dr. Iwantschenkow folgende interessante Parallele: »Als ich Sigmund Jähn bei seiner Arbeit an Bord von SALUT 6 beobachtete, kam mir folgender Gedanke: Siebzehn Jahre zuvor hatte Sergej Koroljow persönlich die Entscheidung getroffen, Juri Gagarin als ersten Menschen in den Weltraum zu entsenden. Bis heute wundern sich die Geschichtsschreiber, wie gelungen diese Wahl ausfiel. Juri war etwas ganz Besonderes, ein hochtalentierter und herzensguter Mensch. Seine wichtigsten Charakterzüge – Ehrlichkeit, Gradlinigkeit und Herzlichkeit – entsprachen den besten Eigenschaften des russischen Volkes. Darum ist Gagarin für jeden Russen – damals ebenso wie heute – einer von uns. Ich kenne Sigmund Jähn nun schon fast ein Vierteljahrhundert und kann Ihnen deshalb sagen: So, wie er mit uns im Weltraum und auf der Erde zusammengearbeitet hat, trafen auch Sie die richtige Wahl für Ihr Land. Ich weiß, daß Sigmund dies als einem von Natur aus bescheidenen Mann zuviel des Lobes ist. Aber als Ingenieur, der seine Arbeit im All miterlebte, kann ich das einfach nicht verschweigen, muß ich deutlich sagen, daß seine Arbeitsfähigkeit erstklassig war. Ich spürte, daß dieser Mensch alles, was er anfaßt, was er tut, mit sehr viel Engagement macht. Wenn alle Kosmonauten, die oben waren, über solche Charakterzüge verfügten, hätten wir uns viel Ärger erspart.« Kowaljonok ergänzte: Mit Vergnügen nutze ich hier die Gelegenheit, um ein Geheimnis zu lüften, das zwanzig Jahre lange gewahrt blieb. Sigmund Jähn war nicht nur Forschungskosmonaut, sondern auch als Bordingenieur ausgebildet worden, was die Berechtigung einschließt, ein Raumschiff zu führen. Zu den kompliziertesten Manövern des Fluges eines Orbitalkomplexes aus mehreren Raumflugkörpern gehören die sogenannten dynamischen Operationen, das hieß in unserem Fall die Steuerung der miteinander verbundenen SOJUS 29/SALUT 6/SOJUS 31. Das wollte Sigmund natürlich sehr gern selbst einmal ausprobieren, und er hat das mit Bravour gemeistert.«

DIE HINTERLIST DES KOMMANDANTEN

Doch zurück zum ersten Tag der »Habichte« als Gäste der »Photonen«. Bykowski blieb ein Mitbringsel besonders in Erinnerung: »Sigmund erinnerte mich, daß wir für die Stammbesatzung zwei Dosen Bier mitgenommen hatten. Als wir die erste auspackten, wies der Kommandant den Bordingenieur an: ›Macht das Ding auf!‹ Zu dritt schwebten wir um den Tisch und stellten uns ziemlich umständlich an, während der hinterlistige Kowaljonok alles von oben beobachtete. Dann kam, was kommen mußte. Als Sascha den Verschluß kappte, zischte ein gewaltiger Bierstrahl nach allen Seiten heraus. Als das ganze Bier in der Station verteilt war, kam der Kommandant heruntergeschwebt, schüttelte die Dose und stellte mit Kennerblick fest, daß sie leer war. Die zweite Dose trank die Stammbesatzung dann allein aus, indem sie ein kleines Loch hineinbohrte und ein Trinkröhrchen durchsteckte.« Am 1. September, dem Internationalen Weltfriedenstag, genehmigte der Kommandant seiner Besatzung dann einen Cognac, der in einer Tube mit der Aufschrift »Fruchtsaft« eingeschmuggelt worden war.

... und immer wieder Eintragungen ins Bordbuch

Der Forschungskosmonaut konnte sich an seinem ersten Tag an Bord von SALUT 6 nicht satt sehen am Anblick unseres Blauen Planeten und des schwarzen Nachthimmels. Dafür boten die 20 Bullaugen der Station – gegenüber den vier in SOJUS 31 –

reichlich Gelegenheit. Zu den aufregendsten Erlebnissen gehörte es, das Heimatland aus dem Weltraum zu erkennen – Berlin und Dresden, Elbe und Oder. Aber auch die Erdteile und Weltmeere faszinierten ihn – Europa mit seinem skandinavischen Löwen und dem italienischen Stiefel. Humorvoll beschrieb Professor Kowaljonok die Aktivitäten seines deutschen Gastes und Freundes:»Am ersten Tag schwebte Sigmund in der ganzen Station umher, von einem Bullauge zum anderen. An dem einen fotografierte er ein interessantes Objekt, eilte weiter zum nächsten, um dort etwas Ungewöhnliches mit dem bloßen Auge zu beobachten. Als er zurückkehrte, um seinen Fotoapparat zu holen, war dieser verschwunden. ›Wer hat mir meine Kamera weggenommen?‹ rief er. Wir anderen drei, die das schon kannten, antworteten ihm, daß dies keiner von uns getan habe, sondern daß der Apparat irgendwo hingeschwebt sei und er ihn suchen solle. ›Hat sie nicht vielleicht doch einer mitgenommen?‹ zweifelte er noch einmal. Der Weltraumneuling mußte erst lernen, Gegenstände zu fixieren, um sie schnell wiederzufinden. Mir war klar, daß Sigmund als Deutscher ein besonders disziplinierter Mensch war, der vom Aufstehen bis zum Schlafengehen sein Arbeitsprogramm minutiös erfüllen würde. Doch es wurde 22.00 Uhr, und er machte keine Anstalten, mit der Arbeit aufzuhören. Auch um ein Uhr nachts war er immer noch unterwegs, um etwas zu beobachten, zu messen, zu überprüfen. Er dachte überhaupt nicht an Bettruhe. Nun wäre es für mich als Kommandant ein Leichtes gewesen, ihm den Befehl zu erteilen, endlich Ruhe zu geben. Doch bei uns ist es nicht üblich, im Weltraum herumzukommandieren. Deshalb dachte ich mir eine List aus. Ich unterbrach die Funkverbindung zur Erde und ließ nur den inneren Sprechverkehr eingeschaltet. Sascha und ich spielten dann mit verteilten Rollen das Flugleitzentrum ›Sarja‹ und die ›Photonen‹, also uns selbst.

Sascha: ›Hier Sarja, wir hören euch, Photonen, was ist los bei euch da oben?‹

Ich: ›Hier Photonen, ruft doch bitte in Berlin bei der Akademie der Wissenschaften an und organisiert zwei wissenschaftliche Expeditionen mit je einer IL-18 in die Antarktis. Dort gibt es ein sehr auffälliges Polarlicht der Stärke vier, das Sigmund Jähn, der noch nicht schläft, im Visier hat. Es wäre gut, gemeinsame Beobachtungen von Bord der Raumstation und der Flugzeuge aus zu machen.‹

Sascha: ›Charascho, charascho, das machen wir!‹

Sig, der ahnte, daß Spaß mit ihm getrieben wurde: ›Hört doch auf, das ist mir peinlich, daß ihr zu Hause anruft!‹

Wir aber blieben bei unserer Meinung, daß die Flugzeuge geschickt werden sollten. Zunächst aber gingen wir alle schlafen. Am nächsten Morgen jedoch setzten wir das Spiel fort.

Sascha: ›Hier ›Sarja‹, zwei IL-18 sind unterwegs in die Antarktis.‹

Ich: ›Hier ›Photonen‹, wir haben verstanden, danke.‹

Sig machte weiter mit: ›Bitte laßt die Flugzeuge aus dem Spiel. Ich werde alles machen, was ihr wollt – mich rechtzeitig schlafen legen und pünktlich essen.‹

Dann habe ich natürlich zugegeben, daß wir nur einen Scherz gemacht hatten. Seitdem ist Sigmund mit mir böse und darüber grau geworden, ich nicht. Doch Scherz beiseite. Ohne Humor läßt sich die schwere Arbeit dort oben einfach nicht leisten.«

In der Periode von 1961 bis 1978 folgten in der Sowjetunion auf die Alleinflüge von Kosmonauten mit Raumschiffen des Typs WOSTOK solche von zwei bis drei Mann mit WOSCHOD und SOJUS sowie an Bord der Orbitalstationen SALUT bis zu vier Mann. Den damaligen Weltrekord stellten Juri Romanenko und Georgi Gretschko von 1977 zu 1978 als erste Stammbesatzung von SALUT 6 mit 96 Tagen auf. Der bisher ungebrochene Mannschaftsrekord ist der von Wladimir Titow und Mussa Manarow, die 1987/88 als zweite Stammbesatzung von MIR 365 Tage – ein ganzes Jahr – im Weltraum weilten. Den Einzelrekord hält seit 1995 der Arzt Dr. Waleri Poljakow mit 437 Tagen, der es mit zwei Missionen auf MIR sogar auf 678 Tage – fast zwei Jahre bringt. Bei den Ankopplungen der amerikanischen Space Shuttles an den russischen Orbitalkomplex MIR hielten sich kurzzeitig bis zu zehn Männer und Frauen aus fünf Ländern an Bord auf.

Nach Meinung von Sigmund Jähn kann man zwei oder auch mehreren Menschen nur dann außergewöhnliche Aufgaben stellen, »wenn man die Gewähr hat, daß sie sich gerade in extremen Situationen verstehen. Wenn auf der Erde einer den anderen vorübergehend ›nicht mehr riechen kann‹, wenn man einander ›auf den Geist geht‹, dann findet sich meist eine Möglichkeit, sich auszuweichen oder auch einmal aufeinander loszugehen. Bei einem kosmischen Langzeitflug hingegen können ernstere Verstimmungen zum Abbruch des Programms führen. Dieser hohe Ein-

satz ist es wohl auch, der andererseits die Raumbesatzungen zusätzlich zusammenschweißt. Denn jeder Widerspruch der Charaktere und Temperamente, persönliches Recht oder Unrecht erscheinen einem angesichts der Größe der gemeinsamen Aufgabe so
nichtig, daß man sich schon deshalb geniert, seine Grillen an die
Oberfläche kriechen zu lassen. Sehr wichtig bleiben trotzdem die
Gefühle zueinander, so scheint mir. Je sympathischer man sich
gegenseitig ist, desto größer ist die Bereitschaft, über Schwächen
des anderen hinwegzusehen.«

RELATIVER SCHLAF UND ABSOLUTER LÄRM

Nach dem ersten gemeinsamen Abend an Bord von SALUT 6
kamen die vier Kosmonauten erst gegen drei Uhr des nächsten
Tages, einem Montag, zur Ruhe. Zuvor hatten sie sich noch viel
zu erzählen – vor allem über das, was in den letzten Wochen im
Sternenstädtchen und auf der Orbitalstation Neues passiert war.

Sigmund lernte von den alten Weltraumhasen eine originelle
Methode des Bettenbauens kennen. Mit Gummibändern befe-
stigten sie die Schlafsäcke so sicher, daß weder der Sack noch der
Schläfer davonschweben konnten. Es war nämlich schon vorge-
kommen, daß Kosmonauten wie Schlafwandler umhergeisterten
und an einer ganz anderen Stelle in der Station erwachten, als wo
sie eingeschlafen waren. Als ausländischer Gast erhielt Sigmund
den Ehrenplatz in der Mitte an der Decke. Waleri fand sein Nacht-
lager an der Seitenwand, Sascha schlief neben dem großen Tele-
skop und Wolodja nahe der Steuerzentrale. Die Bullaugen mußten abgedeckt werden, damit die Raumreisenden nicht alle anderthalb Stunden durch einen neuen Sonnenaufgang geweckt wurden. Nur die schwache Beleuchtung des Kommandostandes blieb
angeschaltet.

»Obwohl ich vor Müdigkeit hätte umfallen können – wenn das
möglich gewesen wäre –, schlief ich nicht sofort ein«, berichtet
Sigmund Jähn. »Es waren nicht nur die Eindrücke des Tages, die
noch nachwirkten. Das Schlafen im Kosmos wollte mir generell
nicht richtig gelingen. Eine Weile glaubte ich auf dem Bauch zu
liegen und hatte das Bedürfnis, mich auf den Rücken zu drehen.
Nach der Drehung um 180 Grad schien mir, als läge ich wieder
auf dem Bauch. Das alles verursachte die Schwerelosigkeit.«

Nicht von ungefähr sprechen die Raumreisenden, deren Biorhythmus durch den Tag- und Nachtwechsel auf der Erde bestimmt wird, vom »relativen Schlaf« im Weltraum. Bei Kurzzeitflügen ist er wohl am unruhigsten, bei Langzeitmissionen wirkt sich die alte Binsenweisheit aus, daß der Mensch ein Gewohnheitstier ist. Aber auch individuelle Unterschiede spielen eine Rolle, gibt es doch nun einmal Morgen- und Abendaktive, Kurz- und Langschläfer. Nicht von ungefähr spricht man von Morgenmuffeln, Tagträumern und Nachtschwärmern. Alexander Iwantschenkow beispielsweise gehört zu jenen begnadeten Kosmonauten, die auch im All wie in Morpheus' Armen schlafen.

Aber es gibt noch einen viel größeren Störfaktor an Bord einer Raumstation: die von einer Vielzahl von Ventilatoren, Pumpen und Motoren erzeugte Geräuschkulisse. Wenn alle Apparaturen an Bord von SALUT 6 arbeiteten, betrug der Lärmpegel 90 Dezibel. Dieser Wert wurde nach dem britisch-amerikanischen Taubstummenlehrer, Physiologen und Erfinder Alexander Graham Bell (1847 bis 1922) benannt. Sigmund Jähn kannte solche hohen Schallwerte als Sohn eines Sägewerkarbeiters und als Pilot von Jagdflugzeugen. Professor Kowaljonok machte deutlich, daß damit die Schmerzgrenze erreicht wurde: »Diesen Wert haben wir eindeutig während des deutschen Experiments ›Audio‹ mit zwei Geräten aus Dresden gemessen. Es ist schwer, bei dieser Lärmbelästigung zu arbeiten. Anfangs kam sogar das Gefühl auf, man könnte ertauben, und das Gehirn würde in seiner Leistung nachlassen. Besonders belastend sind die Geräusche der Ventilatoren, wenn die Kugellager nicht mehr richtig arbeiten. Ein Ventilator beispielsweise war dafür notwendig, um die Bordbatterien zu kühlen, die von einem feinmaschigen Netz vor Verunreinigungen geschützt wurden. Dieses Netz verschmutzte mit der Zeit derart, daß der Luftstrom mit allen erdenklichen Geräuschen durchpfiff. Einige hörten sich fast wie eine Kreissäge an. Wir mußten etwas unternehmen. Allerdings verbot uns das Flugleitzentrum kategorisch, den Ventilator auszuschalten, um an das Schutzgitter heranzukommen. Also nahmen wir einen Staubsauger, steckten den kleinsten Schlauch auf und entstaubten das Netz. Aber den hinteren Teil erreichten wir nicht. Was tun? Schließlich schraubten wir für kurze Zeit die Sicherungen der Telemetrie heraus, die anzeigt, daß die Ventilatoren arbeiten. So konnte die Bodenstation nicht bemerken, daß wir die Dinger ausgeschaltet hatten, um das Netz komplett zu säubern. Das war zwar unerlaubt, aber es half.«

Dr. Iwantschenkow unterstrich, daß Astronauten und Kosmonauten auch heute noch – zwanzig Jahre danach – mit diesen Belastungen leben müssen: »Das Problem mit dem Lärmpegel ist weder bei den Amerikanern noch bei uns prinzipiell gelöst. Für die Internationale Raumstation ISS hat man sich auf eine Obergrenze von 60 Dezibel geeinigt. Doch bis jetzt ist es in der Planungsphase noch nicht völlig gelungen, daß alle Geräte in der Summe unter diesem Wert bleiben. Allein das System der Wärmeregulierung verfügt über eine Unmenge an Ventilatoren. Bis heute gibt es kein Land auf der Erde, das einen lautlosen Ventilator entwickelt hat, nicht einmal Japan.«

ESSEN À LA CARTE

Die Kosmonauten der ersten Generation nahmen ähnlich den Radrennfahrern vor allem flüssige Stärkungsmittel zu sich. Das Trinkwasser mußte aus einer verschlossenen Flasche abgesaugt, die breiartigen Lebensmittel aus einer Tube in den Mund gedrückt werden. Feste Nahrungsmittel waren in mundgerechten Portionen in Vakuumbeuteln abgepackt. Speise und Trank dieser Art waren wenig abwechslungsreich. Doch im Jahre Achtzehn der bemannten Raumfahrt wurde an Bord von SALUT 6 à la carte gegessen und getrunken, nach einer Speise- und Getränkekarte, die vorher auf der Erde nach den Wünschen der Raumfahrer und den Forderungen der Ernährungswissenschaftler zusammengestellt worden war. Gab es für die ersten SALUT-Besatzungen eine dreitägige Speisefolge, so aßen die Mannschaften nunmehr nach einer sechstägigen Menükarte, das heißt, daß sich jedes Hauptgericht nur einmal jede Woche wiederholte.

Sigmund Jähn berichtete von etwa 50 unterschiedlichen Gerichten, darunter Fleisch- und Milchspeisen, fünf Brotsorten, sechs Vorspeisen, zehn Arten Desserts, zwölf verschiedenen Säften, Tee, Kaffee, Kakao und Gewürzen. Besonders schwere Gerichte wie das angeblich deutsche Nationalgericht Eisbein mit Sauerkraut und Erbspüree oder seine Lieblingsspeise Hasenbraten mit grünen vogtländischen Klößen und Sauerkraut gehörten allerdings nicht dazu, wollte man doch keine Magenverstimmung der Kosmonauten riskieren.

Gab es zuvor ausschließlich Kaltverpflegung, so war die warme Küche im SALUT-Orbitel rund um die Uhr geöffnet. Sie bot heiße

Soljanka ebenso wie Hühnchen, das allerdings an die »Gummi-adler« der AEROFLOT erinnerte, ein kräftiges Steak oder einen schmackhaften Grüne-Bohnen-Eintopf, heißgemacht auf einem Herd, der mit Infrarotstrahlung heizt. Damit die »Töpfe«, flache Beutel mit den Speisen, nicht davonschwebten, kamen sie in paß-gerechte Öffnungen, die fest verschlossen wurden. International üblich wurden damals die Vorräte in fünf verschiedenen Formen mitgeführt:

• dehydrierte Nahrung, der das Wasser bis auf weniger als drei Prozent entzogen war,

• vorgekochte und frische Lebensmittel mit einem Feuchtig-keitsgehalt von zehn bis 20 Prozent,

• vorgekochte und frische Nahrungsmittel, die auf minus 23 Grad Celsius abgekühlt waren,

• Tiefkühlkost, deren Temperatur bei minus 40 Grad Celsius lag und

• Getränke in Pulverform, die mit Wasser angerichtet wurden.

Die gefrosteten Lebensmittel waren in Tiefkühltruhen, die fri-schen in Kühlschränken und die getrockneten in Behältern unter-gebracht. In den SALUT-Stationen gab es einen klappbaren Eßtisch mit eingebauter Heizung, an dem verschiedene Speisen und Getränke zubereitet werden konnten. Dazu gehörten auch Wasserpistolen für heißes und kaltes Wasser, das je nach Bedarf den entwässerten Nahrungsmitteln zugeführt wurde. Auf diese Weise ließ sich auch ein schwarzer Mocca double brühen oder eine eiskalte Limonade bereiten. Bei den in Folienbeuteln abge-packten getrockneten Lebensmitteln war ein Ventil angebracht, durch das Wasser zugegeben werden konnte, ohne dabei etwas zu verschütten. Büchsen und Behälter wurden von Magneten fest-gehalten, Gefäße und Bestecks am Tisch festgeklemmt oder an einer Tasche des Bordanzuges angebunden, damit sie sich nicht in der ganzen Station verteilten.

Jeweils ein Besatzungsmitglied hatte Küchendienst, der viel Zeit in Anspruch nahm. Immerhin benötigt tiefgekühlte Verpflegung über eine halbe Stunde, bis sie auf 65 Grad Celsius aufgewärmt ist. Die nicht gefrorenen Lebensmittel können in knapp einer hal-ben Stunde auf die gleiche Temperatur gebracht werden. Geges-sen wurde an Bord viermal am Tag. Der Gesamtgehalt einer Tages-ration betrug 3.200 Kalorien, was etwa dem Bedarf eines Gei-stesschaffenden am nächsten kommt. Sie enthielt rund 100

Gramm Eiweiß, 130 Gramm Fette und 330 Gramm Kohlehydrate sowie Kalium, Natrium, Kalzium und Phosphor. Nach dem Frühstück und nach dem Mittagessen nahmen die Kosmonauten Dragees ein, die jene Vitamine und Säuren enthielten, die in den konservierten Lebensmitteln nicht enthalten waren.

Jeder Weltraumflieger soll mindestens 1,7 Liter Wasser am Tag trinken, eine Menge, die der starken Entwässerung des Organismus in der Schwerelosigkeit entspricht. Doch wie alle Kosmonauten hatte auch Sigmund keinen richtigen Durst und mußte sich zwingen, den kategorischen Imperativ der Mediziner zu befolgen. Die SALUT-Soda unterschied sich vom üblichen Trinkwasser aufgrund des Gehalts an Silberionen. Diese sorgten dafür, daß das Getränk auch nach langer Lagerung kristallklar und geruchlos war und frisch schmeckte. Apropos Geschmack: Trotz aller Bemühungen der Wissenschaftler schmeckt es zu Hause bei Muttern besser und schläft es sich ruhiger als in der Umlaufbahn.

Früher arbeiteten die Kosmonauten nach einem sogenannten gleitenden Zeitplan, das heißt ihr Arbeitstag richtete sich danach, wie sie die Zone der maximalen Funksicht des sowjetischen Territoriums überflogen. Das war natürlich sehr umständlich für die Mannschaften. Auf SALUT 6 lebten die Besatzungen hingegen nach Moskauer Zeit, mit Wecken um acht Uhr und Schlafengehen um 23 Uhr, was jedoch nie so genau genommen wurde. Für die Stammbesatzung galt der Rhythmus der Fünftagewoche, was natürlich bei einwöchigen Besuchen nicht galt.

Die Körperpflege ist im Kosmos bis heute problematisch, weil es mit den eingebauten Duschen immer wieder Pannen gab. Deshalb erfolgt sie vorwiegend mit Erfrischungs- und Handtüchern. Für die Rasur gibt es spezielle elektrische Apparate, die mit einer Absaugvorrichtung für die Bartstoppeln kombiniert sind. Ansonsten würden die lästigen Borsten überall umherschweben. Auch ein anderes Problem der Hygiene bereitete den Weltraumfliegern in der Vergangenheit große Sorgen: das Wasserlassen und der Stuhlgang. Die Veteranen mußten sich buchstäblich in die Hosen machen; sie waren gewickelt und gewindelt, sie benutzten Spezialbehälter innerhalb ihrer Raumanzüge. Später gab es dafür Öffnungen in der Raumschiffwand beziehungsweise Plastikbeutel, die nach dem Gebrauch verschlossen, desinfiziert und verstaut werden mußten. Die SALUT-Stationen jedoch verfügten bereits über ein regelrechtes Weltraumklosett. Obwohl sich dieses stille

Örtchen im Orbit nicht wesentlich von dem in einem Flugzeug unterscheidet, herrschen jedoch infolge der Schwerelosigkeit andere Sitten. So muß sich der Benutzer sicherheitshalber fixieren, um einen unerwünschten Rückstoßeffekt seines eigenen Körpers zu vermeiden. Außerdem erfolgt die Abführung der festen und flüssigen Exkremente getrennt, und die Spülung besorgten Wasser, Unterdruck und Desinfektionsmittel. Je Besatzungsmitglied und Tag kommen allein an Speiseresten und Schmutzwasser, Verpackungsmaterialien und Verbrauchsgegenständen bis zu 20 Kilogramm zusammen. Auf SALUT 6 gab es eine Art Müllschlucker. Durch eine von zwei Schleusenkammern wurden die Abfälle nach außen in den freien kosmischen Raum befördert und verglühten später beim Eindringen in die dichteren Schichten der Erdatmosphäre.

WISSENSCHAFTSPAKET UND PROBENKOFFER

Wenn die Bezeichnung »Forschungskosmonaut« auf jemanden zutraf, dann auf Sigmund Jähn. Von den sieben Tagen des Aufenthalts an Bord von SALUT 6 widmete er den weitaus größten Teil der Zeit – mehr als 48 Stunden – den wissenschaftlich-technischen Experimenten seines Landes. Dabei standen, richtiger gesagt schwebten ihm die drei sowjetischen Kosmonauten mit ihren reichen Erfahrungen und großen Fertigkeiten tatkräftig zur Seite.

Das Wissenschafts-»Paket«, das die DDR ihrem Kosmonauten vorbereitet hatte, war von beachtlichem Format und Gewicht, umfaßte es doch 22 Versuchsanordnungen und acht speziell entwickelte Apparaturen – drei Kameras und fünf Meßgeräte. Die Experimente erfolgten in fünf Forschungsrichtungen: Erdfernerkundung, Medizin, Biologie, Materialwissenschaften und Geophysik. Der Gerätepark brachte annähernd 200 Kilogramm auf die Waage, wobei die Multispektralkamera MKF-6 mit 172 Kilogramm den größten Brocken darstellte. Der von Waleri Bykowski und Sigmund Jähn mit SOJUS 29 zur Erde beförderte »Koffer« mit Arbeitsergebnissen – Filmrollen und Tonbändern, Materialproben und Bioampullen – wog 60 Kilogramm. Die Dauer der Auswertung der einzelnen Versuche war sehr unterschiedlich. Bei einigen erfolgte sie sofort an Bord oder unmittelbar nach der Landung, bei anderen erstreckte sie sich über Monate und Jahre.

Die Qualität des Forschungsprogramms, zusammengestellt von Instituten der Akademie der Wissenschaften, Universitäten, Hochschulen und Industriebetrieben, war international beachtlich, zumal die Zeit der Vorbereitung von nur zwei Jahren zwischen dem Interkosmos-Beschluß über gemeinsame bemannte Raumflüge und der Mission UdSSR-DDR relativ kurz war. Einzige Ausnahme bildete die MKF-6, die bereits auf eine vierjährige Geschichte der Entwicklung, Erprobung und Verbesserung zurückblicken konnte.

In den Medien der Bundesrepublik gab es damals den allgemeinen Trend, das Programm der DDR als wissenschaftlich nicht genügend fundiert und den Kosmonauten als unzureichend qualifiziert darzustellen. Diese Versuche einer Herabsetzung lassen sich wohl vor allem darauf zurückführen, daß die Teilnahme eines bundesdeutschen Astronauten an einem Weltraumunternehmen vorerst nicht auf der Tagesordnung stand. Das amerikanische Space Shuttle befand sich noch in der Entwicklung, und sein Jungfernflug erfolgte erst drei Jahre später. Ohne Zweifel waren dann die Versuche, die Ulf Merbold fünf Jahre nach Sigmund Jähn an Bord der Columbia ausführte, sehr anspruchsvoll. Rückblickend urteilt Sigmund Jähn zwei Jahrzehnte später: »Leider war bei unserem Forschungsprogramm alles geheim, was die wissenschaftliche Anerkennung erschwerte. Nach 1990 gewann ich Einblick in die Programme für bemannte Missionen, die von der Deutschen Forschungsanstalt für Luft- und Raumfahrt (DLR) und der Europäischen Weltraumorganisation (ESA) in Zusammenarbeit mit den amerikanischen und russischen Raumfahrtagenturen NASA und RKA in Angriff genommen wurden. Deshalb kann ich sagen, daß das, was die Wissenschaftler der DDR und der UdSSR damals an Experimenten für uns vorbereiteten, nicht weniger anspruchsvoll war. Natürlich verfügten wir noch nicht über die Gerätebasis, die es heute gibt, über Minicomputer beispielsweise, um die Daten in Echtzeit zur Erde zu übertragen, wie das bei den Missionen MIR und EUROMIR in den neunziger Jahren nach Oberpfaffenhofen und Köln geschah. Aber die Ansätze, die Zielstellungen der wissenschaftlichen und technischen Versuche waren die gleichen.«

Die Fernerkundung der Erde aus dem Weltraum führte der Forschungskosmonaut der DDR durch Beobachtungen mit dem bloßen Auge und dem Fernglas sowie mittels Aufnahmen mit der

Kleinbild-Spiegelreflexkamera Practica EE-2, der Mittelformat-kamera Pentacon Six M und der Multispektralkamera MKF-6 aus. Für die Handkamera nutzte er ORWO-Filme NC-19 und NP-20, für die fest installierte Kamera Filmkassetten für etwa 2.400 Aufnahmen mit einem Bildformat von 55 mal 81 Millimetern. »Mich faszinierte, was ich alles aus einer Höhe von 360 Kilometern erkennen konnte. Ich erinnere mich genau, wie wir noch während der Startvorbereitungen in Baikonur über dem Farben-album saßen und das Unterscheiden von weit über einhundert verschiedenen Farbnuancen trainierten. Von oben stellte ich dann fest, daß die Natur noch farbenreicher ist. Ebenso reizte mich, welche Details mit bloßem Auge wahrgenommen werden können. Mit diesem Problem wurde ich schon vor dem Flug konfrontiert. In Berichten von Kosmonauten, ja selbst in der Fachliteratur gab es darüber widersprüchliche Angaben. Ich konnte Objekte mit einer Ausdehnung von 60 bis 100 Metern ausmachen. Fast alle Langzeitbesatzungen bestätigten, daß sich die höchste Effektivität der visuellen Beobachtung erst nach Wochen einstellt ... Die sowjetischen Kosmonauten bemerkten meine Vorliebe für die Erderkundung und halfen mir, mich auf der Erde zurechtzufinden.«

Der Kommandant von SALUT 6, Oberst Kowaljonok, schuf die technischen Voraussetzungen für die Arbeiten mit der MKF-6, indem er den 30 Meter langen Orbitalkomplex so stabilisierte, daß die optische Achse der Multispektralkamera ständig auf die Erde ausgerichtet war. »Kaskade« nannten die Kosmonauten diesen Flugzustand. Erst nachdem er erreicht war, wurde der Luken-deckel geöffnet, der die wertvolle Optik vor dem Beschuß von Mikrometeoriten schützte. Den Zusammenhang zwischen visueller und optischer Beobachtung erklärte Wolodja: »Das bloße Auge erweist sich häufig als unersetzliches Instrument. Experten behaupten, es könne bis zu 200 Farbtöne unterscheiden. Von der Flugbahn aus gelingt es manchmal, Bergketten auf dem Grunde der Ozeane und versunkene Inseln zu unterscheiden, die selbst ein hochempfindlicher fotografischer Film nicht zu registrieren vermag. Die Schaffung von Erdsatelliten, die die Bodenschätze der Erde erforschen, ist erst nach dem Flug von Kosmonauten möglich geworden; erst so konnten die Wissenschaftler klären, was sich am besten aus der Flugbahn mittels Automaten beobachten läßt.«

DIE VIERTE UMWELT

Die erste deutsch-sowjetische Mannschaft erwarb sich bleibende Verdienste um die Weiterentwicklung der Multispektralkamera aus den Zeiss-Werken in Jena. Schon die Erfahrungen, die Bykowski und Axjonow 1976 während des ersten Testfluges mit der MKF-6 an Bord des Raumschiffes SOJUS 22 sammelten, fanden ihren Niederschlag in der MKF-6M, und die der vier Musketiere auf SALUT 6 führten zur MKF-6MA, wobei M für Modifikation und A für teilweise Automatisierung steht. Mehr als zwei Jahrzehnte lang bewährte sich die Mehrkanal-Fotoapparatur, das schwerste Bordgerät der DDR, als Standardausrüstung auf den Orbitalstationen SALUT 6, SALUT 7 und MIR. Kosmonauten aus 20 Ländern gewannen mit dieser universellen Anlage wertvolle Aufnahmen ihrer Heimatländer. Als Beispiele seien hier nur genannt:

• der »Kosmische Atlas« für Vietnam mit einer Bestandsaufnahme der Schäden des Giftkrieges der USA, für die Planung der Wiederaufforstung und des Reisanbaus sowie der Prospektion von Erdöl, Erdgas und Anthrazit;

• das Experiment »Tropico« für Kuba zum Studium des Wachstums von Zuckerrohr, der Differenzierung von Waldgebieten sowie der Bestimmung der Unterwasserstrukturen in Schelfgebieten;

• das Unternehmen »Gobi« für die Mongolei, das der Suche nach Bodenschätzen und Wasservorräten in den Wüsten- und Steppengebieten diente;

• das Programm »Terra« für Indien, mit dem die geologische Struktur des Subkontinents erkundet wurde, unter dessen Oberfläche ein Viertel der gesamten Eisenerzreserven der Welt lagert, und der über das Zwanzigfache der Erdölfördermenge der UdSSR und über zwei Drittel der Erdgasvorkommen verfügte, die bis zu diesem Zeitpunkt in den USA erkundet wurden;

• das Experiment »Euphrat« für Syrien hatte die Erkundung des an Bodenschätzen reichen, aber an Wasser armen und noch längst nicht vollständig prospektierten Agrarlandes zum Ziel.

Für den Flugzeugeinsatz wurde in Jena eine Variante mit vier Objektiven, die leichtere Multispektralkamera MSK 4, entwickelt. Infolge Automatisierung einiger Steuerprozesse war sie leichter handhabbar und garantierte die gleiche Bildqualität bei erhöhter

Informativität. Auch die anderen speziell für die Mission UdSSR-DDR zusammengestellten Versuchsanordnungen und entwickelten Bordgeräte wurden von nachfolgenden russischen und internationalen Besatzungen variiert und modifiziert fort- beziehungsweise eingesetzt. Beispielsweise führten die Messungen des Lärmpegels mit dem bereits erwähnten Audiometer »Elbe« aus Dresden zu konstruktiven Veränderungen, die sich bei SALUT 7 und MIR manifestierten und auch Bedeutung für die Internationale Raumstation ISS im nächsten Jahrtausend haben werden.

Das Experiment »Biosphäre« zur visuellen Beobachtung von Erscheinungen in der Erdatmosphäre mit Hilfe der beiden Handkameras bezeichnete Sigmund Jähn als sein »liebstes Kind«. Zusammengestellt von Geowissenschaftlern des Potsdamer Zentralinstituts für Physik der Erde (ZIPE) und vom Staatlichen Zentrum »Priroda« (Natur) in Moskau, konzentrierte es sich auf ozeanische Auftriebsgebiete, meteorologische Erscheinungen sowie Staub- und Rauchfahnen über Industriegebieten. Damit diente es gleichermaßen der Wasser-, Forst- und Landwirtschaft wie der Katastrophenwarnung und dem Umweltschutz. »Neben dem Spaß an dieser abwechslungsreichen Tätigkeit hatte ich zugleich den Ehrgeiz, die begrenzte Zeit im All dafür maximal zu nutzen, mich auch zwischen den anderen Experimenten oder sogar parallel zu ihnen mit der Fernerkundung der Erde zu befassen.« Mit dieser Haltung fällte Sigmund Jähn wohl schon damals unbewußt eine Vorentscheidung für den Schwerpunkt seiner künftigen wissenschaftlichen Arbeit. Für ihn war der Weltraum, noch bevor dies offiziell die Internationale Astronautische Föderation (IAF) beschloß, die »vierte Umwelt« der Menschheit – neben Land, Wasser und Luft, die globale Möglichkeiten der Lösung ihrer Existenzfragen erschloß.

Der ansonsten eher nüchterne Mann fand bei Schilderungen seines Blickes von oben geradezu poetische Worte: »Wir hatten bei unserem Flug offenbar seltenes Glück mit ungewöhnlichen Naturerscheinungen. Nicht nur, daß wenige Tage vor unserem Start die senffarbenen Wolken aufgetaucht waren und kurz nach dem Überflug über die Ostküste Amerikas beim Bermudadreieck sonderbare blaue Blitze aufleuchteten – wahrscheinlich rührten sie von Gewittern her –, nein, nicht genug damit. Wie auf Bestellung kamen auch noch einzigartige Bedingungen für die Polarlichtbeobachtungen dazu. Ich schaute auf die sich über Tausenden von Kilometern hinziehenden, in mehreren Reihen hintereinander stehenden grüngrauen Vorhänge und mußte mir eingestehen: Es gibt noch beeindruckendere Naturerscheinungen, als ich bisher schon beobachtet hatte. Bei den geheimnisvoll anmutenden Bewegungen dieser grauen Wände, die sich plötzlich zu riesigen Säulen, Bögen und Schleiern formten und zugleich wieder zusammenfielen, kam mir der phantastische Gedanke: Wenn man die Zeit mit einem Zaubertrick um einige tausend Jahre zurückdrehte und einen Erdbewohner jener Tage an meinen Beobachtungsplatz in der Orbitalstation setzte, würde er über diese geisterhaften Bilder mehr staunen als ich? Die Lichteffekte erzeugten in mir den Eindruck, überdimensionalen Märchenspielen beizuwohnen, die unter dem Schleier der Nacht stattfanden und sich beim Annähern der Station an die Tag-Nacht-Grenze ins Unsichtbare zurückzogen. Nahte der nächste Sonnenaufgang heran, wich links in meinem Bordfenster das eigentümliche Grüngrau in Sekundenschnelle, und rechts wurde der bläuliche Lichtbogen der aufgehenden Sonne zunehmend kräftiger. Zwischen beiden Erscheinungen – da, wo sich in kosmischer Höhe Polartag und Polarnacht trafen – bewegte sich eine schwalbenschwanzartige Zacke in der Nacht. Die Märchenfiguren verschwanden. Die Geistervorstellung war vorerst beendet.«

UFO GESICHTET

Andererseits blieb der Forschungskosmonaut absolut kühl, wenn es um wissenschaftliche Daten ging. Nach mehr als 20 Dienstjahren auf Strahlmaschinen, die mit mehrfacher Schallgeschwindigkeit in der Stratosphäre fliegen, besaß Sigmund Jähn, als er in den Weltraum flog, ein geschultes Auge. Was meinte er zu den recht unterschiedlichen Aussagen von Weltraumfliegern über das, was man aus kosmischen Höhen von 350 und mehr Kilometern auf der Erde erkennen kann? Manche erzählten, sie hätten Flugzeuge und Boote, Häuser und sogar ihre eigene Datsche am Flußufer aus der Umlaufbahn erkannt: »Offensichtlich handelt es sich hierbei um ein Problem, das wissenschaftlich noch nicht vollständig erklärt ist. Auch mir hat man vor dem Raumflug erzählt, daß aus dem Weltraum Einzelheiten auf der Erde zu erkennen waren, die eigentlich nicht sichtbar ein dürften. Meiner Meinung nach gibt es für dieses Phänomen zwei mögliche

Erklärungen. Die erste geht davon aus, daß das menschliche Auge im Kosmos an Sehkraft gewinnt. Ich halte diese These nicht für richtig, weil man ja dann auch in der Orbitalstation besser sehen müßte, aber das ist nicht der Fall. Die zweite Erklärungsmöglichkeit – der ich zustimme – sieht die Ursache in physikalisch-biologischen Erscheinungen, beispielsweise darin, daß die Atmosphäre vielleicht eine bestimmte Linsenwirkung hat. Die eindeutige Klärung dieses Problems bleibt jedoch der Wissenschaft vorbehalten. Ich jedenfalls machte Objekte mit einer Ausdehnung von 60 bis 100 Metern aus – habe große Schiffe, aber keine kleinen Boote gesichtet. Deutlich konnte ich auch Kondensstreifen von Flugzeugen erkennen, die Maschinen selbst aber nur ahnen. Auch ein einzeln stehendes riesiges Gebäude sah ich, und selbstverständlich Paris und Berlin bei Nacht. Natürlich spielen die Beobachtungsbedingungen eine wichtige Rolle. Eine Fahrstraße in der Wüste hebt sich meist besser ab als eine viel breitere Stadtautobahn. Auch die Erfahrungen des Auges sind wesentlich. Fast alle Langzeitbesatzungen bestätigen, die höchste Effektivität der visuellen Beobachtung habe sich erst nach mehreren Wochen eingestellt.«

Als Journalisten unmittelbar nach seinem Raumflug von ihm wissen wollten, ob er irgendein UFO (Unidentified Flying Object – Unbekannter Flugkörper) gesehen habe, meinte er lächelnd: »Als Waleri und ich uns in der Orbitalstation SALUT 6 etwas akklimatisiert hatten, fragte Wolodja, der Hausherr, ob wir nicht mal unseren kosmischen Nachbarn begrüßen wollten, und Sascha, der Bordingenieur, zeigte uns den ständigen Begleiter. Tatsächlich erkannten wir über der Tagseite der Erde einen Gegenstand, der uns folgte. Ein Sputnik, war mein erster Gedanke. Doch selbst mit dem Fernglas war er nicht genau zu identifizieren. Als wir dann über der Nachtseite unseres Planeten flogen, konnten wir den Körper als hellen Stern ausmachen. Ich bin sicher, daß es für dieses UFO eine ganz natürliche Erklärung gab. Es handelte sich wohl um einen aus der Station ausgestoßenen Abfallcontainer oder den Bestandteil eines anderen Raumflugkörpers. Auch die sogenannten Lichtblitze erlebte ich einmal. Ich hatte den Eindruck, daß sich dieser objektive Vorgang, bei dem superschnelle Teilchen einschlagen, nicht in meinen Augen, sondern etwa drei bis vier Meter von mir entfernt abspielte – hellblaue Zacken.«

Ein Teil der deutschen Versuche wurde mit Anlagen und Geräten aus anderen Ländern ausgeführt, so die sechs Einzelexperimente des Komplexprogramms »Berolina« für materialwissenschaftliche Untersuchungen des Einflusses der Schwerelosigkeit auf technologische Prozesse mit den sowjetischen Vakuumelektroöfen »Splaw 1« (Legierung) und »Kristall«. Dabei ging es überwiegend um die Züchtung von fehlerfreien Kristallen für die Halbleitertechnik und das Schmelzen und Erstarren von kompliziert zusammengesetzten Spezialgläsern. Die Bestimmung des Einflusses von Raumflugfaktoren auf das Geschmacksempfinden der Kosmonauten erfolgte mit dem elektronischen Reizschwellenmeßgerät Elektrogustometer 1 aus Polen. Die verschiedenen materialwissenschaftlichen Versuche führten sowohl zu einer Reihe neuartiger Erkenntnisse als auch zu veränderten Bewertungen des Einflusses der unterschiedlichen Wirkungsfaktoren, wie beispielsweise der Konvektion. Das Experiment »Glas« beantwortete eine Reihe bis dahin ungeklärter Fragen des Transports und der Phasentrennung in Schmelzen bei Mikrogravitation. Von der Besatzung erforderten diese Versuche nicht nur Wissen und Fertigkeiten, sondern auch körperliche Disziplin. Wenn Sigmund Jähn seine Ampulle in die Kammer eines Vakuumofens eingesetzt hatte, sollten eigentlich alle vier keine heftigen Bewegungen mehr machen. Sport kam während der Versuchszeit überhaupt nicht in Frage, um das Experiment nicht zu stören. Praktisch jedoch konnten die Männer nicht bewegungslos in der Kabine schweben.

Die medizinischen Untersuchungen wiederum trugen dazu bei, das Wohlbefinden der Kosmonauten zu erhöhen und die Verständigung zwischen ihnen zu verbessern. So läßt sich eine erhöhte emotionale Anspannung deutlich an der Sprache erkennen. Geringfügige Verschlechterungen der Hörschwelle, die während des Fluges registriert wurden, übten keinen negativen Einfluß auf die Effektivität des Funkverkehrs aus. Gewisse Änderungen des Geschmacksempfindens erwiesen sich als geringfügig und zeitweilig. Die psychologischen Studien zeigten eine arbeitsbedingte Ermüdung, wobei sich deutlich Unterschiede zwischen den Werten zu Beginn oder am Ende der Arbeitsperiode oder Untersuchungsetappe markierten. Die Ermüdung war in der Phase vor dem Raumflug geringer als während der Arbeit im Orbit und nach der Landung. Die Zeitschätzungen der Kosmonauten, die sich auf Intervalle und Strecken bezogen, waren in hohem Maße richtig. Stark ausgeprägte Abweichungen in den Urteilen traten jedoch in den ersten drei Tagen nach dem Raumflug auf.

MIT HARFE UND GITARRE

Das kleine deutsche Experiment »Sprache«, das Sigmund nebenbei erledigte, sorgte für Heiterkeit an Bord. Im Rahmen der psychologischen Versuche war ihm die Aufgabe gestellt worden, sich bei jeder passenden Gelegenheit, insbesondere aber in sehr anspruchsvollen Situationen – während der Beschleunigung beim Aufstieg, kurz nach dem Übergang zur Schwerelosigkeit, beim Kopplungsmanöver und kurz danach, während der Experimente, beim Abstieg und nach der Landung – mit dem Wort »Zwosechsundzwanzig« zu melden. Die Wissenschaftler gingen davon aus, daß Klangfarbe und Lautstärke Rückschlüsse auf die emotionale Verfassung des Sprechers zulassen und hielten ein kurzes Wort, das alle Vokale der deutschen Sprache – a, e, i, o und u – einmal enthält, am besten dafür geeignet. Wie Sig sehr richtig kommentierte, hätte man statt »Zwosechsundzwanzig« auch ein anderes Wort wie beispielsweise »Schokoladenpudding« wählen können. Sogar »Deutsche Demokratische Republik« wäre möglich gewesen, doch weist diese Wortgruppe zu viele Vokale auf und ist zu lang. Wenn der Forschungskosmonaut im Eifer des Gefechts seine Wortmeldung einmal vergaß und das Flugleitzentrum diese anmahnte, entschuldigte ihn stets einer der drei anderen: »Habicht zwei beobachtet und fotografiert gerade.« Schließlich übten sie das der russischen Zunge ungewöhnliche Wort und riefen: »Sigmund, du mußt jetzt ›Zwosechsundzwanzig‹ sagen!«

Das Experiment »Erholung« wiederum sah die Bewertung von Hörfunk- und Fernsehaufzeichnungen vor, die über Radio und das Bordvideogerät »Vatra« liefen. Dabei wurden Musikwünsche und Lieblingsmelodien der Kosmonauten berücksichtigt. Sigmund wunderte sich, daß statt der von ihm bestellten Volkslieder und Jägergesänge klassische Konzertmusik ertönte. Offensichtlich hatten die Oberen in Berlin wieder einmal entschieden, was »unsere Menschen«, wie die Bürger besitzergreifend genannt wurden, wirklich wollen – noch dazu ein »Himmelsstürmer«.

Sigmund hat das Wunschkonzert nicht vergessen: »Jedenfalls bemerkten die drei sowjetischen Freunde während einer Mahlzeit, zu der mein Band lief, es offenbare ihnen einen Zug an mir, den ich ihnen bisher erfolgreich verheimlicht hätte. Die Vielfalt meiner musikalischen Interessen sei beachtlich, geradezu außergewöhnlich. Sie schmunzelten dabei, da sie mich ja genau kann-

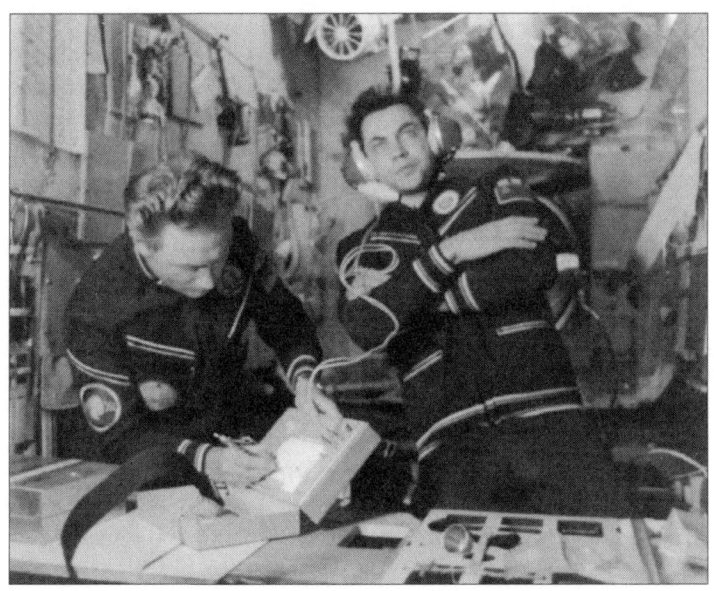

Beim Experiment AUDIO mit Alexander Iwantschenkow

ten und sich denken konnten, daß man mir hier ›klassisch‹ unter die Arme gegriffen hatte. Ich guckte selbst etwas betreten drein, vermißte besonders das zünftige Jägerlied, das ich meinen Freunden angekündigt hatte. Aus dieser musikalischen Klemme halfen mir unsere Rundfunkjournalisten aus dem Flugleitzentrum. Es gelang ihnen beinahe in einer Blitzaktion und fast ›im direkten Richten‹ aus Berlin, einen zusätzlichen Wunschtitel zu überspielen. Während wir vom Schwarzen Meer zum Stillen Ozean flogen, dröhnte für einige Minuten die ganze Orbitalstation von diesem Jägerlied. Wir schaukelten in der Schwerelosigkeit im Takt der Musik, pfiffen die Melodie, und Wolodja zuckte rhythmisch in Rückenlage über uns, bis sich der Flugleiter einschaltete: ›Bei all eurer guten Laune, wir müssen die Musik ausblenden. Bevor ihr aus der Funkzone ausfliegt, haben wir euch für die nächste Erdumkreisung noch einige Informationen zu übermitteln.‹ Da war nichts zu machen. Der positive psychologische Effekt war überdies erreicht.«

Die Diskothek von SALUT 6 bestand aus einem Tonband-Kassettengerät, von den Kosmonauten »Harfe« genannt. Ihren Klängen konnten die Besatzungsmitglieder sowohl kollektiv über Lautsprecher als auch individuell über Kopfhörer lauschen. Neben dem Kunstgenuß dienten die Wunschkonzerte auch dem Übertönen der monotonen Bordgeräusche. Die mit einem Videorecorder ausgerüstete Filmothek an Bord ermöglichte die Vorführung zu Hause ausgewählter Streifen. Sascha griff abends oft zur Gitarre um aufzuspielen und Wünsche seiner Freunde zu erfüllen. Wolodja kommentierte: »Kein Tag ohne eine Entdeckung! Das war unser Wahlspruch während des Raumfluges. Wenn das bei den Experimenten nicht gelang, dann machten wir zum Abendessen eben Konserven auf.«

Diese glückliche Mischung aus ernstem Streben und heiterem Leben war das Geheimnis des Erfolges. Das umfangreiche und anspruchsvolle deutsch-sowjetische Programm wurde mehr als erfüllt. Es lieferte eine Reihe neuer grundlegender Erkenntnisse und praktisch nutzbarer Ergebnisse. Zu den indirekten Erfolgen gehörte die große Zahl von Vorschlägen für neue Experimente, die im Verlauf der Auswertung gemacht wurden. Sie galten sowohl bemannten als auch unbemannten Unternehmen und werden bis zum heutigen Tag an Bord des Orbitalkomplexes MIR fortgesetzt – vor allem auf den Gebieten Lebenswissenschaften, Erdfernerkundung und Materialwissenschaften.

Es gehört zu den Charakterzügen von Sigmund Jähn, daß er in allen Phasen des Erfolges an seine Familie und Freunde dachte. So erzählte er unmittelbar nach der Heimkehr über Eberhard Köllner: »Eb hat das schwere Los des Doubles bewunderungswürdig gemeistert. Einen besseren Partner hätte ich mir gar nicht vorstellen können. Er stand mir während meines Einsatzes an Bord der Raumschiffe und der Orbitalstation als Konsultant im Flugleitzentrum mit Rat und Tat zur Seite. Er und seine Familie halfen in dieser Zeit meiner Frau Erika und unserer kleinen Tochter Grit. Gerade in jenen Tagen war in unserer Wohnung im Sternenstädtchen ein ständiges Kommen und Gehen. Die Familie desjenigen, der oben ist, wird unten keinen Augenblick allein gelassen. Am laufenden Band müssen Gäste empfangen werden, die Glückwünsche aussprechen, und jede einzelne Phase der Mission bedarf für die Laien der gebührenden Würdigung und Erklärung durch die Experten.«

GRAND MIT VIEREN

Auf einer Bordpressekonferenz kam es infolge einer spontanen Eingebung von Wladimir Kowaljonok zur Hochzeit des von Sigmund Jähn mitgebrachten deutschen Sandmännchens im Raumanzug mit der belorussischen Puppenbäuerin Mascha aus der sowjetischen Television. »Wolodja hielt das Maskottchen in die Kamera und kommentierte: Mascha hätte ihnen über zwei Monate im Weltraum Gesellschaft geleistet, nun möchte sie aber mit dem populären Helden des DDR-Kinderfernsehens wieder auf die Erde zurück. Als Kavalier fühlte ich mich verpflichtet, die Ehre unseres Sandmanns zu retten und erwiderte, Mascha habe ihm, dem Neuankömmling, auf Anhieb so gefallen, daß er um ihre Hand angehalten habe. Der ›Kapitän‹ vollzog dann die Trauungszeremonie, und der Flugleiter scherzte: ›Ihr macht wohl aus SALUT 6 nicht nur ein kosmisches Haus, sondern gleich noch einen Hochzeitspalast.‹«

Und, nicht zu vergessen, ein Postamt in der Erdumlaufbahn. Sigmund war nämlich zum zeitweiligen Postbeamten berufen und mit einem Stempelautomaten ausgerüstet worden, den er auf den Tag und die Stunde der Kopplung eingestellt hatte: »27.08.78-20«. Der Sonderstempel trug die Aufschrift »Interkosmos« und zweisprachig »Kosmos-Post/Sojus-Salut/gemeinsamer Weltraumflug UdSSR/DDR«. An offizieller Post waren 20 Briefe in die DDR und die UdSSR abzufertigen, vor allem an Honoratioren beider Länder. Doch nicht genug damit: »Die Pressekonferenz war längst zu Ende gegangen, die Fernsehbeleuchtung ausgeschaltet, doch die Lichter der Station leuchteten noch lange – das kosmische Postamt machte Überstunden. Jeder von uns vieren hatte Bitten von Sammlern zu erfüllen und wollte für seine Freunde einige Souvenirs aus der Raumstation mit zur Erde bringen. Jeder bat jeden zu unterschreiben. Eine zeitraubende Angelegenheit, weil die Briefe immer wieder entschwebten und mit Gummibändern festgehalten werden mußten.«

Mehr als 30 sogenannte symbolische Gegenstände aus der DDR nahm Sigmund Jähn in den Weltraum mit und brachte sie wieder zur Erde zurück. Das waren vor allem Flaggen und Fahnen, Medaillen und Minibücher, Plaketten und Porträts, Wappen und Wimpel. Sie dienten in erster Linie als politische Devotionalien, wie die Insignien der beiden beteiligten Länder und Abbildungen von Marx, Engels, Thälmann, Pieck und Honecker, war doch der Raumflug dem bevorstehenden 30. Jahrestag der DDR gewidmet. Aber auch historische Reminiszenzen wurden bedient, mit Meißner Porzellan und Ruhlaer Uhren, dem Bildnis von Leibniz und Goethes »Faust«. Übrigens ist eine solche Symbolik in der Raumfahrt gang und gäbe, nur wechseln mit den Nationen und Religionen die ideellen Bezugspunkte und die Gegenstände – Stars and Stripes, Union Jack und Trikolore sowie Bibel, Talmud und Koran. Neuerdings dominiert jedoch die marktwirtschaftliche Reklame – für Coca Cola, Becks Bier und ähnliches. Allen voran geht dabei Rußland, weil »es sich rechnet«.

Schach mit fixierten Brettern und steckbaren Figuren gehörte seit Jahren zu den beliebtesten Freizeitgestaltungen an Bord der SALUT-Stationen. Doch die Aufforderung, an einem Kartenspiel teilzunehmen, überraschte Sigmund. Sein Einwand, daß er angesichts der vielen nationalen Varianten als Mitspieler kaum tauge, wurde mit der Bemerkung abgetan, daß dieses Spiel jeder beherrsche. Das erwies sich als richtig. Wolodja hielt das verdeckte Blatt in der Hand, und jeder durfte eine Karte ziehen und sie für sich betrachten. Nach Aufruf wurden sie alle aufgedeckt und gemeinsam auf ihre Reize hin beurteilt. Gewinner war derjenige, der das konturenreichste Bild gezogen hatte. Diese Entscheidung erfolgte durch Mehrheitsbeschluß. Der Clou bestand darin, daß alle Karten nur Damen zeigten, kaum bekleidete Schönheiten – Blondinen, Brünette und Schwarze – in allerlei verführerischen Posen. Das eingeschmuggelte Kartenspiel stammte aus Altenburg und war ein Exportschlager der DDR, der besonders reißenden Absatz in arabischen Ländern fand. Dieser kosmische »Grand mit Vieren« machte allen Beteiligten großen Spaß.

Die sieben Tage auf SALUT 6 vergingen für die Kosmonauten im wahrsten Sinne des Wortes wie im Fluge. Zu den Arbeiten des letzten Tages vor der Abreise der Gäste gehörte auch das Packen. Ihre Heimkehr erfolgte mit dem dienstälteren Raumschiff SOJUS 29, das schon seit 80 Tagen im Orbit kreiste. Deshalb hatten Waleri und Sig schon gleich zu Anfang ihres Aufenthalts an Bord der Station ihre maßgeschneiderten Konturensessel und Raumanzüge vom Newcomer SOJUS 31 am Heck von SALUT 6 zum Oldtimer SOJUS 29 am Bug transportieren müssen – durch den gesamten 30 Meter langen Orbitalkomplex.

Bisher war ein solcher Wechsel nur einmal erfolgt: durch die erste Stammbesatzung von SALUT 6, Juri Romanenko und Georgi Gretschko, und die erste Gastmannschaft, Wladimir Dshanibekow und Oleg Makarow, mit SOJUS 26 und SOJUS 27. Der Sinn dieses Austausches, der bis heute praktiziert wird, besteht darin, den Stammbesatzungen einen langen Aufenthalt auf der Station zu ermöglichen, ohne daß sie mit einem »überalterten« Raumschiff zurückkehren müssen. Man hatte nämlich festgestellt, daß sich die Treibstoffkomponenten für das Marschtriebwerk des SOJUS-Raumschiffes in der Schwerelosigkeit entmischen. Die Konstrukteure gaben eine Garantie für 130 Tage problemlose Funktionstüchtigkeit (für die Raumschiffe des Typs SOJUS TM beträgt die garantierte Lebensdauer mittlerweile 200 Tage). Darüber hinaus wollten sie sich nicht festlegen, und niemand ließ es darauf ankommen, die Folgen auszuprobieren. Sigmund Jähn war der erste Ausländer, der als ausgebildeter Bordingenieur an einem solchen Wechsel der Raumschiffe teilnahm.

REISEGEPÄCK UND MÜLLABFUHR

Zum Gepäck zählten etwa 100 numerierte Gegenstände mit einer Masse von 60 Kilogramm, was im internationalen Luftverkehr dem gebührenfreien Reisegepäck für drei Personen entspricht. Dazu gehörten Hunderte Meter Film und Fotomaterialien mit 400 wertvollen Aufnahmen, die je zur Hälfte mit der MKF-6 und den Handkameras gewonnen worden waren, sowie Dutzende von Werkstoffproben aus den Vakuumöfen und Ampullen mit biomedizinischen Materialien. Ganz zu schweigen von den symbolträchtigen Transportstücken. Das alles mußte in Plastikbeutel verpackt und in Schrankfächer der an sich schon engen Landekapsel verstaut werden. Ein Puzzlespiel, das sich in die Länge zog, weil immer wieder etwas fehlte oder entschwebte. Dabei kam es zu ärgerlichen Zwischenfällen, die im nachhinein als lustige Episoden erscheinen. So machte sich eine der Versuchsfliegen selbständig, obwohl sie eigentlich gar keine Gelegenheit zum Ausbrechen hatte. Sie war nämlich mit ihren Artgenossen in einem durch Atemfilter fest verschlossenen Behälter untergebracht. Dennoch krabbelte sie außen daran herum und unternahm sogar Flugversuche, so daß es einige Zeit dauerte, sie wieder einzufangen. Kein Wunder, wenn die Abfertigung des Gepäcks erst nach drei Erdumkreisungen abgeschlossen werden konnte.

Gleichzeitig mußten die Kosmonauten als Transportarbeiter für die kosmische Müllabfuhr tätig werden. Sie verstauten alles Überflüssige, was sich in der Station angesammelt hatte, in der Orbitalsektion von SOJUS 29, damit es gemeinsam mit diesem Teil des Raumschiffes nach der Abtrennung in den dichteren Schichten der Erdatmosphäre verglühte. Dazu gehörten alte Sauerstofferzeuger, verschlissene Ausrüstung, schmutzige Wäsche, Abfall mit leeren Verpackungsbeuteln und unerwünschte Flüssigkeiten. Doch auch hier galt es höchste Sorgfalt zu üben, mußte doch die Masseverteilung so erfolgen, daß beim Einschalten der Triebwerke nicht alles kunterbunt durcheinander geriet. Außerdem benötigten die beiden Heimkehrer Platz in der Orbitalsektion, um ihre Raumanzüge anzuziehen, bevor sich SOJUS 29 von SALUT 6 trennte. Den Abschluß der einwöchigen Viersamkeit bildeten das gemeinsame Frühstück und eine Pressekonferenz am Morgen des Abreisetages. Sigmund schildert die damalige Situation: »Insgeheim hatte ich bis zuletzt gehofft, man würde unsere Expedition um ein paar Tage verlängern. Doch ich verstand sehr gut, was alles damit zusammenhing. Außerdem war ich nicht der einzige Interkosmonaut. Ich kann die Stimmung an jenem Morgen schwer beschreiben, obwohl sie mir noch gut in Erinnerung ist. Wir hatten in dieser Woche zusammengelebt und fühlten uns nunmehr irgendwie auseinandergerissen. Dabei tat es wenig zur Sache, daß wir wußten, schon in ein paar Wochen würden wir uns auf der Erde wiedersehen. Es war ein eigenartiges Gefühl der Leere, das uns irgendwie wehmütig stimmte.«

FEUER AN BORD

Als sich die Luken zwischen SALUT 6 und SOJUS 29 geschlossen hatten, waren die beiden Besatzungen wieder für sich allein, obwohl sie noch lange in Funkverbindung untereinander standen. Waleri und Sig mußten ebenso wie Wolodja und Sascha wegen der bevorstehenden Trennungsmanöver ihre Skaphander anlegen und kontrollieren, ob in ihrem Raumflugkörper alles dicht und funktionstüchtig war. Der Kommandant von SOJUS 29 schien seinem Bordingenieur und Forschungskosmonauten anders als sonst – noch wortkarger und konzentrierter. Der alte Hase wußte, daß für die Raumfahrt gleichermaßen wie für die Luftfahrt gilt: Fliegen heißt Landen!

Beiden passierte in dieser angespannten Situation ein Mißgeschick, über das sie später noch oft lachten. Waleri fluchte plötzlich laut vor sich hin, weil er das Stille Örtchen in der Orbitalsektion mit Gerümpel versperrt fand. Er hatte sich vorgenommen, dieses in aller Ruhe vor dem Ablegen aufzusuchen. Zurück zum Weltraumklo in der Station konnte er nicht mehr, weil die Luken bereits geschlossen waren. Irgendwie mußte er es dann aber doch geschafft haben, sein Geschäft zu verrichten, denn als er endlich in die Landekapsel schwebte, verbreitete er wieder sichtbar gute Laune.

Dorthin hatte sich Sigmund wohlweislich aus dem Staube gemacht, um seinen Raumanzug ungestört anzulegen. In der Eile vergaß er aber seine Bordschuhe in der Orbitalsektion, wo sie noch verbrannten, bevor er seinen Fuß wieder auf die alte Mutter Erde setzte: »Hätte mir nicht ein Genosse des Suchkommandos seine Turnschuhe gegeben, ich wäre wohl auf Socken Ehrenbürger der kasachischen Bergarbeiterstadt Dsheskasgan geworden.«

Zwischen dem Schließen der Luken und dem Abkoppeln des Raumschiffes von der Orbitalstation vergingen noch einmal zwei Erdumkreisungen bzw. drei Stunden. Mit der pünktlich erfolgten Trennung der beiden bemannten Raumflugkörper begann für die Mannschaft von SOJUS 29 das allerletzte Experiment. Zum ersten Mal sollte SALUT 6 von einem ablegenden Raumschiff aus fotografiert werden. Diese Aufgabe fiel Sig zu, der mit seiner Practica gespannt am Bullauge saß. Waleri wiederum mußte SOJUS 29 so stabilisieren, daß der Fotograf die Station ständig im Blickfeld hatte. Das Flugleitzentrum gab Objektiv, Blende und Belichtungszeit vor, um sicherzugehen, daß wenigstens einige Aufnahmen gelingen. Doch Sigmund verzichtete nicht ganz auf die Automatik und legte sich noch ein Teleobjektiv und einen zweiten Film zurecht. Das Ergebnis seiner intensiven Anstrengungen waren über 40 Fotos. »Wie ein großer Haifisch schwamm die Station scheinbar von uns fort. Bald waren wir hundert Meter von ihr entfernt. Ich drückte das Kommando ›Handsteuerung‹, und Waleri begann das Raumschiff zu drehen. Im Skaphander renkte ich mir fast den Hals aus, um mit der Kamera dicht genug an die Scheibe heranzukommen. Plötzlich sah ich unsere SALUT leuchten. Auch Wolodja und Sascha waren an diesem Fotografierexperiment aktiv beteiligt. Sie steuerten die Station so, daß sie sich ständig um ihre Achsen drehte. Dadurch hatte ich buchstäblich bei jeder Aufnahme ein anderes Motiv. Ein unvergeßliches Bild: Mit jeder Bewegung änderte sich auch der Winkel der großen Sonnenpaddel, und die Strahlen der Sonne glitten über jedes einzelne Segment hinweg, unsere Station auf dem schwarzen Hintergrund nach und nach wie in Gold tauchend. Mit einem Feuerwerk von Strahlen verabschiedeten sich Wolodja und Sascha, doch sie konnten das ja nicht sehen.«

Orbitalkomplex SALUT 6/SOJUS 31 – erstmalige Aufnahme nach dem Ablegen von SOJUS 29 durch Sigmund Jähn

»Glückliche Reise, Photonen!«, wünschten die Heimkehrer den Weiterreisenden und erhielten zur Antwort: »Eine weiche Landung, Habichte!« Die kosmische Karawane SALUT 6/SOJUS 31 zog weiter ihre Bahn. Ihrer Besatzung stand das Umkoppeln des Raumschiffes SOJUS 31 vom Heck zum Bug der Station bevor, damit der hintere Kopplungsstutzen wieder frei wurde für das nächste Versorgungsraumschiff des Typs PROGRESS. 20 Jahre später berichtete Professor Kowaljonok über eine lebensbedrohliche Situation, die nur zwei Tage nach der Landung von SOJUS 29 entstand: »Leider berichtete unsere Presse zu dieser Zeit nur über Erfolge, Mißerfolge jedoch wurden verschwiegen. So blieb unbekannt, wenn ein Kosmonaut an Kopf-, Hals-, Herz- oder Zahnschmerzen erkrankte. Ganz zu schweigen davon, daß ein Lebenserhaltungssystem ausfiel. Wir jedenfalls erlebten am 5. September 1978 den ersten Brand an Bord von SALUT 6. Unser Glück im Unglück bestand darin, daß Alexander Iwantschenkow zu diesem Zeitpunkt gerade auf dem Hometrainer saß. Deshalb entdeckte er sofort den Rauch, der am Navigationscomputer auftrat. Geistesgegenwärtig unterbrach Sascha sofort die Stromzufuhr und dämmte dadurch das Feuer ein. Zum ersten Mal erlebten wir absolute Ruhe an Bord. Das Flugleitzentrum hatte – ohne uns zu informieren – ein Experiment eingeschaltet und vergessen, es wieder auszuschalten. Das Gerät arbeitete mehr als 24 Stunden ununterbrochen, so daß der Computer heißlief und in Brand geriet. Wären wir den strengen Vorschriften gefolgt, dann hätten wir uns in die Landekapsel von SOJUS 31 begeben und über UKW die Abkopplung zur Bodenstation melden müssen. Doch wir entschieden uns, den Brand zu lokalisieren und zu löschen. Danach suchten und fanden wir die Ursache des Feuers. Gottseidank bekamen wir alles in den Griff, und es gab keine größeren Probleme. Unsere Erfahrungen, die wir bei dieser Havarie sammelten, flossen in die Verbesserungen der Sicherheitsmaßnahmen für Raumstationen ein und haben bis heute Gültigkeit.«

Drei Jahre später konnte für SALUT 6 folgende Bilanz gezogen werden: Die erste Orbitalstation der zweiten Generation arbeitete zwischen Dezember 1977 und Juni 1981 insgesamt 676 Tage lang im bemannten Betrieb. An Bord lebten sechs Stammbesatzungen mit einer Aufenthaltsdauer von bis zu 175 Tagen und zehn Gastmannschaften. Die 33 beteiligten Kosmonauten stammten aus neun Ländern. Mit 31 Raumflugkörpern der Typen SOJUS, PROGRESS und KOSMOS wurden 69 An-, Ab- und Umkopplungen ausgeführt. Allein die acht Interkosmonauten wirkten 56 Tage lang auf der Station. Während ihrer rund 400 Arbeitsstunden führten sie etwa 200 verschiedene wissenschaftliche und technische Experimente durch. Die mit SALUT 6 gesammelten Informationen kommen dem Inhalt einer Bibliothek mit 250.000 Bänden gleich. Ungefähr ein Zehntel davon entfällt auf die Arbeit der Interkosmos-Kollektive.

SCHRECKSEKUNDEN

Die Landung einer bemannten Kapsel gehört zu den schwierigsten Unternehmen der Raumfahrt. Immerhin muß der Landeapparat von mehr als 20facher Schallgeschwindigkeit (28.440

km/h) in der Umlaufbahn auf Fallschirmgeschwindigkeit (3 bis 4 m/s) in Bodennähe abgebremst werden. Dabei heizt sich die Außenhaut bis auf Temperaturen auf, die noch über dem Schmelzpunkt von Titan liegen (2.000 Grad Celsius). Das geschieht auf einer flachen Kurve, die nach Eintritt in die Erdatmosphäre immer steiler wird. Hinzu kommt, daß je nach Bahnlage die Rückkehr im Hauptlandegebiet von Kasachstan nur bei wenigen Erdumkreisungen möglich ist.

Die Bahn des Orbitalkomplexes SALUT 6 führte täglich dreimal über das vorgesehene Landegebiet, eine ebene Wüste in Kasachstan, und die Anflugstrecke betrug mehr als 10.000 Kilometer. Der Abstieg von SOJUS 29 läßt sich in zwei Phasen unterteilen. Die erste lief im Weltraum ab und dauerte knapp drei Stunden. Sie begann mit dem Abkoppeln des Raumschiffes und seiner zunehmenden Entfernung mittels Triebwerksimpulsen, was sich über mehr als anderthalb Erdumkreisungen erstreckte. Dann erfolgte die Lagestabilisierung und das dreiminütige Zünden des Haupttriebwerks durch den Kommandanten und den Bordingenieur. Das geschah südlich des Äquators vor der Atlantikküste Lateinamerikas. SOJUS 29 wurde dadurch abgebremst und in eine Abstiegsbahn gelenkt. Ein zeitlicher Fehler von einer Minute beim Zünden hätte zu einem Verfehlen des vorgesehenen Zielgebietes um 500 Kilometer geführt. Das einmal eingeschaltete Landeprogramm lief automatisch ab, doch die Kosmonauten saßen »auf dem Sprung«, um sich bei eventuellen Fehlfunktionen sofort einschalten zu können. Wie notwendig das werden könnte, zeigte ein unvorhergesehener Zwischenfall:

»Höre ich mir heute die Tonbandaufzeichnungen aus den darauffolgenden Minuten an, dann klingen sie fast wie von einem anderen Stern, zumindest so, wie man sich in utopischen Filmen derartige Geräusche vorstellt: Krachen, Rattern, Pieptöne, Wortfetzen. Alles, was Waleri und ich miteinander und mit der Erde gesprochen haben, hört sich ganz anders an. Die Leuchtmarke am Programmgeber sprang von Minute zu Minute weiter, dem Zeitgeber der Trennung unseres Raumschiffes in drei Teilen entgegen. Plötzlich – für den Bruchteil einer Sekunde – verlor sie die Farbe und wurde lautlos, so, als wollte sie das ganze Programm abstoppen. Ich weiß nicht, ob wir in jenem Moment ebenfalls die Farbe verloren. Zumindest trafen sich unsere Blicke; keiner sagte ein Wort. Ging etwas schief? Doch da tickte die Marke schon wieder

In voller Montur

Training für die Schwerelosigkeit

*In der Simulator-
halle des Sternen-
städtchens*

*Vorbereitung auf ein
Experiment*

Die Trägerrakete SOJUS auf dem Schienenweg zur Startrampe

Überlebenstraining für eine Wasserung der Rückkehrkapsel im Schwarzen Meer

Jähns
Skaphander…

und sein Bordanzug

Deutsch-sowjetische Kosmos-Quadriga

Sternenbrüder Waleri und Sigmund

Das versprochene Daumenzeichen für die Journalisten beim Einstieg in das Raumschiff SOJUS 31

Arbeit an Bord von SALUT 6

Der Kommandant der Station Wladimir Kowaljonok

*Spontaner Dank Jähns auf der rußgeschwärzten Landekapsel von
SOJUS 29*

Abflug nach der Landung

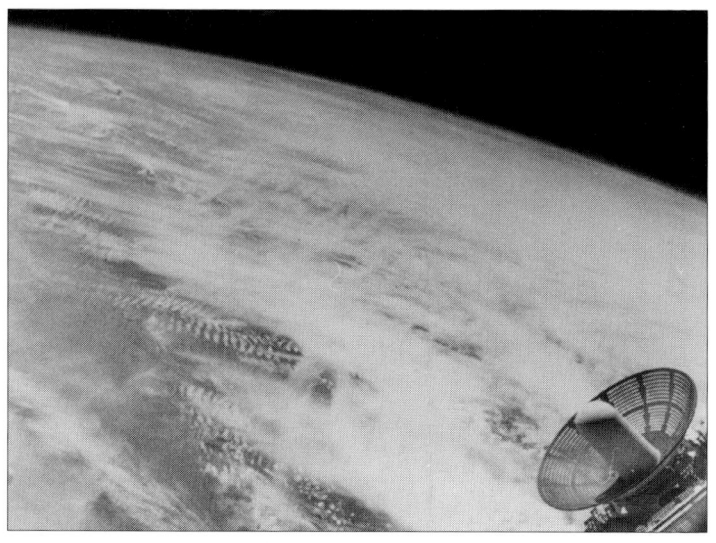

So sah Sigmund Jähn Gagarins Blauen Planeten

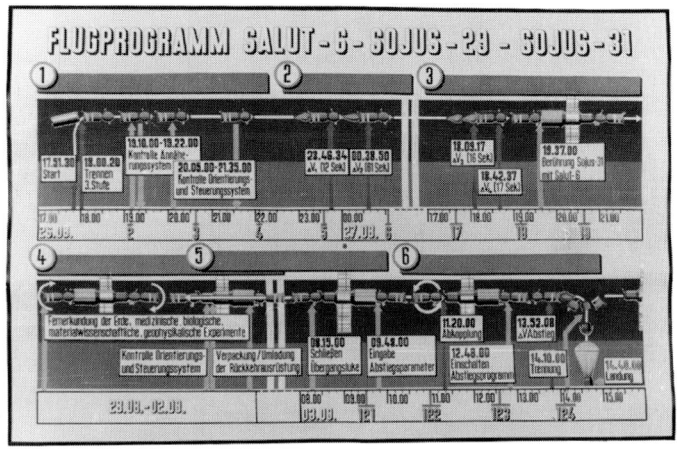

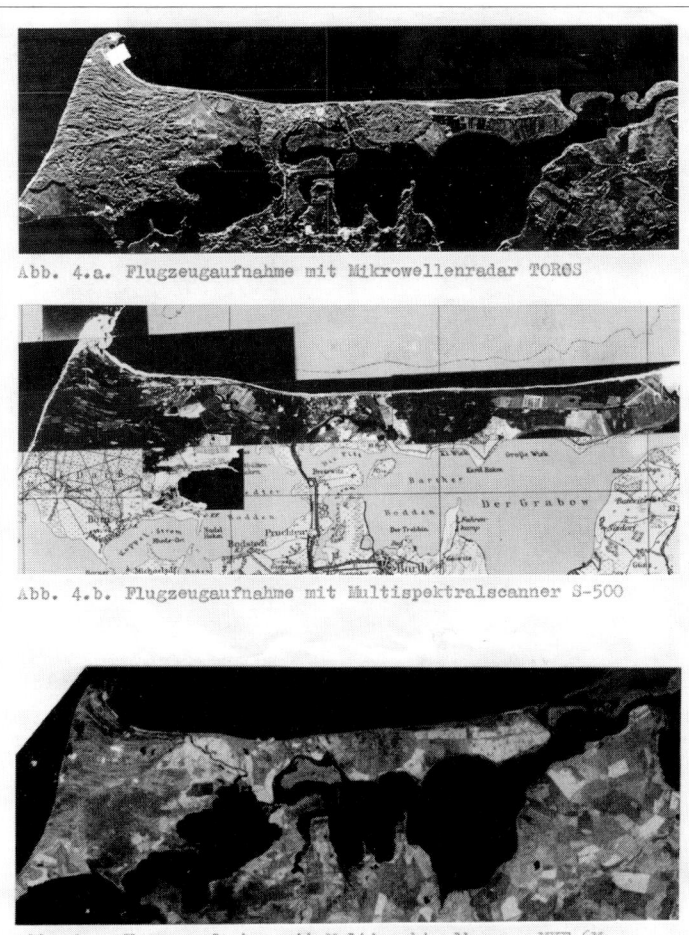

Abb. 4.a. Flugzeugaufnahme mit Mikrowellenradar TOROS

Abb. 4.b. Flugzeugaufnahme mit Multispektralscanner S-500

Abb. 4.c. Kosmosaufnahme mit Multispektralkamera MKF-6M

Wissenschaftliche Dokumentation aus der Doktorarbeit von Sigmund Jähn und Karl-Heinz Marek

XXVIII

XXIX

Die vier deutschen MIR-Kosmonauten gratulieren ihrem Mentor: Ulf Merbold, Sigmund Jähn, Reinhold Ewald, Klaus Dietrich Flade, Thomas Reiter (v.l.n.r.)

Bei »Sig« zu Gast: Reinhold Ewald, Wassili Zibiljew und Alexander Lasutkin (v.l.n.r.)

Sigmund Jähn und Ulf Mer-bold

Der deutsche »Spitzenreiter« und »Außenseiter« im Welt-raum, Thomas Reiter und sein Betreuer Sigmuns Jähn

Mit der Goldenen Hermann-Oberth-Medaille dekorierte Kosmonau-ten mit dem »Vater der Raumfahrt« und dessen Tochter: Dumitru Prunariu (Rumänien), Bertalan Farcas (Ungarn), Ulf Merbold und Sigmund Jähn (stehend v.l.n.r.)

Mit einem Heiligen Mann in Bangalore, dem wissenschaftlichen Zentrum der indischen Raumfahrt, 1988

Im Gespräch mit dem saudiarabischen Astronauten Prinz Salman Abdelazize Al Saud

weiter, als ob sie vor dem Abstieg in die dichten Atmosphäreschichten nur unsere Nervenstärke habe überprüfen wollen. Es war nichts Ernstes. Wahrscheinlich hatte nur ein Kontakt, der sowieso doubliert war, für ganz kurze Zeit ›geklemmt‹. Doch da unsere Sinne äußerst angespannt waren, achteten wir auf jede Kleinigkeit.«

Die Geschwindigkeit von SOJUS 29 hatte sich um 400 Kilometer in der Stunde verringert, und in einer Höhe von knapp 150 Kilometern hörten die beiden Männer den Klang von zerspringendem Metall, ausgelöst durch die Pyropatronen, mit denen das Raumschiff in seine drei Bestandteile zerlegt wurde. Der nicht mehr benötigte Geräteteil vom Heck und die mit Müll beladene Orbitalsektion vom Bug verabschiedeten sich, um getrennt in der Erdatmosphäre zu verglühen. Nur die Kommando- und Landekapsel allein setzte ihre Heimreise gesteuert fort. Damit begann die zweite Phase des Abstiegs, die eine knappe halbe Stunde dauerte. Zwischen etwa einhundert und zehn Kilometern Höhe wirkte die immer dichter werdende Lufthülle unseres Planeten als Hauptbremse und minderte die Fallgeschwindigkeit von etwa 25.000 auf weniger als 1.000 Kilometer in der Stunde. Ein automatisches Regelungssystem sorgte dafür, daß der Hitzeschutzschild ständig seine Lage in Richtung Erdoberfläche einhielt. »Ich empfand den Abstieg als noch beeindruckender als den Start. Aber es war im Grunde alles normal. Keinen Moment verloren wir die Übersicht, die Ruhe und das Vertrauen in die Technik. Außerdem verfügten wir über eine gute sportliche Kondition. All das ließ uns die Landung in unserem ›Feuerkessel‹ zu einem unvergeßlichen Erlebnis werden. Für Sekunden kam mir allerdings der Gedanke: Es wird wohl kaum noch irgendwo anders einen Arbeitsplatz geben, an dem es so flott und aufregend zugeht wie an Bord eines Raumfahrzeuges bei der Rückkehr zur Erde. Ich höre gern zu, wenn jemand seine Abenteuer erzählt. Doch wenn er die Dinge, die eigentlich nicht des Aufhebens wert sind, gar zu sehr aufbläht, dann denke ich bei mir: Eine Rückkehr aus dem Weltraum ist auch nicht ganz ohne, mein Lieber!«

Schließlich kam ein ganzes System von Fallschirmen zum Einsatz. Zunächst wurde der Containerdeckel abgesprengt, dann der Bremsfallschirm mit Hilfe von Öffnungszugfallschirmen ausgefahren und nach kurzer Funktionszeit wieder abgetrennt. In etwa acht Kilometern Höhe entfaltete sich bei einer Geschwindigkeit von zehn Metern in der Sekunde der 1.000 Quadratmeter große Hauptfallschirm. Gleichzeitig wurde der 500 Kilogramm schwere Hitzeschutzschild abgesprengt. Etwa einen Meter über dem Erdboden betrug die Fallgeschwindigkeit nur noch drei bis vier Meter in der Sekunde. Um sie noch weiter herabzumindern, zündeten die Landetriebwerke und erzeugten die charakteristische Wolke aufgewirbelten Staubes. Kurz vor der Landung katapultierte eine Pyropatrone die Sitzflächen der Kosmonauten etwa 20 Zentimeter hoch, damit die unter dem Drehpunkt angeordneten Stoßdämpfer beim Aufsetzen wirken konnten. Nun galt es, die Fallschirmtrossen zu kappen, damit die Kapsel nicht mit fortgerissen wurde.

HARTE LANDUNG

Was Sigmund kurz nach seinem Raumflug erzählte, ließ schon die Dramatik der Situation ahnen. Ein Hubschrauberpilot der Bergungsmannschaft hatte ihnen über Funk mitgeteilt, daß ein böiger Wind mit Spitzengeschwindigkeiten von mehr als 15 Metern in der Sekunde wehe. Das gilt als steifer Wind der Stärke sieben nach der Beaufort-Skala, der ganze Bäume in Bewegung setzt und Menschen beim Gehen behindert. Die Kosmonauten erhielten den Befehl, sich wieder anzuschnallen und die Helmscheiben zu schließen. Als der Landeapparat endlich zur Ruhe kam, lag er auf der Seite, Sigmund unten und Waleri oben. In den Medien wurde danach von einer sanften und weichen, reibungs- und problemlosen Bilderbuchlandung berichtet, was keineswegs den Tatsachen entsprach. Was wirklich geschehen war, erzählte Sigmund erst viel später: »Der Kommandant rutschte bei dem starken Seitenwind mit den ungelenken Handschuhen seines Skaphanders von dem Schalter ab, der unsere Kommandokapsel vom Hauptfallschirm trennen und zum Stehen bringen sollte. Wir wurden über den holprigen Steppenboden geschleift, wobei sich unser Landeapparat mehrmals überschlug, bis er schließlich seitlich liegenblieb. Waleri forderte mich auf, zuerst auszusteigen, woran aber angesichts meiner unbequemen Lage unter ihm gar nicht zu denken war. Die Männer des Suchkommandos öffneten den Lukendeckel von außen und halfen uns heraus. Wir waren beide erschöpft, die Knie versagten in den ersten Minuten den Dienst.«

Nach der unsanften Landung: ein Foto vom ersten Enkel Daniel

Lange unbekannt blieb, daß sich Sigmund bei dieser Sturz- und Stolperlandung in der kasachischen Steppe ein bleibendes Rückenleiden zuzog. Dieses wurde zu DDR-Zeiten als Berufsunfall anerkannt, was zu einer Teilinvalidisierung führte. Ärzten der Bundeswehr blieb es vorbehalten, diese soziale Sicherung des ersten Deutschen im All nach der Wende zu streichen. Während Oberst Bykowski seine erste Zigarette danach rauchte, überflog Oberstleutnant Jähn lächelnd die Zeitung »Neues Deutschland«. Auf einer der frühen Fotoaufnahmen von SOJUS 29 nach der Landung ist deutlich ein umfangreiches Loch im oberen Montagering zur Orbitalsektion erkennbar. Dieser Schaden kann sowohl beim Absprengen des Moduls im Weltraum als auch beim Überschlagen des Landeapparates auf der Erdoberfläche entstanden sein. Jedenfalls war dieser Bruch in der Struktur der Kapsel auf später veröffentlichten offiziellen Bildern nicht mehr zu sehen. Auch zwei andere interessante Ereignisse blieben lange Zeit unbekannt. Zum einen setzte Sigmund – offensichtlich noch unter dem Schock der harten Landung und in der Freude über die dennoch glückliche Heimkehr – neben seine Unterschrift auf der rußgeschwärzten Kapsel ein falsches Datum, 3.8.78, das er sofort in 3.9.78 korrigierte. Zum anderen verstieß er gegen das offizielle

Begrüßung durch Frau und Tochter

Protokoll, indem er die nicht vorgesehenen Worte »Herzlichen
Dank!« hinzusetzte. Am Schluß seines Buches »Erlebnis Weltraum« schildert er, was ihn dazu bewegte: »Obwohl uns die Umste-
henden, die sich aufrichtig mit uns freuten, keine Ruhe ließen,
gingen mir die verschiedensten Gedanken durch den Kopf. Mutter hatte in den nächsten Tagen ihren 74. Geburtstag. Ich werde
ihr aus Baikonur ein Telegramm schicken. Sie würde uns wohl
leider auch in Rautenkranz nicht mit begrüßen können. Als wir
dann, wie es Tradition war, unseren Namenszug auf die Landekapsel schrieben, setzte ich die zwei Worte ›Herzlichen Dank!‹
hinzu. Sie kamen mir aus dem Herzen und waren eine spontane
Dankesbezeugung an all jene Menschen in der Sowjetunion und
in unserem Land, die für diesen Flug gearbeitet und uns die Daumen gedrückt hatten.«

Der erste Deutsche im All pflanzt seinen Baum im Kosmonautenhain

... der zwanzig Jahre später eine stattliche Größe erreicht hat

Doktorhut und Generalsbiesen

1978 bis 1990

Es gibt nur zwei anstrengendere
Angelegenheiten als den Raumflug selbst:
Die Ausbildung vorher
Und die Festlichkeiten nachher.
Waleri Bykowski

ÜBER NACHT PROMINENT

»Für mich ist der Weltraumflug das größte Erlebnis meines Lebens gewesen«, bekennt Sigmund Jähn zu Recht. Zugleich aber waren das auch acht Tage, die seine Welt veränderten. Davor lebte er in einer relativ geschlossenen Gesellschaft von wenigen hundert Jagdfliegern der Nationalen Volksarmee, die, untereinander befreundet, nach außen hin unbekannt blieben. Auf ihren Flugplätzen in Peenemünde auf Usedom, Laage bei Rostock, Trollenhagen nahe Neubrandenburg, Marxwalde – heute wieder Neuhardenberg – bei Wriezen, Preschen bei Forst und Holzdorf nahe Herzberg, Drewitz bei Guben sowie in und um Bautzen fühlten sie sich zu Hause. Wenn sie einander besuchten, zogen sie an der Wohnungstür die Schuhe aus, was der Kosmonaut mitunter noch heute tut. Internationale Beziehungen beschränkten sich auf die Fliegergenossen aus den anderen Staaten des Warschauer Vertrages, mit denen sie Ausbildung und Manöver teilten. Jegliche Kontakte in Richtung Westen waren untersagt, was übrigens umgekehrt für NATO-Offiziere ebenso galt.

Oberstleutnant Jähn, der seinen festen Platz in der verschworenen Gesellschaft von Militärfliegern hatte, wurde buchstäblich über Nacht zu einer Persönlichkeit des öffentlichen Lebens, die weltweit Schlagzeilen machte. Neudeutsch ausgedrückt mutierte er vom Nobody, der er keineswegs war, zum Promi, der er nicht sein wollte. Fortan haftete ihm das Etikett VIP an, das für Very Important Person, also sehr bedeutende Persönlichkeit steht. Ob ihm das gefiel oder nicht, er gehörte von einem Tag zum anderen zu den Prominenten dieser Welt. In der DDR war Sig plötzlich ebenso bekannt, beliebt oder berüchtigt wie Täve Schur im Sport, Manne Krug, der ein Jahr zuvor nach Westberlin übersiedelt war, unter den Schauspielern, oder der »Rote Baron vom Weißen Hirsch«, Manfred von Ardenne, in der Wissenschaft und »FKK«, Friedrich-Karl Kaul, unter den Rechtsanwälten. Sigmund Jähn wurde mit Ehren, Orden und Ämtern überhäuft, Leonid Breshnew, Erich Honecker und Raul Castro empfingen ihn. Später schüttelten ihm Roman Herzog, Franz Josef Strauß und Helmut Kohl die Hand. Brigaden und Kollektive, Schulen und sogar ein Schiff der DDR-Handelsflotte erhielten seinen Namen. Dsheskasgan in Kasachstan, Berlin, Karl-Marx-Stadt (Chemnitz) und Strausberg verliehen ihm die Ehrenbürgerschaft, die er bis heute innehat. Das alles brach wie ein Gewitter über ihn herein, vor dem ihn sein Kommandant Waleri Bykowski gewarnt hatte. Doch seine Charaktereigenschaften – Einfachheit und Bescheidenheit, Ehrlichkeit und Zuverlässigkeit – machten ihn immun gegen alle Verführungen des Ruhmes und der Macht. Er blieb sich selbst treu. Manchmal konnte man ihm, dem Angeberei und Lobhudelei zuwider sind, ansehen, daß er nur gute Miene zum bösen Spiel machte.

Die Ironie der Geschichte wollte es, daß der nach dem Start einsetzende Propagandarummel unmittelbar auf eine lange Periode der Geheimniskrämerei folgte. Als der »Tag X« näher rückte, erhielten die Chefredakteure der Zeitungen und Sender in der DDR aus dem »Großen Haus« des Zentralkomitees der SED verschlossene Umschläge mit Fotografien, Überschriften und einer »Argu« genannten Argumentationsvorgabe, die jedoch erst auf telefonische Anweisung geöffnet werden durften. »Der erste Deutsche im All – ein Bürger der DDR« lautete die verordnete Schlagzeile im Wettstreit der Weltsysteme für ein ostdeutsches Nationalbewußtsein. Offensichtlich handelten die Ostberliner Agitprop-Leute nach dem Vorbild der Moskauer Apparatschiks, die 1961 beim Start von Juri Gagarin sogar mit drei durch Codewörter gekennzeichneten und versiegelten Kuverts gearbeitet hatten. Diese waren für alle möglichen Fälle vorgesehen: 1. Das Unternehmen gelingt. 2. Der Kosmonaut verunglückt tödlich. 3. Das Raumschiff muß auf fremdem Territorium landen. Nach geglückter Mission der WOSTOK 1 wurden die für die nicht eingetretenen Fälle vorgesehenen Umschläge wieder eingesammelt und vernichtet.

Wohin preußischer Perfektionsfetischismus führen kann, machte der bekannte Berliner Raumfahrtmediziner Professor Karl Hecht deutlich: Für Interkosmos-Projekte gab es in der UdSSR zwei, in der DDR aber fünf unterschiedliche Geheimhaltungsstufen mit unterschiedlicher Geltungsdauer. Streng eingehalten, hätten von sowjetischer Seite längst freigegebene wissenschaftliche Ergebnisse noch drei bis fünf Jahre bis zur Veröffentlichung warten müssen. Die Bürokratie entledigte sich dieses Problems, indem sie den einzelnen Wissenschaftlern die Verantwortung zuschob. In der DDR bestimmten Extrablätter, Sonderseiten und Spezialsendungen über das historische Ereignis sowie Kundgebungen und Jubeltouren das Bild der Öffentlichkeit. Allerdings folgten nicht alle Journalisten der »Geggelei«, wie sie die rüde Kommandosprache des zuständigen Abteilungsleiters im ZK der SED, Heinz Geggel, nannten. So titelten die »Wochenpost«, mit einer Auflage von 1,3 Millionen größte Wochenzeitung: »Einer von uns ist oben«, und die außenpolitische Wochenzeitung »horizont«: »Unser Mann im Orbit«.

DER PAPST UND DAS JÄHNSEITS

Sigmund Jähn gewann durch sein geradliniges und gutmütiges Wesen sehr schnell die Sympathien der Menschen in der DDR. Sie erkannten in ihm einen Mann, mit dem man sich gern identifizierte. Das hielt sie jedoch nicht davon ab, über das »Jähnseits« und die »Multispektralkamera« zu spotten. Spree-Athener witzelten »Janz Berlin jähnt«, und es kursierte »ein Jähn« als neue Maßeinheit für den Abstand von einem Plakat zum nächsten. Nach seiner Fahrt durch das Land zwischen Elbe und Oder erhielt der Fliegerkosmonaut der DDR viele Zuschriften, unter anderem von zu kurz gekommenen vogtländischen Kommunen mit dem Text: »Lieber Sigmund, komm bald wieder, unsre Straßen liegen auch darnieder!«

Die pathologische Geheimhaltung vor dem Raumflug und die überzogene Propaganda danach verhinderten den von der Partei- und Staatsführung erhofften Prestigegewinn für ihre Politik. Immerhin geschah dies im sechsten Jahr der Honecker-Ära sowie drei Jahre nach der diplomatischen Anerkennungswelle für die DDR durch die meisten Länder der Erde und die Aufnahme beider deutscher Staaten in die UNO. Die Politbürokraten propagierten Sigmund Jähn, um an seiner Seite ein Bad in der Menge nehmen zu können. Dabei merkten diese Gerontokraten nicht einmal, daß der Beifall auf den Straßen nicht ihnen, sondern dem sympathischen Mann aus dem Weltraum galt. Die Dummheit der Chefagitatoren ging sogar soweit, daß nicht gemeldet werden durfte, daß Sigmund Jähn kurz vor seinem Start Großvater geworden war – Himmelsstürmer und Opa paßten nach ihrem Horizont nicht zusammen.

Auch die westlichen Medien würdigten den Start des ersten Deutschen ins All mit Eil- und Spitzenmeldungen. Doch ihre Schlagzeilen wurden durch andere Ereignisse bestimmt: Hunderte von Todesopfern bei den schweren Überschwemmungen in Nordindien und auf den Philippinen; Besuch von USA-Parlamentariern in Vietnam und Laos; Wahl des neuen Papstes Johannes Paul I. Die Duplizität der Ereignisse wollte es, daß zur gleichen Zeit, da in Baikonur die Trägerrakete von SOJUS 31 in den Himmel emporflog, einige Tausend Kilometer westlich, aus der Sixtinischen Kapelle in Rom weißer Rauch aufstieg. Er kündete davon, daß die katholische Christenheit einen neuen Papst hatte: Johannes Paul I., Nachfolger des drei Wochen zuvor verstorbenen Paul VI., Pontifex von 1963 bis 1978. Radio Vatikan meldete, daß sich die Konklave von 111 Bischöfen in vier Wahlgängen für Albino Luciani, Erzbischof von Venedig entschieden hatte. Hervorgehoben wurde, daß der 263. Papst als erster einen Doppelnamen trug und die »Stunde der Kardinäle« die kürzeste Konklave in der Kirchengeschichte war. Daß es auch eines der kürzesten Pontifikate werden sollte, stellte sich 33 Tage später heraus, als Johannes Paul I. an einem Herzinfarkt starb. Kein Wunder, daß sich um ihn, den »lächelnden Papst« und »sanften Revolutionär«, dessen Vater Sozialist war, und der lieber Dorfpfarrer mit seiner Mutter als Haushälterin werden wollte, Legenden rankten – bis hin zu Verschwörung und Mord. Sein Nachfolger wiederum, der »Reisepapst« Johannes Paul II., Erzbischof von Krakau, Karel Woytila, wurde nach einer Welle von Streiks und Aufruhr sowie der Bildung von Komitees zur Verteidigung der Arbeiter (KOR) in Polen im Oktober 1978 zum Oberhirten der Katholischen Kirche erkoren. Anläßlich des Internationalen Astronautischen Kongresses 1981 in Rom, an dem auch Sigmund Jähn teilnahm, empfing der »Heilige Vater« Delegierte in seiner Sommerresidenz Castel Gandolfo, darunter Kosmonauten aus der UdSSR und den USA, Bulgarien und Ungarn. Immerhin hatte schon Papst Paul IV. nach Beginn der bemannten Raumfahrt den Astronauten einen Schutzheiligen zugewiesen – Christophorus, den Christusträger, der auch Patron der Schiffer, Fuhrleute, Kraftfahrer und Reisenden überhaupt ist. In Morgenröthe-Rautenkranz fand am Starttag von SOJUS 31 ein Volksfest statt. Den Anlaß erfuhren die Feiernden

Endlich wieder zu Hause bei Frau Erika ...

erst, als am Nachmittag das Weltraumereignis offiziell gemeldet wurde. Der fliegende Vogtländer löste erst die richtige Begeisterung aus.

Die Reaktionen der Redaktionen in der BRD waren teils sachlich und seriös, teils bitter und böse. Der gehässigste Artikel erschien zwei Tage nach dem Start in Springers journalistischem Flaggschiff »Die Welt« und floß aus der Feder von Peter Boenisch, einst Chefredakteur der »BILD-Zeitung« und zwanzig Jahre später letzter Wahlkampfberater von Helmut Kohl. Sigmund Jähn war für diesen kalten Krieger ein »Sachso-Germane« und »Mitesser in der Russen-Rakete«; die High-Tech-Geräte an Bord von SALUT 6 deklassierte er als »made in Kötzschenbroda«. Bezeichnend war auch der Schlußsatz: »Der Fremde wird zum Bruder, und der Bruder wird einem fremd.« Die »Frankfurter Allgemeine Zeitung« vom darauffolgenden Tag stellte hingegen verwundert fest: »Die Materialfülle, vor allem auch über den Inhalt der kosmischen Experimente, hat ein Ausmaß, das an amerikanische Mengen erinnert ... Der Kopplungsmechanismus ist vom Mitglied des Präsidiums der Astronautischen Gesellschaft der DDR, Horst Hoffmann, ausführlich im SED-Zentralorgan beschrieben worden.« Das Blatt lobt ausdrücklich »die ruhige, dem Ingenieur gemäße Nüchternheit, mit der sich die beiden Kosmonauten vor und während des Fluges vor den Fernsehkameras präsentierten.« In der 19., völlig neu bearbeiteten Auflage der »Brockhaus Enzyklopädie« – allerdings auch erst in dem 1996 herausgekommenen Band 30 »Ergänzungen von A-Z« – heißt es wörtlich: »Jähn Sigmund, Fliegeroffizier und Kosmonaut, *Rautenkranz (heute zu Morgenröthe-Rautenkranz, Kr. Klingenthal) 13.2.1937; ab 1956 Ausbildung zum Jagdflieger, ab 1958 Offizier der Luftstreitkräfte der Dt.Dem.Rep., ab 1976 Ausbildung im Kosmonautenzentrum bei Moskau. Vom 26.8. bis 3.9.1978 nahm J. mit der russ. Mission Sojus 31/Saljut 6/Sojus 29 als erster Deutscher an einem Weltraumflug teil. 1990-95 wirkte er für die DLR und ESA an den Vorbereitungen der russisch-dt. Mission Mir '92 und den beiden russisch-europ. Euromir-Missionen mit.«

VERBÜNDETER GEGEN EINSTEIN

Die Deutsche Post mußte in der ersten Periode nach seinem Raumflug eine spezielle kosmische Briefträgerbrigade einsetzen, erhielt Sigmund Jähn doch allein in dieser Zeit etwa 50.000 Zusendungen – Telegramme, Ansichtskarten, Briefe und Pakete aus dem In- und Ausland. »Mir sandten Menschen, die ich persönlich gar nicht kannte, Geschenke. So habe ich mich zum Beispiel über das Wurzelmännchen aus dem Erzgebirge sehr gefreut. Solche Sendungen erhielt ich von einfachen Bürgern, Familien und Arbeitskollektiven, die mir eine Freude bereiten wollten. Gemeinsam mit meinen Mitarbeitern bemühte ich mich, alle Schreiben möglichst umgehend zu beantworten.«

Beispielsweise schrieb ein Genossenschaftsbauer: »Allzugern wären meine Familie und ich in Karl-Marx-Stadt dabeigewesen. Jedoch die Arbeit in unserem Rinderkombinat, einer an Arbeitskräften schwachen LPG außerhalb des Bezirks, bot uns nicht die erforderliche Freizeit, zu Dir zu kommen. Eine ganze Wand unserer Wohnstube haben meine schulpflichtigen Kinder Dir gewidmet ...« Ein Eisenbahner berichtete ihm, er sei, so wie der Pilot von einem Flugzeug auf ein Raumschiff, von einer Dampflokomotive auf eine Diesellok umgestiegen, die er nun in persönliche Pflege nehmen werde. Viel Post kam auch aus der Sowjetunion, aus Kasachstan und Kirgisien, Jakutien und Jerewan, wo der erste deutsche Kosmonaut zum Ehrenmitglied von Klubs und Brigaden gewählt wurde. Natürlich gab es auch skurrile Dinge in der Korrespondenz – Anbiederung, Anmache und Anpumperei, eindeutige Liebesangebote und flehentliche Hilferufe. Unersättliche Autogrammjäger und Briefmarkensammler schickten ihm regelmäßig Kuverts und Fotos zur Unterschrift.

Mit Katarina Witt und Sportfunktionären

Der von den besten Ärzten auf Herz und Nieren geprüfte Kosmonaut erhielt von einem Neunzigjährigen, der sich als »Psychophysiognom« vorstellte, folgenden Brief: »Mich treibt die Sorge um Ihr ferneres Wohlergehen Ihnen die folgenden Ausführungen zu unterbreiten. Als ich Ihr Bild von Ihrem Flug ins Jenseits sah, erkannte ich sofort, daß bei Ihnen Leber, Milz und Herz unter maßgeblich erschwerten Verhältnissen ihre Leistungen vollbringen müssen. Das erfüllt mich mit Sorge um Sie.« Dann folgten detaillierte Angaben über eine spezielle Heilkost: Sig verwies auf das beiliegende Foto des Absenders und meinte lächelnd: »Sieht der alte Herr nicht aus wie ein gesunder Sechziger?« Ein selbsternannter theoretischer Physiker wollte Sigmund Jähn gewinnen, mit ihm gemeinsam gegen Einsteins Relativitätstheorie anzutreten, weil diese »vollkommen falsch ist beziehungsweise zu Ergebnissen führt, die dem gesunden Menschenverstand mitten ins Gesicht schlagen«. Daß dies »keinem der sogenannten Wissenschaftler in den vergangenen 90 Jahren aufgefallen ist, ist wohl eines der schwärzesten Kapitel der Physik«, behauptete der Schrei-

ber und versicherte: »Für das Verständnis meiner Zeilen benöti-
gen Sie nur das mathematische Wissen eines Schülers der fünften
Klasse.« Dann folgten viele Seiten mit überhaupt nicht oder halb
verstandenen Formeln und völlig unbewiesenen Schlußfolgerun-
gen. Bezeichnend allerdings waren die letzten Sätze des Briefes:
»Können Sie mir sagen, wo ich die russischen Wundertropfen der
Eleutherococo bekommen kann und wie teuer diese sind? In der
BRD sollen sie schon zu haben sein.«

Für Kinder hat der General immer Zeit

NEUER DIENSTSITZ

Ein Jahr nach seinem Raumflug wurde Sigmund Jähn gefragt, wie er den über Nacht erlangten Ruhm verkraftete und wie er damit klar kam, innerhalb weniger Monate weit mehr Menschen zu begegnen als in den vergangenen vier Jahrzehnten seines Lebens: »Das ist schwer zu beantworten: Ich kann nicht sagen, daß mich das, was mich nach dem Flug erwartete, überhaupt nicht berührt hat. Das wäre einfach nicht wahr. Dennoch bin ich immer bestrebt gewesen, der Mann zu bleiben, der ich war. Und das werde ich auch!«

Auf die Frage, was er gegenwärtig mache, antwortete er militärisch kurz und knapp: »Erstens nahm und nehme ich gemeinsam mit den beteiligten Wissenschaftlern und Experten beider Länder an der Auswertung unserer Weltraumexpedition und der dabei durchgeführten Experimente und Beobachtungen teil. Zweitens bemühen sich Eberhard Köllner und ich, jene Erkenntnisse und Erfahrungen, Fähigkeiten und Fertigkeiten zu verallgemeinern und weiter zu vermitteln, die wir während der fast zweijährigen Vorbereitungszeit im Sternenstädtchen gewannen. Schließlich waren wir bisher die beiden einzigen Deutschen, die im Kosmonauten-Ausbildungszentrum ›Juri Gagarin‹ studieren und trainieren konnten. Drittens gibt es eine Vielzahl gesellschaftlicher Verpflichtungen, Ansprachen und Aussprachen, Konferenzen und Korrespondenzen, Vorträge und Veranstaltungen, denen ich nur mit Hilfe meiner Mitarbeiter nachkommen kann.«

Die Dienststellung, die der nach seinem Raumflug zum Oberst beförderte Sigmund Jähn antrat, lautete langatmig: Chef des Zentrums Kosmische Ausbildung beim Kommando Luftstreitkräfte/Luftverteidigung der Nationalen Volksarmee der Deutschen Demokratischen Republik. Der Sitz des Kommandos befand sich in einem ausgedehnten Waldgelände in Eggersdorf bei Strausberg vor den Toren Berlins. Das Zentrum war im Zusammenhang mit der Vorbereitung des gemeinsamen Weltraumunternehmens UdSSR-DDR 1977 geschaffen worden und stand in dieser Zeit unter der Leitung von Oberst Eberhard Cartsburg. Oberst Jähn befehligte nur wenige Offiziere und Zivilangestellte. So als Stabschefs Oberst Hans-Joachim Wolff und danach Oberst Georg Smol, Oberst Dr. Hans Haase als Mediziner, Oberstleutnant Dr. Oswald Kopatz, zuständig für die Öffentlichkeitsarbeit und später Wissenschaftlicher Sekretär der Gesellschaft für Weltraumforschung und Raumfahrt der DDR, der von Oberstleutnant Hans Reichel abgelöst wurde, sowie als treue Seele seine Sekretärin Dagmar Pietsch. Die Hauptaufgabe des Raumfahrtzentrums am Rande der Hauptstadt bestand darin, die Auswahl und Ausbildung weiterer Kosmonauten der DDR vorzubereiten und durchzuführen. Das Ministerium für Nationale Verteidigung ging selbstverständlich davon aus, daß auch die zukünftigen Kandidaten aus den Reihen der Jagdflieger kämen. In der Akademie der Wissenschaften, an den Universitäten und Hochschulen sowie in den Forschungsinstituten der Industrie gab es hingegen den durchaus verständlichen Wunsch, Natur-, Lebens- und Technikwissenschaftler für bemannte Weltraummissionen auszubilden und einzusetzen. Mit der zunehmenden Aufenthaltsdauer an Bord der sowjetischen Orbitalstationen arbeiteten Wissenschaftler der verschiedensten Disziplinen – vor allem Physiker, Mediziner und Konstrukteure – gemeinsam mit den bewährten Fliegerkosmonauten. Auf jeden Fall entschied das Präsidium des Ministerrats bereits im Okotber 1979, eine »Kaderreserve« von Kosmonauten zu bilden.

Die Möglichkeiten für den Flug eines zweiten Forschungskosmonauten der DDR, die durchaus gegeben waren, wurden jedoch nicht genutzt. Moskau hatte zu verstehen gegeben, daß es eine weitere kostenlose Interkosmos-Runde nicht geben werde. Die Rede war von einer Beteiligung des jeweiligen Landes in zweistelliger Millionenhöhe – ein durchaus angemessener, aber für die angespannte finanzielle Situation in der DDR sehr hoher Preis. Doch die Scheu der DDR-Oberen vor diesen Ausgaben verhinderten letztlich sowohl den Ausbau der Forschungen als auch die Anwendung ihrer Ergebnisse in der Volkswirtschaft. Den auf Paraden und Prestige versessenen Politbürokraten reichte zunächst der einmalige Akt.

IM SANDE VERLAUFEN

Den Befürwortern weiterer bemannter Missionen war klar, daß im Unterschied zum ersten Flug, dem vor allem politische Motive zugrunde lagen, der zweite fachlich zweckmäßig und notwendig sein mußte. Es galt, ein noch anspruchsvolleres Forschungsprogramm rechtzeitig und gemeinsam mit den Kandidaten vorzubereiten. Das Unternehmen konnte erst dann beginnen, wenn der letzte Interkosmonaut geflogen war, was im Mai 1981 mit dem Rumänen Dumitru Prunariu geschah. Deshalb stellten Oberst Jähn als Chef des Zentrums Kosmische Ausbildung und sein medizinischer Berater Dr. Haase im April 1982 Grundsätze für die Auswahl und Vorbereitung von Kosmonauten auf. Im Dezember des selben Jahres bestätigte der Ministerrat den Zwischenbericht über die Weltraumforschung, der auch Angaben über die Vorbereitung von Experimenten für einen künftigen bemannten Raumflug enthielt. Es folgten jedoch keinerlei konkrete Festlegungen, obwohl eine Mission mit zehn anspruchsvollen Versuchskomplexen ohne zusätzlichen Aufwand bis Mitte 1983 möglich gewesen wäre. Die dafür erforderlichen wissenschaftlichen Geräte befanden sich bereits an Bord von SALUT 7.

In den folgenden Jahren ga es viele inoffizielle Gespräche von Vertretern der DDR, wie Sigmund Jähn und Ralf Joachim, mit ihren sowjetischen Partnern. Diese erklärten, daß sie grundsätzlich bereit seien, weitere Gemeinschaftsflüge durchzuführen. Zugleich aber wiesen sie darauf hin, daß nur Verhandlungen auf Regierungsebene zu verbindlichen Vereinbarungen führen. Deshalb empfahl das Präsidium der Akademie der Wissenschaften im April 1985 in seinem Beschluß über die Verstärkung der Kosmosforschung ein zweites bemanntes Unternehmen. Doch das Ministerium für Wissenschaft und Technik verhinderte, daß dieser Vorschlag vom Ministerrat in das Regierungsabkommen aufgenommen wurde.

Im März 1986 informierten Jähn und Joachim das Ministerium für nationale Verteidigung und das Präsidium der Akademie der Wissenschaften darüber, daß General Wladimir Schatalow in Moskau die sozialistischen Länder öffentlich zur Teilnahme an weiteren Gemeinschaftsflügen eingeladen hatte und Ungarn bereits Entscheidungen dafür vorbereitete. Daraufhin sprach Armeegeneral Keßler mit Erich Honecker und erreichte dessen Zustimmung dafür, daß sein Ministerium gemeinsam mit der Akademie die Entscheidungsvorlage vorbereiten. Vorschläge wurden gesammelt und beim Ministerium für Wissenschaft und Technik eine Arbeitsgruppe gebildet. Diese sollte das Forschungsprogramm für den Gemeinschaftsflug hinsichtlich seiner besonderen Vertraulichkeit in Fragen der Landesverteidigung und der Schlüsseltechnologien prüfen. Aber das Ganze verlief im Sande, und die Aktivitäten wurden gestoppt.

Nachdem SALUT 7 seine Arbeit beendete und MIR im Februar 1986 startete, wurde eine zweite DDR-Mission nicht vor 1990 möglich. Am 14. Februar 1989 beschloß dann das SED-Politbüro, nach Konsultationen mit der Sowjetunion, bis 30. Juni einen Vorschlag für die endgültige Entscheidung über den neuen bemannten Raumflug vorzulegen. Doch dazu kam es nicht mehr. Zwar fanden im April noch die Gespräche in Moskau statt, an denen unter anderem Claus Grote, Sigmund Jähn und Heinz Kautzleben teilnahmen, doch zeitigten sie keine Ergebnisse mehr. Die Kosten für den Mitflug wurden dort mit 15,6 Millionen Rubel angegeben, was damals etwa 50 Millionen Mark entsprach – mehr als ein Jahresetat der DDR für Raumfahrtaktivitäten ausmachte.

Inzwischen hatte Moskau das Tor von Baikonur auch nach dem Westen geöffnet, und es bildete sich schnell eine Warteschlange von Kandidaten aus Frankreich, Indien, Syrien, Afghanistan, Japan, England und Österreich. Sie alle kamen in dieser Reihenfolge noch in den achtzigerJahren zum Einsatz. Das für die DDR anvisierte Startfenster von 1992 nutzte jedoch Bonn für die erste deutsch-russische Mission MIR 92 mit Klaus-Dietrich Flade, der als erster Forschungskosmonaut des vereinigtenDeutschlands von Sigmund Jähn betreut wurde.

SCHNELLFEUERKANONE AN BORD

Das Eggersdorfer Zentrum jedenfalls wurde zu einem wichtigen Katalysator für die Erkenntnisse und Erfahrungen der Raumfahrt, insbesondere der bemannten. Die aktive Mitarbeit von Sigmund Jähn in nationalen und internationalen Wissenschaftsgremien förderte diese Entwicklung. Natürlich hatten die Offiziere seines Stabes auch militärisch relevante Aufgaben zu erfüllen. Das ergab sich schon allein aus der Ambivalenz der Weltraumtechnik, die sowohl für friedliche als auch für kriegerische Zwecke einsetzbar ist. Beispielsweise handelte es sich beim Trägersystem für den ersten SPUTNIK um eine interkontinentale ballistische Rakete für Kernladungen, und die Raumflugkörper erfüllten in der UdSSR und den USA von Anfang an vorwiegend strategische, operative und taktische Zielsetzungen.

So diente der größte Teil der künstlichen Erdsatelliten mit der allgemeinen Bezeichnung KOSMOS der militärischen Aufklärung und Befehlsübermittlung, Navigation und Wetterprognose. Neben den Spionagesputniks wurden in dieser umfangreichsten Serie von Raumflugkörpern auch Killersatelliten genannte Abfangsysteme erprobt. Die bis Anfang der neunziger Jahre streng geheimen Raumstationen des Typs ALMAS (Diamant) waren reine Militärobjekte. Sie wurden 1973, 1974 und 1976 gestartet und in der Öffentlichkeit als SALUT 2, SALUT 3 und SALUT 5 geführt. Die Besatzungen bestanden ausschließlich aus Offizieren der Luftstreitkräfte, und die Umlaufbahnen lagen relativ niedrig, um Objekte auf der Erde besser im Visier zu haben. Spezielle Lageregulierungssysteme sorgten für eine ständige Orientierung auf die Beobachtungsziele, und der Funkverkehr war verschlüsselt. Zur Ausrüstung gehörten Großformatkameras und Teleskope für die Fernaufklärung sowie Periskope für die Rundumbeobachtung. Das gewonnene Spionagematerial wurde entweder sofort zu den Bodenstationen gefunkt oder mit Spezialkapseln zur Erde zurückgebracht. Sogar eine Schnellfeuerkanone gegen Abfangsatelliten und Abschleppraumschiffe gab es an Bord. Ende 1978 erfolgte eine Umstellung auf unbemannte automatische Raumflugkörper und 1981 die Einstellung des ALMAS-Programms. Schon frühzeitig gab es in der Sowjetunion Bestrebungen, eine Art Weltraumkommando mit einem General an der Spitze einzurichten – zuerst unter der Bezeichnung »Gehilfe des Oberkommandierenden für Kosmosfragen«. Doch erst 1992 kam es zur Schaffung der Weltraumstreitkräfte.

Neue Impulse erhielten die militärischen Aktivitäten, nachdem USA-Präsident Ronald Reagan am 23. März 1983 das Sternenkriegsprogramm Star Wars verkündete, das die Entwicklung von Abfangraketen, Killersatelliten und Laserkanonen vorsah. Später wurde das dem atomaren Erstschlag dienende Projekt mit dem Schwindeletikett Strategic Defense Initiative (Strategische Verteidigungsinitiative) versehen, sowie die Organisation SDIO als Oberkommando im Pentagon und Kommandos für die Weltraumkriegsführung in den Teilstreitkräften gebildet.

ZWISCHEN HAVANNA UND ULAN BATOR

Oberst Jähn, der 1986 zum Generalmajor ernannt wurde, konzentrierte sich nach seinem Raumflug auf die Erdfernerkundung und arbeitete aktiv in der ständigen INTERKOSMOS-Arbeitsgruppe mit, die mit der umständlichen Bezeichnung »Fernerkundung der Erde mit aerokosmischen Mitteln« versehen war. Gegenüber den vier klassischen Hauptforschungsrichtungen Kosmische Physik, Kosmische Meteorologie, Kosmisches Nachrichtenwesen sowie Kosmische Biologie und Medizin galt diese fünfte, deren Arbeitsgruppe 1974 in Baku gegründet worden war, als die modernste. Schon bald nahm gerade sie die Spitzenposition unter den auf Nutzanwendung orientierten Aktivitäten ein. In allen Arbeitsgruppen waren Experten jedes Mitgliedes der trikontinentalen Zehnergemeinschaft INTERKOSMOS vertreten. Die jährlichen Tagungen fanden jeweils in einem anderen Land zwischen Havanna und Ulan Bator statt.

Souvenirs, Souvenirs ...

Die erste große Weltraumkonferenz nach der gemeinsamen Mission UdSSR-DDR war der 29. Internationale Astronautische Kongreß Anfang Oktober 1978 in der jugoslawischen Stadt Dubrovnik, der »Perle Dalmatiens«. Er wurde veranstaltet von der Internationalen Astronautischen Föderation (IAF), die 60.000 Raketentechniker und Raumfahrtforscher aus 60 nationalen Organisationen vereint. Zur Delegation der Astronautischen Gesellschaft der DDR, seit 1960 stimmberechtigtes Mitglied der IAF, gehörten die Professoren Hans-Joachim Fischer und Volker Kempe, Dr. Achim Zickler und Horst Hoffmann. Schon am Vortag der Beratung, die unter dem Motto »Raumfahrt für Frieden und menschlichen Fortschritt« stand, wurden sie von vielen der 1.200 Teilnehmer gefragt, wann denn unser Forschungskosmonaut an die schöne blaue Adria käme. Das war verständlich, gehörten doch die Interkosmonauten Vladimir Remek aus der Tschechoslowakei und Miroslaw Hermaszewski aus Polen, die im März und Juni desselben Jahres für eine Woche zu SALUT 6 geflogen waren, zu den bereits angereisten Delegierten ihrer Länder.

Unsere Delegation versuchte telefonisch, über das Zentralkomitee der SED in Berlin eine ad-hoc-Entscheidung für die sofortige Anreise von Sigmund Jähn zu erreichen. Doch vergeblich, den Organisatoren des eigennützigen Jubels und Trubels erschien seine Anwesenheit in der DDR wichtiger als sein Auftreten auf einem wissenschaftlichen Weltkongreß. Dabei hätte er mit einem roten Diplomatenpaß, den er später auch erhielt, ohne Probleme schon am nächsten Tag in Dubrovnik sein können. Seine Konsultanten aus dem Flugleitzentrum – Professor Fischer für das Gesamtprogramm und Dr. Zickler für die Multispektralkamera MKF-6M – vertraten ihn nach bestem Wissen und Gewissen.

Eine der Schlußfolgerungen aus dieser Blamage bestand darin, Sigmund Jähn am 24. Februar 1979 zum Ehrenmitglied des Präsidiums der umbenannten Gesellschaft für Weltraumforschung und Raumfahrt (GWR) der DDR zu wählen. Das drückte sowohl die Anerkennung seiner großen Verdienste als auch den Wunsch aus, daß er zukünftig als Delegierter der DDR an den IAF-Tagungen teilnähme. Zum ersten Mal geschah dies auf dem 30. Internationalen Astronautischen Kongreß im September 1979 in München mit dem Hauptthema »Raumfahrt für die Zukunft der Menschheit«, der im Deutschen Museum auf der Isar-Insel mehr als 1.000 Weltraumwissenschaftler aus Ost und West, Nord und Süd vereinte und vom Ministerpräsidenten des Freistaates Bayern, Franz Josef Strauß, eröffnet wurde.

Oberst Jähn hielt dort einen stark beachteten Vortrag, in dem er über die Ergebnisse des Experiments »Biosphäre« berichtete. Vor allem drei Fragen sollten mit dieser Versuchsreihe beantwortet werden: Welche Effektivität besitzt die visuelle und instrumentelle Methode der Fernerkundung von Naturressourcen aus der Erdumlaufbahn durch einen Forschungskosmonauten? Welche Operativität wird dabei erreicht? Welche Methodik der Arbeit mit dem Bordjournal und den eingesetzten Kameras, Objektiven

und Filmen aus DDR-Produktion ist sinnvoll in der Schwerelosigkeit? Aus seinen einwöchigen Erfahrungen an Bord von SALUT
6 zog der Vortragende folgende Schlußfolgerungen:

• Mit den Handkameras Pentacon Six M und Practica EE 2
konnten aus 360 Kilometern Höhe mehrere hundert Senkrecht-
und Schrägaufnahmen gewonnen werden, deren lineare Gelän-
deauflösung, das heißt Detailerkennbarkeit bei etwa 100 Metern
lag.

• Durch Anwendung analog-digitaler Bildbearbeitungstechni-
ken läßt sich die Aussagefähigkeit der Aufnahmen für themati-
sche Interpretation deutlich erhöhen. Zum Beispiel sind ozeanische Gebiete mit unterschiedlichen Wassermassen sowie ihre
Begrenzung gut differenzierbar.

• Der Kosmonaut ist mit einer Handkamera außerordentlich
beweglich und kann operativ Entscheidungen über aufzunehmende
Erscheinungen und Objekte, Aufnahmewinkel, Art des Objektivs,
Filter und anderes treffen und damit den Gehalt der Informationen aus stationären Aufnahmetechniken sinnvoll ergänzen.

• Im Interesse einer Erhöhung der Effektivität derartiger Erdbeobachtungen wäre es sinnvoll, zusätzliche technische Mittel zur
Erfassung und Aufzeichnung komplexer Fernerkundungsdaten
einzusetzen, wie zum Beispiel eine automatische Datierung der
Aufnahmen.

• Weiterhin ist eine Lenkung der automatisierten Erderkun-
dungstechnik auf spezielle Erscheinungen und wissenschaftlich
interessierende Objekte durch den Forschungskosmonauten an
Bord möglich, was einer Vorauswahl der Daten bei automatischen
Missionen gleichkommt.

Dr. Karl-Heinz Marek vom Zentralinstitut für Physik der Erde
(ZIPE) in Potsdam zeigte in seinem Vortrag zu der gleichen The-
matik eine Aufnahme vom Kap Guardafui in Somalia, die nach
spezieller Bildbearbeitung eine sehr gute Interpretation der tek-
tonischen Elemente wie Faltenbildungen, Strukturrichtungen und
andere zuließ. Besonders bemerkenswert war dieses Foto vom
Horn von Afrika, weil mit ihm gezeigt werden konnte, daß sich
die geologischen Bruchzonen aus dem Indischen Ozean offensichtlich auch auf dem Kontinent fortsetzen. Dieses Phänomen
ist eine für die Vorstellung von der Entwicklungsgeschichte des
Indik außerordentlich wichtige Erkenntnis. Professor Fischer trug
in München erste Ergebnisse materialwissenschaftlicher Versuche

an Bord von SALUT 6 während des gemeinsamen Weltraumfluges UdSSR-DDR vor. Sowohl die Flugexemplare des Experiments »Berolina« als auch ihre irdischen Vergleichsproben wurden schrittweise analysiert, beginnend mit nicht zerstörenden Prüfungen. Aus ersten Röntgenuntersuchungen war ersichtlich, daß die Kristallversuche im Vakuum und in der Schwerelosigkeit zu monokristallinem BiSb (Wismut-Antimon) und zu PbTe (Blei-Tellurid) geführt hatten. Die visuelle Betrachtung der kosmischen Kristalle zeigte eine unterschiedliche Oberflächenmorphologie. Die Proben waren teilweise glatt und spiegelnd, es traten aber auch Wachstumsstrukturen oder bläschenartige Vertiefungen der Oberfläche auf. Vergleichbare Erscheinungen auf der Erde konnten nicht beobachtet werden.

Die Fahrt nach München, die Oberst Jähn in Zivil und im Auto ausführte, war seine erste Reise in den Westen. Der Bayerische Staatsschutz empfing ihn an der deutsch-deutschen Grenze und geleitete ihn auf allen Fahrten. Das hatte den Vorteil, überall schnell durchzukommen. Die drei Beamten, die ihn betreuten, hatten sich, wie übrigens Jähn auch, die Begegnung anders vorgestellt. Das Bild von dem Obersten der NVA stimmte offensichtlich ebensowenig wie das vom Sicherheitsoffizier der Bundesrepublik. Am Ende jedenfalls trugen die Bayern das Abzeichen des ersten Weltraumfluges UdSSR-DDR, und Sigmund Jähn nahm ein wächsernes Wappen des Freistaates mit nach Hause, das die Tochter eines der Beamten für ihn gebastelt hatte.

Zum ersten Mal war der Offizier der Nationalen Volksarmee in München dem Kreuzverhör durch Journalisten der westlichen Welt ausgesetzt. An der Isar gab es nicht wie an der Moskwa und an der Spree Presseämter und Agitprop-Funktionäre, die bei ihren Medien wohlgefällige Fragen bestellten und unangenehme abwürgten. Hier ging es hemmungslos, rücksichtslos und gnadenlos zu. Doch der so in die Zange genommene Mann blieb keine Antwort schuldig. Seine ruhige und besonnene Art, verbunden mit einem Schuß hintergründigen Humors und verschmitzter Ironie half ihm, alle Situationen schlagfertig zu meistern. Nicht zuletzt zum Erstaunen seiner vorsorglich beigeordneten Betreuer. Auf den vielen Pressekonferenzen und Interviews in Rom und Wien, London und Paris, San Francisco und Mexico City wurde er kein einziges Mal unwirsch, wie das bei so vielen Prominenten immer wieder vorkommt. »Hätten Sie mit Ihrem Raumschiff auch in der Bundesrepublik landen können?«, wollte ein Zeitungsmann wissen. Die Antwort: »Das wäre im Notfall überall möglich gewesen. Wir haben sogar das Niedergehen in Wäldern und auf dem Wasser trainiert. Übrigens betrachtet der seit 1967 gültige Weltraumvertrag der Vereinten Nationen die Kosmonauten als ›Sendboten der Menschheit‹, denen bei einem Unfall oder einer Notlandung auf dem Territorium eines anderen Staates oder auf hoher See jede mögliche Hilfe zu erweisen ist.« »Was sagten Ihre Frau und Ihre Töchter dazu, daß Sie in den Weltraum flogen, was ja nicht ohne Risiko ist?«, fragte eine Rundfunkjournalistin. Darauf der Fliegerkosmonaut: »Als meine Frau mich heiratete, war ich Flugzeugführer, und meine Kinder wurden damit groß, daß ihr Vater ständig mit schnellen Maschinen und in großen Höhen flog. Während meines Raumfluges betreuten die Familien der befreundeten Kosmonauten im Sternenstädtchen liebevoll Erika und Grit, die erst elf Jahre alt war. Marina, unsere Große, war zwanzig und selbst schon verheiratet.« »Was sagen Sie dazu, daß eine Familie aus der DDR mit einem selbstgebauten Ballon in die Bundesrepublik flüchtete?« Mit dieser Frage spielte ein Sensationsreporter in München auf ein aktuelles Ereignis an. Die Gegenfrage des Kosmonauten ließ den Mann verstummen: »Haben Sie Kinder, und würden Sie sie einer solchen Gefahr aussetzen?«

RAUMSCHIFF ERDE

Sigmund Jähn besuchte nach seinem Raumflug mehr als 30 Länder in Europa, Asien und Amerika, wo er mit Staatsmännern und Wissenschaftlern, Geschäftsleuten und Arbeitern, Schülern und Studenten zusammentraf. Durch sein Auftreten wurde er weithin bekannt, und mit seinem offenen und freundlichen Wesen gewann er überall Freunde.

1981 warteten Delegierte des 32. IAF-Kongresses in Rom in der Via Eudossiana nahe dem Collosseum auf den Autobus, der sie zur Satellitenbodenstation Fucino, eine der wichtigsten Europas, 120 Kilometer östlich der Ewigen Stadt zu Füßen der Abruzzen, bringen sollte. Sig wäre fast nicht mitgekommen, weil er sich nicht am Sturm der Reisenden auf das Fahrzeug beteiligte. Doch ein englischer Wissenschaftler, der ihn erkannt hatte, rief: »Let him pass, he is the first German cosmonaut!« – Laßt ihn durch, er ist der erste deutsche Raumfahrer!

1982 erläuterte Sigmund Jähn anläßlich der zweiten Weltraumkonferenz der Vereinten Nationen UNISPACE 82 am Aus-
stellungsstand der DDR im Wiener Messepalast die Kameras und
Auswertungsgeräte, mit denen er im Weltraum und auf der Erde
gearbeitet hatte. Stundenlang gab er Autogramme; für jedes Kind
fand er ein freundliches Wort, und gutmütig ließ er sich von
manch geschäftstüchtigem Briefmarkenhändler ausnutzen. Seine
perfekten Russischkenntnisse – nach dem Raumflug erlernte er
auch noch die englische Sprache – erlaubten es ihm, auf internationalen wissenschaftlichen Veranstaltungen spontan bei schwierigen Diskussionen einzuspringen um komplexe und komplizierte Fachinformationen zu übersetzen.

Der Kosmonaut und die Bildhauer mit den Büsten der Helden

In Wien erzählte der Präsident der Internationalen Astronau-
tischen Föderation (IAF) und Chef der Österreichischen Gesell-
schaft für Weltraumfragen (ASA), Professor Johannes Ortner:
»Ein schönes Beispiel dafür, wie die Jugend für die Ideale der
Raumfahrt zu gewinnen ist, erlebte ich 1987 gemeinsam mit Ihrem
Forschungskosmonauten Dr. Sigmund Jähn. Als dieser von der
Exekutivtagung der Vereinigung der Raumfahrer ASE in Inns-
bruck zu uns in die Donaumetropole kam, lud ich ihn zu zwei
Vorträgen ein – und zwar im Theresianum und im Akademischen
Gymnasium, den beiden konservativen Eliteoberschulen unseres

Landes. Die gesamte anwesende Oberstufe war so von der persönlichen Ausstrahlungskraft Ihres Kosmonauten und seiner Arbeit fasziniert, daß sie ihm stehend minutenlange Ovationen darbrachten.«

Und immer wieder muß er bis heute Briefe beantworten. So bat ihn eine alte Dame, er möge ihr doch eine Aufnahme unserer alten Mutter Erde zusenden, die er »oben vom Himmel« gemacht hatte: »Ich wollte ihr diesen Wunsch gern erfüllen, kramte in meinen Unterlagen und blieb schließlich in erinnernden Gedanken über diese Bilder versunken. In den herrlichsten Farben schimmerte unser Heimatplanet mir wieder vor den Augen – am schwarzen Himmel die blaue Atmosphäre und das Grün der Wälder, die funkelnden Nordlichter und die erleuchteten Städte. Die Erde gleicht einem riesigen natürlichen Raumschiff, das mit einer Besatzung von fünf Milliarden Menschen *(heute sind es bereits sechs! – H.H.)* und der unvorstellbaren Geschwindigkeit von mehr als 100.000 Kilometern in der Stunde um die Sonne rast. Doch ihr Schutzschild, die Lufthülle, ist sehr dünn und verletzlich. Sorgen wir gemeinsam dafür, unseren schönen, kostbaren und einmaligen Planeten vor allen Gefahren zu schützen und für die Zukunft der Menschheit zu bewahren.«

Journalisten wollten von ihm wissen, was er von Projekten halte, der Enge auf Erden durch die Gründung von Kolonien im Kosmos oder durch die Auswanderung zu anderen Planeten über Generationen hinweg zu begegnen. Der Fliegende Vogtländer antwortete: »Der Weltraum ist unsere vierte natürliche Umwelt, die wir uns zunehmend erschließen. Das eröffnete eine völlig neue Dimension, entwickelte sich der Mensch doch über Jahrmillionen unter den Bedingungen der Schwerkraft und eroberte die drei irdischen Umwelten – das Land, das Wasser und die Luft. Alle unsere biologischen Fähigkeiten sind mit Tausenden Fäden an die Gravitation unseres Heimatplaneten geknüpft. Der Weltraumflieger hielt sich zunächst nur in seinem Raumschiff auf – wie ein Embryo im Mutterleib. Später verließ er diese schützende Innenwelt und wagte sich an einer ›Nabelschnur‹ in den freien kosmischen Raum. Sogar mit einer Art Auto probierte er es. Doch auch im Skaphander muß er seine wichtigsten irdischen Lebensbedingungen mit in die feindliche Außenwelt nehmen. Das weitere Vordringen des Menschen in den Weltraum hängt allerdings von einer Grundentscheidung ab: Entweder erobert er als barbarischer Räuber voller Haß und Habgier, mit Gewalt und Krieg auch diese neue Dimension, oder er erschließt sich als humanistisches Wesen, als Vertreter des schönen Blauen Planeten seine vierte natürliche Umwelt und schützt sie.

Meiner Meinung nach hat die alte Mutter Erde Platz und Brot für alle. Wenn Menschen noch hungern müssen, so ist das eine Folge sozialer und politischer Ungerechtigkeiten. Längst sind nicht alle Ressourcen an Nahrungsmitteln erschlossen, wenn wir nur an die Reichtümer der Meere denken, die zwei Drittel unseres Planeten bedecken – ganz zu schweigen von Wüsten und Steppen. Auch das Bevölkerungswachstum läßt sich durch Familienplanung in vernünftigen Maßen halten. Ich sehe keine Notwendigkeit dafür, in den Weltraum auszuwandern. Warum zum Teufel soll der Mensch ständig auf einer Raumbasis leben, auch wenn diese noch so vollkommen ist? So gern ich in den Kosmos fliege, auf die Dauer bleibe ich doch lieber mit beiden Füßen auf der Erde. Raumfahrt ist für mich Arbeit im Interesse der Menschheit auf unserem schönen Blauen Planeten.«

Eine Frage, die den ersten Deutschen im All wohl sein ganzes Leben lang begleiten wird, lautet: Möchten Sie noch einmal in den Weltraum fliegen, und an welcher Mission würden Sie gern teilnehmen? Anfang der 80er Jahre gab es viele sowjetische Kosmonauten und amerikanische Astronauten, die zweimal zum Einsatz gekommen waren. Einige brachten es auf drei Raumflüge, wie Oberst Dr. Waleri Bykowski, der Raumschiffkonstrukteur Alexej Jelissejew und der Chef des Kosmonautenkorps, Generalleutnant Dr. Wladimir Schatalow. Bei US-Astronaut Charles Conrad standen damals sogar schon vier Missionen zu Buche, Wladimir Dshanibekow bereitete sich auf seinen fünften Einsatz und John Young auf seinen sechsten vor. Schließlich absolvierte 1998 der erste Amerikaner im All, Senator John Glenn, nach 36jähriger Pause mit 77 Jahren seinen zweiten Flug. Dennoch sah und sieht Sigmund Jähn seine Chancen nüchtern und realistisch: »Natürlich würde ich gern noch einmal für längere Zeit in den Weltraum fliegen und in den freien kosmischen Raum aussteigen. Diesen Wunsch habe ich in den achtziger Jahren auch mehrfach ausgesprochen – leider vergeblich. Andererseits sah ich ein, daß mein Freund Eberhard Köllner auch ein Recht darauf hatte. Und warum sollte unser zweiter Mann nicht ein Wissenschaftler oder Ingenieur sein, der an einem Bordgerät mitarbeitete und dieses nun in der Orbitalstation selbst im Einsatz erprobt und danach vervollkommnet? Heute ist die einzig real existierende Raumstation MIR nach dreizehnjährigem Betrieb ein ebenso interessantes Ziel wie morgen die International Space Station ISS. In Gedanken werde ich immer dabei sein, doch jetzt sind die Jungen dran. Thomas Reiter und Reinhold Ewald, die meine Söhne sein könnten, gehören schon zu einer neuen Generation von Kosmonauten. Wie ich im Sternenstädtchen beobachten kann, wächst bereits die allerjüngste Generation heran. Dazu zählen unter anderem Roman Romanenko und Sergej Wolkow, mit denen ich zusammen in der Sauna saß. Diese jungen Jagdflieger sind die Söhne der mehrfach geflogenen Veteranen Juri Romanenko und Alexander Wolkow.«

Der Kommandant von SALUT 6, Generaloberst Professor Kowaljonok, meinte anläßlich des 20. Jahrestages des gemeinsamen Unternehmens UdSSR-DDR humorvoll: »Wie ich festgestellt habe, lieben die Deutschen ihren Sigmund so sehr, daß sie ihm einen zweiten Raumflug gönnen. Außerdem ist er bestens auf einen Raumflug vorbereitet, betreute er doch die neunziger Jahre hindurch die deutschen und europäischen Kosmonauten für die MIR- und die EUROMIR-Missionen. Aber er hat ja noch 15 Jahre Zeit, bis er so alt wird, wie John Glenn bei seiner zweiten und letzten Raumreise war.«

DIE MIG RUFT

Was Sigmund jedoch an der Wende von den siebziger zu den achtziger Jahren viel mehr am Herzen lag, war sein sehnlichster Wunsch, den Status als Jagdflieger wiederzuerhalten. Dem stand die Meinung einiger Oberen entgegen, die den ersten und bis dahin einzigen Deutschen im All am liebsten zu einem lebenden Denkmal gemacht hätten, das keinen unnötigen Gefahren ausgesetzt werden durfte. Als Hauptargument führten sie das tragische Schicksal Juri Gagarins an, der sich sieben Jahre nach seinem Raumflug diese Genehmigung mit der Bemerkung ertrotzte: »Ich kann auf das Fliegen nicht verzichten. Ich bin Flieger und kann nicht leben ohne zu fliegen. Ich habe selbst nicht einmal das Recht, das zu lassen!«

Die Erteilung der Flugerlaubnis für Oberst Jähn hing wesentlich von vier Männern ab: Armeegeneral Heinz Hoffmann, Minister für Nationale Verteidigung der DDR, war seit dem 10. Januar 1979 auch Mitglied des Politbüros des ZK der SED, des obersten Entscheidungsgremiums; Generaloberst Heinz Keßler, sein Stellvertreter und Chef der Politischen Hauptverwaltung der NVA, der das Kommando Luftstreitkräfte/Luftverteidigung mit aufgebaut hatte; Generaloberst Herbert Scheibe, der Leiter der Abteilung Sicherheitsfragen im Zentralkomitee und einstige Chef des Kommandos Luftstreitkräfte/Luftverteidigung; Generaloberst Wolfgang Reinhold, der stellvertretende Minister, der als Chef des Kommandos Luftstreitkräfte/Luftverteidigung Jähns unmittelbarer Vorgesetzter war. Alle vier Generale waren dem Fliegerkosmonauten wohl gewogen. Sigmund Jähn wartete nur noch auf eine Gelegenheit, ihnen sein Anliegen mit sowjetischer Unterstützung energisch vorzutragen. Diese ergab sich auf einem Empfang anläßlich des 30. Jahrestages der DDR in der sowjetischen Botschaft Unter den Linden in Berlin, an dem auch sein Kommandant von SALUT 6, Oberst Kowaljonok, und der Bordingenieur Alexander Iwantschenkow teilnahmen. Keßler, dem Jähns Antrag in diesen Tagen auf dem Tisch lag, fragte Kowaljonok, ob die sowjetischen Kosmonauten nach ihren Raumflügen die fliegerische Ausbildung fortsetzten. Dieser antwortete wahrheitsgemäß mit Ja. In diesem Moment wurde der Minister abgelenkt. Jähn wußte, daß dessen nächste Frage dem Flugzeugtyp gelten würde. Doch Wolodja war Transportflieger, und die Kosmonauten flogen nach dem tragischen Absturz Gagarins nur noch die tschechoslowakischen Strahltrainer L-29 Delfin und L-39 Albatros mit einem Fluglehrer. Das aber war, was er nicht wollte. Deshalb beugte er sich zu Kowaljonok hinüber und flüsterte ihm zu: »Wenn Keßler dich jetzt nach dem Flugzeugtyp fragt, sag bitte ›auf dem einsitzigen Kampfflugzeug MiG-21‹!« Der gutmütige Kommandant machte mit, und Jähn erhielt die ersehnte Genehmigung von Reinhold, der dabeisaß.

Unmittelbar nach seinem Raumflug setzte sich Sigmund Jähn zwei Ziele: Das im Weltraum Erlebte aufzuschreiben und sich auf dem Gebiet der Erdfernerkundung fachlich zu qualifizieren. Zunächst ordnete er die Notizen, die er während der Mission und bei ihrer Auswertung gemacht hatte, und dann begann er die Arbeit an einem Buch. Vorbilder waren ihm dabei Juri Gagarin mit dem Report »Mein Flug ins All« und German Titow mit dem Bericht »700.000 Kilometer durch den Weltraum«, die beide 1962 erschienen. Seine Frau Erika tippte das erste Manuskript ab.

Große Hilfe leistete ihm dabei sein Mitarbeiter Oberst Hans-Joachim Wolff, ein begnadeter autodidaktischer Grafiker, als Illustrator. Dieser fertigte mit höchster wissenschaftlich-technischer Akribie die instruktiven Zeichnungen an, die alle komplizierten Manöver vom Start bis zur Landung allgemein verständlich machten. Als Oberst Wolff aus der NVA ausschied, setzte Sigmund Jähn seine ganze Autorität ein, um gegen bürokratische Borniertheit dessen Anerkennung als Berufsgrafiker durchzusetzen. Bis heute gehört Wolff international zu den besten Illustratoren in der Raumfahrt. In Frau Dr. Gertraud Golme vom Militärverlag fand der Autor eine verständnisvolle und einfühlsame Lektorin, die über hohes Wissen und Können verfügte. Ihr ist es zu verdanken, daß die originellen Gedanken und der persönliche Stil des Fliegenden Vogtländers voll zur Geltung kamen. Wie von ihren Freunden zu erfahren war, starb Dr. Golme 1998 »an gebrochenem Herzen«, weil sie die Wende nicht verkraften konnte. Auch Rolf Schnabel, Macher des DEFA-Dokumentarfilms »Himmelsstürmer«, starb 1999. Wertvolle Hilfe für sein Buch erhielt Sigmund Jähn zudem von Oberst Bendrath.

Die berufliche Qualifizierung des Forschungskosmonauten auf dem Gebiet der Fernerkundung der Erde aus dem Weltraum wurde von Professor Heinz Kautzleben, Direktor des Zentralinstituts für Physik der Erde (ZIPE) der Akademie der Wissenschaften auf dem Potsdamer Telegrafenberg, und dessen Mitarbeiter Dr. Karl-Heinz Marek aktiv gefördert. Der eine wirkte als sein Doktorvater, der andere als sein Doktorbruder. Fünf Jahre nach seinem Weltraumflug veröffentlichte Sigmund Jähn 1983 sein 300 Seiten starkes Buch »Erlebnis Weltraum« und verteidigte gemeinsam mit Dr. Marek die dreibändige und mehr als 700 Seiten umfassende Dissertation zum Thema »Arbeiten zur Entwicklung methodischer Grundlagen für die Auswertung und Nutzung von Fernerkundungsdaten in der DDR«.

Das Buch spiegelt den Charakter seines Autors wider, seine ganz individuelle Sicht auf die Dinge, und weist teilweise poetische Züge auf. Vieles, was nach der Wende als sensationelle Enthüllung dargestellt wurde, ist hier bereits im Kern beschrieben. So die verklemmte Luke, die den Umstieg vom Raumschiff zur Orbitalstation verzögerte, und die gefährliche Situation bei der Landung in der kasachischen Steppe. Auch feine kritische Töne sind zu hören, wenn der Autor beispielsweise im Vorwort relativierend schreibt: »Der gemeinsame Weltraumflug UdSSR-DDR ist eines der zahlreichen Beispiele internationaler Zusammenarbeit bei der Erforschung des erdnahen Raumes. Ihm sind andere vorausgegangen und weitere gefolgt – mit verbesserter Technik und vergrößertem Komfort –, und es werden noch zahlreiche folgen ... Mein Erlebnisbericht soll ein Dank sein, daß mir die Ehre dieses Kosmosfluges zuteil wurde und uns dort im All die besten Wünsche von Millionen Menschen ... begleiteten.«

SUMMA CUM LAUDE

Die im Mai 1983 eingereichte und drei Monate später erfolgreich verteidigte Dissertationsschrift diente der Erlangung der akademischen Grade »Doktor eines Wissenschaftszweiges von Oberst Dipl. rer. mil. S. Jähn und Doktor der Wissenschaften von Dr.-Ing. K.-H. Marek«. Auf dem Deckblatt trägt sie den Stempel »Vertrauliche Verschlußsache VVS-Nr. C 525 700«. Ein zweiter Stempel kündet von der »Aufhebung des GHGr.« (Geheimhaltungsgrund) mit der Unterschrift von »S. Jähn, GM« (Generalmajor) am 11. Januar 1990.

Triftige Gründe für eine Geheimhaltung der wissenschaftlich interessanten Arbeit gab es eigentlich keine. Die Ursachen für diese unverständliche Haltung waren allerdings vielfältig. Die wichtigste Rolle spielte dabei wohl eine fast panische Angst im Umgang mit Kartenmaterial in der DDR, was sich mitunter verheerend auf die Freigabe von Luftaufnahmen auswirkte. Das aber war eine international weit verbreitete Praxis. Für die Staaten des Warschauer Vertrages galt der Befehl Moskaus, keine Karten mit einem Auflösungsvermögen von weniger als fünfzig Metern freizugeben. Das erklärt auch die schriftliche Beschwerde eines verantwortlichen Mitarbeiters aus dem Ministerium für Wissenschaft und Technik an Jähns Vorgesetzte, er habe mit seinen Publikationen gegen diese Bestimmung verstoßen. Paradoxerweise hätten die längst veröffentlichten Weltraumaufnahmen vom Territorium der DDR nachträglich als geheim eingestuft werden müssen. Auch die Mißgunst einiger frustrierter Vorgesetzter auf den erfolgreichen und populären Forschungskosmonauten wirkte sich aus. Nicht zuletzt legte Sigmund Jähn selbst keinen besonderen Wert darauf, daß seine Promotion allgemein bekannt wird. Später gestand er einmal, daß doch folgende Reaktion vorauszusehen

Karl-Heinz Marek und Sigmund Jähn mit ihren »hinterhergeworfenen« originellen Doktorhüten

gewesen sei: Nun haben sie ihm auch noch den Doktorhut hinterhergeworfen.

Auf einige Neider traf dies sicher auch zu, doch die meisten Menschen, die mit Verzögerung davon erfuhren, freuten sich über diese hart erarbeitete akademische Würde des einfachen Mannes, zumal in der westlichen Berichterstattung immer wieder betont wurde, daß Dr. Ulf Merbold ein Wissenschaftler, Oberst Sigmund Jähn aber nur ein Militärpilot sei. Auf jeden Fall verlieh ihm der Wissenschaftliche Beirat des Forschungsbereiches Geo- und Kosmoswissenschaften auf Grund des vom Präsidium der Akademie der Wissenschaften zuerteilten Rechts am 9. August 1983 den akademischen Grad eines »doctor rerum naturalium – Dr. rer. nat.« (Doktor der Naturwissenschaften). Seine Gesamtleistung wurde mit »summa cum laude« bewertet und das Dokument von keinen geringeren unterzeichnet als von dem international anerkannten Pharmakologen und Akademiepräsidenten Professor Werner Scheler und dem Hochdruckphysiker und Forschungsbereichsleiter Professor Heinz Stiller. Damit errang der Fliegende Vogtländer die oberste der vier akademischen Gradstufen: »rite« (ordnungsgemäß) = bestanden; »cum laude« (mit Lob) = gut; »magna cum laude« (mit großem Lob = sehr gut; »summa cum laude« (mit höchstem Lob) = mit Auszeichnung.

In der Vorbemerkung zur Promotionsschrift ist exakt angegeben, welchem der Koautoren welche Teile der Arbeit zuzuordnen sind. Etwa je ein Drittel des 463seitigen Textes der Dissertation schrieb jeder der Partner allein, ein weiteres beide gemeinsam. So entstanden der erste Teil über die Entwicklung und die Ergebnisse der methodischen Arbeiten zur Auswertung und Nutzung von Fernerkundungsdaten sowie die weiteren Schwerpunkte in Koautorenschaft. Die Abschnitte des zweiten Teils über die Entwicklung von Grundlagen für die Auswertung von Fernerkundungsdaten sowie über methodische Forschungen darüber schrieb Marek. Das Kapitel über die Vorbereitung von Forschungskosmonauten für geowissenschaftliche Experimente sowie der Anlageband mit dem 110seitigen Bericht über die Durchführung des Weltraumfluges UdSSR-DDR stammt aus der Feder von Jähn.

Die Lebenswege der beiden Männer verliefen bis zu ihrem Zusammenfinden unterschiedlich. Als sich Sigmund Jähn, der anderthalb Jahre ältere, auf seinen ersten Einsatz als Jagdflieger vorbereitete, studierte Karl-Heinz Marek an der Universität für Geodäsie und Kartographie in Moskau Landvermessung. Als sie sich kennenlernten, war der eine Diplom-Militärwissenschaftler und Kosmoskandidat im Sternenstädtchen, der andere Doktor der Ingenieurwissenschaften und Mitarbeiter des Akademieinstituts auf dem Potsdamer Telegrafenberg. Für Kameras und Karten interessierten sich jedoch beide von klein auf. Der erste Apparat, den Sigmund besaß, war eine »Pouva Start«, eine beliebte billige Kleinbox in der DDR. Damit bannte er die Wälder und das Wild seiner vogtländischen Heimat auf Zelluloid. Nie wäre ihm damals in den Sinn gekommen, eines Tages aus Höhen von einigen hundert Kilometern die Erdkugel mit modernster Aufnahmetechnik zu fotografieren. Die Karriere von Karl-Heinz Marek als Kameramann begann nach seinem Studium gewissermaßen von unten nach oben, indem er von der Erde aus Satellitenbeobachtung betrieb. Das fand später durch die Fernerkundung der Erde von oben nach unten aus dem Luft- und Weltraum eine logische wissenschaftliche Fortsetzung. Von 1976 an wirkte Professor Marek als Wissenschaftlicher Sekretär der auf Regierungsbeschluß gebildeten Arbeitsgemeinschaft zur Auswertung von Multispektralaufnahmen sowie als Wissenschaftlicher Leiter der Flugzeugexperimente zur Fernerkundung von Testgebieten der DDR in den Jahren 1977 bis 1980, der Fernerkundungsexperimente während des bemannten Weltraumfluges UdSSR-DDR und des methodisch-diagnostischen Zentrums für Fernerkundung am Zentralinstitut für Physik der Erde.

THEORIAM CUM PRAXI

Sieben Jahre gemeinsamer wissenschaftlicher Arbeit verbanden den Fliegerkosmonauten und den Geowissenschaftler, als sie auf dem Telegrafenberg ihre gemeinsame Dissertation feierten. Freunde bastelten ihnen zwei originelle Doktorhüte, die die Symbiose von Flugwesen und Wissenschaft symbolisierten: halbkugelförmige rote Pilotenhelme mit blaugrauem Gesichtsschutz, gekrönt von der quadratischen schwarzen Platte mit zwei Troddeln der klassischen akademischen Kopfbedeckung.

Die Dissertationsschrift erfüllt auf vorbildliche Weise die Forderung »theoriam cum praxi« – die Theorie für die Praxis zu nutzen. Dieses Axiom formulierte Gottfried Wilhelm Leibniz einst bei der Gründung der Akademie der Wissenschaften zu Berlin im Jahre 1700. Gegen jede Vernunft wurde die einzigartige wissenschaftliche Einrichtung Deutschlands nach dem Beitritt der DDR zur BRD abgewickelt.

Das wissenschaftliche Verdienst der Arbeit von Jähn und Marek besteht vor allem darin, die vielen praktischen Erfahrungen der Fernerkundung der Erde mit aerokosmischen Mitteln theoretisch verallgemeinert zu haben. Die zentrale Rolle in ihrer Arbeit spielt die »visuell-instrumentelle Erderkundung«, ein Begriff, der im Zusammenhang mit der Vorbereitung des DDR-Experiments »Biosphäre« geprägt worden war. Die Autoren verstehen darunter »die aus dem Weltraum zielgerichtet durchgeführte visuelle Beobachtung von besonderen Phänomenen auf der festen Erdoberfläche, auf den Ozeanen und in der Erdatmosphäre, die durch zusätzliche fotografische Aufnahmen beziehungsweise Messungen ergänzt werden kann. Das Verfahren stellt eine wertvolle und notwendige Ergänzung zu den anderen bekannten Fernerkundungsverfahren dar, die über eine höhere geometrische und radiometrische Auflösung verfügen. Es zeichnet sich gegenüber diesen besonders durch den höchstmöglichen Grad an Operativität bei der Gewinnung, Selektion und Interpretation der Daten aus. Umfang und Nützlichkeit der damit gewonnenen Daten und Informationen werden fast ausschließlich durch das System Auge-Gehirn des Kosmonauten bestimmt. Dieses System ist in der Lage, in einzigartiger Weise eine quasisimultane Gewinnung und Interpretation der Daten und damit eine Komprimierung des gesamten technologischen Prozesses der Geofernerkundung zu erreichen.«

Die Arbeit des Forschungskosmonauten an Bord von SALUT 6 machte die Vorteile der visuell-instrumentellen Fernerkundung deutlich. So ist es ihm möglich, eine bewußte Auswahl der Untersuchungsobjekte vorzunehmen, nichtstandardisierte Suchoperationen und nichtprogrammierte Eingriffe in den technologischen Ablauf der Datengewinnung auszuführen, bereits vorverarbeitete und ausgewählte Daten zur Erde zu übermitteln, Angaben und präzise Aufgabenstellungen anzufordern und in direktem Kontakt mit Spezialisten bestimmter Wissenschaftsdisziplinen Konsultationen zu führen. Ein gut ausgebildeter Operateur ist in der Lage, sofort weitere Tätigkeiten wie beispielsweise das Einschalten anderer Aufnahmesysteme zu veranlassen. »Das entspricht einer Modellierung der Prozeßkette Sehen – Wahrnehmen – Erkennen – Entscheiden in einem einzigen technologischen Schritt.«

Aufgrund der praktischen Erfahrungen auf der Orbitalstation und bei der Auswertung und Nutzung der gewonnenen Erderkundungsdaten in der DDR schlußfolgern die Autoren, daß die weitere Entwicklung der visuell-instrumentellen Geofernerkundung als selbständiges Verfahren und von ökonomisch effektiven und automatisierten Methoden für ihre Verarbeitung im Interesse der Volkswirtschaft und Wissenschaft ist. Die unzähligen Beobachtungen, die Sigmund Jähn mit dem bloßen Auge und mit dem Fernglas ausführte, und die mehr als 200 Aufnahmen, die er mit verschiedenen Kameras gewann, gehören längst der Geschichte an. Doch sie bewiesen zu ihrer Zeit, daß aus dem Weltraum Ergebnisse erzielt werden können, die wesentliche Aufschlüsse über die Umweltbedingungen auf unserem Planeten erbringen.

Immer wieder wurde der Forschungskosmonaut gefragt, ob sich denn der Aufwand der Raumfahrt überhaupt lohne, ob er denn nun Gold und Silber, Erdöl oder wenigstens neue Braunkohlelagerstätten in unseren Breiten entdeckt habe: »Nicht die Kosmonauten finden die Bodenschätze, sondern die Geologen. Sie sind es, die Beobachtungen und Aufnahmen aus dem Weltraum analysieren, die Bruchzonen der Erde beurteilen und vergleichen, und die schließlich dort bohren, wo es zweckmäßig erscheint. Wenn früher von etwa zehn Bohrungen nach Erdöl eine einzige fündig wurde, so verschiebt sich dieses Verhältnis wesentlich, sobald man sich auf kosmische Aufnahmen stützen kann. Die Auswertung ist allerdings sehr aufwendig; doch die Automatisierung dieser Prozesse wird den Informationswert der Beobachtungen aus dem Weltraum noch erhöhen.«

Für die Vorbereitung künftiger Forschungskosmonauten auf ihre Arbeit wurde in der Dissertation ein Rahmenprogramm vorgeschlagen, das neben intensivem Fliegersporttraining und Russischunterricht folgende zehn Ausbildungsfächer umfaßt: Mathematik, Astronomie, Werkstoffkunde, Erdfernerkundung, Geologie, Ozeanologie, Meteorologie, Medizin, Biologie und Fotografie. Innerhalb von sechs Monaten sollte der Stoff in 470 Unterrichtsstunden à 90 Minuten vermittelt werden, was pro Studientag etwa fünf Stunden bedeutete. Der Rest blieb dem intensiven Selbststudium vorbehalten.

Die Arbeit enthält auch eine Reihe von allgemeingültigen technischen und methodischen Verbesserungsvorschlägen, die sich aus der Tätigkeit von Sigmund Jähn an Bord von SALUT 6 ergeben hatten. Dazu gehörte unter anderem: die Bedienpulte in Augenhöhe eines aufrecht arbeitenden Operateurs anzubringen; für seine Füße und die Arbeitsmaterialien Möglichkeiten der Befestigung zu schaffen; die Beleuchtung in diesem Bereich zu verbessern; die Spannschrauben für die Kassetten der Multispektralkamera durch Spezialschrauben mit Köpfen zu ersetzen; mehrere Ferngläser mit unterschiedlichen Vergrößerungsfaktoren und Halterungen einzusetzen. Diese Empfehlungen wurden bei den folgenden Missionen auf SALUT 6, SALUT 7 und MIR berücksichtigt und erleichterten die Arbeit vieler internationaler Besatzungen.

TREFF MIT EINEM »VATER DER RAUMFAHRT«

Sigmund Jähns Teilnahme an Kongressen, Tagungen und Beratungen wissenschaftlicher und politischer Organisationen und Institutionen, wie der International Astronautical Federation (IAF), der Association of Space Explorers (ASE) und dem Weltraumausschuß der Vereinten Nationen (UNISPACE) war mit Begegnungen führender Raketentechniker und Raumschiffkonstrukteure, Kosmosforscher und Raumfahrtpolitiker aus annähernd 100 Ländern und von fünf Erdteilen verbunden. Eine der bedeutendsten Persönlichkeiten war Hermann Oberth, der zu Recht neben dem Russen Konstantin Ziolkowski, dem Franzosen Robert Esnault-Pélterie und dem Amerikaner Robert Goddard als ein »Vater der Raumfahrt« gilt. Sigmund Jähn lernte den deutschen »Raketenpapst« aus Siebenbürgen 1982 in Moskau anläßlich des 25. Jahrestages des Starts von SPUTNIK 1 kennen. Er erinnert sich an die Aufregung, die nach der Zusage des damals 88jährigen Ehrengastes im sowjetischen Organisationskomitee herrschte: »Oberth, der sich in Feucht bei Nürnberg zur Ruhe gesetzt hatte, war im Kreis sowjetischer Raumfahrtspezialisten eine geschätzte Persönlichkeit. Sein 1923 veröffentlichtes Buch ›Die Rakete zu den Planetenräumen‹ gehörte auch zu ihren Standardwerken. Die mit mathematischen Berechnungen gespickte Arbeit enthielt sowohl eine exakte Theorie zur Funktion und speziellen Konstruktion von Mehrstufen-Flüssigkeitsraketen als auch Betrachtungen über physische und psychische Auswirkungen des Raumfluges auf den Menschen. Sie wurde später zur Fibel aller Raketenbauer in Deutschland und anderen Ländern, und noch heute stellt sie eine gültige Grundlage der Raumfahrttechnik dar. Hermann Oberth stand mit Konstantin Ziolkowski im Briefwechsel, eine Tatsache, die mir bei einem früheren Besuch im Raumfahrtmuseum in Kaluga, der Wirkungsstätte Ziolkowskis, ins Auge gefallen war. Nun machte sich der greise, aber geistig sehr rege Wissenschaftler auf den Weg von Moskau nach Kaluga, um den Mann zu ehren, der noch früher als er selbst die Zukunft der Raumfahrt vorausgesehen und dafür mathematische Grundlagen geschaffen hatte.«

Der deutsche »Vater der Raumfahrt« und der erste Deutsche im All führten in der Sowjetunion viele Zwiegespräche über ihre übereinstimmenden, aber auch unterschiedlichen Erfahrungen

Letztes Treffen mit dem deutschen » Vater der Raumfahrt«, Hermann Oberth, 1990 im österreichischen St. Wolfgang

und Erkenntnisse. Ein Foto, das den greisen Gelehrten und den Oberst der NVA in Uniform zeigt, trägt die Widmung: »Dem deutschen Kosmonauten Sigmund Jähn zur Erinnerung an unser Treffen in Moskau. 25.9.1982 H. Oberth«. Zehn Jahre später schrieb Jähn: »Nach der internationalen Konferenz flog er von Moskau über Berlin-Schönefeld in die Bundesrepublik zurück. Leider scheiterte der Versuch einer Begegnung mit interessierten Mitgliedern der Gesellschaft für Weltraumforschung und Raumfahrt der DDR an einer Kleinigkeit: Eine ›entscheidungsbefugte Persönlichkeit‹ – so hieß es damals – hatte diese gewünschte Begegnung verboten!«

Warum? Weil es in der Herrschaftsebene der DDR kein Verständnis für die historischen Widersprüchlichkeiten im Charakter Oberths gab, der bei der Entwicklung und Herstellung der berüchtigten deutschen Vergeltungswaffe V 2 eine – wenn auch nur untergeordnete – Rolle gespielt hatte. Dabei wäre die marxistische Dialektik eigentlich ein guter Lehrmeister für die Haltung zu solchen, in der Geschichte keineswegs selten vorkommenden Phänomenen gewesen. Sigmund Jähn, dessen Zivilcourage trotz Militärzugehörigkeit mit zunehmender Weltoffenheit und Weitsicht wuchs, ließ sich jedenfalls nicht beirren: »Nach meiner Moskauer Begegnung konnte ich Professor Oberth an seinem 90. und dann auch an seinem 95. und letzten Geburtstag persönlich gratulieren. Es war die Idee des Präsidenten der Hermann-Oberth-Gesellschaft, Dr. Staats, die Raumfahrer Ungarns, Rumäniens, der BRD und der DDR zu den in fünfjährigem Abstand stattfindenden größeren Kongressen zu Vorträgen einzuladen. Er meinte: Was Helmut Schmidt und Erich Honecker können, können wir auch.«

Darin lag offensichtlich auch eine hintergründige Symbolik, war Hermann Oberth doch am 25. Juni 1894 in Hermannstadt geboren, das damals zur k.u.k. (kaiserlichen und königlichen) Monarchie Österreich-Ungarn gehörte und nach dem Ersten Weltkrieg Rumänien zufiel. Sein wissenschaftliches Wirken hingegen entfaltete sich vor allem in Deutschland. Eigentlich hätten auch die jeweils ersten Kosmonauten der Tschechoslowakei und Österreichs zu dieser Runde gehört, doch in Prag gab es wohl historische Ressentiments, und Wien stieß erst 1991 zum Club der Raumfahrernationen. Sigmund Jähn behielt den alten Herren bis heute in guter Erinnerung: »Mir hat Professor Oberth in jeder Begegnung immer wieder Achtung abgenötigt, und das nicht nur wegen seiner wissenschaftlichen Bücher. Im reifen Alter beschäftigte er sich auch noch mit Parapsychologie und trat mit Vorschlägen für ein Weltparlament an die Öffentlichkeit. Unvergessen eine kleine Episode, als er 90 Jahre alt war: Ich beobachtete ihn, wie er den Lift im Hotel mißachtete und die drei Treppen zu Fuß ging. ›Es hat keinen Zweck, mit ihm zu streiten‹, sagte mir seine Tochter, die ihn begleitete. Und mit einem Lächeln fügte sie hinzu: ›Er war schon immer ein Querkopf, der sich durchsetzt‹. Eigentlich nicht verwunderlich, wenn man weiß, daß er seine Dissertation, die von der Universität Heidelberg abgelehnt wurde, auf eigene Kosten herausgab. Das Buch wurde zu einem Standardwerk der Raketentechnik und Raumfahrt.«

IN EINEM CHALET BEI PARIS

Zwischen alten Lokomotiven und »fliegenden Kisten« trafen sich im August 1985 in der Altberliner Kneipe des Museums für Verkehr und Technik in der Trebbiner Straße die Männer der nur sieben Mitglieder zählenden Association of European Astronauts (AEA): drei Deutsche – Ulf Merbold, Reinhard Furrer und Ernst Messerschmid –, zwei Franzosen – Jean-Loup Chrétien und Patrick Baudry –, ein Holländer – Wubbo Ockels – und ein Schweizer – Claude Nicollier. Sie waren auf Einladung des Senats und des Physikprofessors Furrer nach Westberlin gekommen. Vier Engländer sollten in Kürze aufgenommen werden, während zwei Italienern Beobachtungsstatus zugedacht war, da Mitglied nur werden konnte, wer bereits im Weltraum war oder für eine Raumfahrtmission trainierte.

Mit viel keep smiling und einigen Informationen zum bevorstehenden Unternehmen Spacelab D-1 stellte sich die Runde auch der Presse. Unter Hinweis darauf, daß französische Spationauten sowohl am sowjetischen SALUT- als auch am US-amerikanischen Shuttle-Programm teilnahmen, tauchte die Frage auf, ob vielleicht an eine Aufnahme osteuropäischer Kosmonauten gedacht sei. Immerhin waren bis zu diesem Zeitpunkt außer den drei Westeuropäern bereits 50 Russen sowie je ein Bürger aus der CSSR, Polen, der DDR, Bulgarien, Ungarn und Rumänien in den Weltraum geflogen. Ulf Merbold, der erste Astronaut der Bundesrepublik, antwortete: »Wir bemühen uns zunächst erst einmal, innerhalb der westeuropäischen ESA eine Struktur zu erzielen.«

Doch schon einige Wochen später, vom 2. bis zum 6. Oktober 1985, fanden sich in Cernay-la-Ville bei Paris 25 Weltraumflieger aus 13 Ländern zu einem Gipfel zusammen, auf dem sie die Association of Space Explorers (ASE) als internationale Vereinigung der Raumfahrer gründeten. Vertreten waren acht Kosmonauten aus der UdSSR, sechs Astronauten aus den USA, neun Interkosmonauten, darunter sechs aus Osteuropa, sowie ein Spationaut aus Frankreich und ein Astronaut aus Saudi-Arabien. Die Bemühungen um die Schaffung einer solchen Organisation reichen bis zur Durchführung und Auswertung des ersten sowjetisch-amerikanischen Gemeinschaftsfluges SOJUS-APOLLO im Jahre 1975 zurück. Ende der siebziger und Anfang der achtziger Jahre schlossen sich die Raumfahrer anderer Nationen, die an Flügen zu den Orbitalstationen SALUT 6 und SALUT 7 sowie mit dem Space Shuttle teilgenommen hatten, diesen Bemühungen an. Von Anfang an dabei war Sigmund Jähn. Auf einem ersten Arbeitstreffen von sieben Veteranen im September 1984 in Cernay wurde dann beschlossen, im Jahr darauf den First Planetary Congress als Gründungsveranstaltung durchzuführen.

Der dienstälteste Kosmonaut der Welt, German Titow, und der erste Deutsche im All

Schiffsausflug während der ASE-Tagung 1986 in San Francisco mit Alexej Leonow, Russell Schweickart, Prinz Salman Al-Saud, Loren Acton und Sigmund Jähn (v.r.n.l.)

Der APOLLO-Astronaut Dr. Edgar Mitchell, der 1971 zwei Tage auf dem Mond gearbeitet hatte, lud nach Frankreich ein, wo die Teilnehmer großzügige Gastfreundschaft genossen. Die Beratungen fanden im Schloß seiner französischen Schwiegermutter statt. Die beiden gleichberechtigten Präsidenten des ersten Treffens waren Alexej Leonow, der 1975 als sowjetischer Kommandant an der SOJUS-APOLLO-Mission teilnahm, und Russell »Rusty« Schweickart, der 1969 als Pilot die Mondfähre von APOLLO 9 in der Erdumlaufbahn erprobt hatte und nun als Vorsitzender der Energiekommission des US-Bundesstaates Kalifornien arbeitete. Als Senior nahm Generalleutnant Dr. Georgi Beregowoi teil, der einstige Chef des Kosmonautenausbildungszentrums »Juri Gagarin«, der kurz vor seinem 65. Geburtstag stand. Neben ihm saß als Benjamin der Runde der 28jährige Prinz Sultan Bin Salman Al-Saud, der drei Monate zuvor Missionsspezialist der Raumfähre Discovery war und den arabischen Nachrichtensatelliten ARABSAT B ausgesetzt hatte.

Mit Prinz Salman Al-Saud in Riad, 1989

Die Grande Nation war durch ihren ersten Spationauten Jean-Loup Chrètien vertreten. Das Hauptthema der Pariser Tagung lautete: »Der Heimatplanet«. Alexej Leonow erklärte dazu: »Astronauten und Kosmonauten sind eine Handvoll Menschen, die das Glück hatten, die Erde aus dem Weltraum zu sehen und zu erkennen, wie winzig und zerbrechlich sie ist. Wir hoffen, daß alle Menschen dies verstehen und unseren Blauen Planeten schützen – als das Heim, in dem sie geboren sind, als die Heimat, in welcher sie leben, und als die Heimstatt, wo ihre Kinder und Enkelkinder nach ihnen leben werden.«

Drei Space-Scheichs in der Wüste: Reinhold Furrer, Ulf Merbold und Sigmund Jähn (v.r.n.l.)

PREISTRÄGER COUSTEAU

Der Kongreß ehrte mit dem ersten Jahrespreis der Vereinigung den französischen Meeresforscher Kapitän Jacques Yves Cousteau, der nach der Laudatio von Russell Schweickart »wie kaum eine andere Persönlichkeit die menschliche Gesellschaft so nachdrücklich auf ihre Verantwortung für die Erhaltung der Lebensfähigkeit unserer natürlichen Umwelt hinwies«.

Auf der Grundlage der persönlichen Erfahrungen, die jeder einzelne Weltraumflieger sammelte, und der gemeinsamen Verantwortung für das Wohl des Heimatplaneten, der nach den heutigen Erkenntnissen als einziger uns bekannter Himmelskörper höheres Leben trägt, wurde für die ASE folgende humanistische Zielstellung vereinbart:

• Pflege der Kontakte zwischen den Raumfahrern aller Nationen.

• Förderung der internationalen Zusammenarbeit bei der friedlichen Erforschung und Nutzung des Weltraums.

• Unterstützung aller Raumfahrtprojekte, die im Dienste der Menschheit stehen.

• Anwendung kosmischer Technologien zur Lösung weltweiter Existenzprobleme, wie beispielsweise Rohstofferkundung, Katastrophenwarnung, Umweltschutz und Rettungsdienste.

Mitglied der internationalen kosmischen Oberliga kann jeder werden, der mindestens einmal die Erde in einem Raumschiff umrundet hat und sich der humanistischen Zielstellung der Vereinigung verpflichtet fühlt. Die ASE ist eine nichtstaatliche und nichtkommerzielle Organisation von Einzelmitgliedern. Ihr ständiger Sitz war anfangs Paris und ist jetzt New York, wo auch das Committee of Peaceful Use of Outer Space (COPUOS – Komitee für die friedliche Nutzung des Weltraums) der Vereinten Nationen sein Hauptquartier unterhält. In den beiden führenden Raumfahrtnationen Rußland und USA gibt es nationale Komitees der ASE.

In das erste Exekutivkomitee der ASE wurden folgende sieben Persönlichkeiten aus fünf Ländern gewählt: Jean-Loup Chrétien, Sigmund Jähn, Alexej Jelissejew, Alexej Leonow, Edgar Mitchell und Russell Schweickart. Der letztgenannte übernahm den Vorsitz. Vier internationale Ständige Komitees unterstützen die Arbeit des Leitungsgremiums. Nach dem Stand vom 31. Dezember 1997 gehörten der Berufsvereinigung der Raumfahrer 371 Mitglieder an, die 28 Staaten repräsentieren, unter ihnen 34 Frauen. Das sind faktisch alle lebenden Astronauten und Kosmonauten. Die jährlichen Kongresse wurden jeweils in einem anderen Land abgehalten, so 1991 nach der Vereinigung der beiden deutschen Staaten in Berlin. Zu den Preisträgern gehören neben Raumfahrtpionieren auch Walentina Gagarina, die Frau des ersten Kosmonauten, und der polnische Science-fiction-Schriftsteller Stanislaw Lem.

Im Auftrag der ASE wurde 1988 der Bildband »Der Heimatplanet« herausgegeben und erschien simultan bei Addison-Wesley in den USA und beim Mir-Verlag in der UdSSR. Das einzigartige Buch enthält Originalaufnahmen aus dem Weltraum und gibt die Gedanken der Raumfahrer dazu wieder. In seinem Geleitwort schrieb Jacques Yves Cousteau über deren Wollen: »Für sie alle ist von großer Bedeutung, daß unser Planet einer ist, daß Grenzen künstlich sind, und daß die Menschheit eine große Gemeinschaft an Bord des Raumschiffes Erde bildet. Sie alle beharren darauf, daß dieses zarte Juwel unserer Gnade ausgeliefert ist, und daß wir uns bemühen müssen es zu schützen.«

Neben einem wunderschönen Weltraumfoto von der englischen Nordseeküste finden sich die Worte von Sigmund Jähn: »Bereits vor meinem Flug wußte ich, daß unser Planet klein und verwundbar ist. Doch als ich ihn in seiner unsagbaren Schönheit und Zartheit aus dem Weltraum sah, wurde mir klar, daß der Menschheit wichtigste Aufgabe ist, ihn für zukünftige Generationen zu hüten und zu bewahren.«

Sein vogtländischer Landsmann und langjähriger Freund Ulf Merbold, inzwischen auch Mitglied der ASE, verewigte sich neben einer Aufnahme des Aralsees mit den Worten:

»Zum ersten Mal in meinem Leben sah ich den Horizont als eine gebogene Linie. Sie war durch eine dunkelblaue dünne Naht betont – unsere Atmosphäre. Offensichtlich handelte es sich hierbei nicht um das Luftmeer, wie man mir oft in meinem Leben erzählte. Die zerbrechliche Erscheinung versetzte mich in Schrecken.«

ZWEI FLIEGENDE VOGTLÄNDER

Sigmund Jähn lernte Ulf Merbold Ende Juni 1984 auf den Salzburger »Oberth-Festspielen« kennen. Zu diesem Zeitpunkt waren sie nicht nur die beiden ersten Deutschen im All, sondern auch die einzigen. Zwischen beiden entwickelte sich zunächst ein kollegiales Verhältnis, das im Laufe der Zeit in eine freundschaftliche Beziehung überging. Zu Anfang war das für keinen von ihnen einfach, waren sie doch Bürger zweier deutscher Staaten mit unterschiedlichen politischen Systemen, die international in militärische Blöcke eingebunden immer noch Kalten Krieg gegeneinander führten, obwohl es mit der von Michail Gorbatschow verkündeten Politik von Perestroika (Umbau) und Glasnost (Offenheit) erste Anzeichen von Veränderungen der verkrusteten Verhältnisse gab.

Ulf Merbold charakterisiert ihrer beider Verhältnis so: »Es war wie bei einem Ballspiel. Wir haben uns gegenseitig die Vorlagen gegeben. Unsere gemeinsame Erfahrung nach den Raumflügen war, daß wir auf einem sehr kleinen Globus leben. Wenn der Konflikt zwischen den Systemen bis zum äußersten, zum Krieg getrieben worden wäre, hätte es keinen Sieger gegeben, auf keiner Seite. Das führte zu einer ganz gezielten Zusammenarbeit im Sinne der Verständigung.«

Erstes Zusammentreffen der beiden fliegenden Vogtländer Sigmund Jähn und Ulf Merbold 1984 in Salzburg

Drei Faktoren erleichterten den deutschen Raumfahrern ihr Zusammenfinden. Erstens sind sie Landsleute im wahrsten Sinne des Wortes. Kurtschau bei Greiz an der Weißen Elster, wo sich die Familie Merbold in den zwanziger Jahren des 20. Jahrhunderts ansiedelte, und wo Ulf am 20. Juni 1941 geboren wurde, liegt nur 30 Kilometer von Morgenröthe-Rautenkranz entfernt. Der ebenfalls aus dieser Gegend stammende Satiriker Hansgeorg Stengel witzelte einmal: »Im Vogtland gibt's ein Nest, wo Kosmonauten ausgebrütet werden. Dort wurden Sigmund Jähn, Ulf Merbold und ich geboren.« Zweitens gleichen sich die beiden »fliegenden Vogtländer« in einigen wichtigen Charakterzügen, wie in ihrer ruhigen und zurückhaltenden Art und der Zielstrebigkeit, Gründlichkeit und Hartnäckigkeit. Schließlich vereint sie die Leidenschaft für das Skifahren und das Fliegen. Sigmund brachte es mit Motorflugzeugen und Düsenmaschinen auf 2.500 Flugstunden, davon ein großer Teil mit Überschallgeschwindigkeit. Ulf Merbold, der ebenfalls auf rund 2.500 Flugstunden zurückblicken kann, begann seine himmlische Laufbahn als Segelflieger und erwarb später sowohl die Berufspilotenlizenz CPL-2 (Commercial Pilot License) für kleiner Verkehrsflugzeuge als auch den Kunstflugschein.

Sigmund gefiel es, daß Ulf sich zu der guten Schulausbildung bekannte, die er einst in der DDR genossen hatte. Verständlicherweise ging er jedoch 1960 nach dem Abitur aus Protest gegen die staatliche Ablehnung seiner Studienbewerbung über Westberlin in die Bundesrepublik. Während der Fliegerhauptmann der NVA an der sowjetischen Militärakademie »Juri Gagarin« in Moskau studierte, machte der Physikstudent der Universität Stuttgart sein Diplom. Das Geld für seinen Lebensunterhalt mußte er sich zeitweise als Zeitungsverkäufer verdienen. Der »BILD«-Zeitung, die das später auszunutzen versuchte, um ihn zu einer Artikelserie zu überreden, gab er eindeutig zu verstehen, was er von diesem Boulevardblatt halte. Zu jener Zeit, da Sigmund Jähn in der DDR zum Kosmonauten für den ersten gemeinsamen Weltraumflug mit der UdSSR gekürt wurde, promovierte Ulf Merbold in der BRD zum Doktor der Naturwissenschaften. Und als der ältere Vogtländer dann in den Kosmos startete, erhielt der jüngere die Bestätigung, in den USA zum Astronauten ausgebildet zu werden. Schließlich gelangte Dr. Merbold 1987 als Leiter des Astronautenbüros der Deutschen Forschungs- und Versuchsanstalt für Luft- und Raumfahrt (DFVLR) in eine hohe zivile Position, die dem militärischen Rang vergleichbar war, den der inzwischen zum Generalmajor ernannte Dr. Jähn als Chef des ostdeutschen Zentrums für Kosmische Ausbildung seit 1979 einnahm.

Das machte allerdings ihre persönlichen und privaten Beziehungen keinesfalls leichter. Der General benötigte für jedes Treffen und für jede Reise in das NSW – Nicht-Sozialistisches Währungsgebiet – oder das KA – Kapitalistische Ausland –, wie das im östlichen Amtsdeutsch hieß, die ausdrückliche Genehmigung seiner militärischen Vorgesetzten, die wiederum von der Zustimmung der Parteiführung abhing. Doch auch der Chefastronaut war bei Besuchen in Ländern des Ostblocks einem bestimmten Reglement unterworfen. In der zweiten Hälfte der achtziger Jahre öffnete der Kreml aus Gründen des Kommerzes die Tore des Sternenstädtchens und des Kosmodroms Baikonur für den Westen, nachdem Frankreich dieses Privileg bereits seit 1980 genoß. Als Verhandlungspartner auf sowjetischer Seite diente die 1985 gegründete Einrichtung GLAWKOSMOS in Moskau, deren Name eine Abkürzung der umständlichen Bezeichnung »Hauptverwaltung zur Nutzung kosmischer Technik für Volkswirtschaft und wissenschaftliche Forschung« darstellte. Da diese jedoch weder befähigt noch befugt war, als Weltraumbehörde zu wirken, gelang ihr die Koordination der Raumfahrtaktivitäten nur ungenügend. Eine mit der NASA vergleichbare Institution entstand erst nach der Auflösung der Sowjetunion mit der Russischen Raumfahrtagentur RKA, die freilich unter ständiger Geldnot und mangelnder Autorität im Inland leidet.

Jedenfalls begannen 1988 Vorgespräche und Verhandlungen von GLAWKOSMOS über die Ausbildung von Bürgern westlicher Staaten zu Kosmonauten und ihre Teilnahme an Missionen mit SOJUS-Raumschiffen zur MIR-Orbitalstation. Noch im selben Jahr kam es zu einem Regierungsabkommen zwischen Österreich und der Sowjetunion über das Projekt AUSTROMIR. 1989 folgten entsprechende Verträge mit der japanischen Fernsehanstalt TBS und dem nationalen britischen Weltraumrat BNSC, und im Jahr darauf mit der Deutschen Agentur für Raumfahrtangelegenheiten (DARA).

VERLETZTE DIENSTVORSCHRIFTEN

In dem Buch »What goes up must come down« (Was hochgeht, muß auch herunterkommen) erzählt Hans-Ulrich Steimle, damals Chef des Bereichs Raumfahrt der DFVLR in Köln »Geschichten aus der Nähe von Dr. Sigmund Jähn«. So schildert er, wie sich Ulf Merbold schon zu Beginn der Diskussionen über den Mitflug eines Astronauten der Bundesrepublik auf MIR dafür einsetzte, Sigmund Jähn als Betreuer zu gewinnen. Er sei mit seinem hohen Fachwissen über die sowjetische Raumfahrt und seinen tiefen Kenntnissen der russischen Sprache und Mentalität der »ideale Mann« für eine solche Aufgabe. Steimle hielt es zunächst für eine »verrückte Idee«, den noch im Dienst stehenden General der NVA dafür engagieren zu wollen und zu können.

Doch den einleuchtenden und hartnäckig vorgetragenen Argumenten Merbolds konnten sich er und andere Entscheidungsträger auf die Dauer nicht entziehen. Nach einigen persönlichen Kontakten kam es zu einer offiziellen Einladung Dr. Jähns zur DFVLR in Köln. Dabei begleitete ihn der Wissenschaftsattaché Drexler von der Ständigen Vertretung der DDR in Bonn. Später, nachdem die Wende schon begonnen hatte, wurde zwischen der Deutschen Forschungsanstalt für Luft- und Raumfahrt, wie die Einrichtung nunmehr hieß, und dem Forschungskosmonauten der DDR ein Werkvertrag über seine Mitarbeit als »Verbindungsmann zum Sternenstädtchen« abgeschlossen. Aus der Sicht Sigmund Jähns entwickelte sich diese Zusammenarbeit folgendermaßen: »Die Genehmigung für die Einladung zu einem Vortrag bei der DLR in Köln zog sich bis zum Frühjahr 1989 hin, mußte doch mein unmittelbarer Vorgesetzter, Generaloberst Wolfgang Reinhold, Chef des Kommandos Luftstreitkräfte/Luftverteidigung, ebenso seine Zustimmung geben wie der Minister für Nationale Verteidigung, Armeegeneral Heinz Keßler. Schließlich erhielt ich als ultima ratio ein Schreiben mit dem berühmten Vermerk ›Einverstanden, E.H.‹ des ersten Mannes im Staate, Erich Honecker. Als Begleiter wurde mir Professor Ralf Joachim von der Akademie der Wissenschaften zugeteilt. Ich hatte mich sehr gründlich auf mein Referat vorbereitet, das sich vor allem mit der Philosophie und Strategie der sowjetischen Raumfahrt, ihrer Technik und meinen Erfahrungen beschäftigte.«

Die Experten in Köln folgten seinen Ausführungen mit großem Interesse. Anschließend luden sie die Gäste aus der DDR in das oberbayrische Oberpfaffenhofen ein, wo das deutsche Weltraumoperationszentrum GSOC (German Space Operations Center) mit all seinen Bodeneinrichtungen für unbemannte und bemannte Raumfahrtmissionen sowie ein Forschungs- und Nutzungszentrum ihren Sitz haben. Am letzten Tag schlug Dr. Merbold vor, daß Professor Joachim und Dr. Jähn nicht mit der Bahn von München nach Berlin fahren sollten, sondern daß er sie mit seinem Flugzeug direkt nach Braunschweig bringen wolle, wo sie dann in den Zug einsteigen könnten. Das widersprach zwar den Vorschriften für Dienstreisende der DDR, machte aber mehr Spaß und sparte Zeit. Und so flogen die drei denn mit einem Reiseflugzeug Cessna 210 »Centurion«, einem viersitzigen Hochdecker, der eine Reisegeschwindigkeit von rund 300 Kilometern in der Stunde entwickelte. »Ulf saß neben mir am Steuer und ließ mich auch mal ein Stück fliegen, was schon wieder gegen unser Reglement verstieß. Wir flogen entlang der Grenze zwischen Bayern, Thüringen und Sachsen und schauten auf die schöne Landschaft. Unsere Geburtsorte Greiz und Rautenkranz lagen nur einige Dutzend Kilometer von der Staatsgrenze zwischen der BRD und der DDR entfernt. Das war eine eigenartige Situation, und Ulf meinte, wenn Deutschland einmal wiedervereint sein sollte, brauchten wir nicht diesen Umweg zu machen, sondern könnten querbeet fliegen. Keiner von uns dachte damals daran, daß es noch einmal anders wird – schon gar nicht innerhalb eines Jahres.«

Noch vor dem Abflug lud Sigmund Jähn spontan Ulf Merbold zu sich nach Hause, nach Rautenkranz ein. Er wollte sich damit für die Gastfreundschaft seines Berufskollegen und Landsmannes revanchieren. Da dies im Beisein des DDR-Wissenschaftsattachés geschah, war es auch offiziell. Ulf erzählte ihm, daß seine Mutter, die länger als er in der DDR gelebt hatte, gern einmal ihre alte Heimat besuchen würde. Sie war schon über siebzig, schwärmte von ihren früheren Wanderungen durch das Aschberggebiet und wünschte sich, danach Verwandte und Bekannte zu besuchen. Doch bisher seien ihre Einreiseanträge stets abgelehnt worden. Ohne viel Aufhebens machte der Fliegerkosmonaut seinen Einfluß geltend, und die alte Dame durfte in die DDR einreisen. Schmunzelnd erzählt er: »Ich war gerade wieder einmal in Rautenkranz und fuhr mit meinem Wagen den Berg hoch, da kamen mir drei Spaziergänger entgegen. Vor dem Haus des Försters, den ich gut kannte, hielt ich und stieg aus. Da drehte sich eine Frau aus der Gruppe zu mir um und fragte: ›Sind Sie nicht der Herr Jähn?‹ Als ich das bejahte, sagte sie: ›Ich bin Frau Merbold und zu Besuch hier.‹ Ich lud Ulfs Mutter in meine Waldhütte ein, und bei einer Flasche Wein plauderten wir über Gott und die Welt.«

EIN FOLGENREICHER TELEFONANRUF

Für Sigmund war das eine Bestätigung dafür, daß seine Bemühungen Erfolg gezeitigt hatten. Frau Merbold erkannte ihn vermutlich nach den Fotos, die ihr Sohn besaß. Jedenfalls wurde schließlich vereinbart, daß Ulf und seine Mutter am Samstag, dem 26. August 1989, die Jähns besuchen sollten, die zu dieser Zeit ihren Urlaub planten. Die Einreiseformalitäten sollte Merbold mit dem Wissenschaftsattaché der DDR abwickeln, der seine Unterstützung zugesagt hatte. Jähn unterließ bewußt eine Meldung an seine Vorgesetzten, um das Treffen nicht zu gefährden. Zufällig war dieses Datum identisch mit Sigs Starttag für den Weltraumflug.

Aber diese Einladung sollte ungeahnte Folgen haben. Drei Tage vor dem Besuchstermin wollte Erika Jähn von ihrem Mann wissen, ob es denn nun sicher sei, daß die Gäste kämen. Sie müßte schließlich einkaufen gehen, um das vogtländische Nationalgericht – Hasenbraten mit grünen Klößen und Rotkohl – zuzubereiten. Um seine Frau zu beruhigen, versuchte Sigmund, in der Ständigen Vertretung der DDR in Bonn anzurufen. Er wollte sich vom Wissenschaftsattaché die Ankunft seiner Gäste bestätigen lassen. Obwohl er das Gespräch vorsorglich früh um acht Uhr angemeldet hatte, kam die Verbindung erst abends um zehn Uhr zustande. Zu dieser Zeit war aber nur noch der Diensthabende anwesend, der die Frage zwar entgegennahm, aber keine Antwort darauf geben konnte. Dafür meldete er den Vorgang pflichtgemäß an seinen Vorgesetzten. Das wiederum setzte eine Reihe von Aktivitäten in Gang, die Sigmund Jähn am nächsten Morgen zu spüren bekam. Zunächst erhielt er einen Anruf von seiner Sekretärin Dagmar Pietsch aus dem Kommando in Eggersdorf bei Strausberg: »Was haben Sie nur gemacht? Haben Sie etwa Ulf Merbold eingeladen? Sie werden gleich einen Anruf vom Büro des Chefs bekommen.« Fünf Minuten nach dieser Vorwarnung klingelte erneut das Telefon. Die Sekretärin von Generaloberst Reinhold war am Apparat. Mit dienstlicher Stimme übergab sie das Gespräch an den Chef, der sehr ungehalten war. Kurzum, Jähn mußte einen minutiösen Ablaufplan des dreitägigen Besuches seiner Gäste aufstellen, die Merbolds persönlich abholen und ständig begleiten. Am nächsten Tag traf eine »Kontrollgruppe« in Rautenkranz ein, die aus drei Offizieren bestand.

Als diese Episode anläßlich des 20. Jahrestages des Raumflugs von Sigmund Jähn in seinem Strausberger Heim als ein charakteristisches Detail zur Sprache kam, erklärte der Hausherr lächelnd: »Hätte ich bloß nicht auf meine Frau gehört und in Bonn angerufen. Dann wäre der Besuch unbemerkt geblieben, der eigentlich nur vorwegnahm, was bald selbstverständlich wurde.« Und als Merbold gefragt wurde, ob er denn etwas von dem hochrangigen militärischen Ehrengeleit gemerkt habe, meinte er humorvoll: »Ich habe mich nur gewundert, daß wir überall ohne Schwierigkeiten durchkamen.«

Rückblickend wirkt diese Geschichte besonders skurril, fielen doch nur zehn Wochen später die Berliner Mauer und die Grenze zwischen beiden deutschen Staaten. Das politische Barometer stand im Jahr 1989 längst auf veränderlich, allerdings ohne daß klar war, in welche Richtung. Ende März fand das erste Treffen von Generalen und Offizieren der NVA und der Bundeswehr zu einem Gedankenaustausch in dem von Egon Bahr geleiteten Institut für Friedensforschung und Sicherheitspolitik der Universität Hamburg in Falkenstein statt. Anfang Juli wurde das als »Breshnew-Doktrin« bezeichnete Invasionsrecht der Sowjetunion in den sozialistischen Ländern auf der Tagung der Warschauer Vertragsstaaten in Bukarest zurückgenommen. In der DDR brach das Loyalitätsgefüge, das Staatsmacht und Bevölkerung zusammenhielt, schon früher zusammen. Selbst »das SED-Volk war nicht mehr bereit, seiner reformunwilligen Führung zu folgen«, wie Egon Bahr es später einmal formulierte. Diese Entwicklung eskalierte in der zweiten Hälfte der achtziger Jahre. Dazu trugen zynische Bemerkungen wie die des Politbüromitgliedes Kurt Hager mit Hinweis auf Gorbatschows gemeinsames europäisches Haus bei, daß es nicht notwendig sei neue Tapeten anzubringen, nur weil der Nachbar renoviere. Wie konzeptionslos und nur auf Machterhaltung die Gerontokratie war, äußerte sich in Beschwörungsformeln, wie dem von Erich Honecker stereotyp wiederholten banalen Satz: »Den Sozialismus in seinem Lauf hält weder Ochs noch Esel auf.« Spätestens im November 1988, als die beliebte und weitverbreitete sowjetische Zeitschrift »Sputnik« in der DDR verboten wurde, war dieser Niedergang nicht mehr zu übersehen. Im Januar des darauffolgenden Jahres druckte das »Neue Deutschland« die Drohworte Erich Honeckers nach, daß die Mauer noch 50, gar 100 Jahre stehen bleiben werde. Im August folgte im ND ein mit »AZ« (Agitationskommission des Zentralkomitees«) gezeichneter Kommentar zur Flüchtlingswelle von DDR-Bürgern mit dem unverantwortlichen Satz: »Wir weinen ihnen keine Träne nach.« Die letzten Illusionen über einen demokratischen Sozialismus beseitigten die Polizeiknüppel am 8. Oktober 1989 – 24 Stunden nach dem 40. Jahrestag der DDR.

OHNE WENN UND ABER

Sigmund Jähn wurde später oft gefragt, wie er persönlich diese historischen Veränderungen – von den einen als Revolution oder Wende, von den anderen als Konterrevolution oder Kehrtwende gedeutet – erlebt habe. Für ihn war dieser Prozeß aus doppelter Sicht besonders schmerzlich. Zum einen mit dem »real existierenden Sozialismus« über vier Jahrzehnte ehrlich verbunden, sah er ihn andererseits gerade deswegen kritischer als die vielen Karrieristen im Lande. Ein Jahrzehnt nach der Wende erklärt er:

»Ich bin ein Kind der DDR, ohne Wenn und Aber! Ich teilte die Hoffnung von Millionen Menschen, die nach dem furchtbaren Zweiten Weltkrieg eine neue, friedliche und gerechte Gesellschaft wollten – nach den Worten des Dichters Johannes R. Becher: ›Auferstanden aus Ruinen und der Zukunft zugewandt‹ und ›... daß nie eine Mutter mehr ihren Sohn beweint‹.«

Für den Arbeiterjungen aus dem Vogtland war der Antifaschismus in der Sowjetischen Besatzungszone und in der Deutschen Demokratischen Republik keineswegs ein »verordneter«, wie die Sprachregelung der Sieger es heute vorschreiben will. Im Gegenteil, zu der Überzeugung, daß von seinem deutschen Staat kein Krieg mehr ausgeht, trugen die führenden Persönlichkeiten bei, die Opfer des Faschismus und Widerstandskämpfer waren. Die lange Reihe ihrer Namen reicht von Bruno Apitz und Bertolt Brecht über Otto Grotewohl und Wilhelm Pieck bis zu Bodo Uhse und Arnold Zweig. Wie richtig diese Sicht ist, mußte selbst die »Frankfurter Allgemeine Zeitung« vom 15. Juni 1998 bestätigen, indem sie schrieb, daß der politische Widerstandskampf gegen das »Tausendjährige Reich« zu 75 Prozent von Kommunisten, zu zehn Prozent von Sozialdemokraten und zu drei Prozent von christlich-bürgerlichen Kreisen geleistet worden war. Sigmund Jähn war besonders sensibel für die Mängel des sozialistischen Systems, das er als das vernünftigste betrachtete, und dem er treu diente. Trotz seiner privilegierten Stellung blieb er immer ein Sohn des Volkes. Er hörte den Menschen, denen er begegnete, geduldig zu und versuchte zu helfen, wo er nur konnte. Auch bei seinen unzähligen Auftritten war das deutlich zu spüren. Immer öfter legte er die vorgeschriebenen Manuskripte beiseite und äußerte seine eigenen Gedanken in Worten, die sich wohltuend von dem üblichen »Parteichinesisch« unterschieden. Lobhudeleien waren ihm ebenso zuwider wie Haßtiraden.

Rückblickend beschreibt er: »Natürlich wußte ich, was in der DDR falsch lief – mit der Demokratie, in der Wirtschaft und Kultur. Ein Kommunalpolitiker in Leipzig vertraute mir hinsichtlich der geforderten, unsinnig hohen ›Wahlergebnisse‹ an, man könne doch auch mit 60 Prozent der Stimmen gut regieren. Reagan tue dies sogar mit nur 25 Prozent. Doch bei der Zentralen Wahlkommission in Berlin stoße diese Meinung auf absolute Ablehnung. In Neubrandenburg erzählte mir ein Ökonom unter Hinweis auf die niedrigen Brotpreise, daß Großbäckereien für die

Gratulationen zum 50. Geburtstag

Schweinefütterung produzierten. Die Staats- und Parteiführung verschließe sich aber jeder Einsicht. Von Künstlern wiederum erfuhr ich, unter welchem Gefühl der Enge und des Eingesperrtseins sie lebten und arbeiteten. Daß die DDR dann wie ein Kartenhaus zusammenfiel, beweist nur, wie instabil das gesamte Gebäude war.«

Sigmund Jähn, der vor der Wende mehr als fünf Jahre in der Sowjetunion studiert und sich ein Jahrzehnt lang ständig zu Arbeitsaufenthalten in allen Regionen der UdSSR bewegt hatte, wußte, daß dort alles andere als Sozialismus oder gar Kommunismus herrschte. Für ihn ist Michail Gorbatschow, dem er auf Parteitagen, bei Staatsbesuchen und anderen Gelegenheiten mehrfach begegnete, die Schlüsselfigur für den Untergang der DDR und die Auflösung der Sowjetunion: »Anfangs war ich sehr beeindruckt von Gorbatschow – seinen außenpolitischen Abrüstungsvorschlägen und innenpolitischen Erneuerungsversuchen. Als Offizier begrüßte ich seine These von der angemessenen Verteidigung, die Schluß machte mit dem unsinnigen Wettrüsten auf Kosten des Lebensstandards der Bevölkerung. Ebenso befürwortete ich die Gewährung demokratischer Freiheiten, die das Land bitter nötig hatte. Auf einem Flug von Moskau nach Berlin saß ich in der Lufthansa-Maschine eine Reihe hinter Gorbatschow.

Der war schon nicht mehr Generalsekretär der KPdSU und reiste in die Hauptstadt des wiedervereinigten Deutschlands, um dort die Ehrenbürgerschaft entgegenzunehmen. So wurde ich Zeuge, wie Gorbatschow mit den ihn umlagernden Journalisten sprach und konnte selbst Fragen an ihn stellen. Einer der Reporter wollte von ihm wissen, wie seine politische Grundeinstellung sei. Er antwortete selbstbewußt: ›Ich bin ein Demokrat.‹ Das stimmte mich nachdenklich. Viele Menschen in der großen Sowjetunion und auch in der kleinen DDR waren Mitglieder einer Kommunistischen Partei geworden, weil sie die Ideen von einer sozial gerechten Gesellschaft aus Überzeugung unterstützten. Nun wußte ich ja bereits, daß Mitglieder des Politbüros des ZK der SED, die einst im antifaschistischen Widerstand kämpften, gegen den demokratischen Sozialismus gehandelt hatten. Der Generalsekretär der einst mächtigsten Kommunistischen Partei der Welt jedoch verabschiedete sich offenbar rechtzeitig vom sozialistischen Gedankengut. Er war ein Demokrat geworden. Warum machten wir uns eigentlich Gedanken über unsere persönliche Schuld am Zusammenbruch eines Gesellschaftssystems, dem wir von Jugend an ehrlich gedient hatten?«

Anfänge deutsch-deutscher Kosmos-Kooperation 1989 in Köln: DLR-Vorsitzender Prof. Dr. Walter Kröll und Dr. Ulf Merbold (r.) sowie Prof. Dr. Ralf Joachim und Dr. Sigmund Jähn (l.)

Am 18. April 1990, eine Woche nachdem die Volkskammer nach ersten freien Wahlen in der DDR den CDU-Vorsitzenden Lothar de Maiziére zum Ministerpräsidenten gekürt hatte, wurde in Moskau zwischen der DARA und GLAWKOSMOS ein Abkommen über den Mitflug eines bundesdeutschen Kosmonauten zur sowjetischen Orbitalstation MIR geschlossen. Zur Vorbereitung dieser Mission MIR 92 – journalistisch auch als GERMIR bezeichnet – kam Generaloberst Dr. Wladimir Schatalow, der Chef des Kosmonautenausbildungszentrums »Juri Gagarin« in Moskau, nach Köln zu einer Beratung mit Vertretern der DLR. Sigmund Jähn erhielt vom Chef der Abteilung Raumfahrtbetrieb der DLR, Hans-Ulrich Steimle, eine Anfrage, ob er bereit sei, während dieser Beratung die Übersetzung und die fachliche Beratung zu übernehmen.

»Ich sagte zu. Mir war klar, daß es auch darum ging, mich auf meine Verwendbarkeit und die Möglichkeit einer Mitarbeit im MIR-Programm zu testen. Zwar stand ich noch im Dienst der NVA, aber es war schon klar, wo die Entwicklung hinlief, und ich wollte gern an der Kosmoskooperation teilnehmen. Schließlich war am 1. Juli der Vertrag über die Wirtschafts-, Währungs- und Sozialunion zwischen der BRD und der DDR in Kraft getreten. Mein damaliger Chef, Generalleutnant Rolf Berger, ließ mich ohne große Formalitäten fahren. In Köln platzte ich mitten in eine Pressekonferenz mit dem sowjetischen Gast hinein. Ehrlich gesagt war ich unsicher, was Wladimir Alexandrowitsch von mir denken würde. Die Sowjetunion existierte damals noch. Wie wenn General Schatalow, der mich als Kosmonauten und deutschen Offizier an seiner Seite gut kannte, meinen, wie ihm scheinen mochte, schnellen deutsch-deutschen Frontwechsel nicht akzeptieren würde? Meine Sorge erwies sich jedoch als unbegründet. Als er mich erkannte, stand er demonstrativ auf, kam mir entgegen und umarmte mich herzlich nach alter russischer Sitte. Ob das bewußt oder gefühlsmäßig geschah, weiß ich nicht. Mir jedenfalls nahm er eine Last von den Schultern. Die Übersetzung machte mir natürlich keine Schwierigkeiten. Nach der Beratung war ich bei der DLR akzeptiert, deren Vertreter mich offiziell fragten, ob ich mitmachen wolle.«

Damals erklärte der Bundesminister für Forschung und Technologie, Dr. Heinz Riesenhuber (CDU), der Mann mit der Fliege: »Die deutsch-deutsche Zusammenarbeit in der Wissenschaft stellt keine Einbahnstraße dar. Ein markantes Beispiel dafür ist die Bereitschaft des Forschungskosmonauten der DDR, Dr. Sigmund Jähn, seine großen Erfahrungen mit der sowjetischen Raumfahrttechnik den Kollegen aus der Bundesrepublik weiterzugeben.«

WENDEWIRREN

In dieser Zeit war »unser Mann aus dem Orbit« so manchen Anfeindungen und Beleidigungen, Verleumdungen und Verdammungen ausgesetzt. Die verbalen Beschimpfungen reichten von »roter Socke« über »Kosmos-Kommissar« und »russischer Spion« bis zu »OibE«, wie die besoldeten »Offiziere im besonderen Einsatz« des Ministeriums für Staatssicherheit genannt wurden. Eine gewisse Journaille erfand Lügen und fälschte Aussagen, die Jähn den neuen Medien gegenüber zunächst ehrlich getroffen hatte. Ein Beitrag aus der »Welt am Sonntag« ist typisch dafür. Unter der Schlagzeile »Held der DDR kassiert jetzt im Westen« heißt es dort: »Ab morgen hat er ein Büro in Köln, bei der Deutschen Forschungsanstalt für Luft- und Raumfahrt. Wie es heißt, soll sich Sigmund Jähn von den Kölner Raumfahrtleuten mit 5.000 Mark im Monat entlohnen lassen. Dazu kommt dann noch die Generalspension von rund 2.000 Mark.«

Obwohl diese Summe für jemanden aus dem Westen gleicher Qualifikation lächerlich ist, sollte im Osten damit Neid geschürt werden. In Wirklichkeit erhielt Jähn von der DLR einen Vertrag als freier Mitarbeiter und mußte sich selbst versteuern. Die monatlichen Bezüge als ehemaliger Offizier der NVA entfielen, und eine Strafrente wegen »Staatsnähe« erhält er erst mit dem 65. Lebensjahr, also ab 2002. Doch das Springer-Blatt heizte weiter an: »Auf jedem Parteitag stand er neben Erich Honecker, bei jeder Gala der SED war er dabei, und bei Paraden salutierte er auf der Ehrentribüne. Er wurde zum Nationalhelden hochgejubelt – und fühlte sich auch so. Wie er seine neue Tätigkeit in Einklang mit seiner Karriere im SED-Staat bringt – darüber schweigt Sigmund Jähn. Ob er jetzt in der Nachfolgepartei PDS ist? Auch dazu will er nichts sagen.«

Das konnte nur jemand schreiben, der nichts, aber auch gar nichts von diesem Mann wußte, geschweige denn verstand. Von Anfang an war ihm jede Heldenverehrung sichtlich peinlich, und wo er konnte, vermied er das sprichwörtliche Bad in der Menge, nach das die meisten Politiker und Prominenten – auch und gerade im Westen – so wild sind. Er stand zwar neben Erich Honecker, doch war es dieser, der sich in der Sympathie für den Mann aus dem All sonnte. In einem Gespräch sagte Sigmund Jähn dazu: »Einer politischen Partei gehöre ich nicht mehr an, und ich habe auch nicht die Absicht, jemals einen solchen Schritt zu tun. Meine Arbeit nimmt mich voll und ganz in Anspruch. Aber ich bin Mitglied der internationalen Berufsvereinigung der Raumfahrer ASE. Ihre humanistische Zielsetzung ist auch mein Credo: Pflege der Kontakte zwischen den Weltraumfliegern, Förderung der internationalen Zusammenarbeit bei der friedlichen Erforschung und Nutzung des Weltraumes, Unterstützung aller Raumfahrtprojekte, die der Menschheit dienen und Anwendung kosmischer Technologien zur Lösung weltweiter Existenzprobleme.«

Die Enttäuschungen und Verletzungen, die Sigmund Jähn erlebte, bestimmten offensichtlich diese Haltung. Auf dem Sonderparteitag der SED/PDS im Dezember 1989 waren er und seine Genossen von der NVA ausgegrenzt worden. Befragt zu den hohen und höchsten Auszeichnungen und dem einmaligen Titel »Fliegerkosmonaut der DDR«, mit denen er dekoriert wurde, meint er lächelnd: »Die liegen alle bei mir zu Hause im Schrank, wo ich sie auch weiter aufbewahren werde. Schließlich erhielt ich sie für meinen Weltraumflug. Allerdings wurde ich in der ersten Zeit nach der Wende von Sammlern und Händlern bedrängt, sie zu verkaufen. An der Einmaligkeit habe ich jedoch meine Zweifel. Obwohl ich die Medaille ›Fliegerkosmonaut der DDR‹ nicht veräußerte, wurde sie doch auf Auktionen angeboten. Der Titel ›Held der Sowjetunion‹ bringt mir hingegen bis heute einen unverhofften Vorteil. So kann ich den lästigen Kontrollen bei der Ein- und Ausreise auf dem Moskauer Flughafen in der VIP-Longue entgehen.«

Und wie sieht es mit den viel beschworenen »Privilegien« aus, die er genoß? Eine nüchterne Betrachtung ergibt eine Reihe von Vorteilen, die ein Durchschnittsbürger nicht hatte. So besaß er einen roten Diplomatenpaß, der die international übliche bevorzugte Grenzabfertigung mit sich brachte. Doch für jede Auslandsreise bedurfte es dennoch der ausdrücklichen Genehmigung seiner Vorgesetzten. Sicherlich hätte er mit seiner Familie auch Urlaubsreisen ins westliche Ausland unternehmen dürfen, doch hat er das nie beantragt. Die Reise mit seiner Frau nach Kuba erfolgte auf Grund einer Einladung der dortigen Regierung. Er erhielt die Erlaubnis, sich im staatlichen Forstgebiet auf eigene Kosten eine Datscha zu bauen. Aus einem der letzten Importe durfte er sich einen privaten Personenkraftwagen des Typs Peugeot 305 kaufen, nachdem er jahrelang einen Wartburg fuhr. Die letztgenannten Möglichkeiten hatten auch viele gut verdienende Handwerker und Künstler. Verglichen mit Raumfahrer-Kollegen aus dem Westen war sein Lebensstil mehr als bescheiden.

DER VIERTE ERSTE DEUTSCHE

Im Heimatort des Kosmonauten war 1979 eine »Ständige Ausstellung über den ersten gemeinsamen Kosmosflug UdSSR-DDR« eingerichtet worden, für die Jähn viele Erinnerungsstücke zur Verfügung stellte. Vor dem Gebäude fand eine MiG-21 F-13 Platz, die Sigmund geflogen hatte. Diese Attraktionen erfreuten sich in dem abgelegenen Urlaubsgebiet der westlichen Ausläufer des Erzgebirges großer Beliebtheit. Während der Wende drohte dieser natürlich nicht ideologiefreien Einrichtung die Schließung, dem Flugzeug der Weg in ein Museum oder gar die Verschrottung. Doch aus dem nahen Schwarzwald herübergekommene »Wessis« rieten vernünftigerweise, Morgenröthe-Rautenkranz auf den Tourismus zu orientieren. So entstand am alten Ort die neue »Deutsche Raumfahrtausstellung«, die allen vier Deutschen im All gewidmet war, welche es bis zu diesem Zeitpunkt gab: Sigmund Jähn, der 1978 zu SALUT 6 flog, Ulf Merbold, der 1983 mit der Columbia folgte, sowie Reinhard Furrer und Ernst Messerschmid, die 1985 an der Mission D-2 auf der Challenger teilgenommen hatten. Das elegante Jagdflugzeug behielt seinen Platz. Die Anzahl der Besucher aus Ost und West nahm ständig zu.

Jähn, der großen Anteil an dieser Entwicklung hatte, kommentierte: »Es siegte die Vernunft. Schließlich liebte der neue Bürgermeister Konrad Stahl Morgenröthe-Rautenkranz genauso wie der alte, Hans Esbach. Ab 1990 wurden schüchtern auch die gesamtdeutschen Raumfahrer anders gezählt. In diesem Sinne bin ich – Ironie der Geschichte – tatsächlich der erste Gesamtdeutsche, der im Weltraum war. In der sogenannten Wendezeit gab es allerdings auch mit dieser geläufigen Zählweise Kuriositäten. Manche zählten den ersten Astronauten auf dem Space Shuttle als ersten – richtigen –, andere betonten den ersten Deutschen auf der MIR und so weiter. In der Ausstellung, in der die drei ›richtigen‹ und der eine belastete wohl oder übel gemeinsam dargestellt werden mußten, wollte man offenbar in Wendung des Blickes auf die neue Zeit und Obrigkeit nichts falsch machen. Man kam also auf die Idee, die ersten vier Deutschen gemeinsam, aber in einer bestimmten Bildreihenfolge darzustellen. So war ich eine Zeitlang sogar der vierte erste Deutsche im Weltraum.«

Heute stimmt die Reihenfolge wieder, nicht zuletzt, weil es alle anderen Astronauten und Kosmonauten, Interkosmonauten und Euronauten nie anders bewerteten.

Am 24. September 1990 wurde das Protokoll über den Austritt der DDR aus dem Warschauer Vertrag unterzeichnet. Vier Tage später erhielt Generalmajor Dr. Jähn einen Brief aus dem von Pfarrer Rainer Eppelmann (CDU) geleiteten Ministerium für Abrüstung und Verteidigung der DDR, in dem es hieß: »Den Tag Ihrer Entlassung aus dem aktiven Dienst in den Reihen der Nationalen Volksarmee möchte ich zum Anlaß nehmen, Ihnen für Ihre gewissenhafte militärische Pflichterfüllung sehr herzlich zu danken. In den 35 Jahren des Dienstes in den bewaffneten Organen der Deutschen Demokratischen Republik haben Sie in der festen Überzeugung, damit vor allem dem Volk und dem Frieden zu dienen, erfolgreich und mit hoher Bereitschaft alle Ihnen gestellten Aufgaben erfüllt und so zum Schutz des friedlichen Lebens der Bürger unseres Landes beigetragen. Ihr von hoher Ehrlichkeit und Engagement geprägtes Eintreten für die Erhaltung des Friedens und die Vermeidung weiterer Gefährdung dieser Welt sowie Ihre Tätigkeit zur wissenschaftlichen Erschließung der Ergebnisse des Weltraumfluges brachten Ihnen eine hohe internationale Anerkennung und die Zuneigung unserer Menschen ein.«

Gezeichnet war das Schreiben von Staatssekretär Werner E. Ablaß in Vertretung des Ministers. Die Entlassung erfolgte zum 2. Oktober 1990, dem letzten Tag der Existenz der DDR. Einen Tag vor ihrem Beitritt zur BRD folgte das Dienstzeugnis, das ihm der letzte Chef Luftstreitkräfte/Luftverteidigung der NVA, Generalleutnant Rolf Berger, ausstellte, der anderthalb Jahrzehnte zuvor selbst einer der vier DDR-Kandidaten für den Kosmosflug war. Darin heißt es, daß Generalmajor Dr. Jähn aus »strukturellen Gründen« aus dem aktiven Wehrdienst ausscheide. Ihm wird bescheinigt, jederzeit nachgewiesen zu haben, »daß er in seinem

Denken und Handeln ein hohes Maß an Flexibilität besitzt, schnell komplizierte Lagen erfaßt, diese sachlich analysiert und daraus angemessene Entschlüsse und richtige Handlungsregulative ableitet«. Nach seinem Weltraumflug habe er »stets bescheiden sein fachliches Wissen an andere weitergegeben. Dabei arbeitete er umsichtig, kreativ und tolerant gegenüber wissenschaftlich begründeten Meinungen anderer. Für ihn ist der wissenschaftliche Meinungsstreit ein entscheidendes Mittel zur Erarbeitung optimaler Lösungen. Dabei versteht er es ausgezeichnet seine Partner anzuregen, zu motivieren und zu aktivieren.«

Ein Mann für alle Fälle

1990 bis 1999

Geschichte ist der beste
Lehrmeister mit den
unaufmerksamsten Schülern.
Indira Gandhi

DREI TAGE DANACH

Am Mittwoch, dem 3. Oktober 1990, der seitdem als Tag der Deutschen Einheit gilt, wurde der Beitritt der Deutschen Demokratischen Republik zur Bundesrepublik Deutschland nach Artikel 23 des Grundgesetzes vollzogen. Wenige warnten damals vor einer »Sturzgeburt«. Voraus gingen der schnelle Beschluß der Volkskammer, der nicht ausgegorene Einigungsvertrag sowie der Zwei-plus-Vier-Vertrag, mit dem die Siegermächte UdSSR, USA, Frankreich und Großbritannien sowie die beiden deutschen Staaten die Einheit und Souveränität Deutschlands in den bisherigen Grenzen besiegelten. Mit mehr als 350.000 Quadratkilometern Fläche war die Bundesrepublik Deutschland nunmehr der sechstgrößte Staat Europas, mit über 80 Millionen Einwohnern verfügte es nach dem europäischen Teil Rußlands über die zweitgrößte Bevölkerungszahl, mit einem Bruttosozialprodukt von etwa 3,5 Billionen DM nahm es als Wirtschaftsmacht den ersten Platz auf dem Kontinent und den dritten in der Welt, nach den USA und Japan, ein.

Drei Tage nach der Vereinigung begann in Dresden der 41. Internationale Astronautische Kongreß, der Wissenschaftler und Wirtschaftler, Politiker und Publizisten aus der ganzen Welt vereinte. Ein Jahr zuvor war er von der Internationalen Astronautischen Föderation (IAF) der Gesellschaft für Weltraumforschung und Raumfahrt der DDR (GWR) zugeschlagen worden – erstmals nach 30 Jahren Mitgliedschaft. In der Bundesrepublik hatten IAF-Kongresse bereits dreimal stattgefunden – 1952 in Stuttgart, 1970 in Konstanz und 1979 in München. Die erste gesamtdeutsche Veranstaltung dieser Art in Elbflorenz erfreute sich des Zuspruchs von mehr als 1.500 Delegierten und Gästen von allen fünf Erdteilen.

Jähn kam als Ehrenmitglied des Präsidiums der GWR an die Elbe und traf dort mit vielen Kollegen und Partnern aus Ost und West, Nord und Süd zusammen. Nach dem Großen Zapfenstreich begann für den DDR-General a.D. und DLR-Berater in spe im Alter von 53 Jahren ein völlig neues und ungewohntes Leben. Die Träume der Jugend vom Winde der Wende verweht, die Hoffnungen der Reife auf Reformen nicht in Erfüllung gegangen, war nichts mehr sicher. Er konnte von Glück sprechen, wenigstens für die nächsten zwei Jahre im Sternenstädtchen Arbeit auf seinem Fachgebiet zu haben: Die Beratung und Betreuung der beiden Weltraumkandidaten Klaus-Dietrich Flade und Reinhold Ewald für die Mission MIR 92. Davon, daß er diese Tätigkeit für das Deutsche Zentrum für Luft- und Raumfahrt (DLR), wie es heute heißt, und später auch für die Europäische Weltraumorganisation ESA bis zum Ende des Jahrhunderts fortsetzen würde, wagte er damals nicht einmal zu träumen.

Erfahrungen für seine künftige Arbeit im Kosmonauten-Ausbildungszentrum »Juri Gagarin« besaß er mehr als genug. Hier hatte er sich selbst zwei Jahre lang auf seinen Raumflug vorbereitet und in den folgenden zehn Jahren regelmäßig an wissenschaftlich-technischen Beratungen teilgenommen oder Freunde besucht. 1989 konnte Jähn erstmals ausländische Kandidaten unterstützen. Im Ausbildungszentrum Wiener Neustadt führte er jene 30 österreichischen Anwärter in die Anforderungen an einen Kosmonauten, das Ausbildungsprogramm und die sowjetische Kosmostechnik ein, die von 220 Bewerbern übriggeblieben waren. Einer von ihnen, der Diplomingenieur Franz Viehböck, flog dann im Oktober 1991 die achttägige Mission AUSTROMIR auf SOJUS TM-13/MIR/SOJUS TM-12.

Die Vorbereitungen für MIR 92 begannen am 11. Oktober 1990 im Sternenstädtchen. Am Vorabend ihres Abfluges nach Moskau wurden Major Klaus-Dietrich Flade, Dr. Reinhold Ewald und Dr. Sigmund Jähn auf den Petersberg in Bonn eingeladen, wo Bundeskanzler Helmut Kohl für Generalsekretär und Staatspräsident Michail Gorbatschow einen Empfang gab. Zum ersten Mal betrat Sigmund Jähn dieses Parkett, wurde den hohen Herren und ihren Gattinnen Hannelore und Raissa vorgestellt und lernte die Bundesminister kennen. Die beiden Raumfahrtkandidaten wurden an diesem Galaabend offiziell als die künftigen deutschen Kosmonauten verabschiedet.

Was Jähn damals empfand, berichtete er sieben Jahre später in seiner Rede anläßlich der Verleihung des »Dr.-Friedrich-Joseph-Haass-Preises« in Bonn-Bad Godesberg: »Man sprach vom Beginn der Zusammenarbeit zwischen Deutschland und Rußland in der bemannten Raumfahrt, und meine Gefühle waren sehr zwiespältig. Der gemeinsame Raumflug, an dem ich teilgenommen hatte, lag ja bereits mehr als zehn Jahre zurück. Mir ging durch den Kopf, daß Hunderte Wissenschaftler aus der DDR seit vielen Jahren erfolgreich mit ihren Partnern in Moskau und anderswo in der Kosmosforschung zusammengearbeitet hatten. Natürlich sagte ich kein Wort. Seit dem 2. Oktober 24.00 Uhr ebendieses Jahres 1990 war ich als Offizier der NVA entlassen, und das böse Wort von der Staatsnähe stand im Raum. Dabei hatte ich kein Problem damit, meine Kenntnisse und Erfahrungen einzubringen in diese neue Republik, und schon gar nicht, was die Zusammenarbeit mit Rußland betraf, einem Land, das man lieben und einigermaßen kennen muß, wenn man als Deutscher in ihm Fuß fassen will. Wenn ich mich heute bedanken darf für eine so außergewöhnliche und spezielle Ehrung, dann möchte ich in diesen Dank viele Deutsche und Russen einschließen, die es mir seit jenem denkwürdigen Jahr leichter gemacht haben, meinen Platz in dem für mich neuen Deutschland und auch in diesem sich verändernden Rußland zu finden. Ich denke an viele Wissenschaftler, speziell an die Astronauten des Deutschen Zentrums für Luft- und Raumfahrt (DLR) und der Europäischen Raumfahrtorgansiation ESA, die im Verhältnis zu mir auch vom Anfang ihrer Tätigkeit in Rußland an die Größe hatten, die historischen Gegebenheiten unserer Tage nicht kleinlich zu zerreden.«

NEUER FRAGEBOGEN MIT ALTEN FRAGEN

Es war schon eine eigenartige Situation: Ein Major der Bundesluftwaffe würde mit einem sowjetischen Oberst als Kommandanten zu einer Raumstation fliegen, die ein russischer Aufklärer konstruiert hatte; und ein General der ehemaligen NVA betreute ihn dabei. Was vor anderthalb Jahren noch undenkbar schien – einig Vaterland machte es möglich. Im März 1992 sollte vom kasachischen Kosmodrom Baikonur aus das Raumschiff SOJUS TM-14 starten, in dem neben dem Kommandanten und dem Bordingenieur aus der UdSSR – die dann aber gar nicht mehr existierte – ein Forschungskosmonaut aus der BRD saß – Klaus-Dietrich Flade oder Reinhold Ewald. Einen Tag später war das Andocken des Trios an MIR vorgesehen, wo die russischen Stammbesatzer die Besucher erwarteten. Zu den Konstrukteuren der Raumflugkörper, die bei diesem achttägigen Unternehmen eingesetzt wurden, gehörte der erste Wissenschaftskosmonaut Professor Konstantin Feoktistow, der während es Zweiten Weltkrieges als ganz junger Mann gefährliche Kundschafteraufträge hinter den deutschen Linien ausgeführt hatte. Die vereinbarten Kosten von 28 Millionen DM für das gesamte Unternehmen – 20 Millionen für das Flugticket und acht Millionen für die Vorbereitung – waren preiswert, zumindest im Vergleich zu den 730 Millionen DM, die insgesamt für die Teilnahme von zwei deutschen Spezialisten – Hans-Wilhelm Schlegel und Ulrich Walter – an der zehntägigen Mission D-2 mit einem amerikanischen Space Shuttle und dem SPACELAB im April/Mai 1993 an die NASA entrichtet werden mußten.

Vor dem Abflug nach Moskau mußte allerdings der neue freie Mitarbeiter der DLR einen Fragebogen ausfüllen, der ihn an alte Zeiten erinnerte. Da hieß es unter anderem: Welche Reisen haben Sie ins kommunistische Ausland unternommen? »KA« bedeutete hier also nicht wie früher »Kapitalistisches Ausland«. Jähn füllte gewissenhaft aus: »In alle Länder, die dafür in Frage kommen – mehrmals!«
Bevor es jedoch mit dem Training im Sternenstädtchen richtig losging, mußte noch ein anderes Abenteuer bestanden werden.

Der DLR-Vortrupp in Baikonur

Der größte deutsche Autokonzern, Daimler-Benz in Stuttgart, hatte für die beiden deutschen Kandidaten für MIR 92 »kostenlos« zwei Personenkraftwagen des Typs Mercedes T zur Verfügung gestellt. Das ließ sich einerseits von der Steuer absetzen, und andererseits diente es der Reklame für den Geschäftsbereich Raumfahrt der Dasa. Die Überführung der beiden Luxusautos erfolgte durch vier Fahrer – der DLR-Raumfahrtchef Steimle und Jähn gehörten dazu – auf der Strecke Untertürkheim–Köln–Berlin–Strausberg–Frankfurt/Oder–Warschau–Brest–Minsk– Moskau. Summa summarum 2.850 Kilometer. Die Teilnehmer der wagemutigen Expedition erinnern sich heute mit großem Vergnügen ebenso an die vielen angenehmen Stationen als auch an die oft schwierigen Zwischenfälle. So schien an der polnisch-russischen Grenze zunächst alles gut zu gehen. Als der kleine sowjetische Grenzsoldat hörte, daß das Ziel der Reisenden das legendäre Sternenstädtchen war, salutierte er und wollte sie ohne Formalitäten wie Diplomaten passieren lassen. Doch plötzlich eilte ein langer Offizier herbei und schrie »Njet!«. Ein großes Palaver begann und schien kein Ende zu nehmen. Da zog Sigmund seinen Ausweis als »Held der Sowjetunion«, was er äußerst selten und ungern tat, und alles endete mit Umarmungen. An anderen Orten in Polen stieß die kleine, auffällige Mercedes-Kolonne auf Straßensperren, die völlig unberechtigt »Zoll« verlangten. Solche Hindernisse überwand der erfahrene »west-östliche Iwan« Sigmund hier mit einer Flasche Wodka und dort mit ein paar Schachteln HB. Trotz der lustigen Erlebnisse waren alle Reisenden froh, als sie endlich die Tore des Sternenstädtchens passierten und wohlverdiente Ruhe in dem Prophylaktorium genannten Hotel fanden.

KOSMISCHER LOHN

Im Dezember wurden Major Flade und Dr. Ewald zu Dritten Sekretären an der Deutschen Botschaft in Moskau ernannt und erhielten dadurch Diplomatenstatus. In den 15 Monaten der Vorbereitung auf den Raumflug betreute Sigmund Jähn die beiden Kandidaten nicht nur im Sternenstädtchen, sondern begleitete sie und die am Programm beteiligten deutschen Wissenschaftler und Techniker auch auf allen ihren Wegen. Beispielsweise bei Besuchen der russischen Raumschiffwerft Energija und des kasachischen Weltraumbahnhofs Baikonur, beim Überlebenstraining in der Taiga und im Schwarzen Meer. Dr. Ewald erinnert sich: »Als wir 1990 zum ersten Mal nach Moskau kamen, standen wir wie die Kuh vorm neuen Tor. Alles war für uns neu und fremd – Sprache und Sitten, Ton und Technik. Sigmund öffnete uns alle Türen und auch die Herzen der Menschen, bei denen er fachlich und charakterlich hoch angesehen ist. Er war unser Passepartout.«

MIR 92, der erste deutsch-russische Raumflug, war zugleich das erste internationale Unternehmen nach der Auflösung der Sowjetunion im Dezember 1991. In Fortsetzung der sowjetischen Bilanz handelte es sich um den 75. bemannten Raumflug und um die Teilnahme des 19. Ausländers aus dem 17. Staat an Bord von SOJUS-Raumschiffen und Orbitalstationen der Typen SALUT und MIR. Die gemischte Mannschaft bestand aus dem in Nordkasachstan geborenen russischen Kommandanten Oberst Alexander Wiktorenko, dem in Lettland geborenen Bordingenieur Alexander Kaleri und dem deutschen Wissenschaftskosmonauten Major Klaus-Dietrich Flade aus Rheinland-Pfalz. Er war der fünfte Deutsche und der 266. Erdenbürger im All und nahm am 145. bemannten Weltraumunternehmen teil.

Der Start erfolgte am 17. März 1992 mit SOJUS TM-14 und die Kopplung mit MIR 50 Stunden später. Dort wurden der deutsche Gast und die neue Stammbesatzung von der alten – dem Russen Sergej Krikaljow und dem aus der Ukraine stammenden Alexander Wolkow – begrüßt, die mit Flade am 25. März in SOJUS TM-13 zur Erde zurückkehrten, wo die Landung südöstlich von Arkalyk in der kasachischen Steppe stattfand.

Das deutsche Forschungsprogramm umfaßte 14 medizinische, biologische und metallurgische Experimente, die von Hunderten von Wissenschaftlern in ebenso vielen Instituten zwischen Rhein und Oder vorbereitet und ausgewertet wurden. Dazu gehörten aus den Neuen Bundesländern die Humboldt-Universität Berlin, die Medizinische Akademie Erfurt und das Institut für Luftfahrtmedizin in Königsbrück bei Dresden, wo Sigmund Jähn anderthalb Jahrzehnte zuvor als Kosmoskandidat ausgewählt worden war.

Einen Schatten auf die Mission MIR 92 warfen die Ereignisse im Flugleitzentrum Kaliningrad und auf dem Kosmodrom Baikonur. Den Start des Frachtraumschiffes PROGRESS M 11 am 25. Januar 1992 mit dem 85 Kilogramm schweren deutschen Wissenschaftspaket an Bord nutzte die Belegschaft der Bodenstation, um durch einen Streik nachdrücklich auf ihre soziale Misere aufmerksam zu machen. Unter der Losung »Kosmischer Lohn für kosmische Arbeit« forderte sie eine angemessene und regelmäßige Bezahlung ihrer Gehälter. Aufsehen erregten auch die Protestaktionen von Soldaten der Kosmischen Streitkräfte des Weltraumbahnhofs gegen ausbleibenden Sold und unzureichende Versorgung.

An die deutsch-deutsche Zusammenarbeit, wie es damals noch hieß, erinnert sich Sigmund Jähn: »Für mich war es ein glücklicher Umstand, daß ich während der Vorbereitung des Raumfluges von Klaus Flade im Projekt MIR 92 zum zweiten Mal für längere Zeit im Sternenstädtchen für die Raumfahrt tätig sein durfte. Ja, es hat sich viel verändert. 1978, bei meinem Raumflug, war ich Ostdeutscher aus der DDR. 1992 bei MIR 92 war ich als Deutscher in Rußland. 1994 beim Projekt EUROMIR 94 der ESA bin ich als Europäer in Baikonur gewesen. Klaus Flade und ich waren früher Militärpiloten und standen auf zwei durch Militärpakte und politische Feindseligkeiten getrennten Seiten. Ich flog auf MiGs, er auf Starfighter. Zum Glück flogen wir nur, ohne aufeinander schießen zu müssen.«

Flade bedankte sich bei seinem Betreuer auf originelle Art. Er ließ eine Luftbildaufnahme von Rautenkranz mit dem Elternhaus Sigmunds von allen fünf Kosmonauten auf MIR unterschreiben und schenkte sie dem Freund.

In den acht Jahren zwischen 1990 und 1998 betreute Jähn sieben Kandidaten für vier Raumflüge – zwei deutsch-russische und zwei europäisch-russische: Klaus-Dietrich Flade und Dr. Reinhold Ewald für MIR 92, Dr. Ulf Merbold und Pedro Duque (Spanien) für EUROMIR 94, Thomas Reiter und Dr. Christer Fuglesang (Schweden) für EUROMIR 96 sowie Dr. Reinhold Ewald und Dr. Hans-Walter Schlegel für MIR 97. Einen Grand mit Vieren gewann die deutsche Raumfahrt durch die Wissenschaftskosmonauten, die dafür zum Einsatz kamen – Flade (acht Tage), Merbold (32 Tage), Reiter (179 Tage) und Ewald (21 Tage). Sie können für sich 240 All-Tage verbuchen. Das macht 80 Prozent der insgesamt rund 300 Tage Aufenthalt im Weltraum aus, den alle neun deutschen Raumfahrer bei elf Flügen auf sich vereinigten – sechs mit den USA und fünf mit der UdSSR beziehungsweise Rußland.

EIN-MANN-BÜRO IN MOSKAU

Seit 1993 firmiert Dr. Sigmund Jähn auf seinen Visitenkarten in Englisch und Russisch unter ESA – European Space Agency und EAC – European Astronauts Center als EUROMIR Project Office mit den beiden Anschriften Star City und Linder Höhe, Köln. Was sich dahinter verbirgt, kommentiert er so: »Nichts weiter. Im Sternenstädtchen bei Moskau habe ich ein kleines Ein-Mann-Büro. Das Europäische Astronautenzentrum EAC wiederum befindet sich auf dem Gelände des Deutschen Zentrums für Luft- und Raumfahrt in Köln. Auf der Grundlage eines zeitlich begrenzten Vertrages bin ich freier Mitarbeiter der europäischen Raumfahrtorgansisation ESA. Und zwar für EUROMIR, zwei Missionen, die mit der russischen Kosmosagentur RKA vereinbart wurden. Da bin ich gewissermaßen der Mann für alle Fälle. Die Ausbildung der ausländischen Kandidaten liegt in den Händen russischer Spezialisten. Doch es gibt Termine, die abzustimmen sind, Probleme im täglichen Ablauf, die sich aus Unterschieden in Sprache, Mentalität und Technik ergeben. So bin ich als Koordinator, Vermittler und Dolmetscher gefragt. Ständig kommen Leute von der ESA und dem DLR, die mit den künftigen Astronauten Experimente vorbereiten. Bei EUROMIR 95 beispielsweise gab es über 40 Versuchsanordnungen in Biologie und Medizin, Technologie, Materialwissenschaften und Astrophysik. Das alles, bis hin zu Flügen nach Baikonur und zu den Landeorten, muß unter einen Hut gebracht werden.«

Start des Projektes EUROMIR: Ulf Merbold und Sigmund Jähn 1993 im Museum des MIR-Herstellers NPO Energija bei Moskau

Thomas Reiter und Sigmund Jähn auf der ILA 98 Berlin-Branden-burg

Jähn, dessen Vertrag bis zum Ende des Jahres 1999 verlängert wurde, brachte viele Jahre seines Lebens in der Sowjetunion beziehungsweise in Rußland zu. Seit Beginn der neunziger Jahre ist er mehr in Moskau und Baikonur, Köln und Paris unterwegs als zu Hause in Strausberg oder Rautenkranz. Ob es ihn manchmal traurig stimmt, anderen bei der Vorbereitung für den Weltraum zu helfen, selbst aber nicht mehr zu fliegen? »Ich bin jetzt 62 Jahre alt und habe meine Zeit gehabt. Das Erlebnis Weltraum kann mir

Sichtlich gerührt zum 60. Geburtstag im Sternen-städtchen

Opa Jähn mit seinen drei Enkeln Daniel, André und Alexander auf einem von Klaus-Dietrich Flade aus Ruß-land importierten Oldtimer »Ural«

niemand nehmen. Ich aber kann so manche Erfahrung weiterge-ben. Deshalb mache ich meine Arbeit gern, zumal sie mir erlaubt, in der Raumfahrt auf dem laufenden zu bleiben.«

Daß die Konzentration auf seine fachliche Tätigkeit auch schon mal Nebenwirkungen zeitigt, macht folgende Geschichte deut-lich: Das Parlament der wiedervereinigten Hauptstadt Berlin über-nahm Sigmund Jähn und seinen russischen Weltraumpartner Waleri Bykowski als Ehrenbürger aus Ostberlin. Von ehemals 25 Persönlichkeiten blieben außer den beiden Raumfahrern nur Otto Nagel, Heinrich Zille, Anna Seghers, Wolfgang Heinz und Wie-land Herzfelde, die verstorben sind. Am 12. April 1993, dem Tag der Raumfahrt, titelte die »Morgenpost«: »Kosmonaut kneift vor dem Maler«. Anlaß dafür war die Mitteilung von Sigmund Jähn, daß er sich wegen seiner Arbeit im Ausland nicht für die Galerie des Abgeordnetenhauses in Öl porträtieren lassen könne. Einige Abgeordnete sprachen damals von einer »Brüskierung des ver-einten Berlins«. Dabei hatte der erste Deutsche im All nur vor-geschlagen, doch ein Foto zu verwenden, was den Steuerzahler billiger käme. Eine Anfrage beim Stadtarchiv in Strausberg ergab, daß Jähn auch dort weiter als Ehrenbürger geführt wird. In der Öffentlichkeit allerdings ist davon nichts zu bemerken. Ganz anders in Morgenröthe-Rautenkranz, wo der Besucher schon am Ortseingang durch ein Schild erfährt, daß das der »Geburtsort des ersten deutschen Kosmonauten« ist. Früher hieß es »Geburtsort des ersten Fliegerkosmonauten der Deutschen Demokratischen Republik«. Auch einige Schulen haben es sich nicht nehmen lassen, seinen Namen weiter zu tragen.

ORDEN UND EHREN

Die bisher letzte Mission, die Sigmund Jähn betreute, war MIR 97, bei der Dr. Ewald drei Wochen lang auf dem Orbitalkomplex arbeitete und einige Abenteuer erlebte. Wiederum beteiligten sich an den Experimenten Einrichtungen aus den Neuen Bundesländern, so ein Zentrum des DLR in Berlin-Adlershof an der Kristallzüchtung mit der Zonenschmelztechnik, die Universität Halle an der Wärmekonvektion beim Wachstum von Mischkristallen, die Universität Jena an der Keimbildung in Glasschmelzen und die Raumfahrt-System-Technik (RST) in Rostock an der Analyse der Atemluftkomponenten in der Raumstation.

Mit seiner Arbeit trägt Jähn auch dazu bei, den Weg zur Internationalen Raumstation zu bereiten, deren Zukunft bereits begonnen hat. Nach Beginn des Routinebetriebs mit sechsköpfigen Besatzungen im Jahre 2003 sind ESA-Astronauten jährlich zwei Einsätze von je drei Monaten Dauer zugedacht. Zu diesem Zweck beschloß der ESA-Rat im März 1998 beim EAC in Köln ein einheitliches europäisches Astronautenkorps aufzustellen, das bis zur Mitte des Jahres 2000 sechzehn Mitglieder umfaßt. Gegenwärtig sind es 14 Kandidaten aus acht Ländern – je drei aus Deutschland, Frankreich und Italien sowie je einer aus Belgien, den Niederlanden, Schweden, der Schweiz und Spanien. Vier davon, Pedro Duque, Christer Fuglesang, Thomas Reiter und Hans Schlegel, arbeiteten mit Sigmund Jähn im Sternenstädtchen zusammen. Die größten Chancen von ihnen hat Thomas Reiter, der als einziger Europäer ein halbes Jahr lang im Weltraum lebte, außer Russen, Amerikanern und Franzosen zweimal Außenbordarbeiten ausführte und neben Christer Fuglesang der einzige europäische Astronaut ist, der zwei Patente für das SOJUS-Schiff besitzt, das auch als Rettungsfahrzeug für die Internationale Raumstation vorgesehen ist. Und zwar als Bordingenieur II. Klasse für die Lebenserhaltungs- und Wärmeregulierungssysteme sowie als

Bordingenieur I. Klasse für die Steuerung zwischen Umlaufbahn und Erde. Dafür hatte sich Sigmund Jähn bei den Russen ebenso eingesetzt wie dafür, daß Reiter auch Reparaturarbeiten an Bord von MIR ausführen durfte. Der Grund für Jähns Engagement: »Thomas Reiter gehört zu den wenigen Menschen, die alle Voraussetzungen für den Beruf eines Kosmonauten mitbringen. An ihm ist alles rund!«

Die Deutsche Agentur für Raumfahrt-Angelegenheiten (DARA) in Bonn, die 1997 mit der Deutschen Forschungsanstalt für Luft- und Raumfahrt zum Deutschen Zentrum für Luft- und Raumfahrt (DLR) fusionierte, führte in ihren Jahresberichten unter den erfolgreichsten kleinen und mittleren Unternehmen der Branche in den Neuen Bundesländern die Dr. Sigmund Jähn Raumfahrtberatung auf – einen Ein-Mann-Betrieb, wie wir wissen. Auf der Internationalen Luft- und Raumfahrtausstellung ILA 98 in Berlin-Schönefeld wurden Sigmund Jähn von den Besuchern Ovationen dargebracht, nachdem er in einem Gespräch unter Kosmonauten erklärte: »Die Raumfahrt muß sich immer wieder den Vorwurf gefallen lasen, sie würde zuviel Geld kosten. Ich weiß aber aus meiner früheren Tätigkeit als Offizier, um wieviel teurer militärische Forschung und Anschaffung ist – was beispielsweise ein modernes Kampfflugzeug kostet, das letzten Endes dazu da ist, Menschen zu töten. Bei der friedlichen Erforschung und Nutzung des Weltraumes hingegen geht es darum, der Menschheit bei der Lösung von Existenzproblemen zu helfen – Nahrungsmittel, Bodenschätze und Wasservorräte zu erschließen, vor Naturkatastrophen zu warnen und die Umwelt zu schützen.«

Infolge der internationalen Aktivitäten von Sigmund Jähn blieben auch im letzten Jahrzehnt des Jahrhunderts Ehrungen nicht aus. So wurde ihm »in Anerkennung seiner Verdienste um die bemannte Raumfahrt« von der Deutschen Gesellschaft für Luft- und Raumfahrtmedizin (DGLRM) 1993 die Hubertus-Strughold-Medaille verliehen, die nach einem Pionier der aerokosmischen Medizin benannt ist. In seinem Dankeswort erklärte Sigmund: »Wenn ich es sarkastisch sehe, ist dies meine erste deutsche Anerkennung, nachdem all die anderen mit dem Untergang der DDR ungültig geworden sind. Vielleicht hat die Medizin auch das der Politik voraus: Sie ist eine Wissenschaft mit einem humanistischen Grundanliegen.«

Für Ausländer, seien es nun Amerikaner oder Russen, Franzosen oder Polen, bleibt es sowieso unverständlich, daß im wiedervereinigten Deutschland verdiente Auszeichnungen der DDR, eines souveränen Staates, der Mitglied der UNO war, nicht anerkannt sind, während Orden aus der Nazizeit öffentlich getragen werden dürfen. In einem Gespräch äußerte Jähn: »Als mir vor mehr als 20 Jahren vorgeschlagen wurde, an einem Weltraumflug teilzunehmen, habe ich nicht an Geld oder Orden gedacht. Wegen der Größe der Aufgabe ließ ich mir nicht einmal meinen ausgefallenen Urlaub vergüten. Heute, wo ungültige Orden in meinem Schrank liegen, bin ich natürlich klüger geworden und halte es mit Goethe, der auf eine entsprechende Frage gesagt haben soll: Orden und Ehren können manchen Puff vertragen!«

DES HERZOGS VOGELPERSPEKTIVE

Am 16. Februar 1998 erkannte das Deutsch-russische Forum in Bonn Sigmund Jähn »in Würdigung seines persönlichen Engagements und seines hervorragenden Beitrages zur deutsch-russischen Verständigung und Zusammenarbeit« den Friedrich-Joseph-Haass-Preis zu. Der Preis wurde nach dem deutschen Mediziner und Philantropen Friedrich Joseph Haass (1780 bis 1853) benannt, der sich als Leibarzt von Zar Alexander I. vor allem für die Leibeigenen, Armen, Bettler und Strafgefangenen einsetzte und sein Vermögen für sie opferte. In Rußland galt er als Heiliger. Vorstandsvorsitzender des 1993 gegründeten Forums ist Dr. Andreas Meyer-Landrut, ehemaliger deutscher Botschafter und danach Repräsentant von Daimler Benz in Moskau. Den jährlich verliehenen Preis erhielten bisher Russen und Deutsche, darunter Maja Turowskaja, Drehbuchautorin des Films »Der alltägliche Faschismus« und Thomas Roth, Leiter des WDR-Studios in Moskau. In seiner Festansprache anläßlich des fünfjährigen Bestehens des Forums und der Auszeichnung von Sigmund Jähn erklärte Bundespräsident Roman Herzog überraschend für die Anwesenden, insbesondere für die Journalisten:

»Der Schlüsselbegriff für das deutsch-russische Verhältnis heißt Partnerschaft. In vielen Fällen kann und soll die Politik den Grundstein legen. Wirklich mit Leben erfüllt wird die Angelegenheit aber erst durch die Initiative der Bürger selbst. Vor allem wäre es sinnvoll, das Potential des Wissens übereinander zu nutzen, das insbesondere unsere Landsleute in den östlichen Bun-

desländern besitzen. Es gibt bei ihnen ein Potential an Sprach-
kenntnissen und an persönlichen und beruflichen Erfahrungen,
das heute leider in vielen Fällen brachliegt.

Die heutige Auszeichnung von Dr. Jähn ist deshalb auch ein
Hinweis an alle, dieses Potential nicht ruhen oder gar einrosten
zu lassen, sondern es zu aktivieren und für die Gestaltung der
gemeinsamen Ziele einzusetzen.

Es gilt, das klischeehafte und vorurteilsvolle Bild, das wir vielfach voneinander haben, gegen die Realität unserer Gesellschaf-
ten auszutauschen. Hier sind nicht zuletzt auch die Medien gefordert. Wir sollten auch in dieser Hinsicht von unserem diesjähri-
gen Preisträger lernen und aus seiner Erfahrung als Kosmonaut
schöpfen: Nicht die Konzentration auf einige wenige Schwach-
punkte, sondern der Blick auf die Gesamtheit – die Vogelper-
spektive – gibt das richtige Bild.«

Des Herzogs Wort in Gottes Ohr! Doch die gnadenlose Liqui-
dierung der drei Jahrhunderte alten Leibniz-Akademie und die
Abwicklung von führenden DDR-Wissenschaftlern und Technikern, die in der Sowjetunion studiert und gearbeitet hatten, sprechen für sich.

DEUTSCHE GRÜNDLICHKEIT

In seiner Dankesrede, die der illustre Kreis mit großer Aufmerksamkeit anhörte, bewies Sigmund Jähn erneut seine Ehrlichkeit und Geradlinigkeit. Die dabei an den Tag gelegte Zivilcourage des ehemaligen Militärangehörigen fand sicherlich nicht
die Zustimmung aller Anwesenden, wurde jedoch mit Beifall
bedacht:

»Für mich ist das ein aufrichtiger Grund zur Freude, und ich
hoffe mich nicht zu täuschen, wenn ich in der Auszeichnung auch
eine gewisse symbolische Bedeutung sehe. Denn es gibt viele unserer Landsleute, die aufgrund ihrer an damaligen sowjetischen Bildungseinrichtungen erworbenen Sprach- und Fachkenntnisse und
dank ihrer früheren Kontakte nun wieder – und jetzt beziehe ich
mich auf die Festansprache des Herrn Bundespräsidenten – im
Sinne der ›deutsch-russischen Beziehungen als einer politischen
und gesellschaftlichen Herausforderung‹ in Rußland unterwegs
sind. Jedenfalls werde ich auf meinen Reisen nach Moskau oft von
in diesem Sinne Reisenden angesprochen.

Die Geschichte in den beiden Deutschlands ging den von den Siegern vorgezeichneten Weg. 1963 flog ich mit einer MiG-21 bei Astrachan an der Wolga übungshalber Luftkämpfe, während deutsche Piloten der Luftwaffe auf Starfighter-Maschinen in den USA das gleiche taten. Erst nach dreißig Jahren, im Kosmonautenausbildungszentrum bei Moskau, wurden wir uns als deutsche Offiziere einig, daß wir immerhin noch Glück gehabt hatten in und mit unseren beiden Deutschlands, die uns der Krieg hinterließ, und daß die teure Überei nicht bitterer Ernst geworden war. In der deutschen Geschichte des zwanzigsten Jahrhunderts hätte ein Bruderkrieg gerade noch gefehlt.

Das sage ich heute. Als ich jünger war, habe ich mir diese Gedanken so nicht gemacht. Mehr noch: Die Freude über die Entschärfung des atomaren Pulverfasses in meinem Vaterland vor nun fast einem Jahrzehnt war auch verbunden mit einer Phase der Unsicherheit mit mir selbst und im Verhältnis zu meinen russischen Bekannten, die ja aus logistischen Gründen nicht einfach abgewickelt werden konnten.

Auffällig viele Russen konnten sich ein für die Ewigkeit geteiltes Deutschland und das Funktionieren von zwei Berlins – obwohl von den Deutschen nicht selbst erfunden – sowieso nur schlecht vorstellen. Vielleicht nur unter dem Aspekt, daß die Deutschen ihrer Meinung nach alle Dinge besonders gründlich machen. ›Ist es deutsche Gründlichkeit und Deutschlands Zukunft dienlich‹, wurde ich später von General Schatalow gefragt; ›daß ihr in Berlin auch im nächsten Jahrtausend noch Papierschnitzel aus dem Bestand einer verblichenen deutschen Organisation zusammenklaubt, um unter euch Schuldige zu suchen? Wir haben andere Sorgen!‹

Was mag den deutschen Arzt Dr. Friedrich Haass bewogen haben, den Kontakt mit Rußland zu suchen? Vielleicht war ihm damals schon bewußt, daß uns mehr verbindet als trennt. Jedenfalls glaube ich heute gemeinsam mit vielen Russen und Deutschen daran, daß der Frieden im Herzen Europas ziemlich sicher ist, wenn sich die jeweiligen Regierungen in Deutschland und Rußland gut verstehen, wenn sie gemeinsam den Austausch von Fachleuten fördern, deutsch-russische Organisationen oder das Deutsch-Russische Forum in ihrer Tätigkeit unterstützen, und es auch in Zukunft viele gemeinsam wissenschaftliche, zum Beispiel Raumfahrtprojekte gibt.«

Zu Gast auf der Datsche: Wassili Zibiljew und Alexander Lasutkin, die Schicksals- Besatzung von MIR

Der damalige Koordinator für die deutsche Luft- und Raumfahrt, Dr. Norbert Lammert (CDU), Parlamentarischer Bundesminister beim Bundesminister für Verkehr, gratulierte Jähn in einem Brief vom 17. Februar 1998, in dem es unter anderem heißt: »Gerne erinnere ich mich an unsere Begegnung in Moskau im vergangenen Jahr anläßlich der Luftfahrtschau. Unser damaliges Gespräch hat mir einen ersten persönlichen Eindruck von den Kontinuitäten und Diskontinuitäten deutsch-russischer Zusam-

Gäste zum 20. Jahrestag seines Raumflugs in Strausberg: Dr. Walter Peeters (ESA) und Hans-Ulrich Steimle (DLR) überreichen dem Jubilar ein Erinnerungsbuch

menarbeit unter den Bedingungen der deutschen Teilung vermittelt. Vielleicht haben mich auch deswegen Ihre sehr persönlichen Dankesworte anläßlich der Preisverleihung besonders beeindruckt.«

Unerwartete Post erhielt der »Herr General a.D. Sigmund Jähn« von der Lehrgruppe Ausbildung der Offiziersschule der Luftwaffe in Fürstenfeldbruck, mit einer Bitte des stellvertretenden Kommandeurs, Oberstleutnant Hans Hammer vom 10. August 1998: »Im Rahmen einer Neukonzeption unserer Ausstellung im Lehrsaalgebäude ist auch eine permanente Präsentation der deutschen Beteiligung an der Raumfahrt geplant ... Vom ersten Deutschen im All, dem Fliegerkosmonauten Sigmund Jähn, besitzen wir leider ›nur‹ den natürlich sehr informativ gestalteten Katalog ›Gemeinsam im Kosmos‹, seinerzeit herausgegeben durch das Armeemuseum der DDR. Da wir mit Nachdruck auf eine ausgewogene und dem Stellenwert der Pionierleistung entsprechende Präsentation besonderen Wert legen, wären wir sehr dankbar, wenn Sie uns ein möglichst großformatiges Foto, das Sie als Fliegerkosmonaut zeigt, mit einer handschriftlichen Widmung überlassen würden ... Mit kameradschaftlichem Gruß«

Sigmund Jähn erfüllte diese Bitte mit einigen kleinen Souvenirs und einer Luftaufnahme seines Heimatortes Morgenröthe-Rautenkranz, die Oberstleutnant Flade 1992 mit zu MIR genommen, gemeinsam mit seinen russischen Kosmonautenkollegen unterschrieben und auf der Rückseite mit dem Bordstempel versehen hatte: »Was Ihr Anliegen und den Inhalt Ihres Briefes betrifft, so gehen mir beim Lesen doch die verschiedensten Gedanken durch den Kopf. Vielleicht ist es der Abstand von 1990, der uns über die Geschichte der beiden Deutschlands und ihre Armeen nach dem Zweiten Weltkrieg nun nüchterner als noch vor Jahren denken und handeln läßt. Ich hätte Ihre Bitte nicht erwartet.«

KANT UND GAUS

Unerwartet kam 1998 auch die Einladung von Günter Gaus in die Fernseh-Interview-Sendung »Zur Person«. Der frühere Programmdirektor beim Südwestfunk, Chefredakteur des Nachrichtenmagazins »Der Spiegel«, Staatssekretär im Bundeskanzleramt, Leiter der Ständigen Vertretung der BRD in der DDR, Senator für Wissenschaft und Forschung in Westberlin und nun freie

Publizist prägte den Begriff der »Nischengesellschaft« ebenso wie die von Helmut Kohl schamlos und ohne Quellenangabe benutzte Sentenz von der »Gnade der späten Geburt«. Jähns Entscheidung, sich mit dem Sozialdemokraten Gaus vor die Kamera zu setzen, wurde vielleicht auch durch die Erkenntnis des großen deutschen Philosophen Immanuel Kant beeinflußt: »Soviel ist gewiß: Wer einmal Kritik gekostet hat, den ekelt auf immer alles dogmatische Gewäsch, womit er vorher aus Not vorlieb nahm, weil seine Vernunft etwas bedurfte und nichts Besseres zu ihrer Unterhaltung finden konnte.«

In diesem Gespräch schilderte Jähn seine persönliche und politische Entwicklung – die Hoffnungen und die Aufbruchstimmung, die in der Nachkriegsgeneration der kleinen Leute herrschte. Als junger Offizier der NVA galt für ihn ein unumstößliches Gesetz, daß von deutschem Boden nie wieder ein Krieg ausgehen darf. Aus persönlichen Gesprächen unter Generalen am Mittagstisch in Strausberg wisse er, daß diese 1989 nicht bereit gewesen seien, auf die Montagsdemonstrationen in Leipzig schießen zu lassen. »Die NVA ist eine Volksarmee und schießt nicht auf das Volk«, lautete das Argument. Ein Eingreifen der Sowjetarmee, das nicht erwogen worden sei, wäre eine »nicht auszumalende Tragödie« gewesen. Das wiedervereinte Deutschland würde »viel mehr Größe gewinnen«, wenn der friedliche Charakter der Wende noch stärkere Würdigung fände. Der Kosmonaut räumte ein, von den großen ökonomischen Problemen, dem Wahlbetrug und von den anderen demokratischen Defiziten in der DDR gewußt zu haben. Heute wisse er, daß er einer Idee nachgelaufen sei, die nicht aufging. Den Untergang der DDR betrachte er als das Wort der Geschichte, die nun gesprochen habe. Seine Hoffnung sei es gewesen, daß es bei allen Unterschieden in Deutschland nun gemeinsam weitergehe. »Doch dann kam die Abrechnung, und das war schade!«

Er selbst könne es verschmerzen, bisweilen »staatsnah« genannt zu werden und dem Rentenstrafrecht ausgesetzt zu sein. Doch er hätte sich etwas mehr Großzügigkeit im Umgang mit den Abgehalfterten und Abgewickelten gewünscht. Auf die Frage von Gaus nach seiner heutigen politischen Position erklärte Jähn, er habe es aufgegeben, einer Partei anzugehören. Seine Träume seien »aus verschiedenen Gründen zugrundegegangen«. Deshalb finde er keinen neuen Ansatzpunkt. Doch er sei heute »eher Marxist« als alles andere. Wenn man jetzt bei Marx »tief nachliest«, werde dieser »fast wieder aktuell. ›Vernunft statt Macht‹« sei die Forderung, der er sich voll anschließe.

Nach dieser Fernsehsendung setzten wir die Diskussion mit Sigmund Jähn fort, wollten von ihm wissen, wie er heute zu Politikern steht: »Ich besitze nicht das Profil eines Politikers, aber ich habe ihnen vertraut. Nur kommen mir nun, in reiferen Jahren, berechtigte Zweifel an der Ehrlichkeit und Prinzipienfestigkeit von Politikern und Ideologen, denen wir, junge Menschen der Nachkriegsgeneration, egal wo, gläubig gefolgt sind. Deshalb sage ich heute: Der Machtinteressen und Eitelkeiten einzelner Leute wegen, die sich mit ihren ›politischen Gegnern‹ schnell zu einem Deal zusammenfinden, wenn es ihren Interessen nutzt, hätte ich nicht mein Leben opfern wollen.«

Nachdem Sigmund Jähn ein Viertel seines Lebens in der Sowjetunion und in Rußland lebte und arbeitete sowie Russisch wie seine Muttersprache spricht, fragen wir nach seiner Meinung über die gesellschaftliche Vergangenheit, Gegenwart und Zukunft dieses Riesenlandes: »Als Kind hatte ich meine Probleme mit dem Russischen, was sicher an den Lehr- und Lernverhältnissen unserer Anfangsjahre lag. Aber mit Hilfe von Lehrern und Freunden lernte ich die Sprache zu beherrschen. Heute denke und träume ich manchmal sogar auf Russisch. Leider weiß ich jetzt, daß das, was in der Sowjetunion als Sozialismus bezeichnet wurde, keiner war. Doch die Verhältnisse, die nunmehr herrschen, haben auch keine Perspektive. Rußland hat keine alten Kapitalisten wie Deutschland, die die Wirtschaft übernehmen. Bei uns wurden die Leute ausgewechselt, dort haben sich viele ganz schnell umgestellt. Die gleichen Funktionäre, die dich damals zum Teufel jagten, wenn du auch nur das Geringste gegen die Kommunistische Partei sagtest, bereichern sich heute maßlos am Volksvermögen. Das Prinzip ›Profit vor Progress‹ bringt die Welt an den Abgrund.«

Der Allgemeine Deutsche Nachrichtendienst (ADN) wollte von Jähn wissen, ob er es als eine Art Rehabilitierung betrachte, daß ihn Bundespräsident Herzog als Vorbild bezeichnete und dazu aufforderte, aus seinen Erfahrungen zu schöpfen: »Ich war und bin Deutscher. Ich habe vierzig Jahre lang in der DDR gelebt und diesem international anerkannten deutschen Staat gedient. Verbrechen habe ich nicht begangen. Meine Freunde und Kosmonautenkollegen aus Polen, Ungarn, dem heutigen Rußland und all den anderen Ländern, Offiziere ihrer Armeen wie ich, tragen noch heute ihre Uniform. Ich nehme nun die Geschichte so, wie sie ist. Ich hadere nicht mit der Welt von heute und auch nicht mit der von gestern. Auch nach 1990 war ich bereit, ordentlich zu arbeiten – und war froh, daß ich es konnte. Es liegt mir nichts daran, Vorbild zu sein; ich sehe aber auch nicht recht ein, daß ich wegen irgend etwas in meinem Leben vor dem 3. Oktober 1990 rehabilitiert werden muß. Ich habe Arbeit gefunden und unter den neuen Fachkollegen auch Anerkennung. Mehr konnte ich nicht erwarten. Die verordnete Strafrente ist für mich somit in erster Linie nicht ein materielles Problem. Allerdings fragen mich meine Kollegen im Ausland schon, wie denn das zusammenpaßt: Erster Deutscher im Weltraum, Ehrenbürger der Hauptstadt Deutschlands und Abstrafung wegen zu großer Nähe zu einem deutschen Staat, der vollberechtigt Mitglied der Vereinten Nationen war. Kurios!?«

Bleibt noch nachzutragen: Der Beratervertrag, den Sigmund Jähn mit der ESA hat, läuft zum 31. Dezember 1999 aus, weil keine weiteren EUROMIR-Missionen vorgesehen sind. Bis zum Erreichen des gesetzlichen Rentenalters würden danach noch mehr als zwei Jahre vergehen. Damit wäre die Bundesrepublik unter den 30 Staaten, die Menschen in den Weltraum entsandten, der einzige, der sich einen arbeitslosen Kosmonauten leistet.

LIEBESGRÜSSE AUS DEM STERNENSTÄDTCHEN

Anläßlich des 20. Jahrestages seines Raumfluges am 26. August 1998 erhielt Sigmund Jähn unzählige Glückwünsche aus allen Teilen Deutschlands , Europas und der Welt. So schrieb ihm der Präsident des Deutschen Zentrums für Luft- und Raumfahrt in Köln, Professor Walter Kröll: »Dieses erste gemeinsame Weltraumunternehmen, an dem ein deutscher Kosmonaut beteiligt war, ist ein Symbol des hohen menschlichen Einsatzes von Ihnen und Ihren Kollegen bei der Eroberung des Weltraums. Sie sind mit Ihrer Leistung einer einzigartigen Herausforderung gefolgt und konnten sowohl den Weg ins Weltall bahnen als auch mit Ihrer ausgezeichneten Arbeit einen wertvollen Beitrag zur Zusammenarbeit und Völkerverständigung leisten.«

Im Namen »Deiner Morgenröther, Muldenhammerer, Rautenkranzer und Sachsengrunder« gratulierte und dankte der Bür-

germeister der Gemeinde, Konrad »Cony« Stahl: »Der erste
gemeinsame Kosmosflug UdSSR-DDR hat nicht nur Dein Leben
verändert, sondern auch unsere kleine Gemeinde in den Blick-
punkt der Öffentlichkeit gerückt. Und wir sind auch heute noch
stolz, daß es ein Rautenkranzer war, der als erster Deutscher den
Schritt in die Weiten des Weltalls wagte. Inzwischen hat sich unser
Morgenröthe-Rautenkranz, nicht zuletzt mit Deiner Hilfe, zu
einem wahren Mekka für alle Raumfahrtinteressenten entwickelt.
Das ist für einen kleinen Urlauberort unserer besonders struk-
turschwachen Region ein Pfund, mit dem man wuchern kann.
Jährlich 50.000 Besucher in der ›Deutschen Raumfahrtausstellung‹ beleben nachhaltig das Tourismusgewerbe in unserer
Gemeinde.« Der Brief enthält auch einen Seitenhieb gegen die
Bürokratie des staatlichen Forstes, die Sigmund Jähn Schwierigkeiten mit seiner Datsche bereitet, die auf ihrem Grund und Boden
mit der Genehmigung der Vorgänger errichtet wurde: »Wir werden alles daran setzen, daß die Forstbeamten endlich zur Vernunft
kommen, und Du Dich in Ruhe und Frieden in Deinem Häuschen erholen kannst!«

Aus Weimar erhielt Sigmund Jähn ein »Ehrendiplom« von Ing-
veld und Peter Nieß, einem ehemaligen technischen Offizier
seines Jagdfliegergeschwaders, die für ihn dichteten:

»Wer wie Du die Sterne küßte
und trotzdem bescheiden bleibt,
den haut so schnell nichts vom Hocker,
selbst, wenn's manchmal Undank schneit.
Mit Verstand und Herz geflochten
und im Leben oft bewährt,
gibt es keine Kraft auf Erden,
die das Freundesband zerstört.«

Seine Fliegerkameraden übermittelten ihm aus Anlaß eines
Treffens der früheren Angehörigen des Jagdfliegergeschwaders 8
in Marxwalde einen Reim in Form des »Tagesbefehls Nr. 1508/98«
mit originellen Zeichnungen:

»Früher hieß dies Örtchen Quilitz,
später dann Neuhardenberg.
Wir begannen einmal alle
in Marxwalde unser Werk.
Manche, die uns einstmals priesen,
lobten über'n grünen Klee,
könn'n sich heut' an nichts erinnern,
War'n noch nie für Volksarmee.
Mammon, Knete oder Zaster,
das ist alles, was heut' zählt,
und bist Du kein Fußballprofi,
hast Du den Beruf verfehlt.«

Die größte Freude bereiteten ihm seine Familie und seine guten Freunde aus Ost und West, indem sie heimlich, still und lei-
se ein Fest in seinem Strausberger Heim vorbereiteten, das ihn bei
seiner Ankunft aus Moskau völlig überraschte. An die 50 Menschen versammelten sich zu einer herzlichen Hommage. Sie waren
aus allen Himmelsrichtungen mit dem Auto, mit der Bahn und
mit dem Flugzeug angereist, darunter auch alle vier deutschen
Kosmonauten, die von Dr. Jähn betreut worden waren: Oberstleutnant a.D. Klaus-Dietrich Flade, seit Jahren Testpilot der Airbus Industrie in Toulouse, der Physiker und Dreifach-Astronaut
Dr. Ulf Merbold und Oberstleutnant Thomas Reiter, Mitglied
des ESA-Astronautenteams mit ihren Frauen, sowie der Physiker
Dr. Reinhold Ewald. Die ESA repräsentierten Dr. Walter Peeters

und das DLR Hans-Ulrich Steimle. Das heimatliche Morgenröthe-Rautenkranz vertraten Bürgermeister Konrad Stahl und
Forstmeister a.D. Werner Köhler. Ältester Gast war der Berliner
Raumfahrtpublizist Horst Hoffmann mit über 70 Jahren, jüngster Jähns Enkelsohn Johannes Julian Roggenbuck, der gerade sein
erstes Lebensjahr vollendet hatte. Ein Jagdfreund sorgte für einen
saftigen Wildschweinbraten. Die Töchter, Schwiegersöhne und
größeren Enkel betreuten die Gäste. Doch die Seele des Ganzen
war die liebenswürdige Hausherrin Erika Jähn, der für diese Mei-
sterleistung in Marketing und Management allseits höchste Anerkennung gezollt wurde.

Auf dieser Fete wurde dem Jubilar ein in Leder gebundenes und
mit Goldschnitt versehenes Erinnerungsbuch überreicht, das den
Titel trägt: »SIGMUND JÄHN – Erster Deutscher im Weltraum
– Zum 20. Jahrestag seines Fluges – überreicht von seinen Freunden, Strausberg, den 29. August 1998.« Das 223 Seiten umfassende Ehrenbuch enthält einzigartige Fotografien und Zeichnungen
von gemeinsamen Erlebnissen in aller Welt. Der erste, in Russisch
geschriebene Teil trägt die Überschrift »Aus dem Kosmonauten-
Ausbildungszentrum ZPK« und darunter den Gruß: »Lieber
Freund, im Sternenstädtchen lieben Dich alle!« Dann folgen individuelle Beiträge aller Abteilungen, von der Astronavigation über
das Trainerkollektiv bis zur Zentrifuge. Das umfangreichste Kapitel lautet: »Aus dem DLR in Köln-Porz – Erinnerungen in respekt-
voller Anerkennung«, dem sich anschließt: »From ESA and EAC
– As a Token of Respect and Application« – Als Zeichen der Anerkennung und Achtung. Besonders verdient um diese einzigartige
Sammlung von Erinnerungen und Dokumenten machten sich Dr.
Peeters und seine raumfahrtbegeisterte Frau Lieve van Braekel.

SOLL ÜBERERFÜLLT?

Auf Goethes geflügeltes Wort angesprochen, ein Mann müsse
einen Sohn zeugen, ein Haus bauen, ein Buch schreiben und einen
Baum pflanzen, erwidert Sigmund lächelnd: »Meine Frau und ich
zeugten zwei Töchter, die uns vier Enkelsöhne schenkten. Eine
Hütte – im Osten Datscha, im Westen Bungalow genannt – bauten wir in der vogtländischen Heimat. Mein Buch ›Erlebnis Weltraum‹ wurde als eine Grundlage für diese Biographie verwendet.
Wieviele Bäume ich pflanzte, weiß ich nicht genau, da fragen Sie

besser meine Freunde vom Forst in Rautenkranz. Ich habe also mein Soll übererfüllt.«

Es sind weit mehr als einhundert Bäume verschiedenster Art in seiner Heimat. Der berühmteste jedoch ist wohl jener, den er der Tradition von Gagarin folgend, im Kosmonautenhain des Kosmodroms Baikonur pflanzte. Ob der Baum, den er in der Berliner Allee der Kosmonauten setzte, noch steht, ist angesichts des Buddelkastens, den die Hauptstadt bildet, nicht ganz sicher. In diesem Zusammenhang erzählt der Waldschrat aus dem Vogtland eine nette Episode: »Nach meinem Raumflug lud mich die Vorsitzende der Gesellschaft für Deutsch-Sowjetische Freundschaft der Forstfachschule Eberswalde zu einem Vortrag ein. Ich sagte nur unter der Bedingung zu, daß mich keine Ehrenjungfern mit Blumen empfingen. Die nette Frau versicherte mir, daß sie keine Jungfern hätten und sich nur mit Bäumen und Sträuchern beschäftigten. Als ich dort ankam, empfing mich der Direktor. Die Kollegin hatte wohl ohne sein Wissen gehandelt, wurde aber auf meine Bitte dazugeholt. Am Schluß der gelungenen Veranstaltung überreichte mir der Leiter des Botanischen Gartens als Geschenk eine Schale voller Bäumchen und Sträucher, darunter beispielsweise die Nordmanntanne, die Zuckerhutfichte und Berberitzen, das sind weltweit verbreitete Sauerdornsträucher. Später kamen die Eberswalder zu Besuch nach Rautenkranz, um ihre von mir angelegte ›Außenstelle Süd‹ zu besichtigen, wo die Bäume prächtig gewachsen sind.«

Was macht der Fliegende Vogtländer, wenn er am 1. März des Jahres 2002 in den verdienten Ruhestand geht?

»Dann werde ich mich wohl häufiger als heute dorthin zurückziehen, wo ich hergekommen bin – nach Rautenkranz in die heimatlichen Wälder. Je älter man wird, um so schneller läuft die Zeit in die Zukunft, und um so intensiver lebt man mit seinen Erinnerungen.«

Doch sein Rat wird weiter gefragt sein, so lange er lebt. Es gibt nun einmal nur einen ersten Deutschen im All. Die Zukunft Deutschlands im Weltraum machte der bundesweite »Tag der Raumfahrt« deutlich, der 1998 erstmals begangen wurde. An diesem Tag wurde die Spitzentechnik auf diesem Gebiet an vielen Orten zwischen Köln und Berlin, Bremen und München gleichzeitig vor Tausenden Enthusiasten, insbesondere Jugendlichen, präsentiert. Die acht deutschen Kosmonauten spielten dabei eine hervorragende Rolle, und sie werden das auch in den nächsten Jahren tun.

Gegenwärtig arbeiten in der deutschen Weltraumforschung über 2.000 Menschen, und in der Raumfahrtindustrie gibt es etwa 5.000 Arbeitsplätze mit einem Jahresumsatz von rund zwei Milliarden Mark. Das Bundesministerium für Bildung und Forschung wendet jährlich zehn Prozent des Gesamthaushaltes für die Raumfahrtforschung auf. Das zentrale Aktionsfeld der deutschen Raumfahrt ist das Projekt zur Errichtung und Nutzung der Internationalen Raumstation ISS. Die Bundesrepublik beteiligt sich am europäischen Entwicklungsprogramm mit 41 Prozent und stellt dafür bis zum Jahre 2004 Mittel in Höhe von rund 2,5 Milliarden Mark zur Verfügung. Dann beginnt der Routinebetrieb auf der ISS, an dem auch deutsche und europäische Astronauten teilnehmen, denen Sigmund Jähn ein Begleiter war.

Die zentralen Themen der Forschung und Nutzung an Bord der Raumbasis sind Humanmedizin, Biotechnologie, Materialwissenschaft, Erdbeobachtung und Kommunikationstechnik – Gebiete, auf denen schon Sigmund Jähn wirkte, dessen Mission dann bereits ein Vierteljahrhundert zurückliegt.

Anhang

LEBENSDATEN

1937: Sigmund Jähn wurde am Sonnabend, dem 13. Februar, als Sohn eines Sägewerkarbeiters und einer Näherin im vogtländischen Rautenkranz geboren.

1943 bis 1951: Besuch der Grundschule in Rautenkranz

1948: Mitglied der Kinderorganisation »Junge Pioniere«

1950: Wahl zum Vorsitzenden des Gruppenrates

1951 bis 1954: Lehre als Buchdrucker im Volkseigenen Betrieb (VEB) Falkenstein, Betriebsteil Klingenthal; Mitglied der Jugendorganisation Freie Deutsche Jugend (FDJ); Sekretär der Ortsleitung Rautenkranz

1954 bis 1955: Buchdrucker; Pionierleiter an der Zentralschule Hammerbrücke

1955: Im »FDJ-Aufgebot« als Freiwilliger zur Kasernierten Volkspolizei (KVP); Kandidat der Sozialistischen Einheitspartei Deutschlands (SED)

1956: Mitglied der SED

1955 bis 1958: Besuch der Fliegerschule der Nationalen Volksarmee (NVA) in Kamenz

1958: Eheschließung mit Erika Hänsel, geb. am 30. Juni 1936 in Dresden, Schlosserin und Technische Zeichnerin; Geburt der Tochter Marina am 30. Mai in Bautzen (heute Sekretärin); Ernennung zum Unterleutnant der NVA

1958 bis 1960: Jagdflieger und Politstellvertreter in einem Geschwader der Luftstreitkräfte; Erreichen der Qualifizierungsstufen III, II und I für Militärflieger

1963: Leiter für Lufttaktik und Luftschießen eines Jagdfliegergeschwaders; Teilnahme an Lehrgängen zum Erreichen der Hochschulreife und Russisch-Intensivunterricht in Naumburg

1966 bis 1970: Besuch der sowjetischen Militärakademie »Juri Gagarin« in Monino bei Moskau, Kommandeur einer Lehrgruppe

1966: Geburt der Tochter Grit am 15. Dezember in Bad Saarow (heute Ärztin, die den Namen Jähn-Roggenbuck trägt)

1967: Fachschulabschluß als Flugzeugführer-Ingenieur an der Offiziersschule der Luftstreitkräfte/Luftverteidigung in Kamenz

1970: Hochschulabschluß mit dem akademischen Grad eines Diplom-Militärwissenschaftlers

1970 bis 1976: Verantwortliche Dienststellungen in den Luftstreitkräften der NVA; Inspekteur für Jagdfliegerausbildung und Flugsicherheit im Kommando Luftstreitkräfte/Luftverteidigung

1976 bis 1978: Vorbereitung auf den Weltraumflug im Kosmonauten-Ausbildungszentrum »Juri Gagarin« im Sternenstädtchen bei Moskau

1977: Verleihung des Ehrentitels »Verdienter Militärflieger der DDR«

1978: Geburt des ersten Enkels Daniel Krämer am 19. August in Bad Saarow

1978, 26. Agust bis 3. September: Forschungskosmonaut und Bordingenieur des ersten bemannten Raumfluges UdSSR-DDR mit SOJUS 31/SALUT 6/SOJUS 29

Verleihung des Lenin-Ordens, der Medaille »Goldener Stern« und des Ehrentitels »Held der Sowjetunion« durch Leonid Breshnew in Moskau sowie des Karl-Marx-Ordens und der Ehrentitel »Held der DDR« und »Fliegerkosmonaut der DDR« durch Erich Honecker in Berlin; Beförderung zum Oberst; Leibniz-Medaille der Akademie der Wissenschaften der DDR

1979 bis 1990: Chef des Zentrums für Kosmische Ausbildung in Eggersdorf bei Strausberg

1979: Ehrenmitglied des Präsidiums der Gesellschaft für Weltraumforschung und Raumfahrt (GWR); Premiere des DEFA-Dokumentarfilms »Himmelsstürmer«; Teilnahme am 30. Kongreß der Internationalen Astronautischen Föderation (IAF) in München

1980: Geburt des zweiten Enkels André Krämer am 25. Oktober in Bad Saarow

1981: Internationale Veranstaltung zum 20. Jahrestag des Gagarin-Fluges in Moskau; Besuch der Republik Kuba als Gast des Verteidigungsministers Raul Castro-Ruz; Teilnahme am 32. IAF-Kongreß in Rom

1982: Delegierter zur zweiten Weltraumkonferenz der Vereinten Nationen UNISPACE 82 in Wien; 33. IAF-Kongreß in Paris

1983: Promotion zum Dr. rer. nat. mit der Dissertation »Arbeiten zur Entwicklung methodischer Grundlagen für die Auswertung und Nutzung von Fernerkundungsdaten in der DDR« an der Akademie der Wissenschaften; Veröffentlichung seines Buches »Erlebnis Weltraum«; 34. IAF-Kongreß in Budapest

1984: Verleihung der Goldenen Hermann-Oberth-Medaille des Internationalen Förderkreises Raumfahrt in Salzburg; 35. IAF-Kongreß in Lausanne; Geburt des dritten Enkels Alexander Krämer am 19. September in Bad Saarow

1985: Gründungsmitglied der internationalen Raumfahrervereinigung Association of Spcae Explorers (ASE) in Cernay bei Paris; Wahl zum Mitglied des ersten Exekutivkomitees der ASE; Tagung der Hermann-Oberth-Gesellschaft (HOG) in Salzburg; 36. IAF-Kongreß in Stockholm

1986: Ernennung zum Generalmajor; 37. IAF-Kongreß in Innsbruck; Tagung des Exekutivkomitees der ASE in San Francisco; ASE-Tagung in Budapest

1987: ASE-Tagung in Mexico-City; 38. IAF-Kongreß in Brighton

1988: ASE-Tagung in Sofia; 39. IAF-Kongreß in Banglore

1989: ASE-Tagung in Riad/Saudi Arabien

1990 bis 1999: Mitarbeiter der deutschen Forschungsanstalt für Luft- und Raumfahrt bzw. des Deutschen Zentrums für Luft- und Raumfahrt (DLR) in Köln sowie der European Space Agency (ESA) in Paris für die Kooperationsprogramme MIR und EURO-MIR im Kosmonautenausbildungszentrum »Juri Gagarin« bei Moskau

1990: ASE-Tagung in Groningen; Entlassung aus der NVA nach 35 Dienstjahren; 41. IAF-Konreß in Dresden

1990 bis 1992: Mitarbeit am ersten deutsch-russischen Projekt MIR 92 mit den Kandidaten Klaus-Dietrich Flade und Reinhold Ewald

1992: ASE-Tagung in Washington D.C.; Kolloquium über Raumtransportsysteme in London

1992 bis 1994: Mitarbeit am ersten westeuropäisch-russischen Unternehmen EUROMIR 94 mit den ESA-Kandidaten Dr. Ulf Merbold (Deutschland) und Pedro Duque (Spanien)

1993: Verleihung des Hubertus-Strughold-Preises der Deutschen Gesellschaft für Luft- und Ramfahrt (DGLRM)

1994: Auszeichnung mit dem kollektiven Leistungspreis Team

Achievment Award der ESA für EUROMIR 94; ASE-Tagung in Moskau

1994 bis 1996: Mitarbeit an der zweiten westeuropäisch-russischen Mission EUROMIR 96 mit den ESA-Kandidaten Thomas Reiter (Deutschland) und Dr. Christer Fuglesang (Schweden)

1996 bis 1997: Mitarbeit am zweiten deutsch-russischen Projekt MIR 96 mit den DLR-Kandidaten Dr. Reinhold Ewald und Dr. Hans Wilhelm Schlegel

1997: Verleihung der Koroljow-Medaille durch die Russische Akademie der Wissenschaften in Moskau; Geburt des vierten Enkel Johannes Julian Roggenbuck am 1. August in Wolgast

1998: Auszeichnung mit dem »Dr. Friedrich-Josoph-Haas-Preis« durch das Deutsch-Russische Forum in Bonn für die Förderung der Zusammenarbeit zwischen beiden Ländern in der Raumfahrt; ASE-Tagung in Brüssel

STECKBRIEF

Name: Sigmund Werner Paul Jähn oder auch: Jähn-Sigmund, Sig, Fliegender Vogtländer, Kosmonaut Nummer 90, Interkosmonaut Nummer Drei, Erster Deutscher im All

Alter: zweiundsechzig Jahre, aber jünger wirkend

Aussehen: kräftige, untersetzte Gestalt, freundliches Gesicht, ruhige Bewegungen, unauffälliges Auftreten

Größe: 1,72 Meter

Gewicht: 75 Kilogramm

Augenfarbe: blau

Haarfarbe: graumeliert

Besondere Kennzeichen: keine

Besondere Fähigkeiten: guter Kraftfahrer, exzellenter Flugzeugführer, erfahrener Raumfahrer; spricht Deutsch in vogtländischer Mundart, perfekt Russisch sowie Englisch mit Akzent

KLASSISCHER FRAGEBOGEN

Publizisten profitieren noch heute von einem Fragebogen, den einst die Töchter von Karl Marx ihrem Vater vorlegten, und den der »Mohr« auch geduldig ausfüllte. Darin wurde nicht nur nach den philosophischen und politischen Lebensmaximen gefragt, sondern auch nach den einfachen Dingen des Lebens. Wir stell-

ten Sigmund Jähn ähnliche Fragen, die er nachstehend beantwortete.

Welche Lieblingsfarbe, -blume oder -speise haben Sie?
Ich habe keine Farbe, Blume oder Speise, die ich bevorzuge.
Heute gefällt mir die eine und morgen die andere. Doch ich gehe
weder an etwas Schönem vorbei, noch lasse ich Schmackhaftes
stehen. Aber festlegen lasse ich mich nicht.
Sind Sie leidenschaftlich?
Das fragt sich, wo. Ich bin ein leidenschaftlicher Flieger und
Kosmonaut. Inwieweit ich auch auf anderen Gebieten leiden-
schaftlich bin, müssen die entsprechenden Experten einschätzen
– die Frauen, die Freunde, die Partner.
Was halten Sie von der Liebe?
Ich bin nie ein Kind von Traurigkeit gewesen.
Sind Sie ehrgeizig?
Ich finde, nicht sonderlich, obwohl es manche von mir glau-
ben.
Ist Ehrgeiz etwas Negatives?
Keineswegs, wenn er gesund ist, das heißt einer guten Sache
dient. In diesem Sinne bin ich auch ehrgeizig.
Was halten Sie für verzeihlich?
Kindern verzeihe ich viele Dinge leichter und schneller.
Was halten Sie für unverzeihlich?
In Fragen der Weltanschauung und Lebensauffassung darf es
keine Halbheiten geben. Alles andere, was nicht böswillig ist, kann
ich verzeihen.
Wer sind Ihre Vorbilder?
Neben den großen Persönlichkeiten der Geschichte sind das
Menschen, die uns durch ihr Leben ein Beispiel geben, bei denen
Wort und Tat übereinstimmen.
Haben Sie Lampenfieber?
Natürlich, warum soll ich das verschweigen? Aber Herzlichkeit
und Begeisterung lassen sie schnell verschwinden. Meine Aufre-
gung verfliegt sofort, wenn es um fachliche Dinge geht. Übrigens
scheint mir Lampenfieber auch unter Publizisten recht weit ver-
breitet zu sein, wie ich bei sehr netten Fernsehjournalistinnen fest-
stellen konnte.
Was ist Ihr sehnlichster Wunsch?
Noch einmal für längere Zeit in den Kosmos zu fliegen und in

den freien Raum auszusteigen. Aber dazu bin ich nun wohl schon zu alt. Ich mache mir keine Illusionen mehr, wenn auch John Glenn seinen zweiten Flug in den Weltraum mit 77 Jahren unternahm. Jetzt sind die jüngeren Kollegen dran, und ich freue mich, einigen von ihnen bei der Vorbereitung helfen zu können.

Was machen Sie in Ihrer Freizeit am liebsten?

Durch den Wald streifen und Tiere beobachten oder auf die Jagd gehen. Gerne beschäftige ich mich mit Bäumen und Sträuchern und habe einen Botanischen Garten angelegt.

Halten Sie Tiere?

Ja, gegenwärtig eine Kurzhaardackel-Hündin namens »Mucki«. Als meine Kinder klein waren und Kaninchen anschleppten, baute ich ihnen einen Stall. Brutkästen für die Vögel stelle ich heute noch auf.

ZEITZEUGEN GEBEN ZU PROTOKOLL

Simplex sigillum veri
Die Schlichtheit ist der Wahrheit Siegel

VOGTLAND-VERBINDUNG
Von Ulf Merbold, Siegburg

Oft bin ich in den zurückliegenden Jahren gefragt worden, ob es mich ärgerte, daß Sigmund Jähn vor mir im Weltraum unterwegs war. Bei allem, was mir lieb und teuer ist, versichere ich: Es hat mich niemals betrübt. Im Gegenteil. Sigmund hat mich durch seinen Mut in meinem eigenen Tun und Trachten beflügelt. Als er im Sommer 1978 von das SALUT-Station zurückkehrte, hatte ich gerade ein gutes halbes Jahr Training für meinen ersten Flug hinter mich gebracht. Die Zeit hatte ausgereicht, mir Klarheit über die großen Schwierigkeiten und Risiken eines Raumfluges zu verschaffen. Immer, wenn sich in mir der Zweifel regte, ob ich in den knappen neun Tagen, die mein erster Flug dauern sollte, jedes der 72 anspruchsvollen Experimente erfolgreich würde durchführen können, sagte ich mir: Dein vogtländischer Landsmann hat seine Aufgabe bravourös gemeistert, also schaffst du es auch.

Sehr gerne hätte ich in dieser Zeit Sigmund Jähn getroffen, um von ihm zu hören, wie er es angestellt hatte, mit allen Schwierigkeiten fertig zu werden. Eine reale Chance, ihm zu begegnen, gab es allerdings nicht, denn erstens war ich mit meinem Training mehr als beschäftigt und dazu viel in Amerika unterwegs, und zweitens ließen es die politischen Umstände nicht zu. Jeder möge bedenken, daß in den späten siebziger und frühen achtziger Jahren der Kalte Krieg in vollem Gange war und zum heißen Krieg zu eskalieren drohte. Der amerikanische Präsident Reagan sprach vom Teufel, wenn er die sowjetische Führung im Kreml meinte.

Der damalige Generalsekretär des ZK der KPdSU, Breshnew, stand ihm in seinen verbalen Attacken auf den kapitalistischen Klassenfeind im Weißen Haus in nichts nach. Das Vereinigte Königreich wurde von der Eisernen Lady, Margret Thatcher, regiert.

Die politisch-strategische Auseinandersetzung wurde von der sogenannten Nachrüstung beherrscht. Unsere russischen Nachbarn hatten eine neue Mittelstreckenrakete, nämlich die SS-20, entwickelt, mit der sie vor allem Westeuropa bedrohten. Die Amerikaner machten sich daran, mit der zielgenauen Pershing 2 umgekehrt die Sowjetunion, namentlich ihre Silos für die strategischen Interkontinentalraketen, ins Visier zu nehmen. Trotz heftigster Proteste der deutschen Bevölkerung wurden dafür die Abschußrampen an mehreren Stellen im Land aufgestellt. Darüber hinaus fand Reagan großen Gefallen am SDI-Programm. Seine Strategen hatten ihm vorgeschlagen, anfliegende Nuklearsprengköpfe mit noch zu entwicklenden Waffen im Weltraum abzufangen. Bis heute ist es zweifelhaft geblieben, ob ein solches System tatsächlich die Vereinigten Staaten von Amerika vor einem nuklearen Angriff hätte schützen können. Auf jeden Fall verunsicherte das Konzept viele Regierungen, und zwar des Westens wie auch des Ostens. Wenn es funktionierte, wäre nämlich das nukleare Gleichgewicht, das der Welt den großen Krieg bisher erspart hatte, empfindlich aus der Balance gebracht worden. Die Amerikaner hätten mit einem funktionierenden SDI die Fähigkeit erworben, einen nuklearen Erstschlag führen zu können, ohne dafür den Preis in der Form des Gegenschlages mit Tausenden Toten und der nuklearen Verwüstung des eigenen Landes bezahlen zu müssen.

Für mich zählte die Leistung

Seit bekannt geworden war, daß mich die Europäische Raumfahrtorganisation ESA ausgewählt hatte, als einer ihrer ersten drei Astronauten für einen Raumflug zu trainieren, erhielt ich von den DDR-Behörden keine Genehmigung mehr, meine Heimatstadt Greiz in Thüringen zu besuchen. Vermutlich waren die Alten Herren in Ostberlin besorgt, es könnte im sozialistischen Deutschland zu Wirbeln um meine Person kommen. Dabei mag es eine Rolle gespielt haben, daß ich in Thüringen geboren worden war, in Greiz bis zum Abitur die Schule besucht hatte. Weil ich in der

DDR nicht zum Studium zugelassen worden war, hatte ich meinen Freunden und meiner Heimat schweren Herzens den Rücken gekehrt und war in die Bundesrepublik gegangen. Mithin hatte ich mich nach DDR-Recht der sogenannten Republikflucht, einer Straftat, schuldig gemacht.

Obgleich ich keine Möglichkeit sah, unter den obwaltenden Umständen Sigmund Jähn zu treffen, beobachtete ich aus der Distanz die Welle echter Begeisterung, die sein Flug bei den Menschen auslöste. Ich teilte die Bewunderung seiner Leistung mit ihnen. Natürlich nahm ich auch die Propaganda wahr, mit der in der DDR Sigmunds erfolgreicher Flug zum Beweis dafür erhoben wurde, daß das sozialistische System dem westlichen überlegen sei. Mir war klar, daß der Fliegerkosmonaut Jähn, wenn ich so sagen darf, selbst eine Blüte war, die das System hervorgebracht hatte. Daß er in der Nationalen Volksarmee zum Jagdflugzeugführer ausgebildet worden war und dann zum Kosmonautentraining in das Sternenstädtchen geschickt wurde, machte deutlich, daß er dem sozialistischen System zumindest nicht ablehnend gegenüberstand. Bei allen Übergriffen des politischen Systems, denen meine Mutter und ich in der DDR ausgesetzt waren, sah ich keinen Grund, Sigmund Jähn argwöhnisch zu begegnen. Für mich zählte mehr als alles andere die Leistung, die er erbracht hatte. Schließlich erforderte es großen Mut, in den Weltraum vorzustoßen. Selbst heute ist ein Weltraumflug alles andere als Routine, vielmehr ist er noch immer ein Unterfangen an der Grenze des technisch gerade noch Möglichen. Um wie vieles mehr waren Können und Vertrauen in die eigene Kraft gefordert, als Sigmund in den Erdumlauf startete. Der Mensch, der ins Weltall fliegt, muß sich nämlich vollständig einer höchst komplizierten Maschine anvertrauen. Nur wenn sie funktioniert, kann er die Reise unbeschadet überstehen.

Es versteht sich von selbst, daß jedes Mitglied einer Besatzung das Raumschiff kennen und alle seine Systeme beherrschen lernen muß. Angesichts ihrer Komplexität bedeutet dies, über lange Jahre zu trainieren, denn nur auf diese Weise können ausreichende Kenntnisse und Fähigkeiten erworben werden. Darüber hinaus ist es wichtig, daß alle Besatzungsmitglieder in einem Team zusammenarbeiten. Genau besehen ist es für die Sicherheit entscheidend, ob und wie die Mitglieder einer Besatzung miteinander umgehen und kommunizieren. Mir war klar, daß Sigmund

gefordert war, sich in die Welt der russischen Kosmonauten ein-
zufügen und die russische Sprache zu erlernen. Allein diese Aufgabe zu lösen, so wußte ich, stellte eine bewunderungswürdige
Leistung dar. Aber damit war es natürlich nicht getan. Sigmund
mußte die Theorie und die Praxis des Raumfluges studieren und
durch Prüfungen immer wieder unter Beweis stellen, daß er den
Lehrstoff begriffen und verarbeitet hatte. Um es kurz zu sagen,
ich bewunderte meinen vogtländischen Landsmann. Gleichzeitig
gab mir sein Beispiel die Zuversicht, daß ich meine Aufgabe, als
erster Astronaut der ESA in den Weltraum zu fliegen, ebenfalls
erfolgreich würde lösen können.

Erste Begegnung in Salzburg

Es dauerte lange, doch am 25. Juni 1984 stand ich Sigmund Jähn
erstmals von Angesicht zu Angesicht gegenüber. An diesem Tag
wurde der große Hermann Oberth neunzig Jahre alt. Der »Internationale Förderkreis für Raumfahrt Hermann Oberth – Wernher von Braun« hatte sich in Salzburg versammelt, um den runden Geburtstag eines seiner Namensgeber zu feiern. Auf Vorschlag
des Kuratoriums verlieh der Förderkreis die Goldene Hermann-
Oberth-Medaille sowohl an Sigmund Jähn als auch an mich. Beide erhielten wir die Auszeichnung für unsere Arbeit als Raumfahrer. Es ist der Klugheit von Dr. Staats, dem Präsidenten des
Förderkreises, zuzuschreiben, daß es zum Zusammentreffen kam.
Noch heute bin ich davon überzeugt, daß Sigmund nicht hätte
zur Verleihung kommen können, wäre sie im sogenannten kapitalistischen Ausland und nicht in Österreich, einem neutralen
Land, vorgenommen worden.

Sigmund und ich nutzten sie zum Gespräch. Schon die erste
Diskussion; die wir am Vorabend der Geburtstagsfeier in einer
Salzburger Hotelbar führten, zeigte mir, daß sich Sigmunds Über-
zeugungen in weiten Teilen mit meinen eigenen deckten. Offensichtlich teilten wir nicht nur das Privileg, im All um die Erde
geflogen zu sein, sondern wir waren zu sehr ähnlichen Erkenntnissen gelangt. Wir hatten erlebt und gesehen, wie unbeschreib-
lich schön unser Heimatplanet aussieht. Wir waren hingerissen
von den Wundern, die sich unseren Augen aufgetan hatten.
Gleichzeitig aber hatte uns auch betroffen gemacht, wie zerbrechlich unser Heimatplanet aussieht. Die Erfahrung, daß man

in anderthalb Stunden die Erde umfliegen kann, hatte unsere Wahrnehmung verändert. Wir tauschten uns darüber aus, mit welchen Augen wir den Globus vor unseren Raumflügen betrachtet hatten und wie wir ihn nun sahen. So wie andere Raumfahrer hatten auch wir begonnen, die Erde als ein Raumschiff zu begreifen, mit dem wir gemeinsam in der unendlichen Leere des Alls unterwegs sind. Wir redeten darüber, wie aberwitzig es sei, daß sich West und Ost wechselweise mit atomaren Waffen von unvorstellbarer Vernichtungskraft bedrohten. Jedem von uns war klar, daß kein einziger Mensch verschont werden würde, kämen die Waffen zum Einsatz. Daß wir Deutschen, die DDR-Deutschen ebenso wie die Bundesdeutschen, zu den ersten gehören würden, die im nuklearen Inferno untergehen, wußten wir beide. Nicht ein einziger Stein bliebe in unserem schönen Land auf dem anderen.

Sigmund und ich tauschten unsere Meinungen darüber aus, wie es dazu kommen konnte, daß die Welt von einem Vernichtungspotential bedroht war, mit dem die Zivilisation nicht nur einmal, sondern mehrfach ausgelöscht werden konnte. Wir redeten auch darüber, wie tragisch unsere deutsche Geschichte verlaufen war, und welchen Anteil die Deutschen daran hatten, daß der sogenannte Eiserne Vorhang errichtet worden war. Wir wußten, daß sie schuldig geworden waren, weil sie im entscheidenden Moment den Nazis den Zugriff zur Macht nicht verwehrt hatten. Schließlich hatte dieses Versagen zu einem Krieg geführt, den Menschen in zweistelliger Millionenhöhe mit dem Leben bezahlen mußten. Sigmund und ich waren beide der Meinung, daß die Teilung Deutschlands, die Zerstörung unseres Landes und das Leid, das Millionen Deutsche durch Krieg, Vertreibung und Teilung erfahren hatten, der Preis war, den wir nun – zu recht oder zu unrecht – zu bezahlen hatten.

Unser erstes Gespräch machte aber auch deutlich, daß wir in mannigfacher Weise unterschiedlich dachten. Wir waren zwar beide im Vogtland geboren worden und dort zur Schule gegangen. Ansonsten hatten wir aber verschiedene Wege beschritten. Ich gewann den Eindruck, daß Sigmund fest von der Richtigkeit der Marx'schen Gedanken überzeugt war und den Sozialismus für das gerechteste aller gesellschaftlichen Systeme hielt. Gleichwohl räumte er ein, daß es in der Realität der DDR an vielen Stellen Defizite und Mängel gab. Bezeichnend war für mich, daß er mit

Erstaunen selbst feststellte, wie komfortabel die Menschen in Österreich lebten, und um wie vieles gepflegter als die Städte der DDR Salzburg sich seinen Bürgern und Besuchern präsentierte. Mehrfach redete Sigmund davon, daß sie ihm mitsamt ihrem Umland wie aus einer Spielzeugschachtel geschaffen erschien. Es war nicht zu übersehen, daß in diesen und ähnlichen Aussagen der Zweifel mitschwang, ob die Österreicher, obgleich sie der kapitalistischen Ausbeutung des Menschen durch den Menschen ausgesetzt waren, letztlich nicht glücklicher und zufriedener lebten, als die Menschen in der DDR.

Nach dem Prinzip Hoffnung

Nach unserer ersten Begegnung in Salzburg geschah es noch einige Male, daß Sigmund Jähn und ich uns begegneten. Meistens waren es die IAF-Kongresse, auf denen wir uns sahen. Sie wurden damals in Ländern wie Schweden, Österreich oder der Schweiz abgehalten. Ganz offensichtlich gab es ein stillschweigendes Übereinkommen, auf diese Weise den Kontakt zwischen den Raumfahrern aus Ost und West zu erleichtern. Soweit es sich um Sigmund handelte, verfuhr ich nach dem Prinzip Hoffnung. Noch bestand zwischen uns keine direkte Verbindung. Ganz bewußt hatte ich darauf verzichtet, dem Fliegerkosmonauten Jähn Briefe zu schreiben. Ich wußte ja, in welchem Maße die politische Führung der DDR verunsichert worden war, weil ich, ein Vogtländer, der dem sozialistischen Deutschland den Rücken gekehrt hatte, als erster Nicht-Amerikaner von der NASA in den Weltraum mitgenommen worden war. Wie sonst wäre es zu erklären gewesen, daß ich in den Medien der DDR totgeschwiegen wurde?

Keinesfalls wollte ich dem General der Nationalen Volksarmee Jähn Schwierigkeiten bereiten. Deshalb hielt ich mich zurück. Um so mehr hoffte ich, Sigmund auf der jeweils nächsten Internationalen Raumfahrttagung zu begegnen. Jedesmal, wenn wir uns dann an Orten wie Innsbruck oder Lausanne trafen, reichte die Zeit nicht aus, alles, was uns bewegte, ausführlich zu diskutieren. Wir redeten viel über die Experimente, die wir im Weltraum durchgeführt hatten. Sigmund war an der Akademie der Wissenschaften der DDR zum Doktor der Naturwissenschaften promoviert worden. Für mich lag darin Schritt, der uns im beruflichen

Profil näherbrachte. Ich war Astronaut der ESA geworden, weil ich wissenschaftlich umfassend ausgebildet war und dazu viele Jahre als Festkörperphysiker am Stuttgarter Max-Planck-Institut für Metallforschung gearbeitet hatte. Sigmund dagegen wurde Kosmonaut, weil er in den Luftstreitkräften der Nationalen Volksarmee Jagdflugzeuge geflogen hatte. Zwar bin ich viele Stunden mit verschiedenen Flugzeugen geflogen, war aber nie Soldat. Mit der Dissertation Sigmunds hatten sich unsere beruflichen Wege angenähert.

Wir teilten die Freude am Fliegen. Wenn wir gelegentlich darüber redeten, waren wir uns jedesmal schnell einig, wie faszinierend es ist, zu den Wolken aufzusteigen und vogelgleich über Wald und Flur hinwegzuschweben. Allerdings versäumte Sigmund nie zu bemerken, daß die Unsummen, die weltweit für riesige Flotten von Kampfflugzeugen ausgegeben worden waren, sehr viel besser hätten investiert werden könne.

Im wesentlichen aber drehten sich unsere Gespräche immer wieder um den Konflikt zwischen Ost und West und um das Schicksal der Deutschen, die geteilt leben mußten und, so schien es, keine Chance hatten, diesem Schicksal zu entrinnen. Wir stimmten darin überein, daß es oberstes Ziel rationaler Politik sein müsse, vor allem den ständig gefährdeten Frieden zu bewahren. Beide sahen wir ein, und es war eine bittere Erkenntnis, daß die Wiedervereinigung Deutschlands diesem Ziel nachgeordnet werden mußte. Was hätte es den Deutschen auch genützt, ihr Land wäre mit den Mitteln der Gewalt wiedervereinigt, dafür aber unbewohnbar gemacht worden?

Soweit ich mich an unsere damaligen Diskussionen erinnern kann, waren Sigmund und ich in einem wichtigen Punkt gegensätzlicher Meinung. Sigmund glaubte, daß die deutsche Einheit nicht oder nur dadurch zurückzugewinnen sei, daß Deutschland als politisches Land in einem übergeordneten supranationalen Gebilde aufginge. Ich glaubte, daß die Einheit über kurz oder lang kommen müsse, weil es im Zentrum Europas keinen wirklichen Frieden geben könne, solange ein Volk gegen seinen ausgemachten Willen geteilt zu leben gezwungen würde. Allerdings hegte ich damals keinen Funken Hoffnung, den Tag selbst zu erleben, an dem die innerdeutsche Grenze fällt.

Im Laufe unserer Begegnungen außerhalb der deutschen Grenzen hatten Sigmund und ich mehrere Dinge gemeinsam erlebt. Vor dem Fall der Mauer bewahrten wir darüber Stillschweigen, denn wir wußten um die Repressionen, mit denen das System der DDR zu reagieren pflegte. Namentlich Sigmunds Stellung und Rolle als General erforderte Diskretion im Umgang miteinander. Nur wenigen war damals bekannt, daß Sigmund und ich im Verlauf der Zeit wachsendes Vertrauen zueinander gefaßt hatten.

Stellvertretend für alle gemeinsamen Unternehmungen möchte ich einen Rundflug beschreiben, den wir von Innsbruck aus unternommen hatten. Ich war bei schlechtem Wetter mit dem Flugzeug, einer zweimotorigen Piper »Seminole« nach Innsbruck geflogen, um am IAF-Kongreß teilzunehmen. Sigmund war mit der restlichen DDR-Delegation vermutlich über Prag nach Österreich gereist. Ein Föhneinbruch, wie er im Oktober häufig vorkommt, hatte ganz plötzlich für sogenanntes Kaiserwetter gesorgt. Bis in die fernsten Fernen waren die Berge der Alpen klar und deutlich zu sehen. Was lag näher, als Sigmund zu einem Rundflug einzuladen? Ich nahm es ihm nicht übel, daß er höflich, aber bestimmt dankend ablehnte. Er erklärte mir, welche Folgen es für ihn haben könne, wenn die anderen Mitglieder der DDR-Delegation Wind davon bekämen, daß er mit mir fliegen ginge. Um so mehr war ich verblüfft, als er mich am nächsten Morgen nochmals fragte, wie ein solcher Rundflug zu bewerkstelligen sei. Ich schlug ihm vor, er möge in der Mittagspause alleine einen Spaziergang durch Innsbruck unternehmen. Ich würde mir von einem meiner Bekannten ein Auto ausleihen, ihn unterwegs aufsammeln und zum Flugplatz mitnehmen. Zweifel, ob ein solcher Plan gelingen könnte, ohne daß seine Kollegen aus der Akademie der Wissenschaften davon erführen, plagten ihn weiter. Trotzdem willigte Sigmund nach kurzem Bedenken ein. Vielleicht kann nur derjenige, der selbst in der DDR oder einem ähnlichen Staat gelebt hat, ermessen, wieviel Mut ein solcher Entschluß erforderte.

Der Rest der Geschichte ist simpel. Wir gelangten unerkannt zum Flugplatz. Die Wetterberatung konnten wir uns sparen. Ich erklärte dem Herrn, der die Landegebühren einzog, daß wir einen Rundflug unternehmen wollten, und bat ihn, er möge alle Gebühren später auf eine einzige Rechnung setzen. Mit der Herzlichkeit eines Tirolers sagte er nur: »Ist recht.« Die Polizei, die nebenan alles mitbekommen hatte, öffnete die Tür zum Vorfeld. Wir stiegen in den Flieger, starteten unsere Motoren und waren wenige Minuten später in der Luft. Ich konnte der Versuchung nicht widerstehen, mit dem DDR-General Jähn auf dem Sitz neben mir nach dem Start auf der Bahn 26 nach rechts zu kurven, um über Seefeld und Mittenwald in den deutschen Luftraum einzufliegen. Ich vermutete richtig, daß angesichts des warmen Wetters die Tische im Biergarten von Kloster Andechs voll besetzt sein würden. So tief, wie es die Regeln des Fliegens zuließen, bretterten wir über den Andechser Berg, den Ammersee dicht daneben. Wir wackelten mit den Flügeln, die Biergartenbesucher grüßten mit den Armen winkend zurück.

Ich bin mir nach wie vor nicht völlig sicher, ob mein Mitflieger nicht beständig darauf wartete, ob ein oder mehrere Abfangjäger der Luftwaffe oder der NATO neben uns auftauchen würden. Da nichts derartiges geschah, willigte Sigmund ein, mit mir die Zugspitze, Deutschlands höchsten Berg, zu überfliegen. Von dort sahen wir die Bernina-Gruppe im Westen und die Hohen Tauern im Osten und alle Berge dazwischen. Die meisten hatten sich auf den Gipfeln mit dem ersten Schnee geschmückt. Sie schienen zum Greifen nahe zu sein. Abgesehen vom hinreißenden Anblick, mit dem sie sich unseren Augen präsentierten, verlief der Flug ohne Besonderheiten.

Weniger als eine Stunde nach dem Start landeten wir sicher in Innsbruck. Das erste, was ich von Sigmund hörte, hat mich über Jahre beschäftigt. »So toll es war, über die österreichischen und deutschen Alpen zu fliegen, so wenig kann ich jemand davon erzählen«, waren seine Worte. Im stillen fluchte ich auf die Teilung Deutschlands und die Wirkungen, die sie hervorbrachte. Selbstredend hielt auch ich den Mund.

Am Ende eines steinigen Weges

Was ich mir zum damaligen Zeitpunkt nicht vorstellen konnte, passierte nur wenige Jahre später. In die erstarrte Weltpolitik kam Bewegung. Die alten Herren, die im Kreml regierten, waren von Michail Gorbatschow abgelöst worden. Die Menschen in der DDR gingen in wachsender Zahl auf die Straße. Parolen wie »Wir sind das Volk!« erschütterten das System. Es zeigte Symptome der

Schwäche und der Auflösung. Ich dachte, vielleicht könnte es angesichts der Veränderungen gelingen, Sigmund nicht nur immer wieder im Ausland, sondern nunmehr irgendwo in Deutschland zu treffen.

Mir kam zustatten, daß ich im Rahmen einer Abordnung von der ESA zur DLR mit der Leitung des deutschen Astronautenteams betraut worden war. In dieser Eigenschaft lud ich Sigmund Jähn zu einem offiziellen Besuch der DLR ein. Das Verfahren erwies sich als schwierig. Es stellte sich heraus, daß auf Sigmunds Seite Bremser am Werk waten. Es war Herr Drexler von der Ständigen Vertretung der DDR in Bonn, der mir half, die notwendigen Briefe an die Akademie der Wissenschaften und an die militärischen Dienststellen zu schreiben, die Sigmunds Besuch zustimmen mußten. Obgleich ich Herrn Drexler anfänglich mit Mißtrauen begegnete, entwickelte sich bald eine Art konspiratives Verhältnis. Jeder von uns beiden bemühte sich auf seine Weise, die Hindernisse aus dem Weg zu räumen, die andere gegen die Besuchsreise aufgebaut hatten. Wie ich später erfuhr, wurde schließlich von höchster Stelle, nämlich von Honecker selbst, entschieden, daß die Reise stattfinden dürfe. Allerdings wurden wir gebeten, außer Sigmund Jähn auch Professor Joachim einzuladen. Selbstredend haben wir dieser Bitte umgehend entsprochen.

Ich rechne es zu meinen persönlichen Erfolgen, daß ich Joachim und Jähn am Ende eines langen und steinigen Weges auf deutschem Boden empfangen und begrüßen konnte. Wir zeigten beiden die vielfältigen Einrichtungen, die die DLR im Rahmen von unbemannten und bemannten Weltraumflügen unterhielt und betrieb. Ein Flug vom DLR-Standort Oberpfaffenhofen zum Standort Braunschweig ist mir besonders in Erinnerung geblieben. Joachim, Jähn und ich waren mit dem Trainingsflugzeug unterwegs. Der Verlauf der innerdeutschen Grenze zwang uns, vom direkten Weg weit nach Westen abzuweichen, um Thüringen zu umfliegen. Während wir flogen, redeten wir davon, wie schön es doch sein müsse, eines Tages den direkten Weg nehmen zu können. Es ist ein grandioser Glücksfall in unserer Geschichte gewesen, daß sich dieser Traum mit dem Fall der Grenze wenige Monate später erfüllte.

Eines der erregendsten Kapitel dieses Prozesses erlebten Sigmund und ich gemeinsam mit unseren Frauen in Riad in Saudi-Arabien. Dorthin hatte uns der saudische Prinz und Astronaut

Sultan Salman Abdelazize Al Saud eingeladen, um am sogenannten Planetary Congress der Association of Space Explorers teilzunehmen. Als wir auf dem Weg nach Riad waren, wurde in Berlin die Mauer geöffnet. In Riad angekommen, sahen wir mit Tränen in den Augen, im selben Hotelzimmer vor dem Fernseher sitzend, die jubelnden Deutschen vor dem Brandenburger Tor auf der Mauer tanzen. Noch heute meine ich, damals ein Märchen erlebt zu haben.

So schön die Erinnerungen an diese Stunden sind, so schwierig gestalteten sich die Jahre, die folgten. Die gewonnenen Einheit zu gestalten, überforderte offensichtlich die meisten von uns. Der Bundeskanzler, der mit sicherem Instinkt beherzt die Chance der Wiedervereinigung ergriffen hatte, als sie sich für einen Moment im Wechsel der Geschichte bot, irrte sich gewaltig, als er den Ostdeutschen blühende Landschaften versprach und den Westdeutschen versicherte, daß die Einheit kein Geld kosten würde.

Im Malstrom der Wende

Vermutlich hat es keinen anderen, sicheren Weg zur Einheit gegeben als den, den wir gegangen sind. Es läßt sich aber nicht leugnen, daß einige Profiteure in der Zeit der Wende schamlose Geschäfte machten, während viele andere in zumindest ideelle Not und ideelles Elend gestürzt wurden. Arbeit und Lebensaufgabe zu verlieren bedeutet für fast jeden eine existentielle Katastrophe. Tausenden ist dieses schlimme Schicksal widerfahren. Das böse Wort von der Siegermentalität machte die Runde.

Betrachte ich meinen Freundeskreis, so ist keiner so heftig in den Malstrom der damaligen Geschichte geraten wie Sigmund Jähn. Als General verlor auch er seine Stelle. Haus und Altersversorgung wurden ihm streitig gemacht. Gewissenlose Journalisten versuchten gar, ihm an der Ehre zu flicken. Für mich ist es ein trauriges Kapitel deutscher Geschichte, daß sich Hitlers Generale nach dem Kriege dank einer guten Pension eines angenehmen Rentenalters erfreuen konnten, während der erste Deutsche, der in das Weltall vorstieß, mit einer vergleichsweise kleinen Strafrente wird leben müssen. Mir blieb nicht verborgen, daß Sigmund nach dem Fall der Berliner Mauer mit immer neuen Widrigkeiten konfrontiert wurde. Was Wunder, daß er gelegentlich mit Bitterkeit reagierte und die Medien mied.

Zwar kann ich es mir als Erfolg anrechnen, daß ich ihm damals helfen konnte, als Berater in Sachen russischer bemannter Raumfahrt bei der ESA und der DLR Fuß zu fassen, aber darüber hinaus blieb er mit seinen Problemen allein. Sigmund wirkte verschlossen. Wie es in seinem Herzen aussah, blieb sein Geheimnis. Dabei hätte ich gern mehr darüber erfahren, was ihn in der Zeit zwischen dem Fall der Mauer bis heute beschäftigte, ärgerte und frustrierte. So kann ich am Ende nur berichten, daß Sigmund in seiner neuen Rolle als Berater der ESA mit mir und drei jüngeren Astronautenkollegen in das russischen Trainingszentrum, das Sternenstädtchen, umzog, als wir im Sommer 1993 dorthin geschickt wurden. Unser Auftrag war es, für zwei Flüge zur Raumstation MIR zu trainieren. Für mich möchte ich aussagen, daß mir Sigmund Jähn unendlich viel geholfen hat, in Rußland mit allen möglichen Schwierigkeiten fertig zu werden. Es ist eine Tatsache, daß die Flüge EUROMIR 94 und EUROMIR 95 erfolgreich endeten. Genauso wahr ist, daß Dr. Sigmund Jähn daran einen übergroßen Anteil hat. Dafür möchte ich ihm, dem vogtländischen Landsmann und Freund, von Herzen danken.

Dr.rer.nat. Dr.-Ing. h.c. Ulf Merbold, Jahrgang 1941, Festkörperphysiker, Nutzlastspezialist der zehntägigen Mission Spacelab SL-1 auf dem Space Shuttle Columbia (1983) und des achttägigen Einsatzes des International Microgravity Laboratory IML-1 auf der Discovery (1992) sowie Forschungskosmonaut der 32-tägigen europäisch-russischen Mission EUROMIR 94.

DU BIST WIE EIN VATER

von Pedro Duque, Houston/Texas

Ich werde niemals die Zeit vergessen, die wir zusammen im Sternenstädtchen verbracht haben. Ich hätte nicht geglaubt, daß der erste Deutsche im All, ein Jagdflieger, ein General, sich so intensiv und in so freundlicher Weise um uns junge Leute kümmern würde. Vom ersten Tag an hat es mich verwundert, daß eine so bedeutende und berühmte Persönlichkeit so bescheiden sein kann. Du bist für uns nicht nur ein unentbehrlicher Helfer und Ratgeber, sondern wie ein Vater gewesen. Ohne Dich würde die gesamte Zusammenarbeit im Weltraum zwischen Europa und Rußland ganz anders sein. Ich bin stolz, daß ich Dein Freund sein darf.

Nun ist es schon zwanzig Jahre her, daß Du in den Kosmos geflogen bist. Jetzt bin ich dran und werde meinen eigenen Raumflug haben. Ich bin sicher, daß ich ohne Deine Hilfe nicht in dieser Lage wäre. Hoffentlich können wir uns bald über unsere so unterschiedlichen Missionen Gedanken austauschen.

Vielen Dank für alles. Du bist ein Super-Astronaut!

Pedro Duque, Jahrgang 1963, Luft- und Raumfahrtingenieur, spanischer ESA-Astronaut, Double von Ulf Merbold für die Mission EUROMIR 94 und von Jean-Jaques Favier für die Mission STS-78, Missionsspezialist für das neuntägige Unternehmen STS-95 (1998)

EUROMIR 94-Kandidaten Ulf Merbold und Pedro Duque

HINGABE ZUR KOSMONAUTIK
Von Reinhold Ewald, Köln

Wer meint, Sigmund wirklich in allem zu kennen, erlebt immer wieder Überraschungen. Das liegt sicher an seinem vogtländischen Naturell, dem Großspurigkeit und langatmige Vorankündigungen absolut fremd sind. Als Mensch hat er sich bestes Ansehen erworben. In Verbindung mit seiner Hingabe zur Kosmonautik kann er dadurch Unmögliches gleich erledigen und Wunder mit zeitlicher Verzögerung erwirken. Er ist seinen russischen Verhandlungspartnern in aussitzender Geduld und Beharrlichkeit mindestens ebenbürtig; zusätzlich weiß er aber auch die in Rußland sehr wichtige Unterstützung der Frauen für sich zu gewinnen. Einen nach dem anderen schickte er Neu-Kosmonauten auf den Weg ins All. Nach getaner Arbeit tritt er aber sofort wieder in den Hintergrund und entzieht sich den Elogen. Daher muß man ihm schon schriftlich danken, so wie es hier geschehen soll.

Dr. Reinhold Ewald, Jahrgang 1956, Physiker, Forschungskosmonaut der 20tägigen Mission MIR '97

FASZINIERT VOM FLIEGEN
Von Klaus-Dietrich Flade, La Salvetat St. Gilles, Frankreich

Die Menschen, die sich mit der Raumfahrt befaßten, kannten den Namen Sigmund Jähn schon lange, wie er in seiner Heimat, aber auch in der Sowjetunion als Held und Raumfahrtprofi verehrt wurde. Damals erschien er mir als Fliegerkosmonaut und Vorbild so weit entfernt, aber ich las über ihn, und heimlich hoffte ich – wie jeder junge Mann, der noch beruflichen Träumen hinterherhängt – ihn einmal kennenzulernen.

Zu seiner Zeit war ein Raumflug bei weitem kein Alltagsgeschäft. Sicher konnten die Astro- und die Kosmonauten schon auf die Erfahrungen der noch zählbaren Vorgänger zurückgreifen, aber Pionierarbeit hatten diese Abenteurer allemal zu leisten. Deshalb lauschten die Jugendlichen den Worten dieser Menschen sowohl bei Vorträgen in Schulen und Jugendheimen als auch am Radio. Leider wurde auch Sigmund als Erfahrungsträger von seinem Regime mißbraucht, aber die Hintergründe sollte ich erst viel später von ihm selbst hören.

Als ich im Juni 1990, nach einer früheren Astronautenauswahl, gebeten wurde, mich einem sowjetisch-deutschen Raumflug zu stellen, konnte ich noch nicht ahnen, wie nahe ich der Erfüllung meines damaligen Wunsches war. In der Vorbereitungsphase zu diesem Unternehmen hörte ich, daß es der DLR gelungen war, Sigmund Jähn als Verstärkung zu gewinnen. Ich war äußerst gespannt auf ihn, als ich morgens beim Frühstück saß und wartete ihn zu sehen, denn wir waren im gleichen Hotel untergebracht. Als ich ihn erkannte, traute ich mich zuerst nicht, zu ihm hinzugehen. Doch dann sah ich, wie bescheiden und freundlich er mit dem Personal umging, und so nahm ich allen Mut zusammen und stellte mich ihm vor. Ich war sofort von seinen ersten,

Zuversicht ausstrahlenden Worten fasziniert, wie er mich in den Kreis der Raumfahrer aufnahm, obwohl ich ja noch ein grüner Neuling war. Ich hatte sofort das Gefühl, daß für Sigmund in erster Linie der Mensch im Vordergrund stand.

Nach dem ersten Beschnuppern war ich erfreut, als er nach dem Frühstück vorschlug, zu Fuß zur DLR zu gehen. In der kommenden Viertelstunde erzählten wir beide von unserem eigentlichen Beruf, der Militärfliegerei. Jagdflieger können ja normalerweise die tollsten Geschichten über ihre Flugmanöver erzählen: »Hier war ich – hier die Sonne – und dort der Gegner ...«, aber Sigmund war nichts in dieser Weise zu entlocken. Sehr lebhaft und interessant sprach er über seine Erlebnisse mit der MiG-21 und anderen Flugzeugen, aber er kam nie ins Schwelgen oder Übertreiben, auch wenn klar war, welche Faszination die Fliegerei auf ihn ausübte. Ich erzählte ihm vom Tornado mit seinen Schwenkflügeln und unserer Starfighter-Ära und der damit verbundenen Krise. Auch er kannte mein geliebtes Flugzeug unter dem Namen »der Witwenmacher«. Plötzlich warf er ein, daß die Soldaten der DDR besonders zu Weihnachten und zum Jahreswechsel in Bereitschaft versetzt wurden, als Vorbeugung auf einen vermeintlichen Angriff aus dem Westen. Auf meine Bemerkung hin, daß bei den bundesdeutschen Streitkräften gerade in dieser Zeit fast nur die Hälfte aller Soldaten im Dienst sei, und die anderen ein gesegnetes Fest und einen schönen Jahreswechsel genössen, konnte er ein Schmunzeln nicht verbergen.

Dieses erste Gespräch steigerte meine tiefe Hochachtung vor Sigmund ob seiner Bescheidenheit und seiner Zuversicht in die Zukunft, obwohl er im Jahre 1990 wirklich nicht wußte, was ihm die folgende Zeit bringen sollte. Der Höhepunkt dieses Gesprächs ereignete sich jedoch beim Erreichen der DLR-Einfahrt, wo wir unsere Ausweise gegen einen Besucherausweis tauschen mußten. Während der Wachmann die Administration durchführte, schauten wir uns etwas nachdenklich an, und fast wie aus einem Munde kam der Satz: »Es ist doch schön, daß wir nie haben aufeinander schießen müssen!« Ich glaube, daß diese Feststellung unsere tiefe Männerfreundschaft besiegelt hat.

Im Frühherbst 1990 begann für mich die vorbereitende Kosmonauten-Ausbildungsphase in der DLR Köln auf die MIR '92-Mission zur russischen Raumstation mit dem SOJUS-Raumschiff und der -Rakete. Wer wäre besser als er geeignet gewesen, uns zu einem Missionserfolg zu begleiten? Jederzeit fühlte ich mich willkommen, wenn ich ihn mit Fragen im Nebenzimmer löcherte.

Im Sternenstädtchen angekommen, hatte er schon längst einige kleine »Steine« beiseite geräumt, denn er war und ist dort äußerst beliebt, aber vor allem ist er wegen seiner schon fast russischen Lebensweise absolut respektiert und geachtet. Man behandelt ihn fast wie einen Bruder. Jedem begegnet er sehr herzlich, und jedem scheint es eine Freude zu sein, mit ihm zu arbeiten. Mit beneidenswerter Geduld half er meinem Mitstreiter Reinhold Ewald und mir bei unseren ersten Gehversuchen im Heiligtum der russischen Raumfahrt, bei Sprach- und sonstigen Schwierigkeiten. Er ließ unseren russischen Kollegen und Vorgesetzten gegenüber immer das Quentchen Diplomatie walten, so daß Mißverständnisse gar nicht erst aufkamen, denn er kannte die dortige Denkweise von seinen vieljährigen Aufenthalten ganz genau. Kurz gesagt war er durch seine Erfahrung und Hilfe eine entscheidende Stütze für unsere erfolgreiche Raumflugmission.

Natürlich versuchte ich seinen reichen Erfahrungsschatz anzuzapfen, aber freiwillig und ohne Anstoß kam gar nichts. Dies darf nicht falsch verstanden werden, denn er wollte sich in seiner Bescheidenheit nur nicht aufdrängen. Die Fragen mußten schon gezielt gestellt werden, um diese reichhaltige Quelle zum Sprudeln zu bringen. Aber dann waren die Informationen so wertvoll, daß ich mir letztendlich meinen Raumflug in fast allen Phasen und mein Befinden in der uns fremden Umgebung des Weltraums schon vor dem Flug sehr gut vorstellen konnte. Ich muß sagen, daß das Delta zwischen der Vorstellung (Glauben) und der Wirklichkeit (Wissen) sehr klein war.

Bei einer ganz anderen Gelegenheit erlebte ich den »verständigen« Sigmund. Zur Zeit der Integration vieler Soldaten der früheren Nationalen Volksarmee in die bundesdeutschen Streitkräfte wurden generell keine Soldaten im Generalsrang übernommen, wohl aus ideologischen Gründen. Zuerst schien es, als würde der Kelch noch an Dr. Sigmund Jähn vorbeiziehen, aber dann kam doch noch der Blaue Brief. Als ich ihm mein tiefes Mitgefühl aussprach, antwortete er nur lapidar: »Weißt du, Klaus, wäre die Situation anders herum, und unser Heimatland hätte Euch ›übernommen‹, dann wäre mit Gewißheit kein einziger Soldat von Euch in unsere NVA aufgenommen worden. So bekommt wenigstens die Mehrheit meiner Soldaten die Chance, weiterhin für einen militärischen Arbeitgeber Dienst zu tun, auch wenn manchem der Wechsel schwerfallen wird.«

Da wir schon einmal bei Privilegien sind, geht's hier auch gleich weiter. Seine Eltern wohnten im vogtländischen Rautenkranz in einem kleinen Mietshaus. Sigmund baute vor der Wende für seine Familie auf eigene Kosten einen Bungalow, weil er das Leben im Wald mit der Natur liebt. Sein Geburtsort war natürlich stolz auf seinen besonderen Einwohner und schmückt sich heute auch noch berechtigt mit seinem Namen. Nach der Wende und der Vereinigung wurde der Wald, in dem sich Sigmunds Häuschen befindet, Staatsforst. Sie werden es nicht glauben, aber die Verwaltung forderte von Sigmund Wegezoll, damit er es weiter bewohnen konnte. Zuerst hielt ich das für einen Aprilscherz, aber als ich anläßlich eines Besuchs in Sigmunds Geburtsort einen hohen Staatsbeamten nach dem Grund und der Berechtigung zu solch einer dreisten Maßnahme fragte, wich er minder geschickt aus und berief sich auf die Forderung von Mitbürgern, die es leid wären, Privilegien anderer zu unterstützen. Meines Erachtens wäre es nur rechtens, ihm die Freude des Erhalts und des ungehinderten Zugangs zu seinem Haus zu gewähren, wenn man bedenkt, was Sigmund an Ansehen für sein Heimatland eingebracht und welche Motivation er als Idol für so manchen Jugendlichen gestreut hat. Das ist dann vernünftigerweise auch geschehen.

Es gäbe noch viele Episoden aus seinem Leben zu erzählen, die ihn charakterisieren, aber eine soll noch stellvertretend dargebracht werden. Im August 1997 weilte ich für Airbus Industrie auf der Moskauer Airshow. Wegen Schwierigkeiten im Telefonnetz war es mir nicht möglich, Sigmund rechtzeitig von meinem Aufenthalt zu unterrichten. Am Vormittag meines Geburtstages gelang es mir dann doch, mit ihm zu reden, und ich erzählte, daß ich nachmittags mit einigen Airbus-Kollegen im Flugleitzentrum sein würde. Plötzlich platzte er mir ins Wort und entschuldigte sich, daß er fast meinen Geburtstag vergessen hätte. Um die Geschichte kurz zu machen: Er organisierte sich mit viel Mühe einen Wagen. Slawa, unser getreuer Freund, fuhr ihn zum Flugleitzentrum, wo er mir bei einer herzlichen Begrüßung Blumen und ein von ihm signiertes T-Shirt überreichte. Nach einem etwa fünf Minuten dauernden erfreulichen Gespräch verabschiedete er sich wieder, um uns nicht von unserer Informationstour abzuhalten. Das ist typisch für Sigmund – er nimmt viel Mühe auf sich und opfert viel Zeit, um einen Freund für fünf Minuten zu sehen.

Viele Personen des öffentlichen Lebens könnten sich von ihm eine Scheibe abschneiden, Obwohl man ihn allzuoft aufs Treppchen gestellt hat, ist er immer noch der alte, ein Mann, der mit beiden Füßen auf dem Boden blieb. Für ihn scheint ein Leitspruch zu gelten: »Abheben kann man mit einer Rakete oder in Flugzeugen, aber nicht im Leben mit anderen Menschen.«

Major a.D. Klaus-Dietrich Flade, Jahrgang 1952, Forschungskosmonaut der 18tägigen Mission MIR '92, Mitglied im Deutschen Astronautenteam, Testpilot bei Airbus Industrie

MIR '92-Kandidaten: Klaus-Dietrich Flade und Reinhold Ewald

KEINE FRAGE ZU TRIVIAL
Von Christer Fuglesang, Stockholm

Im Sommer 1998 kehrte ich nach fast zweijähriger Abwesenheit für ein weiteres Raumflugtraining ins Sternenstädtchen bei Moskau zurück. Ich war sehr froh, Sigmund Jähn wiederzusehen und mit ihm weiter zusammenarbeiten zu können.

Für uns ESA-Astronauten waren seine reichen Erfahrungen und klugen Ratschläge während des dreijährigen Studiums im Kosmonautenausbildungszentrum »Juri Gagarin« von unschätzbarem Nutzen. Es war Sigmund, der uns lehrte: Kein Problem ist zu groß, keine Frage zu trivial. Mit seinem profunden Verständnis der russischen Sprache und Kultur sowie seiner Vertrautheit mit den

Menschen, die im Sternenstädtchen leben und arbeiten, war er immer da, um uns zu helfen, wenn wir Schwierigkeiten hatten. Ohne Sigmund wäre unser aller Leben hier sehr viel schwieriger gewesen.

Folgende Episode werde ich nie vergessen: Wegen einer Augenerkrankung wurde ich in einer Moskauer Klinik behandelt. Es fiel die Entscheidung, daß ich nach Deutschland fliegen sollte, um mich den Flugmedizinern der ESA in Köln vorzustellen. Am Tag der Abreise kam Sigmund schon früh um vier Uhr, um mich abzuholen. Doch das Hospital lag noch im Dunkeln, die Tore waren verschlossen, und er wußte nicht, wo ich mich aufhielt. Doch Sigmund verschaffte sich trotzdem irgendwie Zugang, erreichte, daß man mich herunterbrachte und gewährleistete, daß ich pünktlich um sieben Uhr abfliegen konnte. Wie er das schaffte, ist mir bis heute ein Rätsel geblieben. Ich vermute aber einen der seltenen Fälle, in denen er es ausnutzte, den hohen Titel eines »Helden der Sowjetunion« zu tragen. Im Grunde genommen widersprach das seinem bescheidenen und anspruchslosen Wesen. In dieser Situation jedoch hielt er es für notwendig, um das zu erreichen, was wichtig war.

Aber Sigmund war viel mehr als nur ein »Pflegevater« für uns Neulinge; er war ein zuverlässiger Freund und Kollege. Während der Mission EUROMIR '95 bildeten er und ich eines der beiden Teams, die abwechselnd rund um die Uhr im Flugleitzentrum Dienst taten, um ständig Verbindung mit Thomas Reiter an Bord von MIR zu halten. Wir waren verantwortlich für die Betreuung unseres Kosmonauten sowie für den Kontakt zur ESA in Europa. Volle sechs Monate arbeiteten Sigmund und ich eng zusammen. Während dieses halben Jahres konnte ich ungeahnten Nutzen aus seinen reichhaltigen Erfahrungen im Flugleitzentrum ziehen. Gemeinsam stellten wir den als ausgezeichnet bewerteten Bericht über die Arbeit zusammen.

Nun ist es schon über zwanzig Jahre her, seit Sigmunds Flug als erster deutscher Pionier im Weltraum. Ich möchte mich einreihen unter die vielen Menschen, die ihm dazu gratulieren. Vor fünf Jahren, unmittelbar nach unserer Ankunft im Sternenstädtchen, erhielt ich eine Einladung von Sigmund, an einem kleinen Essen im »Café Star City« teilzunehmen. Er versäumte jedoch, mir den Grund für die Fete zu nennen. Ich würde wohl nie erfahren haben, daß er der Ehrengast einer Feier aus Anlaß des fünfzehnten Jah-

restages war, wenn Walter Peeters von der ESA mich nicht einge-
weiht hätte. Für mich erzählt diese Geschichte eine Menge darüber, was für eine Art Mann Sigmund ist.

Meine herzlichen Glückwünsche, Sigmund! Es ist schön, Dich
an unserer Seite zu wissen!

*Dr. Christer Fuglesang, Jahrgang 1957, schwedischer Experimental-
physiker und ESA-Astronaut, Double von Thomas Reiter bei der Mission EUROMIR '95*

EUROMIR 95-Kandidaten Thomas Reiter und Christer Fuglesang

MEIN GESÜNDESTER PATIENT
Von Hans Haase, Königsbrück

Ich kann mich noch gut daran erinnern, wie eine Zeitungsnotiz vom 14. Juli 1976 meine besondere Aufmerksamkeit erregte.
In einer Meldung wurde über den Abschluß eines Regierungsab-
kommens der INTERKOSMOS-Partner informiert, in dem die
Hauptrichtungen der gemeinsamen Erforschung und Nutzung
des Weltraums festgelegt und neue Formen der Zusammenarbeit
auf diesem Gebiet anvisiert wurden. Obwohl darin noch nichts
Konkretes über gemeinsame bemannte Raumflüge gesagt wurde,
kam mir doch unwillkürlich ein solcher Gedanke in den Kopf
und verfolgte mich eine Weile. Wer könnte in unserem Land ein

Kandidat dafür sein; was für ein Mensch müßte das sein; über welche Fähigkeiten, Qualifikationen, Charaktermerkmale, gesundheitliche Voraussetzungen mußte er verfügen? Könnte das ein ansonsten ganz normaler Mensch sein, oder müßte er einem Supermann oder einem Universalgenie gleichen? Solche und ähnliche Fragen kamen mir tatsächlich in den Sinn, doch verwarf ich sie bald wieder, geriete ich doch sonst, wie ich damals meinte, ins Phantasieren. Dabei war meine Gedankenspielerei vielleicht gar nicht so abwegig und ungewöhnlich, hatte ich doch von Berufs wegen mit der medizinischen Auswahl und Begutachtung von fliegendem Personal zu tun, arbeitete ich doch schon seit mehreren Jahren im Programm INTERKOSMOS mit.

Auch persönlich war ich für eine solche Idee anfällig. Mich hat das Phänomen des Fliegens mit Apparaten schwerer als Luft von jeher begeistert. Noch heute schaue ich zu Flugzeugen am Himmel auf, verfolge ihre Spur, und Stunden könnte ich auf einem Flugplatz zubringen und dort den Betrieb beobachten. Dabei bewundere ich Piloten bei komplizierten Flugmanövern ebenso wie Cockpitbesatzungen von Passagierflugzeugen, die Menschen über Tausende von Kilometern und teilweise unter schwierigen meteorologischen Bedingungen sicher ans Ziel bringen. Um so mehr noch faszinierte mich der Schritt des Menschen in den außerirdischen Raum. Diese Leistung gehört für mich auf wissenschaftlich-technischem Gebiet zu den bedeutendsten der Menschheitsgeschichte. Wissenschaftler sprechen gar von einem Wendepunkt in der Geschichte, einem gewaltigen Sprung, der mit der Nutzung des Feuers oder der Kopernikanischen Wende vergleichbar sei. Steht doch nunmehr ein unbegrenzter Raum für die wissenschaftliche Forschung, den Erkenntnisgewinn und die produktive Tätigkeit zum Nutzen für die Erde zur Verfügung.

Auch für mein Gebiet, die Medizin, ergaben sich mit der Raumfahrt teilweise völlig neue Aspekte. Bislang hatte sich das Leben auf unserem Planeten – und damit auch der Mensch – ausschließlich unter der ständigen Einwirkung der Gravitation und des irdischen Strahlungsklimas sowie dem Vorhandensein einer Gashülle entwickelt und an diese relativ konstanten Größen seit Jahrtausenden und Jahrmillionen angepaßt. Wenn der Mensch sich nunmehr die Mittel in die Hand gegeben hatte, innerhalb von Minuten den Bann der Erdanziehung zu durchbrechen, sich in einen schwerelosen Zustand und gleichzeitig auch in ein äußerst lebensfeindliches Milieu zu begeben, dann wären sicher auch fundamentale Erkenntnisse über die Anpassungsfähigkeit an extreme Bedingungen und die Grenzen der menschlichen Leistungsfähigkeit zu erwarten.

Die ersten Kandidaten

Das ganze Gebiet interessierte mich sehr. Damals, im Juli 1976, als ich meinem Wunschgedanken nachhing, ahnte ich allerdings noch nicht, daß ich damit sehr bald schon in der Realität zu tun bekommen würde.

An der Tatsache, daß im Institut für Luftfahrtmedizin Königsbrück von Zeit zu Zeit Flugzeugführer zu einer flugmedizinischen Untersuchung außer der Reihe weilten, fanden wir nichts Außergewöhnliches. Solche Kontrollen machten sich zum Beispiel bei Umschulungen auf neue Flugzeugtypen notwendig. So verwunderte es auch niemanden, als eine solche Gruppe von Flugzeugführern der NVA im August 1976 zu einer außerplanmäßigen medizinischen Begutachtung eintraf. Keiner der Mitarbeiter – und wohl auch die Piloten selbst – ahnte auch nur im Geringsten, auf welche neue Technik sie, oder genauer gesagt einer von ihnen, in nicht allzuferner Zeit umschulen sollten. Doch das sollte sich bald ändern. Auch für mich.

Einige Zeit später erhielt ich die Aufgabe, medizinische Dokumentationen in Russisch zu studieren und bei ihrer Übersetzung mitzuwirken. Es handelte sich um Anleitungen, wie welche Untersuchungen für Kosmonautenkandidaten durchzuführen sind. Das ging in vielem über das hinaus, was für die medizinische Beurteilung der Flugtauglichkeit von Piloten erforderlich war. Schließlich gab es in der Deutschen Demokratischen Republik nirgendwo Erfahrungen in der medizinischen Auswahl und Vorbereitung von Kosmonauten, auch nicht im Institut für Luftfahrtmedizin. Folglich waren auch eine Reihe spezieller Untersuchungsmethoden nicht vorhanden. Einige konnten dann kurzfristig geschaffen werden, bei anderen mußten wir auf die Hilfe unserer sowjetischen Kollegen bauen. Gerade in jenen Septembertagen erschien in der Tagespresse die Meldung, daß auf einer von Regierungsvertretern der damals im Programm INTERKOSMOS vertretenen neun Staaten – Vietnam kam erst 1979 hinzu – beschlossen worden war, im Zeitraum 1978 bis 1983 Interkosmonauten zu sowjetischen Raumstationen zu entsenden. Nun ging es Schlag auf Schlag.

Der 1. Oktober 1976 wird mir für immer in Erinnerung bleiben. An diesem Tag wurde in unserem Institut ein Lehrgang zur Umschulung auf neue Technik eröffnet. Ich erhielt die Aufgabe, die Kursanten ärztlich zu betreuen. Diese kannte ich ja bereits, denn alle hatten an jener Sonderuntersuchung der FMK (Flugmedizinischen Kommission) im August teilgenommen.

Ziel des Lehrgangs war es, die Teilnehmer möglichst allseitig auf die künftigen Anforderungen vorzubereiten. So wurden ihnen raumfahrtbezogene Grundlagenkenntnisse in einigen naturwissenschaftlichen Fächern vermittelt und die russischen Sprachkenntnisse vertieft. Vor allem stand die physische Ausbildung im Vordergrund, um den allgemeinen Trainingszustand der Kandidaten zu verbessern sowie deren Widerstandsfähigkeit gegenüber den Belastungen beim Raumflug zu erhöhen. Für Anfang November war der Besuch einer sowjetischen Expertengruppe angekündigt worden. Mit ihrer Ankunft begann die zweite, die sogenannte stationäre Etappe der medizinischen Auswahl. Es war eine Periode äußerst angespannter Arbeit eines großen Kollektivs von Ärzten, Schwestern und Laborassistentinnen. Die Kandidaten wurden umfassenden Untersuchungen in nahezu allen medizinischen Fachgebieten unterzogen. Sie wurden, wie man so sagt, gründlich auf Herz und Nieren geprüft. Zum Programm gehörte es ebenfalls, den Gleichgewichtsapparat sowie die Widerstandsfähigkeit gegenüber Druckschwankungen und Sauerstoffmangel in der Unterdruckkammer zu testen. In dieser Phase der Arbeit wurden wir tatkräftig von der sowjetischen Expertengruppe unterstützt, die unter Leitung des Kosmonauten und Flugmediziners Wassili Lasarew stand. Die sowjetischen Spezialisten halfen uns auch bei der Beantwortung der Fragen, inwieweit dieser oder jener Kandidat auch mit einer festgestellten Abweichung im Gesundheitszustand für die Teilnahme an einem Raumflug noch tauglich erschien.

Das folgende Wochenende mußte genutzt werden, um die Mengen von Untersuchungsergebnissen zusammenzustellen und ins Russische zu übersetzen, denn wir sollten unverzüglich danach mit den vier für tauglich befundenen Kandidaten in die UdSSR fliegen – nun schon zur dritten Etappe der medizinischen Auswahl und Begutachtung. Ich erhielt den Auftrag, als Arzt daran teilzunehmen.

Unsere Überraschung war groß, als wir auf dem Flugplatz Delegationen aus der CSSR und aus Polen trafen, die ebenfalls zum Sternenstädtchen unterwegs waren. In den folgenden zwei Wochen würden wir mit ihnen gemeinsam ein Programm absolvieren, das endgültig Gewißheit bringen sollte, welche zwei Kandidaten aus jedem dieser Länder für die Aufnahme der Kosmonautenausbildung geeignet waren. Dabei galt es unter anderem, mehrere Tests zur Überprüfung der Beschleunigungsverträglichkeit zu bestehen. Auf der großen Zentrifuge wurden die Kandidaten Kräften bis zum Achtfachen der Erdanziehung ausgesetzt. Mit einer Vielzahl von Untersuchungsmethoden wurde die Stabilität des Gleichgewichtsapparates bestimmt.

Die beiden Letzten

Der 26. November 1976, der Tag unserer Rückkehr aus dem Sternenstädtchen, war für mich aus mehreren Gründen ein besonders bewegender Tag.

Mich beschäftigte die Frage, wie jeder der vier wohl die Entscheidung, die am späten Abend fallen sollte, aufnehmen würde. Die medizinischen Beschlüsse dafür trug ich in meiner Aktentasche bei mir. Alle hatten in diesen 14 Tagen mit hoher Motivation und mit Ehrgeiz um eine Fahrkarte in den Weltraum gekämpft. Ich versuchte mich in ihre Lage zu versetzen. Das fiel mir leicht bei Sigmund Jähn und Eberhard Köllner, die sich selbstverständlich riesig freuen würden. Schwieriger war es bei den beiden anderen. Natürlich würden sie enttäuscht sein. Wer wäre es nicht so dicht an der Schwelle zu der Chance, an der Verwirklichung eines Menschheitstraumes mitzuwirken? Ich hatte mich schon auf einige Varianten eines psychologischen Beistandes vorbereitet. Doch es kam anders, als ich erwartet hatte. Schon im Flugzeug bemerkte ich, wie sie sich alle vornahmen, das Urteil, auch wenn es für sie negativ ausfallen würde, gefaßt entgegenzunehmen. Als dann am Abend alles feststand, beeindruckte mich die Haltung der beiden Kandidaten, als sie von ihrem Ausscheiden erfuhren. Sie gingen auf Sigmund und Eberhard zu, umarmten sie und wünschten ihnen Erfolg für ihre große und verantwortungsvolle Aufgabe. Schon bald darauf siedelten Sigmund Jähn und Eberhard Köllner mit ihren Familien in das Sternenstädtchen über und nahmen ihre Ausbildung auf.

Für mich begann jetzt eine Periode, in der ich zwar zu meiner eigentlichen Arbeit zurückkehrte, doch viel mehr noch das in den vergangenen vier Monaten Geschehene und Gesehene zu überdenken hatte. Diese mit der Auswahl der Kosmonautenkandidaten verbundene Zeit hatte für mich viel Neues und Interessantes gebracht. Nun galt es, dies alles zu verarbeiten und die nächsten Aufgaben vorzubereiten. Ich mußte die erworbenen Kenntnisse systematisieren und mich anhand der wissenschaftlichen Literatur mit der neuen Materie vertraut machen. Das war nicht zuletzt für die Vorbereitung der medizinischen Experimente wichtig, die während des Raumfluges durchgeführt werden sollten, denn neben der Teilnahme an medizinischen Kontrollen unserer Kosmoskandidaten war ich auch dafür verantwortlich, die Ausarbeitung des medizinisch-wissenschaftlichen Flugprogramms zu koordinieren.

Mit all diesen bevorstehenden Aufgaben deutete sich für mich ein Tätigkeitsfeld an, das sich grundsätzlich von der Arbeit eines Arztes mit dem Patienten unterschied. Ich war noch viel stärker als früher in die Rolle des Arztes von gesunden Menschen gekommen. Um in solch einem Falle ein Arzt-Patienten-Verhältnis aufzubauen, war es wichtig, möglichst alle Untersuchungen und Tests – auch solche, die mit hohen Beanspruchungen verbunden sind – selbst mit zu durchlaufen, oder einfach ausgedrückt: die Belastungen zu ertragen, denen auch sie ausgesetzt würden. Auf diese Weise konnte ich nicht nur besser nachempfinden, was von dem Kandidaten gefordert wurde, sondern ich war auch in der Lage, die Untersuchungsbefunde und -ergebnisse sachkundiger zu beurteilen. So habe ich mit ihnen Stunden in der Unterdruckkammer zugebracht und das Testprogramm auf der Zentrifuge durchlaufen.

Rückblickend kann ich sagen, daß mich diese Tätigkeit auch deshalb interessierte, weil es schon immer ein Motiv meiner ärztlichen Tätigkeit war, die Leistungsgrenzen des Menschen mit zu ergründen. Wenn die These, daß die Medizin den kranken Menschen besser kennt als den gesunden, allmählich an Gültigkeit verliert, so ist es neben solchen Disziplinen wie der Luftfahrt- und der Sportmedizin besonders ein Verdienst der viel jüngeren Raumfahrtmedizin, dazu beigetragen und das wissenschaftliche Interesse am gesunden Menschen stimuliert zu haben. Mittlerweile hat die Beschäftigung mit den Problemen des Menschen unter extremen Bedingungen den Hauptteil meines Berufslebens eingenommen.

Zwischen Dezember 1976 und August 1978 war ich mehrmals im Sternenstädtchen, um an medizinischen Kontrollen teilzunehmen. Sigmund und Eberhard trainierten zusammen mit den künftigen Interkosmonauten der CSSR und Polens, Vladimir Remek und Oldrich Pelcak sowie Miroslaw Hermaszewski und Zdenek Jankowski. Sie verstanden sich ausgezeichnet, und das ganz eigene, unverwechselbare Fluidum von Swjosdny Gorodok, wie Sigmund es empfunden hat, trug seinen Teil zu guter Stimmung bei. Zum Vorbereitungsprogramm gehörten die verschiedensten Elemente, um gleichermaßen die physische wie die psychische Leistungsfähigkeit der künftigen Raumflieger zu entwickeln. Aus medizinischer Sicht besonders interessant waren zum Beispiel die Belastungsproben auf der Zentrifuge entsprechend des Beschleunigungsprofils beim Start der Rakete und bei der Landung der Rückkehrkapsel. Oder auch die »Höhenaufstiege« in der Unterdruckkammer bis in simulierte Höhen von 30 bis 40 Kilometern, dann selbstverständlich mit Skaphandern. Parabelflüge in Spezialflugzeugen waren ein unentbehrliches Mittel, um die Verträglichkeit der Schwerelosigkeit kurzzeitig zu testen. Dazu kam eine ganze Palette variantenreicher psychologischer Tests, denn körperliche und sportliche Fitneß allein macht noch nicht den Raumfahrer aus. Unsere beiden Kandidaten trainierten intensiv und bestanden alle medizinischen Kontrollen. Auch in ihren sportlichen Leistungen verbesserten sie sich. Sigmund war nach dem ersten Jahr bereits bei 15 Klimmzügen angelangt.

»Hauptsache, die Kopplung klappt!«

26. August 1978 – der Tag des Starts. Ich war seit einer Woche in Baikonur und lebte in diesen Tagen mit Sigmund und Eberhard im Hotel »Kosmonaut« zusammen – in einer Art Quarantäne, denn natürlich durfte nichts geschehen, was die Besatzung hätte gesundheitlich gefährden können. Ansonsten bestanden ausgezeichnete Möglichkeiten für Erholung und Entspannung, es gab ein Schwimmbassin, Billardräume, Tennisplätze und vieles mehr. Es hat mich sehr beeindruckt, wie diese Stadt in der Nähe der Startrampe so blühend auf karger Steppe stand, so daß man die Mühen der Neuland-Erschließer nur ahnen konnte. Der

Tagesablauf war schon so eingerichtet, wie er sich auch im Weltraum gestalten würde. Das bedeutete, daß es abends sehr spät wurde, früh dafür der Tag erst gehen zehn Uhr begann. Im Essen gab es keine Einschränkungen, wenn auch am Tag des Starts leichte Kost auf der Speisekarte stand – zum letzten irdischen Mahl Geflügelfleisch mit Reis, Weintrauben und Tee.

Am 24. August hatte die Hauptkommission getagt. Zu ihr gehörten der dreifache Fliegerkosmonaut Dr. Wladimir Schatalow und Alexej Leonow. Der Entschluß der Kommission lautete: Einsatzmannschaft Waleri Bykowski/Sigmund Jähn, Doublebesatzung Viktor Gorbatko/Eberhard Köllner.

Um 17.00 Uhr Ortszeit war Abfahrt zum Startplatz. Wir brauchten mit dem Bus etwa eine Dreiviertelstunde. Dort angelangt, kam man zuerst in einen Raum, der durch eine große Glasscheibe zweigeteilt war. Dahinter wurden den Kosmonauten die Skaphander angepaßt. Wir konnten dieses »Abdrücken« der Anzüge beobachten, das heißt, die Prüfung auf Dichtheit, denn im Falle der Enthermetisierung der Raumschiffkabine werden die Anzüge automatisch aufgeblasen und schützen den Raumfahrer vor lebensgefährlichen Wirkungen großer Höhen. Dann ging es wieder in den Bus, den man von Bildern her kennt, und wir fuhren die eineinhalb Kilometer zur Rampe. Ich saß mit dem sowjetischen Mannschaftsarzt hinten, hinter der Scheibe. Die beiden Kosmonauten waren ruhig, Bykowski rauchte zu meinem Erstaunen noch eine Zigarette und war wie immer zu Späßen aufgelegt.

19.51 Uhr – Start. Ein Eindruck, den ich nie vergessen werde. Die Luft dröhnte, die Erde bebte. Man hatte ein Gefühl der Unheimlichkeit angesichts dieser entfesselten Kräfte von 22 Millionen PS, die nötig waren, um aus dem Bann der Erdanziehung auszubrechen.

Noch ganz gefangen von diesem Erlebnis fuhren wir zurück ins Hotel. Dort wurde »aus der Bewegung heraus« ein Fest zu Ehren des erfolgreichen Starts improvisiert. Es war für mich ein erhebendes Gefühl, wie ich in dieses Kollektiv von Experten und Raumfliegern integriert war. Das bescheidene und zurückhaltende Auftreten dieser gestandenen, berühmten Männer wie Schatalow und Leonow, die wichtige Kapitel der bemannten Raumfahrt mitgeschrieben haben, hat mich nachhaltig beeindruckt. Das Gefühl der Freundschaft aus dieser Zeit ist mir noch besonders gegenwärtig.

Als ich Sigmund vier Stunden vor seinem Start beim Einsteigen in den Bus, der uns zum Startplatz bringen sollte, fragte, wie ihm denn zumute sei, antwortete er: »Weißt du, das ist im Prinzip nicht anders, als wenn du auf eine mehrtägige Dienstreise gehst – Hauptsache, die Kopplung klappt.« Nun war sie gelungen. Doch wie würde unser Sigmund aussehen? Was für einen Eindruck würde er machen? Vorher, bei den Prüfungen des Gleichgewichtsapparates auf der Erde, gab es keine Bedenken, aber jetzt, im Weltraum? Die Fernsehkamera in der Station war auf die Umsteigeluke gerichtet. Als sich der Deckel öffnete und Sigmunds Gesicht auf dem Bildschirm erschien, gab es spontanen Applaus im Flugleitzentrum, und alle erhoben sich von den Plätzen. Damit wurde traditionell das gelungene Rendezvous gewürdigt. Mir und sicher allen, die an der medizinischen Auswahl beteiligt waren und diesen Moment mitverfolgten, fiel ein Stein vom Herzen. Als ich sah, wie unser Kosmonaut guter Dinge dort in die Station schwebte und sich sofort angeregt mit den Hausherren von SALUT 6, Kommandant Wladimir Kowaljonok und Bordingenieur Alexander Iwantschenkow, unterhielt, war das nicht zuletzt eine Bestätigung für die Richtigkeit unserer Arbeit. Und auch für Sigmund selbst. Während der Ausbildung stieg er immer wieder zusätzlich, in seiner Freizeit, auf solche Geräte wie Drehstuhl und Schaukel. Das tat er nicht aus persönlichem Ehrgeiz, sondern eher aus Pflichtbewußtsein, »weil ich nur eine Woche im Weltraum habe«, wie er es selbst einmal begründete. Er wollte von der ersten Minute an arbeitsfähig und den Leuten in der Orbitalstation, die ja schon Monate oben waren, eine Stütze und keine Last sein. Die Befürchtungen waren nicht unbegründet, denn schließlich ging ja die schnelle Gewöhnung an die Schwerelosigkeit vorher nicht bei allen Raumfahrern so glatt. Etwa die Hälfte aller Kosmonauten und Astronauten hatte mit Erscheinungen ähnlich der irdischen Seekrankheit Bekanntschaft machen müssen.

Das logische Schloß

Bei Sigmund kam neben dem prophylaktischen Training auf der Erde hinzu, daß er, wie Waleri Bykowski später bestätigte, gewissenhaft die Empfehlungen seines erfahrenen Kommandanten befolgte, bei Eintritt in die Schwerelosigkeit in der letzten Flugphase von SOJUS 31 keine ruckartigen Bewegungen zu machen, sich nicht mehr als unbedingt nötig um die eigenen Achsen zu drehen. Nicht nur zu diesem kniffligen Zeitpunkt kam unser Kosmonaut, wie wir später erfuhren, auch mit anderen Erscheinungen bei der Anpassung an die Schwerelosigkeit relativ gut zurecht. Auch er stellte, gleich allen Raumfliegern vor ihm, fest, daß es mit Eintritt in die schwerelose Phase des Fluges zu Illusionen kommt, das Instrumentenbrett sich plötzlich an einer anderen Stelle zu befinden scheint, man nicht mehr weiß, in welcher Körperlage man sich gerade aufhält. Dann heißt es Ruhe zu bewahren und sich voll zu konzentrieren. Sigmund hat genau diese Erfahrung gemacht und die Ruhe behalten, sich mit äußerster Anstrengung konzentriert und sah sich so in der Lage, seine Funktion in der Zweierbesatzung immer zu erfüllen.

Als man über diese Erscheinungen noch gar nichts wußte, als der erste Flug in den Weltraum noch bevorstand und nur Mutmaßungen bestanden, wie es wohl dem Menschen schwerelos ergehen würde, hatten die Raumschiffkonstrukteure auf Anraten der Psychologen ein sogenanntes logisches Schloß in die Steuerung eingebaut, das der Kosmonaut nur öffnen und damit in die Steuerung eingreifen konnte, wenn er in der Lage war, eine bestimmte Zahlenkombination einzugeben, also klaren Kopf zeigen mußte. Als sich die Steuer- und Regelsysteme der Raumschiffe vervollkommneten, wurde das Schloß wieder abgeschafft. Daß freilich die Schwerelosigkeit nicht etwa eine andere Art irgendeines irdischen Zustandes ist, hat Sigmund natürlich auch gespürt – am deutlichsten vielleicht beim Schlaf. Er erzählte später, daß er sich immer so fühlte, als würde er auf dem Bauch liegen, selbst wenn er meinte, sich nun auf den Rücken gedreht zu haben – Kunststück, wenn man Schlafstellung unter der Decke der Raumstation eingenommen hatte, und es in der Schwerelosigkeit kein Oben und Unten gibt.

Während des Fluges saß die Konsultativgruppe der DDR in einem Raum des Flugleitzentrums in Kaliningrad, von wo aus wir Flug und Experimente beobachten konnten. Über Monitore erhielten wir ständig aktuelle Angaben zum Flugverlauf. Darüber hinaus konnten wir den gesamten Funksprechverkehr mitverfolgen. Interessant, was daraus alles für Schlüsse auf das aktuelle Befinden der Kosmonauten zu ziehen waren.

Eines der medizinischen Experimente des Flugprogramms war sogar gezielt den Sprachschwingungen unseres Kosmonauten gewidmet, weil man sich daraus Rückschlüsse auf den Grad der psychischen Anpassung versprach. So sollte Sigmund immer in Phasen besonderer Anspannung, wie etwa beim Start oder vor dem Koppeln, die Zahl 226 – »Zwosechsundzwanzig« – sprechen. Obwohl sich die sowjetischen Kosmonauten manchmal darüber lustig machten und sich ebenfalls mit diesem Code meldeten, folgte Sigmund unserer Vereinbarung, und unsere Sprachanalytiker zogen ihre Schlußfolgerungen. Wenngleich Sigmund in Anspielung auf die Tatsache, daß in dem Wort alle Vokale unserer Sprache vorkommen sollten, einmal witzelte, er hätte auch »Schokoladenpudding« sagen können.

Aber zurück zu unserer Arbeit am Boden. Aufgabe der Konsultativgruppe war es, unseren Kosmonauten für die über zwanzig Experimente während des Fluges beratend zur Seite zu stehen und die telefonische Verbindung zu den wissenschaftlichen Einrichtungen in der Heimat zu halten, die zeitsynchron die Experimente unter irdischen Bedingungen durchführten. Der Gruppe gehörten deshalb Spezialisten jener Wissenschaftsdisziplinen an, in denen Experimente vorbereitet worden waren: Dr. Alex Geschke für die kosmosphysikalischen Experimente, Dr. Achim Zickler für die geplanten Arbeiten mit der Multispektralkamera MKF-6, Dr. Rainer Kuhl für den materialwissenschaftlichen und ich für den medizinisch-biologischen Teil des Unternehmens. Leiter der Gruppe war Dr. Ralf Joachim vom Institut für Elektronik der Akademie der Wissenschaften.

Die Verständigung mit den Kosmonauten im Orbitalkomplex erfolgte nicht auf direktem Wege, sondern alle Anfragen und Kommentare unsererseits mußten über den Flugleiter vermittelt werden. Das war Gesetz, ausgenommen bei der Tele-Pressekonferenz am dritten Tag in SALUT 6, als Eberhard Köllner und Wiktor Gorbatko die Fragen der Journalisten dolmetschten.

Nicht nur durch die Funkbrücke, eindrucksvoller noch durch die Fernsehreportagen von Bord konnten wir uns, wie auch viele Millionen daheim, ein Bild von der guten Stimmung 350 Kilometer über uns machen. Ich denke zum Beispiel an solch einen kleinen Scherz, als die Kosmonauten wohl sehr zum Vergnügen der Kinder die erste Sandmännchen-Sendung aus dem All präsentierten und unseren Liebling der Jüngsten im Weltraumanzug mit dem russischen Maskottchen Mascha »verheirateten«. Sigmund hat über solche und andere scheinbare Nebensächlichkeiten ihrer Erholungsphasen an Bord authentisch in seinem Buch »Erlebnis Weltraum« berichtet. Dort bekannte er auch – was mir natürlich nicht neu war –, daß er gegenüber seiner Vorliebe für die Experimente zur Fernerkundung der Erde einige medizinische Tests des Flugprogramms anfangs nicht so ernsthaft bewertete. Drei der sechs medizinischen beziehungsweise psychologischen Experimente des Flugprogramms – das bereits erwähnte »Sprache«, die Versuche »Zeit« und »Befragung« – sollten dazu beitragen, die Beanspruchung und Arbeitsfähigkeit des Probanden im Orbit beurteilen zu können – als einen Beitrag zur Zustandsdiagnostik. Die anderen dienten dem Ziel, den Einfluß der Raumflugbedingungen auf verschiedene Sinnes- und andere Körperfunktionen zu untersuchen. So mit dem Experiment »Audio« das Gehör, mit »Geschmack« eben jenen Sinn des Menschen, und mit »Sauerstoff« die Versorgung des Organismus an peripheren Körperabschnitten, insbesondere der Haut. Sie alle sollten ihren Nutzen für ein besseres Beurteilen des psychophysischen Zustandes der Kosmonauten erweisen, war vieles damals doch noch wenig oder unzureichend belegt.

Von Weltraumstille keine Spur

Was Sigmunds Meinung über die medizinisch-psychologisch orientierten Experimente anging, so hat er sie bei dem Experiment »Audio« sehr schnell geändert, als er sah, mit welch großem Interesse die beiden Kollegen der Stammbesatzung die vorgesehenen Schallpegelmessungen verfolgten. Sie hatten bereits seit mehr als 70 Tagen mit den vielfältigsten Geräuschen in der Raumstation zu leben und waren sicherlich gespannt, ob an ihnen eine veränderte Hörfähigkeit, im Sinne einer Hörermüdung festzustellen war. Sigmund empfing in der Raumstation also nicht gerade Weltraumstille, wie er es mehr oder weniger erwartet hatte, und wie es in utopischen Romanen beschrieben wird, sondern eine Geräuschkulisse von Ventilatoren, tickenden und summenden Geräten bis hin zu lauten Tönen aus dem Kassettenrekorder, der die von der Stammbesatzung geliebten Lieder Alla Pugatschowas einspielte. Für Messungen der Gehörschwelle bestimmter Töne war im VEB Präcitronic Dresden ein Audiometer mit der Bezeichnung »Elbe« entwickelt worden. Mit einem weiteren Gerät, dem Schalldruckpegelmesser aus dem Kombinat Meßelektronik Dresden, konnte zugleich der gesamte Geräuschpegel in der Station und der Einfluß der Umgebungsgeräusche auf das Experiment bestimmt werden. Wie Sigmund schreibt, unterschieden sich die Hörkurven der beiden Besatzungen tatsächlich voneinander. Nutzen aus diesem Experiment wurde später nicht nur bei der Konstruktion in bezug auf besonders geräuschgefährdete Bereiche im Raumschiff, sondern auch für den Einsatz des Audiometers auf der Erde gezogen.

Wenn ich mich an diesen 3. September 1978, den Tag der Landung, erinnere, so vermischen sich Eindrücke über meine medizinische Pflichterfüllung immer wieder mit Szenen herzlicher Begegnungen mit Menschen dieser mittelasiatischen Region. Am eindrucksvollsten war für mich das Begrüßungsmeeting mit der Bevölkerung von Dsheskasgan, als die Hubschrauber die kurz zuvor in der Steppe gelandeten Kosmonauten brachten.

Sigmund bückte sich

Die Begegnung sollte nur eine Viertelstunde dauern, doch daraus wurden dann 45 Minuten oder gar etwas mehr. Das war zugleich ein unfreiwilliger medizinischer Test auf Stabilität des Herz-Kreislaufsystems, denn Waleri Bykowski und Sigmund Jähn mußten ja die ganze Zeit frei stehen. Natürlich sahen sie dabei nicht so aus, als kämen sie gerade aus dem Erholungsurlaub. Für mich als Mediziner gab es aber vorher schon einen Moment der Aufregung. Als die Kosmonauten aus den Hubschraubern ausstiegen und auf uns Wartende zukamen, bildete sich ein Spalier. Plötzlich bückte sich Sigmund – nach einem Blumenstrauß. Der war einem Mädchen aus der Hand gefallen. Am liebsten hätte ich Sigmund zugerufen, er solle das nicht tun, denn zwei Stunden nach der Rückkehr aus der Schwerelosigkeit ist nicht nur der Gang noch unsicher, sondern vor allem der Blutkreislauf noch nicht wieder an die Erdgravitation angepaßt. Es hätte also beim Aufrichten zum Beispiel zu starken Schwindelerscheinungen kommen können. Daß er keine für mich erkennbaren Wirkungen zeigte, beruhigte mich sehr.

Zu später Stunde trafen wir in Baikonur ein. Im Hotel »Kosmonaut« warteten schon die Reporter auf die beiden Raumfahrer. Danach begannen wir sofort mit der ersten umfassenden medizinischen Untersuchung. Wir konnten einen guten Gesundheitszustand feststellen. Daß sich auch bei Sigmund die Werte schnell stabilisierten, war nicht zuletzt ein Zeichen seiner guten Vorbereitung.

Die nächste Station war das Sternenstädtchen bei Moskau. Es gab manche Feier aus Anlaß des erfolgreichen Fluges. Doch im Vordergrund stand nun die Auswertung des Fluges und der Experimente in enger Zusammenarbeit mit den sowjetischen Fachleuten.

Nach der Rückkehr in die Heimat führte ein Kollektiv von Spezialisten die Auswertung der Experimente über mehrere Monate weiter – natürlich auch im Institut für Luftfahrtmedizin in Königsbrück. Viele Male saßen wir hier mit Sigmund Jähn zusammen, weil wir immer wieder auch seine Hinweise, Eindrücke und Wertungen brauchten. Über die medizinischen Ergebnisse des Fluges hatte ich danach mehrfach Gelegenheit, in Gemeinschaftsvorträgen auf internationalen Konferenzen des Komitees für Weltraumforschung COSPAR und der Internationalen Astronautischen Föderation IAF zu berichten. Mit dem Raumflug von Sigmund Jähn wurde in der Deutsche Demokratische Republik auch ein neues Kapitel der Raumflugmedizin eingeleitet. Unsere Forschung erhielt damit einen spürbaren Impuls. Der Beitrag zum Programm INTERKOSMOS wurde systematisch erweitert. Dafür stehen solche Beispiele wie die im Ergebnis des gemeinsamen Fluges weiterentwickelten Geräte zur Untersuchung der Hörempfindlichkeit, das Audiometer »Elbe 2« sowie der entsprechende Schallpegelmesser, die in der Raumstation MIR arbeiten, auch die Beteiligung an Biosputniks.

Es könnte vielleicht die Frage auftauchen, ob denn nicht heute, nach mehr als 40 Jahren aktiver Raumforschung, die mit der medizinischen Betreuung der Raumfahrer verbundenen Probleme gelöst seien. Daß dem nicht so ist, zeigen am deutlichsten die Langzeitflüge. Die meisten Experten gehen davon aus, daß die maximal mögliche Dauer eines solchen Fluges im Zeitraum zwischen 400 und 500 Tagen liegt. Bei dieser Begrenzung stehen nicht so sehr solche Erscheinungen wie Verlust an Knochensubstanz, die sogenannte Raumkrankheit und Veränderungen im Herz-

Kreislaufsystem im Vordergrund, sondern in zunehmendem Maße die psychologischen Aspekte eines Langzeitfluges. Besonders problematisch würde das beim Verlassen der Erdumlaufbahn, wie etwa einem Flug zum Mars. Es dürfte ein erheblicher Unterschied sein, ob eine Besatzung ständig um die Erde kreist, den Heimatplaneten immer im Blickfeld hat und in Notfällen in wenigen Minuten in dessen Geborgenheit flüchten kann, oder ob sie die vertraute Bahn verläßt und dann, ganz auf sich allein gestellt, alle unvorhergesehenen Situationen meistern muß und nicht so ohne weiteres zur Erde zurückkehren kann.

Man muß noch nicht einmal so weit in die Zukunft schauen, um dem psychologischen Faktor an Bord von Raumstationen ein gesteigertes Interesse entgegenzubringen. In Zukunft wird es noch größere Besatzungen geben, auch zunehmend internationale Teams, wie zum Beispiel in der Internationalen Raumstation, deren Montage bereits begonnen hat. Das Tätigkeitsspektrum der Raumfahrer wird sich erweitern, insbesondere auch bei den besonders aufwendigen und risikovollen Arbeiten im freien Raum. Für die Produktivität des einzelnen wie der gesamten Besatzung wird daher das Stimmungsbarometer an Bord in starkem Maße ausschlaggebend sein.

Das hängt natürlich auch von der Zusammensetzung der Besatzungen ab, aber nicht nur. Sigmund Jähn schrieb in seinem Erinnerungsbuch selbst davon, daß die vier Männer oben in SALUT 6 alles sehr verschiedene Charaktere mit verschiedenen Temperamenten waren, sie sich aber in der besonderen Atmosphäre des Raumfluges und in dem Gefühl der Verantwortung den Tausenden auf der Erde gegenüber, die ihren Flug erst ermöglicht hatten, zu einer ausgezeichneten Harmonie zusammengefunden hatten, in der auch einer einmal um der gemeinsamen Aufgabe willen etwas »einstecken« mußte. Oder, wie es Professor Oleg Gasenko, der Nestor der sowjetischen Raumfahrtmedizin, einmal etwas drastischer ausdrückte: »Im Kosmos ist keine Zeit für Krisen, Pausen oder Frustrationen.«

Nicht ohne Frau zum Mars

Doch allein darauf zu vertrauen, reicht natürlich nicht. Die Psychologen haben bereits manches getan, um die Stimmung an Bord positiv zu beeinflussen. Da gibt es neben Videokassetten und Lieblingsmusiken Überraschungen aus den von Zeit zu Zeit anlegenden Transportraumschiffen, Fernsehübertragungen Erde–Kosmos, Gespräche mit bekannten Wissenschaftlern, Sportlern und Künstlern, einfach auch deshalb, um am Geschehen auf der Erde beteiligt zu sein. Eine solche psychologische Unterstützung hilft die Motivation der Langzeitflieger zu erhöhen. Unter diesem Aspekt ist auch die Anwesenheit einer Frau an Bord zu bewerten. Dabei sehe ich ihre Rolle nicht nur in der Erfüllung konkreter Flugaufgaben. Ihr vorteilhafter Einfluß auf die Atmosphäre in der Besatzung hat sich bei den Raumflügen, an denen Frauen beteiligt waren, bereits erwiesen. Und zum Mars wird es wohl nicht ohne Frau gehen.

Ausgeglichenes Verhalten hängt, wie für jeden verständlich, sehr von den Arbeits- und Lebensbedingungen an Bord ab. Man könnte sagen: Je irdischer, desto günstiger. Auch hier sind schon beachtliche Fortschritte erreicht worden, allein was den zur Verfügung stehenden Lebensraum betrifft. Betrug zum Beispiel der Lebensraum pro Besatzungsmitglied bei den WOSTOK-Raumschiffen zwei Kubikmeter, so waren es bei SALUT und im Orbitalkomplex MIR sogar schon 27.

Medizinalrat Dr. med Hans Haase, Jahrgang 1937, Oberst a.D., Kosmonautenarzt, Stellvertreter des Direktors des Instituts für Luftfahrtmedizin in Königsbrück, Vizepräsident der Gellschaft für Weltraumforschung und Raumfahrt der DDR bis 1990, heute in der Pharmaforschung tätig

Auf dem IAF-Kongreß 1986 in Brighton: Dr. Hans Haase, Prof. Boris Rauschenbach und Dr. Sigmund Jähn (v.r.n.l.)

BAUMSCHULE FÜR FORSTWIRTE

Von Werner Köhler, Morgenröthe-Rautenkranz

Zwei Jahre nach seinem Raumflug durfte Sigmund Jähn nahe seinem Heimatort inmitten des Waldes einen Bungalow mit herrlichem Fernblick bauen. Vom ersten Tag an begann er auf dem umgebenden Gelände Bäume und Sträucher verschiedener Herkunft einzupflanzen. Er nutzte seine Reisen in viele Länder der Erde auf verschiedenen Kontinenten sowie Bekanntschaften mit Botanikern und Forstleuten, um Gewächse unterschiedlicher Herkunft mitzubringen. Zum Teil handelte es sich um persönliche Geschenke, zum anderen kaufte er die Exoten an.

Alle Anpflanzungen erfaßte Sig karteimäßig und übernahm die Pflege persönlich. Auf dieser Grundlage wachsen und gedeihen mittlerweile 60 Arten bedeutsamer Bäume und Sträucher von 14 Gattungen in etwa 130 Exemplaren auf dem Gelände. In seiner Freizeit verfolgte der Kosmonaut das Wachstum dieser Anpflanzungen und hielt dies auch in seinen Notizen fest.

Für das Westerzgebirge und das Vogtland entstand damit in aller Stille ein einmaliges forstliches und botanisches Kleinod. Der Nutzen des Kosmonautenhains liegt vor allem in der Möglichkeit, diese originelle Sammlung für die Ausbildung von Forstwirten zu nutzen, zumal deren Schule mit Internat nur zwei Kilometer von Morgenröthe-Rautenkranz entfernt liegt.

Meiner Meinung nach hat Sigmund Jähn mit dieser uneigennützigen Leistung seine tiefe Verbundenheit mit der heimatlichen Natur ausgedrückt und so ein einzigartiges Dankeschön an die Menschen zurückgegeben, die ihn unterstützt haben.

Werner Köhler, Jahrgang 1933, Forstmeister a.D.

Der »Waldschrat« mit dem Förster ...

... und seinem Dackel

WIE ER SICH GIBT, SO IST ER

Von Oswald Kopatz, Strausberg

Vom ersten Deutschen im All existiert in der Öffentlichkeit ein gefestigtes Persönlichkeitsbild. Wen könnte es da schon interessieren, etwas aus meiner Sicht über ihn zu erfahren, war mein erster Gedanke, als ich aufgefordert wurde, einen Beitrag für das Zeitzeugenprotokoll zu schreiben. Gedruckt wird heutzutage überreichlich und ebenso en masse unbeachtet dem Abfallcontainer der Mediengesellschaft übergeben. Andererseits kann ich mich nicht der Einsicht entziehen, daß einige Geschehnisse vor und kurz nach dem Weltraumflug sein Persönlichkeitsbild en detail sinnvoll ergänzen könnten.

Im Oktober 1976 wurden sechzehn Jagdflieger der Nationalen Volksarmee in die engere Auswahl als Kosmonautenkandidaten gezogen. Mir wurde befohlen, wichtige Etappen und Anlässe der Vorbereitung dokumentarisch in Wort und Bild festzuhalten. Ich war zu dieser Zeit Militärjournalist in den Luftstreitkräften. Was mitunter einer zufälligen Konstellation der Umstände und Umfeldbedingungen entspricht, erweist sich, wie es oft im Leben geschieht, als gravierende Weichenstellung. So auch jenes unerwartet geöffnete Startfenster für die Vorausgewählten. Viele wären berufen gewesen, doch nur sechzehn waren in die engere Wahl gezogen worden – und zwar nach den Vorgaben der sowjetischen Seite.

Diese legten fest, daß die Kandidaten uneingeschränkt flugtaugliche Jagdflieger sein sollten, weil sie von Berufs wegen am besten den physischen, psychischen und bildungsmäßigen Anforderungen eines Kosmonauten gerecht würden. Außerdem müßten sie wegen der kurzen Ausbildungszeit die russische Sprache bereits beherrschen. Diese Aussage ist insofern bedeutsam, da der wohl wichtigste Prüfstein für die Endauswahl darin bestand, daß der zukünftige Kosmonaut, bedingt durch das zweisitzige Raumschiff, es in allen Phasen des Raumfluges wie der Kommandant beherrschen können müßte. Kurzum, auf die acht Tage der aktiven Phase des Weltraumfluges konzentrierte sich die Auswahl und Ausbildung.

Für die Tage danach, die sich zweifellos in Monate und Jahre summieren würden und den Kosmonauten buchstäblich mit sich überstürzenden Ereignissen in ein neues Bewährungsfeld schleuderten, gab es keine Auswahlkriterien, gab es kein Lehrfach, keine einzige Stunde im Ausbildungsprogramm. Und auch alle gut gemeinten Ratschläge konnten in dieser Hinsicht nur bedingt hilfreich sein.

Persona grata in praxi

Wenn im engen Kreis von Eingeweihten – ich gehörte dem eigens 1977 in den Luftstreitkräften neugebildeten Zentrum für Kosmische Ausbildung an – darüber gesprochen wurde, wie Sigmund Jähn oder Eberhard Köllner diese für sie neue, ungewohnte Aufgabe bewältigen würden, gab es keine Bedenken dahingehend, daß beide in der Öffentlichkeit eine gute Figur abgeben würden. Zugegeben, ohne die ganze Tragweite und große Bandbreite der Resonanz des Weltraumfluges zu erahnen, hat Sigmund Jähn diese schwierige Reifeprüfung einer persona grata in praxi mit Bravour bestanden. Eine wichtige Vorbedingung dafür sehe ich darin, daß Grundzüge seines Charakters ihn dazu befähigten. So das Wissen um die günstige Konstellation der Bedingungen und Faktoren seines Ausgewähltseins, die ihn unerwartet an eine begehrenswerte Startlinie brachten und ihn in eine vorerst nur wenigen Menschen vorbehaltene Höhe bringen konnten. Dieses Wissen hat ihn immer mit beiden Beinen fest auf dem Boden der Realität bleiben lassen.

Die selbstkritische, reale Einordnung seiner Person und Leistung ist so ein Grundzug. Selbstüberschätzung oder gar Überheblichkeit sind ihm wesensfremd. Zugleich hat sein Ausgewähltsein eine Maxime, obwohl von ihm als Lebensregel so nicht ausgesprochen, bestätigt: Um eine gebotene Chance konsequent nutzen zu können, muß man dafür gerüstet und bereit sein und alles das in die Waagschale legen, was zuvor in mühevoller Fleißarbeit erworben wurde. Sigmund Jähn gehört zu jenen Menschen, die in ihrer Tätigkeit nach besten Resultaten streben und sich nicht scheuen, dabei auch jenes Quentchen mehr zu geben, das nur durch einen überproportionalen Energieeinsatz zu erreichen ist. Ich schätze ihn als eine Kämpfernatur, für die die individuelle Leistungsgrenze keine konstante Größe ist. In diesem Streben ist er ehrgeizig.

Für die im Vorfeld des Weltraumfluges eingeleiteten Medienaktivitäten zeigten Sigmund Jähn und auch Eberhard Köllner großes

Verständnis, sie waren in dieser Hinsicht sogar sehr kooperativ. Ein Beispiel: In der Zeit der Abschlußexamen im Sternenstädtchen vor dem Abflug nach Baikonur wurde Sigmund unerwartet von seiner Tochter Marina mit ihrer bevorstehenden Hochzeit und dem unverrückbar festgelegten Trauungstermin konfrontiert. Ihm stand ein Hochgeschwindigkeitswochenende bevor. Sofort nach einer Prüfung am Freitag mit der Nachmittagsmaschine von Moskau nach Berlin. Ankunft nachts mit dem Auto in Freiberg, Sonnabend Hochzeit. Sonntag noch kurz nach Rautenkranz und Aufbruch zum Rückflug.

Kostümwechsel in der Schälküche

Verständlich, daß für manche Dinge kein Gedanke verschwendet wurde. Es bedurfte jedoch keiner Überredungskünste, um Sigmund davon zu überzeugen, daß für die zur Veröffentlichung vorgesehenen Fotos auch eines von der Hochzeit gehört, und die Uniform für den Fliegerkosmonauten die angemessene Anzugsordnung wäre. Unter den gegebenen Umständen blieb meine Uniform, die ihm auch einigermaßen passen würde, als Ausweg. Dem Geschäftsführer des Freiberger Ratskellers schien die Frage nach einem separaten Raum für ein kurzes Umkleiden zwar etwas sonderbar, er stellte aber kurzerhand dafür den Schälraum hinter der Küche zur Verfügung. Verwundert beäugten die Köche den Kostümwechsel des Brautvaters für das Hochzeitsbild am Marktbrunnen.

Schon bei seinen ersten Direktsendungen von Bord des Raumschiffes SOJUS 31 und der Orbitalstation SALUT 6 eroberte Sigmund durch sein offenes, ungekünsteltes Wesen die Sympathie vieler Menschen. Sie spürten: So wie er sich gibt, so ist er. Einfach, bescheiden, kein Protegékind, sondern einer, der durch Fleiß und Können seinen Weg gemacht hat. Auch seine anfängliche Unsicherheit verringerte nicht, sondern bestärkte diesen Eindruck und ließ ihn zu einem Sympathieträger werden. Wer unvoreingenommen nach seiner Ankunft in Berlin die Fahrt vom Flughafen durch die Innenstadt am Fernsehschirm verfolgte oder miterlebte, konnte unschwer erkennen, daß die nach Hunderttausenden zählenden Menschen am Straßenrand, in den Fenstern oder auf Baugerüsten ehrlich ihre Sympathie dem ersten Deutschen im All bekundeten.

Mir ist noch deutlich jene Situation unmittelbar nach Ankunft des Konvois im Schloß Niederschönhausen, dem Domizil der Kosmonauten, vor Augen. Erich Honecker begleitete die Raumfahrer bis in den Vorsaal des Schlosses. Er war, wie mir schien, in einer überaus angeregten Stimmung. Für manche in diesem doch relativ kleinen Kreis unerwartet, verabschiedete er sich für die wenigen Stunden bis zum vorgesehenen Staatsempfang mit einem lautstarken, dreifachen Hoch. Ich vermag nicht zu beurteilen, ob sein explosiver Auftritt eine Art Selbstbegeisterung war oder von der soeben erlebten Sympathiewelle angeregt und ausgelöst worden war.

Ungeachtet der starken Medienpräsenz für das Ereignis hat doch Sigmund durch sein Auftreten maßgeblich dazu beigetragen, daß der gemeinsame Weltraumflug eine unerwartet starke Resonanz in den unterschiedlichsten Schichten der Bevölkerung fand. Für ihn war es in der Tat die schwere, doch um so nachhaltiger wirkende Schule des learning by doing. Es ist zu bedauern, daß post festum manches im Übereifer oder infolge einer Fehleinschätzung unklug dimensionierter Veranstaltungen, Auftritte und Medienaktivitäten dem Anliegen der Sache geschadet hat. Ich kann versichern, daß Sigmund selbst energisch versucht hat, dem entgegenzusteuern.

Wäschekörbe voller Briefe

Erwähnenswert wäre auch, daß an den Fliegerkosmonauten Glückwunschkarten und Briefe geschickt wurden, die fünf Wäschekörbe füllten. Sie haben Sigmunds anfängliche Absicht, jeden selbst zu beantworten, gründlich zerschlagen. Für die Sichtung und Bearbeitung des Postberges wurden Lehrer der Offiziershochschule kommandiert, die jeder Zuschrift die gebührende Sorgfalt angedeihen ließen. Ein weiteres Phänomen mußte von höchster Stelle entschieden werden. Zahlreiche Brigaden und Kollektive von Betrieben und Bildungseinrichtungen baten, den Namen des Fliegerkosmonauten führen zu dürfen, mit dem Versprechen, sich stets seiner würdig zu erweisen. Die damals geltenden Bestimmungen der Traditionspflege legten fest, daß von noch lebenden Persönlichkeiten keine Namen verliehen werden. Angesichts des massiven Ansinnens wurde jedoch entschieden, daß von den leitenden Organen der Bezirke diese Anträge geprüft und ihnen nur in einer begrenzten Zahl zugestimmt werden sollte. Das unausweichlich notwendige Engagement für die Namensträger hat natürlich auch den Zeitfonds des Fliegerkosmonauten belastet.

Ich achte Sigmund als einen Menschen, der im vertrauten Umfeld eine veränderte Situation, militärisch kurz neue Lage bezeichnet, schnell erkennen und richtig beurteilen kann. Im praktischen Alltag reiben sich aber oft Wunsch und Wirklichkeit. Für ihn wäre es damals die selbstverständlichste Sache gewesen, wieder in einem Jagdfliegergeschwader seinen Dienst zu versehen. Obschon er wußte, daß ein solches Ansinnen indiskutabel war, so hat er beharrlich darum gerungen, ein für seine Möglichkeiten modifiziertes fliegerisches Programm auf der MiG-21 zu absolvieren.

Der Chef der Luftstreitkräfte und der Minister für Nationale Verteidigung hatten begründete Bedenken. Gab es doch das tragische Beispiel Juri Gagarins, der bei einem Übungsflug im zweisitzigen Strahlflugzeug tödlich verunglückte. Nun, Sigmund hatte kein Flugvorkommnis verursacht, aber ich erinnere mich noch sehr genau an die telefonische Meldung zu Dienstbeginn, daß der Kraftfahrer auf der Fahrt zum geplanten Flugdienst mit ihm auf vereister Straße die Gewalt über den Lada verlor. Zum Glück gab es nur Blechschaden. Konsequenz hat eine fließende Grenze. Sie kann unversehens in Rigidität umschlagen, und es ist oftmals schwer, diese Grenze zu bestimmen.

Ihm widerstreben flotte Sprüche

Neben seinen Pflichten als Chef des Zentrums für Kosmische Ausbildung, die umfangreiche Auswertung des Weltraumfluges, die ihren Niederschlag in einer mehrbändigen Dokumentation fand, sein Mitwirken bei der wissenschaftlichen Auswertung der Experimente, die umfangreichen Aktivitäten auf großen öffentlichen Veranstaltungen und im kleinen Kreis, seine tätige Hilfe bei der Einrichtung der Weltraumausstellung in seinem Heimatort – all das zwang einfach zu Kompromissen bei der Aufteilung des Zeitlimits. Trotzdem hat Sigmund, als ihm nahegelegt wurde, ein Buch über den Weltraumflug zu schreiben, ohne Zögern und Zieren zugestimmt. Ich glaube, er erfüllte sich damit einen persönlichen Wunsch, denn zum gedruckten Wort hat er eine innige

Beziehung. Sein Buch »Erlebnis Weltraum« ist ein Beleg dafür, daß nach seinem Verständnis auch das eindrucksvollste Erlebnis eine prägnante Schilderung erfordert. Die Wahrheit und Klarheit der Aussage steht vor dem schmückenden Beiwerk schöner Formulierungen. Ihm widerstrebt es, wenn fehlende wohlüberlegte Gedanken durch flotte Sprüche kompensiert werden, wenn verbaler Zierat größere Sorgfalt erhält als er verdient, wie ja auch in einem Gebäude der sorgfältig gesetzte und gut verfugte Stein vor dem Stuckornament rangiert. In dieser Hinsicht hatte er ein gutes Gespür dafür, die Gedanken, Erlebnisse, Beobachtungen und Gespräche detailgetreu und lebendig in Worte zu kleiden, die seinem Naturell gerecht werden. Mit dem fest aufgedrückten Bleistift hat er Seite für Seite, selbst ohne die üblichen Wortkürzel zu verwenden, geschrieben. Das mit Bleistift Geschriebene ließ sich leichter korrigieren, bearbeiten, verändern und sah dennoch ordentlich aus. Einer guten Arbeit soll man nicht die Mühsal anmerken, die sie gefordert hat.

Dr. phil. Oswald Kopatz, Jahrgang 1937, Oberstleutnant a.D., 1977 bis 1983 Mitarbeiter des Zentrums für Kosmische Ausbildung, 1983 bis 1990 Wissenschaftlicher Sekretär der Gesellschaft für Weltraumforschung und Raumfahrt der DDR.

UNTERWEGS IN GEHEIMER WELTRAUMMISSION
Von Gerhard Kowalski, Berlin

Ende Mai, Anfang Juni 1978, ich war erst kurz zuvor aus Moskau in die Berliner ADN-Zentrale zurückgekehrt, wurde ich zu meinem Generaldirektor, Günter Pötschke, gerufen. Ohne Umschweife eröffnete er mir, daß ich als Berichterstatter für ein bislang streng geheimes Raumfahrtereignis vorgesehen sei. Offenbar handele es sich um den Flug eines DDR-Kosmonauten. Alles weitere würde ich bei einem ersten Treffen mit den Verantwortlichen erfahren, das in der Pressestelle der Akademie der Wissenschaften stattfinde.

Die Runde, zu der der Leiter der Pressestelle, Dr. Herbert Wöltge, geladen hatte, war sehr klein, und ich war der einzige schreibende Journalist, wie ich sehr schnell zu meiner Verwunderung feststellte. Daneben war nur noch ein Kollege vom Dokumentarfilm dabei. Das Treffen begann mit der Unterzeichnung einer schriftlichen Erklärung, in der ich mich wie alle anderen verpflichtete, bis zur offiziellen Auflassung durch die zuständige Stelle, das heißt die Abteilung Agitation des Zentralkomitees, strengstes Stillschweigen auch gegenüber meinen Kollegen und unmittelbaren dienstlichen Vorgesetzten über alle meine Aktivitäten zu wahren. Danach ließen der Generalsekretär der AdW und Vorsitzende des INTERKOSMOS-Koordinierungskomitees der DDR, Professor Claus Grote, sowie Oberst Eberhard Cartsburg vom Ministerium für Nationale Verteidigung die Katze aus dem Sack: Demnächst werde die DDR einen Kosmonauten ins All entsenden, und die Aufgabe der hier Versammelten bestehe darin, dies organisatorisch und auch journalistisch vorzubereiten. Meine spezielle Aufgabe als Vertreter der staatlichen Nachrichtenagentur sei, Material über beide Kosmonauten-Kandidaten zu sammeln, das am Tage X dann der gesamten DDR-Presse zu Verfügung gestellt werde.

Natürlich ging es auch hier wieder nicht ohne eine ausführliche »Argu« (Argumentation). Deren Kernthesen lauteten, daß es sich bei dem Flug um ein »historisches Ereignis von hoher politischer und wissenschaftlicher Bedeutung« in Vorbereitung des 30. Jahrestages der DDR handele; daß »der erste Deutsche im All ein Bürger der DDR« sei – dies war zugleich die vorgegebene Schlagzeile, unter der dann alle DDR-Zeitungen unisono über den Start berichten –; daß der Flug die »brüderliche Verbundenheit sowie die unverbrüchliche Freundschaft und Waffenbrüderschaft mit der UdSSR« verkörpere; und schließlich, daß damit »der Wettbewerb mit der kapitalistischen BRD auf diesem Gebiet gewonnen« werde.

Wieder in der Redaktion, wurde ich unverzüglich auf unbestimmte Zeit vom normalen Dienst freigestellt, ohne daß dafür eine Begründung gegeben wurde. Natürlich ahnten meine Kollegen, worum es ging, und stellten, »diszipliniert«, wie man nun einmal im ADN war, auch keine Fragen. Im gewissen Sinne verband sich mein Name schon mit der Raumfahrtproblematik, und außerdem pfiffen es die Spatzen von den Dächern, daß demnächst ein DDR-Kosmonaut an der Reihe sein würde, nachdem im März bereits Vladimir Remek aus der CSSR mit einem sowjetischen Kosmonauten zur Raumstation SALUT 6 gestartet war und Ende Juni der Pole Miroslaw Hermaszewski folgen sollte.

Bevor wir in die Spur geschickt wurden, bekamen wir erst noch einmal »die Linie«. Ein General der Politverwaltung des Ministeriums für Nationale Verteidigung zählte uns jene Schwerpunkte auf, unter denen die Interviews zu führen seien. Zusätzlich zu der bereits erwähnten »Argu« verwies er nachdrücklich auf den »friedlichen Charakter« des Fluges und die »abgestimmte Weltraumpolitik« DDR/UdSSR, den »hohen Stand der Ausbildung der sozialistischen Kosmonauten«, ihre »ausgeprägten hohen politisch-moralischen Eigenschaften« und ihre »sozialistische Persönlichkeit« sowie auf ihre Vorbildwirkung für die Jugend. Diese sollte es den Kosmonauten »gleichtun«, die sich, »geformt von der Arbeiterklasse und ihrer Partei«, durch ihre »Liebe zur sozialistischen DDR und zur SED« auszeichneten.

Natürlich durfte den Gesprächspartnern nicht reiner Wein eingeschenkt werden. Deshalb wurde als Legende für die Befragung vorgegeben, daß in Vorbereitung auf den 30. Jahrestag der DDR Material über »vorbildliche Offiziere der NVA« zusammengetragen werde. Die Personen, die ich zu befragen hatte, wurden mir von Offizieren der Pressestelle des Verteidigungsministeriums persönlich präsentiert. Es war zudem strikt untersagt, eigene Initiativen zu entfalten, sprich Recherchen anzustellen.

Im Endeffekt sollte ich für beide Kosmonautenkandidaten ein gleichrangiges Dossier von jeweils rund 40 Schreibmaschinenseiten erstellen. Die Namen der Männer waren dabei tabu, es war immer nur von Kandidat A oder Kandidat B die Rede. Das gesamte Material, bei dem es sich im wesentlichen um Gespräche mit den Eltern, den Lehrern, Lehrmeistern, Parteisekretären, Ausbildern bei der Gesellschaft für Sport und Technik – GST – und natürlich mit Offizierskameraden ging, mußte der Pressestelle vorgelegt werden.

Die Gesprächstermine waren für mich in zwei Gruppen eingeteilt: Erstens bei der NVA und zweitens im zivilen Sektor. Daneben wurde von anderen Kollegen unter einem Vorwand noch Hintergrundmaterial in Instituten der Akademie der Wissenschaften gesammelt.

Den Auftakt zu den zahlreichen Interviews gab ein zweitägiger Besuch beim Jagdfliegergeschwader »Fritz Schmenkel« am 28. und 29. Juni 1978 in Cottbus. Hier ging es vor allem darum, den

Alltag eines Jagdfliegers und die Flugausbildung zu schildern sowie die Geschwaderkameraden der beiden Kosmonautenanwärter zu befragen. Das Unternehmen war generalstabsmäßig vorbereitet. Neben den Dokumentarfilmern und mir waren – ausnahmsweise – noch ein TV-Team, ein Fotoreporter von ADN-Zentralbild sowie ein Fotoreporter und zwei schreibende Journalisten der NVA-Presse zugelassen. Wohin wir auch kamen, mit wem wir auch sprachen – alle wußten im Grunde, worum es ging, aber jeder machte das DDR-Jahrestag-Spielchen mehr oder weniger augenzwinkernd mit. Und jeder der Gesprächspartner griff auch tief in die »ideologische Kiste«. Die beiden Kosmonauten-Kandidaten wurden in den höchsten politischen und menschlichen Tönen gelobt, wußte man doch, was die Führung im »Neuen Deutschland« lesen oder im DDR-Fernsehen sehen und hören wollte.

Alles hart erarbeitet

Nur mit großer Mühe gelang es mir, meinen Gesprächspartnern auch einmal einen normalen Satz zu entlocken, um die Statements wenigstens halbwegs lesbar zu machen. Schließlich konnte und wollte ich ja nicht nur 40 Seiten Parteitagsparolen aneinanderreihen. Mit etwas Geschick bekam ich so ein paar Aussagen zusammen, die die Kandidaten auch als normale Menschen mit mehr oder weniger großen Schwächen beschrieben und so liebenswerter machten. So konnte ich Oberst Rolf Krause, einen der Fluglehrer von Sigmund Jähn, nach dem sorgfältig vorempfundenen politischen Pflichtteil mit den Worten zitieren, seinem Schützling sei »nicht immer alles leichtgefallen«, er »mußte sich jedes Stück seines Weges hart erarbeiten, bis hin zur Akademie in Moskau«. Die Stellungnahme des Obersten war übrigens nach dem Start in allen DDR-Zeitungen nachzulesen.

Am Rande erfuhr ich damals auch einige Dinge von nicht unerheblicher politischer Brisanz. So brüsteten sich Piloten am Abend im Offizierskasino nach einigen Bieren und Schnäpsen, »es den Israelis gezeigt zu haben«. Der Hintergrund: Angehörige eines Geschwaders hatten MiG-Kampfflugzeuge in das mit der DDR befreundete Syrien überführt, die dann im Krieg gegen Israel eingesetzt wurden. NVA-Offiziere nahmen aber an den Kampfhandlungen selbst nicht teil, wie ich später dazu erfuhr, sondern halfen nur bei der Ausbildung der syrischen Piloten.

Einige Sekunden lang hatte ich damals erwogen, den Einsatz von NVA-Maschinen im Nahen Osten unter dem Stichwort »solidarische Hilfe« in meine Berichterstattung mit einzubauen. Doch dann ließ ich die Idee fallen, weil ich mir sagte, daß das nicht durch die Zensur käme. Außerdem wollte ich den Piloten keine Unannehmlichkeiten bereiten, die schon zurückgepfiffen worden waren, als sie uns erzählten, daß kurz vor unserem Besuch einer ihrer Genossen mit einer MiG abgestürzt sei – ein Vorfall, über den in der DDR-Presse wie üblich kein Wort stand, weil eben Flugzeuge der NVA einfach nicht vom Himmel fielen. Basta!

Meine jeweils etwa 40 Zeilen langen Stories, beispielsweise »Alltag eines Jagdfliegers« oder »Flugschüler gestern und heute«, gingen durch mehrere Hände. Erste Station war der stellvertretende Generaldirektor des ADN, Wilhelm Wurdak, den man ebenfalls vergattert hatte, nachdem meine »Produktion« angelaufen war. Was die Gnade dieses Mannes fand, der übrigens in der Wendezeit als unverbesserlicher Stalinist von sich reden machte, wurde an die NVA-Pressestelle weitergeleitet. Zumeist wurde hier an meinem Material weniger herumgefummelt als im ADN selbst. Der ADN-Oberzensor hatte nämlich in vorauseilendem Gehorsam bereits alles entschärft, was hier eventuell hätte Anstoß erregen können. Dennoch fanden die Militärs immer wieder mal ein Haar in der Suppe. So durfte nicht gesagt werden, daß Jähn ein »passionierter Jäger« sei und Wert darauf lege, daß trotz seines angespannten Dienstes als NVA-Pilot die Familie nicht allzu kurz kommt. Das war offenbar zuviel des Guten. Denn ein DDR-Kosmonaut denkt nur an den Sozialismus und an nichts anderes.

Die Russen sollen unten bleiben

Wurde bei den Militärs zuviel politisches Stroh gedroschen, so ging es im zivilen Sektor regelrecht apolitisch zu. Nur allzu gern hätten die Pressegewaltigen des Ministeriums den Beweis für die allgemein geltende These angetreten, daß NVA-Offiziere ausschließlich aus klassenbewußten Elternhäusern stammen. Doch daraus wurde nichts. Mehr noch: Der Versuch, die Eltern von Eberhard Köllner vor laufender Kamera wenigstens zu ein paar freundlichen Worten über den Sozialismus oder die Sowjetunion zu bewegen, scheiterten kläglich. Daran war aber vielleicht auch die Umgebung schuld. Denn aus Geheimhaltungsgründen wurden Köllners Vater, ein Invalidenrentner, und seine Stiefmutter, die als Pförtnerin in einem Staßfurter Werk arbeitete, in ein Kulturhaus geholt, das zudem Ruhetag hatte. Völlig eingeschüchtert sollten beide in einem kahlen Raum nun vor der Kamera Rede und Antwort stehen. Offenbar hatte der Chef des Dokumentarfilm-Teams, Rolf Schnabel, schon geahnt, was auf uns zukam, denn er hatte vorsichtshalber eine Flasche rumänischen Weinbrands der Marke »Triumph« mitgebracht, um seinen Delinquenten notfalls die Zunge zu lockern. Doch während Schnabel noch schnell in ein benachbartes Kurzwarengeschäft lief, um eine Decke für den Tisch zu kaufen, auf dem das Mikrofon stand, hatte sich Vater Köllner unbemerkt schon kräftig Mut angetrunken.

Als dann das Gespräch begann, zeigte sich schnell, daß das Material nicht sendereif sein würde. Während Frau Köllner trotz verzweifelter Bemühungen meinerseits auf die Fragen nur stur mit einem Ja oder Nein antwortete, zog ihr Mann, sichtlich alkoholisiert, heftig vom Leder, etwa nach dem Motto: Es gibt nichts, was ein deutscher Offizier nicht kann. Er wisse genau, daß Eberhard nur Double sei, was er nicht begreifen könne: Schließlich sei sein Junge bestimmt nicht schlechter als Jähn. Er verstehe deshalb auch nicht, warum man nicht beide Deutsche zusammen fliegen lasse. Die Russen könnten ja ohnehin öfter fliegen. Es wäre also nicht schlimm, wenn sie diesmal unten blieben und den Deutschen den Vortritt ließen.

Die Presseoffiziere machten mir Zeichen, das Gespräch abzubrechen, aber Vater Köllner kam erst so richtig in Fahrt. Auch auf meine Versuche, seinen Redeschwall durch Zwischenfragen zu stoppen, reagierte er nicht. Schließlich schalteten wir resigniert die Kamera aus und bauten das Mikrofon ab. Unsere einzige Hoffnung war, daß der alte Herr insofern recht behielt, daß Eberhard Köllner wirklich nur Double sein würde. Dann bräuchten wir auch keine Stellungnahmen seiner Eltern, und die Sache wäre auf diese Art aus der Welt.

Die Befragung eines ehemaligen Arbeitskollegen Köllners in einer privaten Schlosserei brachte eine weitere Ernüchterung. Auch der junge Meister sagte uns mitten ins Gesicht, daß es nicht um den Republikgeburtstag gehe, sondern um einen Kosmosflug. Doch dann winkte er ab: Köllner werde nur zweiter Mann. Das wisse er aus ganz sicherer Quelle. Deshalb sei es sinnlos, viele Worte über ihn zu machen. Zudem sei es ein herber Schlag für den kleinen Betrieb gewesen, als man Eberhard, der ein »angenehmer Kollege« gewesen sei, zur NVA abwarb.

Der Vater des Kosmonauten

Natürlich sollten wir auch schon ein paar Stimmen aus dem Heimatort des Kosmonauten, dem vogtländischen Morgenröthe-Rautenkranz, einfangen, die dann am Starttag über den ADN-Ticker und im Fernsehen laufen würden. In den kleinen Ort selbst durften wir jedoch nicht, um kein Aufsehen zu erregen, obwohl es hier seit längerem kein anderes Gesprächsthema mehr als den bevorstehenden Raumflug gab. So wurden mehrere handverlesene Honoritäten ins Kulturhaus nach Plauen gebracht, wo wir uns in Ruhe unterhalten konnten. Dabei tat sich ganz besonders ein ehemaliger Lehrer von Jähn hervor, der sich mit geradezu bühnenreifer Rhetorik und Gestik äußerte. Der Mann war offenbar fest entschlossen, im Gefolge des Kosmonauten Medienkarriere zu machen. Das gelang ihm auch insofern, als er der einzige Rautenkranzer war, der dann in allen DDR-Zeitungen mit den Worten zitiert wurde: »Ich umarme in Gedanken meinen ehemaligen Schüler und langjährigen Freund Sigmund Jähn und seinen erfahrenen Raumfahrtgenossen Waleri Bykowski, der ja schon zweimal in unserem Bezirk Karl-Marx-Stadt weilte.«

Abschluß und Höhepunkt der Interviewserie war eine Begegnung mit dem Vater von Sig, Paul Jähn. Den alten verschmitzten Herren mit seiner Nickelbrille, den klugen, wachen Augen und dem unvermeidlichen Vogtlandhut auf dem Kopf, hatten alle sofort ins Herz geschlossen. Der einstige Sägewerkarbeiter, der allein in Morgenröthe-Rautenkranz lebte, da seine Frau schwerkrank in einer nahen Klinik lag, genoß sichtlich die Tatsache, der Vater des ersten deutschen Kosmonauten zu sein. Mit Eifer las er alles, was so in den DDR-Zeitungen über Raumfahrt zu finden war, und legte sich sogar ein kleines Archiv an. Dem Mann war auch nicht entgangen, daß sich viele Rautenkranzer, die ihn bislang eher links liegengelassen hatten, jetzt wieder bei ihm einkratzen wollten. Doch da kannten sie ihn schlecht. Zur Überraschung mancher ließ er sie jetzt abblitzen und erinnerte sie an jene großen oder kleinen Gemeinheiten, die sie ihm angetan hatten, ob es sich nun um eine gehässige Bemerkung handelte oder darum, daß man ihn schon mal anteilige Fahrtkosten bezahlen ließ, wenn man ihm etwas aus der Stadt mitbrachte.

Je näher der Starttermin rückte, desto selbstbewußter wurde Paul Jähn. Da kam es denn auch einmal vor, daß er Leuten, die sich nun in Szene setzen wollten, beschied, er sei der Vater des Kosmonauten und kein anderer. Vater Jähn blieb natürlich nicht allein zurück, als Sohn Sigmund seine Frau Erika und die jüngste Tochter Grit ins Sternenstädtchen bei Moskau nachholte. Auch er zog zeitweilig in das Kosmonautenausbildungszentrum um. Kurz vor der Reise dorthin befragten wir Paul Jähn, was er von der Tatsache halte, daß ausgerechnet sein Sohn ins All fliegen sollte. Das Interview fand auf dem Zentralflughafen Berlin-Schönefeld an Bord einer Sondermaschine der Regierung statt. Liebevoll von Schwiegertochter Erika und Enkelin Grit umsorgt, machte es sich der alte Herr im Sessel bequem. »Ich fühle mich sehr gut, daß mein Sohn die Möglichkeit erhalten hat, eine solche Aufgabe auszuführen«, sagte er und fügte dann begeistert hinzu: »Das ist prima, herrlich ist das!«

Natürlich sei er »sicher«, daß sein Sohn diese Aufgabe erfüllen könne. Auch sei Sigmund entschlossen, »nach dem Flug im Sinne dieses Unternehmens weiter zu arbeiten«. Nach jeder Antwort auf meine Fragen schaute Paul Jähn kurz zur Schwiegertochter herüber, als ob er sich vergewissern wollte, ob er alles richtig gemacht habe. Und als diese ihm mit einem kurzen Nicken zu verstehen gab, daß alles in Ordnung sei, wandte er sich wieder mir zu.

Nach dem Gespräch mit Paul Jähn bin ich für einige Tage in Quarantäne gegangen, um meine letzten Artikel zu schreiben. Wie sich bald herausstellte, war das noch der leichtere Teil meiner Arbeit, denn kaum waren die Materialien abgesegnet, da wartete eine ungleich schwerere Aufgabe auf mich: Ich sollte die Startreportage im Umfang von 120 Zeilen vorempfinden. Auch sie mußte, obwohl dazu alle wichtigen Details wie Namen, Zeiten, Örtlichkeiten, Wetter und so weiter nicht genannt werden durften beziehungsweise nicht bekannt waren, fünf Wochen vorher eingereicht werden. Denn am 21. Juli begann der journalistische Countdown für den Start am 26. August. An diesem Tag nämlich hatte das Drehbuch für die ADN-Berichterstattung zu stehen. Zugleich wurde eine Sonderredaktion von rund 20 ADN-Journalisten und –Fotoreportern gebildet, die unter Leitung des besagten stellvertretenden Generaldirektors stand. Dieses Team hatte sowohl die Berichterstattung aus Baikonur, dem Flugleitzentrum im damaligen Kaliningrad und dem Internationalen Pressezentrum in Berlin als auch aus den beteiligten DDR-Wissenschaftseinrichtungen bis hin zum Presseecho abzudecken.

Ich habe mich während des gesamten Jähn-Abenteuers selten so schwer getan wie mit der Startreportage. Das lag daran, daß ich quasi den Auftrag hatte, darin noch einmal die gesamte politische Argumentation zu verkaufen. Die eigentlich interessanten Details – Ankunft der Kosmonauten auf der Rampe, Meldung an den Vorsitzenden der Regierungskommission (der anonym bleiben mußte), Verabschiedung am Fuß der Rakete, Einstieg ins Raumschiff und Überprüfung der Systeme – sollten nur Beiwerk sein. Tagelang quälte ich mich mit dem Text ab, bevor ich eine für mich vertretbare Variante ablieferte, die hoffentlich die Gnade der Oberen finden würde. Zu meiner Überraschung ging der Text ohne größere Beanstandungen durch, war allerdings zusätzlich noch durch einige klassenmäßige Passagen aufgemotzt worden. Zu meiner persönlichen Beruhigung haben einige Zeitungskommentatoren noch erheblich dicker aufgetragen, so daß meine Startreportage halbwegs nivelliert wurde, was mich dann auch etwas ruhiger schlafen ließ.

Erste Begegnung mit Sigmund Jähn

Wochenlang hatte ich mich also schon mit Sigmund Jähn und auch Eberhard Köllner befaßt, war ihren Biographien nachgegangen und hatte Dutzende Seiten Papier über sie vollgeschrieben, ohne sie persönlich zu Gesicht zu bekommen. Das geschah erst wenige Tage vor dem Start in Baikonur, und zwar im Hotel »Kosmonawt«, wo die Raumfahrer damals vor und nach ihren Missionen untergebracht waren. Am frühen Vormittag hatte man die DDR-Berichterstatter – zu Start und Landung waren auch Kollegen vom »Neuen Deutschland«, der »Jungen Welt«, der »Volksarmee« sowie des Rundfunks und des Fernsehens zugelassen – in den Speiseraum des Hotels geführt, in dem an einem separaten Tisch die beiden Besatzungen, Waleri Bykowski und Sigmund Jähn sowie Wiktor Gorbatko und Eberhard Köllner, saßen. Nähern durften wir uns ihnen aus Quarantänegründen nicht, aber ein paar Fragen konnten wir schon stellen. Dabei ging es vor allem um den Gesundheitszustand und die Stimmung des Quartetts sowie um die letzten Vorbereitungen auf den Start. Die

Frage, wer von den beiden Deutschen denn nun fliegen würde, verkniffen wir uns aber, denn alles deutete darauf hin, daß es wirklich Jähn sein würde, obwohl pro forma die endgültige Entscheidung erst am Tag vor dem Start von der sogenannten Staatlichen Kommission getroffen wurde – allerdings nicht, ohne sich natürlich vorher mit den zuständigen Stellen des mitfliegenden Landes zu konsultieren. Und die hatten sich offenbar für Jähn entschieden.

Sigmund Jähn hatte zu unserer Überraschung überhaupt nichts Heldenhaftes, Außergewöhnliches an sich. Vor uns saß ein bescheidener, eher schüchtern wirkender Mann mittleren Alters von kräftiger Statur und mit einem sympathischen, vertrauenerweckenden Lächeln. Köllner machte dagegen schon eher den Eindruck eines drahtigen Offiziers. Viel war allerdings aus den vier Männern nicht herauszubekommen. In Gedanken schienen sie schon beim Flug zu sein. Zudem mahnte DDR-Kosmonautenarzt Dr. Hans Haase, ein durchtrainierter Oberst, der liebend gern selber geflogen wäre, zur Eile. Der nächste Vorbereitungstermin wartete auf die Kosmonauten.

Die Nominierung der Mannschaft, die letztlich fliegen würde, war, wie bereits erwähnt, eine mehr formale Sache. Die Zeremonie entbehrte jedoch nicht einer gewissen Feierlichkeit. Als Bykowski und Jähn stehend ihre Berufung entgegennahmen, rang Köllner sichtlich um Fassung, fing sich aber schnell und gratulierte als erster und sicher auch ehrlichen Herzens. Gorbatko nahm das Ganze sehr gelassen hin, denn erstens war er bereits einmal geflogen – im Oktober 1969 mit SOJUS 7 –, und zweitens bedeutete seine Ernennung zum Double-Kommandanten nach damaliger sowjetischer Praxis, daß er beim nächsten Flug dabeisein würde.

Hermann Kant konnte es besser

Als wir Jähn das nächste Mal sahen, wurde es bereits ernst. In einem kleinen Raum des Montage- und Versuchskomplexes – MIK – verfolgten wir gespannt, wie er und Bykowski die Skaphander anlegten. Auch Köllner und Gorbatko unterzogen sich mehr oder weniger nur für die Filmkameras und Fotografen dieser langwierigen und bisweilen lustigen Prozedur. Kurze Zeit später, bei der Verabschiedung auf der Startrampe, standen beide schon wieder in Uniform neben mir. Als ich Köllner vor der startbereiten Rakete fotografieren wollte, wandte er sich etwas ab. Er wollte nicht, daß jemand seine feuchten Augen sah. Mit leiser Stimme bat er um eine Zigarette. Leider konnte ich ihm als Nichtraucher damit nicht dienen. Doch ND-Kollege Dieter Brückner hielt ihm eine Schachtel »Club« hin. Dankbar bediente sich der Oberstleutnant.

Den Start selbst habe ich, wie alle anderen Gäste auch, von der Aussichtsplattform in rund eineinhalb Kilometern Entfernung von der Startrampe erlebt. Nie wieder war ich übrigens bei einem Raketenstart so nahe am Geschehen wie hier – auf dem europäischen Startplatz in Kourou, Französisch-Guyana, waren es rund 15 und in Cape Canaveral rund 5,5 Kilometer. Als die Sojus-Rakete eine gewisse Höhe hatte, erreichte auch uns die Druckwelle der 20 Millionen PS starken Triebwerke. Die Hosenbeine flatterten ein bißchen – ein unbeschreibliches Gefühl.

Mit der Berliner Zentrale war ausgemacht, daß ich mich unmittelbar nach dem Start nach Möglichkeit telefonisch melden sollte, um die fehlenden Details für die Startreportage mitzuteilen. Tatsächlich stellte eine sowjetische Postangestellte die Verbindung auch verblüffend schnell her. Doch am anderen Ende der Leitung saß nicht, wie vereinbart, der stellvertretende Generaldirektor, sondern ein Redakteur, der zwar meine Angaben entgegennehmen, aber nichts entscheiden konnte. Der Chef der Sonderredaktion war in einer Sitzung beim Generaldirektor und somit nicht erreichbar. Meine Wut und Enttäuschung waren grenzenlos.

Auf der Prominenten-Tribüne der Aussichtsplattform hatte neben sowjetischen Offiziellen und vielen Kosmonauten auch eine DDR-Regierungsdelegation unter Leitung von Verteidigungsminister Armeegeneral Heinz Hoffmann den Start verfolgt. Zur Abordnung gehörte der wohl bekannteste DDR-Schriftsteller, Hermann Kant. Als ich ihn so nachdenklich stehen sah, kam mir plötzlich die Frage in den Sinn, wie dieser wortgewaltige Mann wohl das grandiose Startschauspiel beschreiben würde. Wenige Tage später wußte ich es. Im SED-Zentralorgan »Neues Deutschland« erschien ein Kellerbeitrag von Kant, der großen Eindruck auf mich gemacht hat. Er hatte all das zu Papier gebracht, was auch mir beim Start von Jähn durch den Kopf ging – nur eben viel besser und gekonnter. Allerdings hatte er das Glück, das Ganze erst erleben zu können, bevor er es beschrieb. Damit will ich natürlich nicht sagen, daß ich es ebenso gekonnt hätte. Aber ein bißchen besser wäre meine Reportage sicher geworden.

Der KGB-Mann mit dem Koffer

Jede Zeile, die ich aus Baikonur nach Berlin schickte, wurde übrigens vorher einem unsichtbaren Zensor vorgelegt. Ihm mußte der Text von einer eigens dafür bestimmten Dolmetscherin Wort für Wort vorgelesen werden. Beanstandungen gab es allerdings kaum, da wir von Anfang an gehalten waren, keine Details zu nennen, die nicht unmittelbar mit dem Flug zusammenhingen. So durfte nicht einmal der richtige Name der damals 80.000 Einwohner zählenden Wohnstadt des Kosmodroms, Leninsk, erwähnt werden. Die zensierten Texte wurden dann von einer Fernschreiberin, die des Deutschen nicht mächtig war, auf Lochstreifen gestanzt und per Telex nach Berlin übermittelt.

Noch ärger erging es den Fotografen. Sie durften nur mit einem speziell vorgegebenen japanischen Filmmaterial arbeiten, da nur dieses in Baikonur entwickelt werden konnte. Die Bildreporter mußten bei ihrem Eintreffen auf dem Kosmodrom alle mitgebrachten Filme abliefern und erhielten dann von einem Sicherheitsbeamten immer nur einen davon ausgehändigt. Dieser wurde markiert, indem der KGB-Mann einfach einige Zentimeter Film aus der Kapsel zog, einer Nummer draufschrieb, diese dann unter dem Namen des jeweiligen Reporters in einer Kladde notierte, bevor er den Filmstreifen wieder ins Gehäuse zurückschob. Damit konnte grundsätzlich nur mit einer Kamera gearbeitet werden, obgleich mindestens zwei gebraucht wurden, weil zu der damaligen Zeit noch parallel mit Schwarz-Weiß- und Farbmaterial gearbeitet wurde. Der belichtete Film mußte anschließend dem Beamten zurückgegeben werden, der das seinerseits erneut umständlich in seiner Kladde vermerkte. Erst dann gab er einen neuen Film nach der bereits beschriebenen Prozedur heraus.

Es gehört nicht viel Phantasie dazu sich vorzustellen, wie nervenaufreibend dieses Spielchen war, zumal der »Mann mit dem Koffer« mehrere Reporter zu bedienen hatte und in den meisten Fällen nicht dort anzutreffen war, wo er gerade gebraucht wurde. Da aber Jähns Rakete etwa beim Roll-out zur Startrampe nicht wartete, bis irgend jemand seinen Film getauscht bekam, ging so manches interessante Bild verloren.

Noch heute sehe ich die entsetzten Gesichter der Bildreporter vor mir, wenn sie abends im Hotel ihre Tagesausbeute von der Zensur zurückbekamen. Zumeist war pro Film nur ein einziges Bild übriggeblieben, wenn überhaupt. Rückfragen nach den anderen Aufnahmen oder gar ein wie auch immer gearteter Protest verboten sich von selbst. Schließlich gab es am »Großen Bruder« nichts zu kritisieren – und erst recht nicht hier, im streng geheimen Baikonur.

Doch es sollte noch schlimmer kommen. Nach Abschluß des Jähn-Fluges wurde den Reportern das unbelichtete Restmaterial ausgehändigt. Dafür hatten sich die Zensoren etwas ganz Besonderes ausgedacht: Die Filme wurden kurzerhand aus der Kapsel gezogen und so unbrauchbar gemacht. Mit Tränen in den Augen mußten die Bildreporter zusehen, wie sich ihr schönes Westmaterial im Hotelzimmer in ein Riesenknäuel verwandelte. Doch wie das Leben so spielt, hatte die sowjetische Zensur auch ihre Lücken. So war es den schreibenden Journalisten nicht ausdrücklich verboten worden, zu fotografieren. Und da sich die Chance, einen Raketenstart live mitzuerleben, nach damaligem Verständnis sicher nur einmal bot, hatte jeder seine Privatkamera mitgebracht. Ich habe so völlig unbehelligt dreizehn Schwarz-Weiß-Filme belichtet und dabei so manches aufs Bild gebannt, was man den Profis herausgeschnitten hat.

Hohle Phrasen – volle Flaschen

Diszipliniert, wie ich damals war, habe ich natürlich gerade mit Blick auf die mißliche Materiallage unseres Bildreporters meine Filme der ADN-Fotoabteilung zur Auswertung angeboten. Doch diese winkte ab. Kein Bedarf. Anfangs habe ich mich darüber sehr geärgert, denn es waren einige einmalige Aufnahmen dabei. Doch schon bald war ich mehr als froh über diese Entscheidung, denn dadurch konnte ich meine Raumfahrtbeiträge, die ich beispielsweise regelmäßig in der Frauenzeitschrift »Für Dich« veröffentlicht habe, mit eigenen Fotos illustrieren.

Wenn es noch eines Beweises dafür bedurft hätte, wie hohl die Phrase vom »unverbrüchlichen Bruderbund« sowie den »Klassen- und Waffenbrüdern« bisweilen war, dann wurde das bei der Premierenfeier nach dem Start von Jähn und Bykowski deutlich. Die DDR-Journalisten, fest im Griff von Oberst Cartsburg, feierten das als historisch apostrophierte Ereignis in einem separaten Raum des Hotels »Zentralnaja« unter sich. Obwohl eigens für diesen Anlaß Radeberger Bier und Halberstädter Würstchen nach Baikonur eingeflogen worden waren, durften wir unsere sowjetischen Journalistenkollegen nicht zur Feier einladen. Mehrfache Interventionen bei dem sturen Obersten führten zu keinem Erfolg. So blieb uns nichts anderes übrig, als zu fortgeschrittener Stunde mit ein paar Flaschen Bier unterm Arm zu unseren Kollegen zu gehen, die bei Selbstgebranntem in einer Ecke des Restaurants saßen und die Welt nicht mehr verstanden. Selbst wortreiche Entschuldigungen unsererseits vermochten da nichts auszurichten. Mich, der ich sechs Jahre lang in Moskau als Korrespondent gearbeitet hatte, beschlich ein mehr als ungutes Gefühl. Schließlich hatten wir wieder einmal ein Vorurteil gegen die Deutschen bedient. Daß einige erheblich alkoholisierte DDR-Kollegen zum Abschluß des Gelages auch noch mit den Kellnerinnen nicht gerade fein über die Zeche stritten, vermieste mir die anfängliche Freude über den Bilderbuchstart vollends. Und so war ich schließlich heilfroh, als die Meute am nächsten Morgen wieder gen Moskau flog.

Raketentaufe mit 96-Prozentigem

Auf dem Rückflug gab es für mich eine Überraschung der besonderen Art: Ein sowjetischer Kameramann winkte mich ins Heck der IL-18. Dort saßen die sowjetischen Kollegen bei Wodka, Brot, Speck, Gurken, Büchsenwurst und Zwiebeln in fröhlicher Runde zusammen. Der Kameramann drückte mir ein halbvolles Glas mit einer gelblichen Flüssigkeit in die linke und ein volles Wasserglas in die rechte Hand. Dann kam die Anweisung, zuerst die gelbliche Flüssigkeit in einem Zug auszutrinken und sofort das Wasser hinterherzukippen. Nach kurzem Zögern folgte ich der Weisung. Die Truppe amüsierte sich köstlich, wie mir der vermeintliche hochprozentige Samogon, der Selbstgebrannte, die Tränen in die Augen trieb und den Atem nahm. Dann klärte man mich auf: Ich hatte gerade meine Weltraum-Taufe erlebt, wie sie für Journalisten üblich war, die das erste Mal einen Kosmosstart verfolgen durften. Das Getränk dafür war natürlich entsprechend: 96prozentiger Raketentreibstoff, wie er für das Zünden der Haupttriebwerke verwendet wird.

Der Sprit verfehlte seine Wirkung nicht. Nach einigen Minuten kam ich mir vor, als schwebte ich zehn Zentimeter über dem Erdboden. Doch viel wichtiger war etwas ganz anderes: Ich fühlte mich nach der Einladung zu dieser speziellen Taufe, die nur noch dem ADN-Fotoreporter zuteil wurde, rehabilitiert. Offenbar hatten die Kollegen sehr wohl verstanden, von wem der unfreundliche Akt vom Vorabend ausgegangen war.

Der Tamada des Prasdnik

Die knappe Woche zwischen dem Start und der Landung verlief für mich nach der Hektik der vorangegangenen Tage ausgesprochen ruhig. Die Sonderredaktion spulte Seite für Seite des Drehbuches ab. Ich schaltete mich nur dann und wann in die aktuelle Arbeit ein. Ansonsten empfand ich die Landereportage vor und schrieb einige Hintergrundbeiträge, so über den Landeort Dsheskasgan. Am 1. September flogen die DDR-Korrespondenten erneut nach Baikonur. Am nächsten Tag ging es von dort weiter ins besagte Dsheskasgan, eine Stadt mit rund 150.000 Einwohnern, die vom Kupfer lebt und für Ausländer eigentlich gesperrt war.

Nach einer Besichtigung des Kupferkombinates, dessen Erzeugnisse an der Londoner Börse hoch gehandelt wurden, richteten die örtlichen Honoritäten für die Gäste aus »Germanien« in einem Ferienheim an einem künstlichen See einen typisch kasachischen »Prasdnik« aus. Die Tische bogen sich unter der Last der Speisen und Getränke, der Alkohol floß in Strömen. Als »Tamada«, zu deutsch etwa Zeremonienmeister, wachte der stellvertretende Gebietskomitee-Vorsitzende Aip Assanowitsch Rachimshanow streng darüber, daß auch nach den Toasten, die jeder reihum auszubringen hatte, die Gläser ordentlich geleert wurden, um sie umgehend wieder füllen zu lassen. Alles verlief nach dem damaligen Geflügelten Wort: Trinken ohne Toast ist Saufen, Trinken mit Toast dagegen eine gesellschaftliche Maßnahme. Durch meine langjährigen UdSSR-Erfahrungen ausreichend vorgewarnt und auch geübt, gelang es mir durch eine geschickte Gläser-Verwechselungs-Strategie, Schlimmeres zu verhindern.

Nachdem die Runde mit gutem Appetit vermeintlich ein vorzügliches »Beef« Stroganoff genossen hatte, gab der Tamada vor dem nächsten Gang eine kleine Einführung in die kasachische Küche – Quintessenz: Der Kasache liebt Fleisch über alles, vor allem, wenn es von Fohlen stammt. Das treffe offenbar auch auf die »verehrten Genossen und Freunde aus Germanien« zu, wie er gerade mit Freude habe feststellen können. Im übrigen gelte die Regel, daß der Kasache keine Rakete brauche, sondern sogar zum Mond reiten könne – vorausgesetzt natürlich, daß er unterwegs sein Pferd nicht aufesse.

Den Morgen des Landetages, es war der 3. September, erlebte so mancher mit verquollenem Blick und Schädelbrummen. Bei mir hatte der Restalkohol dagegen eine positive Wirkung. Er beruhigte offenbar meinen Magen, so daß ich den Flug im Mi-8-Hubschrauber besser vertrug, als ich befürchtet hatte. Rund zwei Stunden vor der Landung, die gegen 16.00 Uhr Ortszeit geplant war, machten wir uns auf den Weg ins Landegebiet: Die TV-Leute im ersten, die Rundfunkleute im zweiten und die schreibende Zunft schließlich im dritten Helikopter. Nach etwa halbstündigem Flug landeten wir in der staubigen und heißen Wüste unweit einer Herde von Saiga-Antilopen. Gespannt warteten wir auf weitere Anweisungen. Endlich kam per Funk die erlösende Nachricht: Landekapsel am Fallschirm gesichtet! Sofort stiegen wir wieder auf, und in der Tat – in einigen Kilometern Entfernung sahen wir, wie die rußgeschwärzte Kapsel unter der riesengroßen weiß-orangefarbenen Fallschirmkuppel der Erde zuschwebte.

Landung mit dreifachem Salto

Unser Pilot pirschte sich immer näher heran. Schließlich umkreisten wir die Kapsel in gebührendem Abstand, bis uns eine gewaltige Staubwolke signalisierte, daß die Kosmonauten gelandet waren. Die 400 Meter vom Hubschrauber bis zum Landeplatz erschienen mir wie eine Ewigkeit. Als wir ausgepumpt an der Kapsel eintrafen, saßen Bykowski und Jähn schon auf dem Wüstenboden und stritten darüber, ob der Aufprall nun hart oder weich gewesen sei. Während ihn Jähn als hart empfand, meinte Bykowski, das wäre durchaus weich gewesen. Wahrscheinlich hatte er damals seinen ersten Flug vom Juni 1963 als Vergleich im Kopf. Damals war er noch in 7.000 Metern Höhe mit seinem Sitz aus der WOSTOK-Kapsel katapultiert worden und dann mit dem Fallschirm gelandet.

Es gelang mir, das Gespräch auf Tonband aufzuzeichnen. Erst viel später verstand ich, warum die beiden Männer sich gestritten hatten: Die SOJUS-Kapsel hatte sich, wie Jähn erst nach der Wende enthüllte, bei der Landung dreimal überschlagen, weil es nicht gelang, den Fallschirm rechtzeitig auszuklinken. Dadurch wurde der Apparat noch durch die Wüste geschleift. Bei der wirklich harten Landung hatte sich der deutsche Kosmonaut erheblich am Rücken verletzt, was sogar zu einer Teilinvalidisierung führte, die allerdings nach dem Untergang der DDR von Bundeswehrärzten wieder aberkannt wurde.

Doch von diesem kosmischen Dreifach-Salto wußten wir damals nichts, und wir konnten ihn auch wegen der Staubwolke, die sinnigerweise die Triebwerke für die weiche Landung aufwirbelten, nicht sehen. Der Crash war möglicherweise auch der Grund dafür, daß Jähn etwas benommen war und zuerst ein falsches Datum an die Landekapsel schrieb: 3.8.78 statt 3.9.78. Nachdem jemand den Fehler entdeckt hatte, mußte die Unterzeichnungszeremonie für die Fotoreporter und die Kameraleute wiederholt werden. Das galt übrigens auch für die ersten Aufnahmen von Bykowski, denn dem passionierten Raucher war eine brennende Zigarette in den Mund gesteckt worden, kaum daß er die Landekapsel verlassen hatte. Und da Kosmonauten nun einmal nicht rauchen durften, wie die Herren Zensoren meinten, mußten die Aufnahmen ohne Zigarette wiederholt werden.

Oberst Cartsburg hatte für Jähn noch eine besondere Überraschung parat: Fotos von seinem ersten Enkelkind, das seine große Tochter Marina kurz vor dem Start zur Welt gebracht hatte. Doch auch das durfte damals nicht gesagt werden, offenbar weil es nicht in den Propagandakram paßte, daß ein Opa in den Kosmos fliegt. Das Gesicht Jähns werde ich nie vergessen, als er die Fotos von dem Baby betrachtete.

Begrüßung mit der Bundesflagge

Nachdem alle Interviews im Kasten waren, flogen wir nach Dsheskasgan zurück, wo auf dem Flughafen die traditionelle Begrüßung der Kosmonauten stattfinden sollte, bei der sie auch zu Ehrenbürgern der Stadt ernannt wurden. Als wir uns der Ehrentribüne näherten, verschlug es uns die Sprache: Hoch oben am Mast wehte neben der sowjetischen und der kasachischen Fahne die schwarz-rot-goldene Bundesflagge – ohne Hammer, Sichel und Ährenkranz.

Der »ungeheuerliche« Zwischenfall löste hektische Betriebsamkeit bei den DDR-Offiziellen aus. Schnell holte Oberst Cartsburg aus einem Aktenkoffer eine DDR-Fahne heraus, die er samt einer Schallplatte mit der DDR-Hymne vorsichtshalber immer bei sich hatte. Nach einigem Palaver – die kasachischen Gastgeber verstanden die ganze Aufregung nicht – wurde schließlich das richtige Tuch gehißt.

Doch damit war die Situation noch nicht ausgestanden. Einer der Journalisten hatte an den Wolgas, mit denen die Kosmonauten zum Meeting chauffiert werden sollten, ein neues Fahnen-Problem ausgemacht., Die deutschen Stander auf den vorderen Kotflügeln der Wagen erwiesen sich als multifunktional: Auf der einen Seite zeigten sie die bundesdeutschen Farben, auf der anderen die Insignien des Arbeiter-und-Bauern-Reiches. Um nicht die falsche Seite aufs Bild zu bekommen, drehten die Fotografen kurzerhand die DDR-Seite in Richtung Kamera. Daß damit auf einigen Fotos der eine Stander nach vorn, der andere aber nach hinten zeigt, darf als besondere Kuriosität gelten und fällt nur dem ganz aufmerksamen Betrachter auf.

Die Ehrenbürger-Zeremonie war kurz und bündig, schließlich wollte man die Kosmonauten, denen die Strapazen ins Gesicht geschrieben standen, nicht noch unnötig quälen. Jähn und Bykowski wurden traditionsgemäß mit Brot und Salz begrüßt, Pioniere überreichten artig Blumen. Dann half Oberbürgermeister Juri Tschuikow den Männern in die Tschapany, die kasachische Nationaltracht, bestehend aus einer Art Mantel plus Kappe, bevor er ihnen die purpurne Ehrenbürgerschärpe umlegte. Noch ein paar freundliche Abschiedsworte, dann drängten die Ärzte zum Aufbruch. Kosmonauten und Journalisten flogen in getrennten Maschinen die kurze Strecke nach Baikonur zurück. Dort beantworteten die Männer am Abend noch auf einer Pressekonferenz, die live in die DDR übertragen wurde, ein gutes Dutzend Fragen, bevor sie sich endlich zur Ruhe begeben konnten. Die meisten Fragen waren hochideologisch und wurden entsprechend gestelzt beantwortet. Ich handelte mir strafende Blicke ein, weil ich wissen wollte, wie es bei dem Flug denn mit der »psychologischen Übereinstimmung« der beiden Kosmonauten gewesen sei. Ich hatte mir nichts dabei gedacht, denn der Fachausdruck war gerade im Zuge der Langzeitflüge in Mode gekommen. Dahinter verbarg sich die bewußte Auswahl von Raumschiffbesatzungen unter dem besonderen psychologischen Aspekt, daß sie längere Zeit auf engstem Raum miteinander auskommen mußten

Freiwilliges Spalier

Offenbar wurde ich aber gründlich mißverstanden, obwohl oder vielleicht gerade weil ich auf Russisch gefragte hatte. Bykowski und auch andere belehrten mich, daß es unter Genossen natürlich keine psychologischen Probleme gäbe und diese Frage damit eigentlich unsinnig sei. Neben dieser indirekten Zurechtweisung ist mir von der Pressekonferenz vor allem noch ein Wort von Jähn in Erinnerung geblieben, das, so meine ich, typisch ist für sein gesamtes Verhalten. Auf die Frage, ob er sich nun als Held fühle, sagte er sinngemäß: Wenn du erst einmal in der Rakete sitzt und sie losgeht, dann ist es egal, ob du ein Held bist oder nicht.

Nach nur gut 14tägiger Erholungspause in Baikonur selbst und im Sternenstädtchen bei Moskau, die unter anderem auch einer ersten Auswertung der rund 20 wissenschaftlichen Experimente diente, kehrte Jähn wieder in die DDR zurück. Staats- und Parteichef Honecker ließ es sich nicht nehmen, den Kosmonauten und seinen sowjetischen Kommandanten Waleri Bykowski persönlich auf dem Regierungsflughafen Berlin-Schönefeld zu begrüßen. Im offenen Wagen ging es in einer wahren Triumphfahrt durch Berlin zum Staatsratsgebäude, wo die beiden Weltraumbrüder vor der komplett angetretenen Partei- und Staatsspitze mit dem Karl-Marx-Orden und dem Stern eines Helden der DDR ausgezeichnet wurden.

Die ganze Stadt schien auf den Beinen zu sein. Hunderttausende säumten die Straßen an der Protokollstrecke. Es dürfte dies das bis dato größte freiwillige Spalier der Ostberliner gewesen sein, zu deren lästigen Pflichten es gehörte, regelmäßig als Claqueure für mehr oder weniger wichtige Staatsgäste zu fungieren – ohne Rücksicht darauf, daß ganze Betriebe von der Arbeit abgehalten wurden. Eine ähnliche Begeisterung, die wirklich von Herzen kam, war zuvor nur Juri Gagarin und Walentina Tereschkowa sowie später, in der Wendezeit, Michail Gorbatschow zuteil geworden. Auch bei ihnen brauchte niemand an den Straßenrand befohlen zu werden.

Das Lied vom Vogelbeerbaum

In den anderen Orten der DDR, die auf dem Rundreiseprogramm der Kosmonauten standen, schlugen die Wellen der Sympathie ebenfalls hoch. In seinem Heimatort Morgenröthe-Rautenkranz war Jähn von dem Empfang so überwältigt, daß ihm die Tränen kamen. Vater Jähn, der nunmehr natürlich zum offiziellen Begrüßungskomitee gehörte, schloß seinen Sohn stolz in die Arme. Sein knapper und trockener Kommentar zum erfolgreichen Flug: »Ich habe eben einen ordentlichen Kerl erzogen!«

Für die Journalistenmeute, die die Kosmonauten begleitete, wurde die Tour ein echter Konditionstest, denn der Pressebus fuhr ganz hinten im Konvoi. Bei jedem Haltepunkt – und deren gab es mehr als genug – mußte man mit seiner gesamten Ausrüstung nach vorn spurten, um wenigstens halbwegs einen O-Ton mitzubekommen. In der Regel trafen wir aber erst dann atemlos ein, wenn das meiste schon vorbei war. Und es gehörte schon eine gehörige Portion Reporterglück dazu, in der Fabrik oder in den Forschungseinrichtungen in die Nähe der Hauptakteure zu gelangen, die stets dicht umringt waren.

Mich selbst hat es in Potsdam besonders hart getroffen. Da mein Auftrag lautete, Jähn nicht aus dem Auge zu verlieren, durfte ich bestimmt zwei Kilometer bei hochsommerlichen Temperaturen in Schlips und Kragen neben der Pferdekutsche hertraben, mit der er und Bykowski durch den Park von Sanssouci zum Neuen Palais fuhren. Einmal sprang ich, von Jähn dazu ermuntert, auf die Kutsche auf, wurde aber von den Sicherheitsleuten postwendend wieder verjagt. Immerhin brachte mir der Gewaltlauf, bei dem ich unglücklicherweise auch noch meine Akkreditierungskarte verlor, so daß ich ein Stück zurückspurten mußte, ein Lob des Kosmonauten ein: Ich hätte nicht gedacht, daß du so gut rennen kannst!

Noch eine Episode am Rande soll hier erwähnt werden, die leicht tragisch hätte ausgehen können. Nach dem Besuch in Morgenröthe-Rautenkranz fuhr Jähn allein mit seiner Frau Erika ins nahe Krankenhaus zur Mutter. Der ganze Troß wurde indes zu einem Jäger-Picknick mit Wildschwein am Spieß, Faßbier und Korn geladen. Nach etwa einer Stunde wurden die Journalisten unruhig, denn es ging schon auf 18.00 Uhr zu, und wir hatten noch keine Zeile bei unseren Redaktionen abgeliefert – Handys gab es ja damals noch nicht. So drängten wir zur vorzeitigen Abfahrt ins Hotel nach Karl-Marx-Stadt, heute wieder Chemnitz, wo das Pressezentrum eingerichtet war.

Auf der Fahrt dorthin sprang plötzlich auf der abgesperrten Autobahn ein besonders diensteifriger Volkspolizist vor den Bus und wollte uns an der Weiterfahrt hindern. Dabei hätten wir ihn fast überrollt. Der Bus kam wirklich nur Zentimeter vor dem furchtlosen Mann zum Stehen. Nachdem sich der Fahrer einigermaßen von dem Schreck erholt hatte, ging er auf den Vopo zu, schleuderte ihm ein paar Ausdrücke an den Kopf, die nicht druckreif sind, und sagte schließlich nur: »Dein Glück, Genosse, daß der Bus ein Mercedes ist, sonst wärst du jetzt mausetot.«

Inzwischen versuchte unser Begleiter von der Presseabteilung des Außenministeriums einem Polizeioffizier klarzumachen, daß wir vor der Kolonne nach Karl-Marx-Stadt fahren müßten, um berichten zu können. Daraufhin schaltete sich der Korrespondent des »Neuen Deutschlands« ein: »Wenn Sie nicht wollen, daß das ND morgen seitenlang nur den Text der Vogtland-Hymne (das Lied vom Vogelbeerbaum) druckt, dann lassen Sie uns schleunigst durch!« Das Argument zog. Wir durften endlich weiterfahren.

Wie bei allen wichtigen Ereignissen hat ADN auch beim gemeinsamen Raumflug mit der UdSSR eine »Sonderinformation« für die Partei- und Staatsführung sowie ausgesuchte Institutionen und Einzelpersönlichkeiten herausgegeben. In den numerierten Bulletins, die zum Teil mehrfach am Tag erschienen, wurde unter anderem das sogenannte internationale Echo auf den Flug minutiös im Wortlaut oder in größeren Auszügen registriert. Neben einigen positiven Zitaten zumeist aus Zeitungen und Sendungen der »Bruderländer« wurden überwiegend kritische Stimmen aus dem Westen wiedergegeben, die sich frei nach dem Motto »Die Guten ins Töpfchen, die Schlechten ins Kröpfchen« im Verständnis der DDR-Gewaltigen nicht zur Veröffentlichung in den Medien eigneten, die jeden Tag den Eindruck zu erwecken suchten, als stehe die ganze Welt im Bann des Jähn-Fluges. So erfuhr der handverlesene Leserkreis der »Sonderinformation Nr. 4« vom 28. August 1978, daß die Springer-Zeitung »Die Welt« vom selben Tag Ostberlin vorwarf, bei dem Flug »alle Propaganda-Register« zu ziehen, um die »These vom ›sozialistischen Vaterland DDR‹ zu untermauern«. Einen Tag später schockierte das Bulletin seinen Abnehmer mit dem unerhörten Hinweis des

ADN-Korrespondenten in London, die britische Presse veröffentliche »keine Nachrichten und Kommentare« zum genannten Thema.

Zudem sah sich die Führungselite mit dem Vorwurf der »Stuttgarter Zeitung« konfrontiert, daß der erste Arbeiter-und-Bauern-Staat »auf Grund seiner Legitimationsdefizite« Jähn in eine Forschertradition unter anderem mit Leibniz, Lilienthal und Einstein gestellt habe, was nicht mehr als »Pathos« sei. Die »Frankfurter Allgemeine Zeitung« vom 30. August 1978 setzte noch eins drauf, indem sie titelte: »Saltos im Weltraum – die DDR reklamiert die deutschen Naturwissenschaften für sich«.

Angesichts solcher Häme muß den Genossen die interne Information des ADN-Korrespondenten aus Ulan-Bator wie Öl heruntergegangen sein, daß das mongolische KP-Organ »Unen« »an der Spitze einer außenpolitischen Seite« über den Flug berichtet und eine »dreispaltige Meldung über die außerordentliche Aufmerksamkeit der DDR-Presse für den gemeinsamen Raumflug« druckt.

Ein Artikel, der nicht erschien

In der Wendezeit geriet Sigmund Jähn als einer der bekanntesten DDR-Vertreter zwangsläufig in den Sog der Kritik. Ihm wurde pauschal vorgeworfen, »Aushängeschild« der DDR-Machthaber gewesen zu sein. Die meisten Kritiker machten sich dabei jedoch nicht die Mühe, den Menschen Jähn einer genaueren Betrachtung zu unterziehen. Auch hatten sie offenbar nicht gelesen, was Jähn unter anderem in seinem Buch »Erlebnis Weltraum« geschrieben hat. Dann wäre man nämlich auf seine leisen Töne aufmerksam geworden, die übrigens generell diesen bescheidenen Mann auszeichnen, der noch heute darunter leidet, daß er sich nicht vehementer gegen die Vereinnahmung durch die DDR-Führung gewehrt hat. Zudem wurden ihm – offenbar aus blankem Haß – Dinge angedichtet, die nachweislich nicht der Wahrheit entsprechen.

Uns Raumfahrt-Journalisten, die wir uns ebenfalls mehr oder weniger vor den Propagandakarren hatten spannen lassen, haben die vielfach unbegründeten Attacken auf Jähn sehr weh getan. Ich habe deshalb in Absprache mit meinem Redakteur in der NVA-Zeitung »Trend« – vormals »Volksarmee« – einen Beitrag zu diesem Thema vorbereitet, der dann aber auf speziellen Wunsch von Jähn nicht erschien. Zur Begründung hatte er mir gesagt, er wolle die Diskussion um seine Person nicht noch anheizen.

Nachfolgend zur Dokumentation der Wortlaut des Beitrags vom 13. März 1990:

Erlebnis Jähn

Eigentlich sollten diese Zeilen schon im August 1988 zum 10. Jahrestag des gemeinsamen Fluges von Waleri Bykowski und Sigmund Jähn erscheinen. Doch just zu jenem Jubiläum war die Meinung derer, die den ersten Deutschen journalistisch auf seinem Weg ins All begleitet hatten, nicht gefragt. Sie paßte offensichtlich nicht ins Konzept des Politbüros, das diesem Anlaß einen speziellen Beschluß widmete, der sich jedoch auffallend von den sonst üblichen befohlenen Jubel-Arien unterschied. Natürlich sollte der Tag irgendwie begangen werden, aber zu viel auch wieder nicht. Denn sonst hätte man jenes Land würdigen müssen, das die DDR überhaupt erst zu einer Weltraumnation gemacht hat – die UdSSR. Aber dort war ja dieser Gorbatschow an der Macht ... Nach Ansicht der alten Führung hatte der Mohr Jähn seine Schuldigkeit getan, als er – zumindest propagandistisch – auch im Weltraum die Überlegenheit des sozialistischen deutschen Staates über die BRD unter Beweis stellte. Seine rein menschliche und auch seine wissenschaftliche Leistung spielten dabei nur eine untergeordnete Rolle. Fortan hatte man einen Helden mehr, mit dem man sich schmücken und den man zum eigenen Ruhme herzeigen konnte.

Sigmund Jähn wurde zum Aushängeschild für alle möglichen und auch unmöglichen Veranstaltungen gemacht. Niemand fragte diesen Mann, was dabei in ihm vorging, wie er die Dinge sah. Und wenn er seine Meinung sagte, hörte ihm in der Regel niemand zu. Natürlich hat sich der General auch gegen seine Vereinnahmung gewehrt, doch nicht genug. Und wer machte sich schon die Mühe, seine Artikel und sein Buch genauer zu lesen, in seinen Reden und Interviews auf die Untertöne zu achten? Man hätte auch einmal auf das Urteil seiner Kosmonauten- und Astronauten-Kollegen, vor allem aber der sowjetischen Raumfahrer, hören sollen. Ich teile mit ihnen jedenfalls die Überzeugung, daß sich die DDR keinen besseren und würdigeren Repräsentanten hätte wünschen können. Deshalb ist es besonders schmerzlich, miterleben zu müssen, daß inzwischen auch unser Kosmonaut, der aus einem bescheidenen und ehrlichen Elternhaus stammt, ins Gerede gekommen ist.

Denunzianten gibt es offenbar genug. Sie schickten ihm auch die Staatsanwaltschaft ins Haus. Da wird ihm ein Schiff auf dem Zeuthener See angedichtet, das er natürlich nicht hat; da nimmt man ihm übel, daß er ein derzeit in Verruf geratenes Hobby pflegt: die Jagd. Da wirft man ihm vor – um das jüngste Beispiel zu nennen –, sich à la Egon Krenz an den Westen zu verkaufen. Nur diesmal nicht an die »Bild«-Zeitung, sondern als »Ausbilder« des BRD-Kosmonauten für das gemeinsame Weltraumprojekt mit der UdSSR. Bonns Forschungsminister Riesenhuber sieht das freilich ganz anders, weiß er doch, worum es geht.

Er sieht in der Bereitschaft Jähns, seine Erfahrungen mit sowjetischer Raumfahrttechnik bei einem kurzen Besuch in der BRD in Gesprächen und Vorträgen weiterzugeben, als »Beispiel dafür, daß die deutsch-deutsche Zusammenarbeit in Forschung und Wissenschaft keine Einbahnstraße ist«.

Was immer man ihm auch bisher angedichtet hat, es war aus der Luft gegriffen, haltlos. Bleibt der Pauschalvorwurf des »Aushängeschildes« des alten Regimes. Doch wer wirft hier den ersten Stein? Sind wir an den bekannten Kampf- und Feiertagen nicht zu Hunderttausenden mehr oder minder jubelnd an den Tribünen der Obrigkeit vorbeigezogen, auf denen als Staffage auch der Kosmonaut stand? Wer weiß denn schon, daß ihn heute am meisten der Selbstvorwurf quält, nicht mehr Mut aufgebracht zu haben, die Wut, mißbraucht worden zu sein? Doch wer wurde das von uns nicht? Wo war denn unser, der Masse, Mut? Und wer weiß schließlich, daß man Sigmund Jähn mehr als einmal gängelte, ihn beispielsweise daran hinderte, internationale Veranstaltungen wahrzunehmen, wo seine Anwesenheit erforderlich gewesen wäre, um der DDR willen? Der Gipfel war die mit fadenscheinigsten Gründen kaschierte Entscheidung, ihn nicht zu einem Interkosmonauten-Treffen fahren zu lassen. Es fand in Moskau statt ...

P.S.: Sigmund Jähn möge mir verzeihen, daß ich die Überschrift für diesen Beitrag seinem Buch »Erlebnis Weltraum« entlehnt habe. Aber für mich ist nun mal die über zwölfjährige Bekanntschaft mit ihm das »Erlebnis Jähn«, eines sauberen und lauteren Menschen unserer Tage.

Gerhard Kowalski, Jahrgang 1942, Diplomdolmetscher für Französisch und Russisch, Diplomjournalist, seit 1966 Korrespondent der Nachrichtenagentur ADN.

EIN ECHTER FORSCHUNGSKOSMONAUT
Von Karl-Heinz Marek, Potsdam

Auch wenn ich das Glück hatte, als Verantwortlicher für die wissenschaftlichen Experimente zur Erderkundung an der Vorbereitung und Auswertung des ersten deutschen Weltraumfluges direkt mit beteiligt gewesen zu sein, bildete sich in den seither vergangenen 20 Jahren bereits ein nebulöser Dunstkreis aus persönlichen Erinnerungen, spärlich erhaltenen Zeitdokumenten, subjektiven Gefühlen, seltenen und im alten Freundschaftsgeist mit ehemaligen Mitstreitern geführten Dialogen und zeitbedingtem Vergessen – überlagert von den zwischenzeitlich erfolgten existentiellen Erschütterungen und gravierenden Einschnitten im persönlichen und beruflichen Lebensweg. Trotz dieser Unschärfen hat sich im Unterbewußtsein frei von trivialer Nostalgie ein Gefühl von Dankbarkeit, Befriedigung und Stolz erhalten, daß wir es als fünftes Land bereits 1978 geschafft hatten, für unseren ersten Mann im Weltraum ein solides Arbeitsprogramm vorzubereiten und daraus am Ende auch ein vorzeigbares Ergebnis abzuleiten. Bei höchster Achtung vor jedem einzelnen der neun deutschen Weltraumflieger bleibt der Flug von Sigmund Jähn eine Pioniertat in der Geschichte der deutschen Wissenschaft und Technik – und wir können sagen, daß wir dabei waren!

Im folgenden versuche ich, diesem mit der Zeit immer dichter werdenden Dunstkreis noch einige Episoden zu entlocken.

Alles begann in den letzten Dezembertagen 1977 mit einer kleinen feuchten Jahresabschlußrunde im engsten Mitarbeiterkreis am damaligen Potsdamer Zentralinstitut für Physik der Erde (ZIPE). Der unerwartet auftauchende Institutsdirektor Professor Karl-Heinz Kautzleben bemerkte weder unsere geröteten Nasen noch das schlechte Gewissen, beim eigentlich unerlaubten Dienstschnaps ertappt worden zu sein. In seiner typischen, einer Archimedischen Spirale folgenden Gesprächslogik näherte er sich vorsichtig dem Problem: Die Journalisten wollten über das wissenschaftliche Programm des im Jahre 1978 vorgesehenen gemeinsamen Weltraumfluges UdSSR-DDR berichten, doch ein solches gab es noch nicht! Während also die Öffentlichkeitsarbeit zu diesem Vorhaben bereits anlief – den gelernten DDR-Bürgern noch in guter Erinnerung –, hatte man »oben« den eigentlichen inhaltlichen Schwerpunkt dieses Fluges, die Durchführung eines wissenschaftlichen Experimentprogramms, bisher offensichtlich völlig ignoriert oder vergessen. So kamen schnell Fragen auf nach den Prioritäten: Erst das Gackern? Dann das Ei? Dann das Huhn?

Jedenfalls landete auf diese Weise der Auftrag, für das Arbeitsgebiet Fernerkundung ein solches Programm und die dazugehörigen Experimente für den ersten deutschen Weltraumflug inhaltlich und technisch vorzubereiten, zuständigkeitshalber in unserem Potsdamer Fernerkundungszentrum der Akademie der Wissenschaften. Damit waren für uns die Feiertage zum Jahreswechsel gerettet!

Zeitlicher Hammer

An diese Episode erinnerte ich mich beim Lesen von Jesco von Puttkamers »Rückkehr zur Zukunft«, wo er schreibt: »Langfristige Planung in der Weltraumfahrt ist im wesentlichen der Versuch, aus Wünschen Möglichkeiten und daraus im Verlauf der Zeit konkrete Zeitpläne, Technologieforderungen und Kostenvoranschläge zu machen, um diese dann gegen die Gegenwartsrealitäten zu testen ...« Dies war – natürlich unbewußt – auch genau unser Arbeitsinhalt, wobei wir unter langfristig einen Zeitraum von etwa sechs Monaten zu verstehen hatten.

Trotz dieses zeitlichen Hammers und allgegenwärtiger Zauderer und Zweifler haben es die Mitarbeiter unseres Fernerkundungszentrums mit erstaunlicher und heute nicht mehr nachvollziehbarer Besessenheit – oft rund um die Uhr und munter gehalten durch das Allheilmittel einer mitternächtlichen Bockwurst mit Salat sowie manchem zweistündigem Blitzaufenthalt bei unseren Moskauer Partnern – in dieser kurzen Zeit tatsächlich geschafft, ein anspruchsvolles Experimentprogramm zur Fernerkundung inhaltlich-methodisch und bezüglich der technischen Voraussetzungen vorzubereiten. Unser russischer Partner war das Staatliche Zentrum PRIRODA in Moskau, das bei der Durchführung bemannter Weltraummissionen auf dem Gebiet der Fernerkundung bereits größere Erfahrung besaß. Wissenschaftlichen Beistand erhielten wir darüber hinaus vom permanenten Arbeitsgremium der Fernerkundungsdaten-Nutzer, das bereits seit dem ersten Weltraumeinsatz der Zeiss-JENA-Multispektralkamera MKF-6 im Jahre 1976 – der Geburtsstunde der DDR-Weltraumfernerkundung – bestand und auch von unserem Fernerkundungszentrum geleitet wurde.

So entstanden die Ideen zu den drei Experimenten

• MKF-6 zur Multispektralphotographie, ein nutzerorientiertes Aufnahmeprogramm,

• BIOSPHÄRE zur visuell-instrumentellen Erderkundung, eine Technologieerprobung mit multidisziplinärem Programm für Erdaufnahmen mit Handkameras, und

• REPORTER zur wissenschaftlichen Photographie unter Weltraumbedingungen, ein technologisches Experiment.

Diese drei Vorhaben zur Erderkundung bildeten gemeinsam mit Aufgaben zu Medizin, Biologie und Werkstoffwissenschaften das schließlich aus insgesamt 20 einzelnen Experimenten bestehende wissenschaftliche Programm des geplanten Weltraumfluges. Dieses Programm wurde vom damaligen Akademieinstitut für Elektronik untere Leitung von Professor Ralf Joachim koordiniert.

An einige Umstände der praktischen Vorbereitungsarbeiten können sich die Beteiligten noch immer mit Schmunzeln erinnern: Aus Zeitgründen erfolgte die Übergabe von Projektunterlagen »fliegend« auf einem Autobahnparkplatz etwa auf halbem Wege zwischen den daran arbeitenden Instituten; die russische Seite forderte für jedes der für den Weltraumeinsatz vorgesehenen Geräte mindestens fünf, oft noch mehr identische Exemplare, sogenannte Flug-, Reserve-, technologische, thermische, toxische, Trainings- und andere Muster; bei Vibrationstests unter einer Belastung mit zehnfacher Erdbeschleunigung zerfielen Verschlußmechanismen, Linsensysteme und Prismenkörper von zehn Handkameras in ihre Einzelteile; in einer für den Weltraumeinsatz in unserer Institutswerkstatt umgebauten, abschließend geprüften und bereits für die Absendung zum Start in Baikonur übergebenen Kameraausrüstung wurde nur durch einen Zufall ein Zettel mit der Aufschrift »Objektiv-Zwischenring befindet sich in der Werkstatt bei Kollegen M.« gefunden – dieser Zettel hätte sicher im Weltraum helle Begeisterung ausgelöst; ein von unseren russischen Partnern als Souvenir erhaltenes Weltraumphoto mit den Originalautogrammen der beiden für den künftigen Flug vorbereiteten Besatzungen wurde aus Geheimhaltungsgründen von den für solcherlei Unfug zuständigen Beauftragten aufgespürt und unter dienstlichem Druck konfisziert. Diese und andere Ereignisse sorgten für Stimmung bei den Mitarbeitern und mittleren Streß bis Herzstillstand bei den Verantwortlichen.

Pathologisch dienstgeile Geheimniskrämerei

Die Konfiszierung des Souvenirphotos, dem Insider mit etwas Phantasie die bis zum Flug geheimzuhaltenden Namen der vorgesehenen Kosmonauten entnehmen konnten, offenbarte einen permanent beklemmenden Begleitumstand vieler Arbeiten auf dem Gebiet der Weltraumforschung und Fernerkundung: die völlig überzogene, auf manchen Gebieten geradezu unsinnige und von einigen Leuten pathologisch dienstgeil verstandene Geheimniskrämerei, die uns später noch an anderen Stellen begegnen wird, und die nicht das Geringste mit den an einigen Orten offenbar wirklich notwendigen Sicherheitsvorkehrungen zu tun hat.

Schließlich waren doch alle erleichtert und hatten viel gelernt, als nach problematischen Beschaffungsaktionen der benötigten Ausrüstungen und Materialien – einbezogen waren unter anderem Pentacon Dresden, ORWO Wolfen und Zeiss JENA – deren technische Modifizierungen und Prüfungen überstanden, die Bearbeitungsprozeduren entwickelt und getestet und das fliegende Material im Juni und Juli den Moskauer Partnern zur Weiterleitung an den Start übergeben waren. Die Programmdokumentationen waren schon bis Ende April mit der PRIRODA-Mannschaft erarbeitet und als Bordbücher für die Kosmonauten vorbereitet worden. Die für den Flug speziell geeichten Filme (NC-19 und NP-20) blieben dagegen bis zwei Wochen vor dem Start in unserem sicheren Institutskühlschrank.

Den Flug erlebten wir mit kaum beschreibbarer Spannung, permanentem Bluthochdruck und zahllosen Öffentlichkeitsaktivitäten auf einem hochtourig laufenden Endlosband: Interviews im Ost- und Westfernsehen, in Rundfunk und Tageszeitungen, Vorträge, Fachartikel, Führungen durch unsere Labors, Massenproduktion von Weltraumphoto-Souvenirs usw. Hierbei haben wir in guter Gesellschaft mit allen anderen beteiligten Wissenschaftlern – ich kenne keine einzige Ausnahme! – den übertriebenen

Presserummel fleißig mitgespielt, auch wenn uns leises Unbehagen wegen der dadurch gefährdeten wissenschaftlichen Seriosität befiel. Sicher kommen viele der damals Mitwirkenden und gutmütig bei ihrer Vereinnahmung Stillhaltenden heute ins Grübeln ob ihrer seinerzeitigen Gefühle und Zwänge, die von begeisterter Anteilnahme, Pioniergeist und wissenschaftlichem Reiz über Eitelkeit und Kritiklosigkeit bis zur pflichtbewußten Disziplin und kalkulierten Sicherung der eigenen künftigen Weiterarbeit auf einem spannenden Forschungsgebiet reichte. Oder ist dies etwa auch ein kleines, zusätzliches Indiz für den alten Vorwurf an die Wissenschaftler wegen ihres von Existenzängsten verursachten kritiklosen Sich-mißbrauchen-lassens und der Mitschuld an den Folgen? Die Meinung der stets Besserwissenden und aus der heutigen sicheren Sicht Urteilenden zu dieser Frage interessiert hier sicher wenig.

Als wir am 3. September die Fernsehaufnahmen von der Landung der 2,8 Tonnen schweren Kapsel am 1.000 Quadratmeter großen Fallschirm 140 Kilometer südöstlich von Dsheskasgan sahen, gingen meine Gedanken an die kasachische Steppe 17 Jahre zurück: Der Zufall wollte es, daß ich 1961, im ersten Jahr der bemannten Raumfahrt, von Ende April bis Anfang November in dieser Gegend – was sind hier schon Entfernungen von 1.000 Kilometern? – meine Praktikanten- und Vordiplomzeit als Führer des vier Mann starken Meßtrupps eines ukrainischen Vermessungsbetriebes verbrachte, der in Westkasachstan im Dreieck zwischen Kaspischem Meer, Südural und Aralsee die Neuvermessung des staatlichen trigonometrischen Netzes durchführte. Mit einer speziellen Auswertung dieser Arbeiten – höchst diffizile Winkelmessungen über Entfernungen bis zu 30 Kilometern wohl schon jenseits der Grenze der geodätischen Meßgenauigkeit und Meßbarkeit, wie sie in freier Natur so wohl nur in den Weiten der kasachischen Steppe realisierbar waren – hatte ich 1962 in meiner Diplomarbeit am MIIGAik, der heutigen Moskauer Staatlichen Universität für Geodäsie, für Aufregung und akademisches Lehrstuhlgezänk zwischen Fehlertheoretikern und Ingenieurgeodäten gesorgt. Die heutige alltägliche GPS-Technologie (Global Positioning System) gab es damals noch nicht.

Auch wenn Sigmund Jähn als Waldmensch der in alle Richtungen bis zum Horizont strauch- und baumlosen, von Sandstürmen und krachender Sommerhitze ausgedörrten Steppe und Halbwüste nie viel Sympathie entgegengebracht hat, habe ich an diese abenteuerliche Studentenexpedition doch noch immer einmalige Erinnerungen: Nirgendwo sonst haben wir in den Mäandern von nur wenig Wasser führenden Flußläufen mit bloßen Händen (!) oder mit eigentlich als Überzelt gegen nächtliche Bisse von Skorpionen und exotischen Insekten vorgesehenen feinmaschigen Netzen kapitale Hechte gefangen, eigenhändig im Wüstensand zu meinem 23. Geburtstag eine Torte gebacken oder im selbigen mit unserem Lastkraftwagen hoffnungslos drei Tage festgesessen, das LKW-Fahren ohne Straßen, Wege und andere Hindernisse gelernt, für eine Flasche Wodka und schöne Augen ein 200-Liter-Faß Benzin erstanden, über 100 Kilometer einen der für die nomadisierenden Hirten mit ihren über 1.000 Tiere zählenden Rinderherden mitten in der Wüsten gebohrten Trinkwasserbrunnen gesucht, auf dem Bauernmarkt eines hinter allen Bergen liegenden Auls urdeutsch veredelten Dialekt gehört. Da unsere Messungen nur unter besonderen atmosphärischen Bedingungen sinnvoll waren, wie sie meist nur wenige Minuten bei Sonnenauf- und -untergang vorkommen, gehörte die tägliche Prüfung der Sichtbedingungen im Morgengrauen zu unserem Alltag. Dabei haben wir die am Osthimmel gut sichtbaren kondensstreifenähnlichen Spuren bereits abgesprengter oder möglicherweise außer Kontrolle geratener Raketenstufen stets ehrfurchtsvoll bestaunt. Später wurde uns klar, daß auf dem Kosmodrom bei Baikonur um diese Zeit Hochbetrieb geherrscht haben mußte – seit dem Flug von Juri Gagarin waren erst wenige Wochen vergangen, und German Titow flog Anfang August 1961 als zweiter Mensch 17 Runden um die Erde. Natürlich waren wir froh, daß Sigmund Jähn auf diesem mir doch nahen Stück Erde zwar ziemlich »satt«, aber glücklich landete.

Am 22. September, genau 19 Tage nach dieser Landung, konnten wir erstmals den Mann, der unsere Erde leibhaftig eine Woche lang aus einer Umlaufbahn von 360 Kilometern Höhe erlebt und im Rahmen unserer Experimente beobachtet und photographiert hatte, nach seinen Eindrücken, Ergebnissen und Erfahrungen befragen. Bereits da spürten wir nicht nur das große emotionale Erlebnis einer Beobachtung des Blauen Planeten aus dem Weltraum bestätigt, wie es auch von jedem anderen der bisher 89 Weltraumflieger nach Juri Gagarin berichtet wurde, sondern glaubten auch, bei »unserem Mann« eine besondere Motivation und persönlichen Spaß an dieser Arbeitsrichtung erkannt zu haben. In seinem fünf Jahre später erschienenen Buch »Erlebnis Weltraum« legte sich Sigmund Jähn dazu fest: »Die Fernerkundung war für mich die interessanteste Forschungsrichtung in der Orbitalstation.« Für uns war das eine Bestätigung sowohl dieser Vermutung als auch unserer Arbeiten zur Vorbereitung der Experimente.

Eine Woche nach dieser ersten persönlichen Bekanntschaft in einem Gästehaus der Akademie der Wissenschaften bei Berlin war der Potsdamer Telegrafenberg mit unserem Fernerkundungszentrum einer der Besuchsorte der offiziellen Republikrundfahrt der Kosmonautenbesatzung mit ihrem Begleittroß. Für diesen festlichen Besuch wurden unsere engen und arbeitschutzrechtlich unzulässig niedrigen Laborräume im ausgebauten Dachgeschoß des altehrwürdigen Institutsgebäudes nächtelang auf Hochglanz poliert, wobei es in der Hitze des Gefechts vorkam, daß selbst prominenteste Persönlichkeiten, die uns zu später Stunde noch mit ihrem bekannten Jubel beglücken wollten, von manchem als Störenfried empfunden und – da zunächst unerkannt – mit nicht zitierfähigen Ausdrücken tituliert wurden. Die Lacher hatte unser vorlauter Laborleiter auf seiner Seite, als er danach – wie eine Katze mit verbrannter Zunge und eingezogenem Schwanz – unter den Teppich kroch. Am Besuchstag war der üblicherweise gesperrte und aus diesem Grunde von den stets neunmalklugen Ahnungslosen verpönte Bereich unseres Fernerkundungszentrums offen für ungezählte, uns nicht bekannte Leute. Am nächsten Tag war nicht nur zusammen mit dem hohen Besuch die Beschreibung unserer bisher vor den Ahnungslosen geheimgehaltenen Labors in Wort und Bild in jeder Tageszeitung, sondern auch die Ordnung für den Zugang zu diesem Sperrbereich wieder hergestellt.

Taschendieb im Selbstbedienungsladen

Nach dem Jubeln begannen die Auswertungen und Bearbeitungen der ersten Experimentmaterialien. Die entwickelten BIOSPHÄRE-Filme und ein Teil der REPORTER-Aufnahmen trafen fünf Wochen nach dem Flug bei uns ein. Allgemeine Verblüffung herrschte bereits vorher, nachdem die während des Fluges erhaltene Anzahl der photographischen Aufnahmen bekannt wurde: 200 Multispektralaufnahmen mit der MKF-6, 200 Farbaufnahmen für BIOSPHÄRE mit der Mittelformatkamera Pentacon Six M und eine ganze Reihe von ORWO-Colorfilmen für REPORTER mit der automatischen Kleinbildkamera Practica EE waren ein von den kühnsten Optimisten nicht erwartetes Ergebnis. Für diese Aufnahmen hatte das staatliche Koordinierungskomitee der DDR-Kosmosforschung am 3. Oktober 1978 entsprechende Geheimhaltungsgrade festgelegt. Daß dies nicht nur Papier gebliebene Festlegungen waren, sollten wir einige Zeit später erfahren.

Die Zusammenarbeit mit unseren russischen Partnern wurde logischerweise auch nach dem Flug bei der Auswertung der Experimente fortgesetzt. Nach Abschluß einer der gemeinsamen Arbeitswochen in Potsdam kurz vor Weihnachten 1978 übergaben wir 34 bearbeitete großformatige Farbbilder von Aufnahmen aus den BIOSPHÄRE- und REPORTER-Experimenten an den am nächsten Tag nach Moskau zurückreisenden russischen Kollegen Dr. Desinow für die weitere Nutzung im Moskauer PRIRODA-Zentrum. Ein Selbstbedienungsladen in der Potsdamer Innenstadt, in dem er zum Feierabend noch ein paar Brötchen erstehen wollte, machte seinem Namen alle Ehre: Die kurzzeitig für den Einkauf abgestellte Tasche mit den Weltraumbildern – entsprechend der oben genannten Festlegungen geheimzuhaltendes Material – wurde ihm dort gestohlen! Der unerkannt gebliebene Taschendieb war weder durch sofort erfolgte polizeiliche Anzeige, Verlustmeldung in der Tagespresse mit Versprechen einer soliden Belohnung und intensive polizeiliche Suchmaßnahmen in den teilweise leerstehenden Häusern in der Nähe des Tatorts, noch durch mehrwöchige Polizeifahndung und einen Lauschangriff auf meinen häuslichen Telefonanschluß und schon gar nicht durch meine Fahrt in einer Grünen Minna vom Potsdamer Telegrafenberg zur städtischen Polizeiwache oder den natürlich folgenden nervenden Sicherheitsüberprüfungen in unserem Fernerkundungszentrum auszumachen beziehungsweise zur Rückgabe des Diebesgutes zu bewegen. Obwohl sich der tatsächliche Schaden in bescheidenen Grenzen hielt, trafen den Bestohlenen nach seiner Rückkehr an seine Moskauer Arbeitsstelle harte Strafen:

Zeitweilige Suspendierung von weiteren Arbeiten und drei Jahre Auslandsreiseverbot. Die logische Folge aus einer solchen Situation war die Entwicklung einer noch engeren persönlichen Beziehung und Freundschaft zwischen uns: Der damalige Leidtragende ist heute als wissenschaftlicher Abteilungsleiter an der Russischen Akademie der Wissenschaften erneut unser enger Kooperationspartner und ein in Potsdam immer gern gesehener Gast.

Eine inhaltlich in mehrerer Hinsicht außerordentlich reizvolle und fruchtbare Zusammenarbeit bei der Auswertung unserer Experimente entwickelte sich mit Sigmund Jähn. Als echtem Forschungskosmonauten gelang es ihm während seines Fluges – vor allem während seiner Freizeit – trotz des enormen Zeitdefizits, dafür jedoch mit guter Kenntnis des naturwissenschaftlichen Hintergrundes und sicherem Gefühl für das wirklich Wesentliche, aus den am Grünen Tisch vorbereiteten und manchmal auch etwas theoretisch trockenen und pragmatischen Bordbuch-Vorgaben eine runde Sache zu machen. Eine Vielzahl von praktischen Hinweisen und technologischen Verbesserungen des Verfahrens und die große Menge der erhaltenen photographischen Aufnahmen zeigten, daß dies besser gelang, als es sich die den Weltraum niemals erlebenden Theoretiker vorstellen konnten – die Praxis ist eben doch die beste Theorie.

Sein liebstes Kind

Nicht zuletzt deshalb gehörten die Fernerkundungsexperimente zu den erfolgreichsten des gesamten Weltraumfluges. Dazu trug auch der Glücksumstand bei, daß unser Forschungskosmonaut das »feeling« und den geübten Blick eines gelernten Fliegers von oben auf die Erde bereits mitbrachte und nicht erst lernen mußte. Zu einer persönlichen emotionalen Beziehung mit dieser Arbeitsrichtung bekannte er sich später in seinem »Erlebnis Weltraum«, wo er über das Experiment BIOSPHÄRE als »mein liebstes Kind« und über den dabei erlebten »Spaß an der abwechslungsreichen Tätigkeit« berichtet. Da offenbar auch von Anfang an die Chemie zwischen uns stimmte, entwickelte sich aus diesen gemeinsamen Arbeiten eine lange, auch beiderseitig persönliche Lebenseinschnitte überdauernde freundschaftliche Beziehung.

Unter den Fernerkundungsexperimenten nahm BIOSPHÄRE nicht zuletzt wegen seines ganz speziellen Zuschnitts auf einen bemannten Flug eine besondere Rolle ein. Das Ziel dieses Experiments bestand in der Weiterentwicklung und praktischen Weltraumerprobung der methodischen Grundlagen und einer Technologie für die sogenannte visuell-instrumentelle Erderkundung – ein eigenständiges, in Echtzeit (operationell) ablaufendes Verfahren, mit dem Erscheinungen und Objekte auf der Erdoberfläche mit einer räumlichen Ausdehnung von etwa 100 bis 150 Metern und mehr identifiziert und bewertet (interpretiert) werden können. In diesem Verfahren ist die gesamte Technologie der Erderkundung gleichsam in einem Arbeitsgang zusammengefaßt: Suchoperationen und Objektauswahl – visuelle Erkennung und Beobachtung mit Dokumentation durch photographische Aufnahmen mit einer Handkamera – momentane Datenanalyse und –Interpretation im Dialog mit eigenem Referenzwissen und dem Wissen von Expertengruppen – selektive Übermittlung von an Bord vorverarbeiteten und komprimierten Daten zur Erde. Die Fähigkeiten eines qualifizierten und geowissenschaftlich vorbereiteten Forschungskosmonauten spielen in diesem Verfahren die entscheidende Rolle und gewährleisten so eine Operationalität in der gesamten Technologie des Erkundungsprozesses, wie sie mit anderen Verfahren nicht erreichbar ist.

Zu den in diesem Zusammenhang wesentlichen wissenschaftlichen Fragen, die uns während der Vorbereitung und besonders in den Jahren nach dem Flug beschäftigten, gehörten unter anderem die psychologisch-physiologischen Grundlagen der Erdbeobachtung mit dem im System Auge-Gehirn des Kosmonauten ablaufenden Prozeß der räumlichen und der Farberkennung, seine Nachahmbarkeit durch aufwendige Meß- und Rechentechnik, die Übertragbarkeit informationstheoretischer Regeln auf den Sehvorgang unter Einbeziehung des Entropie-Begriffs und semantischer Informationsinhalte, die Datenanalyse an Bord, die Wechselbeziehungen zwischen Datengewinnung und komplexer Informationsverarbeitung und anderes mehr.

Mit den statistischen Analysen konnten auch rein praktische Fragen gelöst werden, wie zum Beispiel die Bestimmung der technischen Parameter für die zu verwendenden Weltraum-Handkameras, wenn diese zur visuellen Erdbeobachtung äquivalente Informationseigenschaften haben sollen, oder die quantitative vergleichende Bewertung des Informationsgehalts unterschiedlicher Fernerkundungsverfahren und so weiter.

Die gemeinsame Dissertation ...

Bei den inhaltlichen Auseinandersetzungen um Theorie und Praxis, Methodik und Technologie, akademische Strenge und gesunden Menschenverstand konnten wir uns gut ergänzen – jeder brachte seine speziellen Kenntnisse und Erfahrungen ein, von denen der andere profitieren konnte. Je tiefer wir in die jeweiligen Phänomene und deren Überprüfung mit BIOSPHÄRE einstiegen, um so offenkundiger wurden die Wissenslücken der damaligen Zeit auf diesem Gebiet. Das Neue machte aber gerade den Reiz unserer Arbeit aus. Da Sigmund ohnehin eine Gesamtdarstellung seines Fluges beabsichtigte, war die Idee naheliegend, unsere Untersuchungen und deren Ergebnisse in einer wissenschaftlichen Arbeit zusammenfassend darzustellen und als unsere Dissertationen bei der Akademie der Wissenschaften, die damals das Promotionsrecht ausübte, einzureichen.

So erhielt Sigmund neben seinen unerbittlichen Dienstaufgaben die Chance – mit der wissenschaftlichen Aufarbeitung seines Weltraumfluges im Hintergrund – seinen Anteil an der methodisch-technologischen Weiterentwicklung der visuell-instrumentellen Erderkundung und an deren Weltraumerprobung in einer Dissertationsschrift darzustellen. In ähnlicher Weise schien es mir denkbar, den Komplex der eigenen langjährigen Arbeiten und Erfahrungen zur methodischen Grundlagenforschung für die Entwicklung und Nutzung der Fernerkundungs-Technologie um die wissenschaftlichen Grundlagen und technischen Realisierungsmöglichkeiten dieses Fernerkundungsverfahrens zu erweitern. Als diese in der gemeinsamen Arbeit am BIOSPHÄRE-Experiment geborene Idee von den für akademische Graduierungen Zuständigen gebilligt wurde, konnten die Delinquenten an die Vorbereitung des Promotionsverfahrens gehen. Im Stillen bewunderte ich Sigmund, wie er dabei gewissenhaft und gründlich alle in der Promotionsordnung der Akademie geforderten Formalismen und Vorschriften zur Erbringung der notwendigen Qualifikationsnachweise beziehungsweise Nachprüfungen erfüllte, wobei die Akademie ihm wirklich nichts schenkte. Allgemeine Heiterkeit löste zum Beispiel bei uns altem Akademie-Volk die ihm bis dahin nicht bekannte Forderung aus, für das Promotionsverfahren eine Prüfungsgebühr von 200 Mark an die Akademie entrichten zu müssen.

Im Mai 1983, fast fünf Jahre nach dem Flug, wurden schließlich die »Arbeiten zur Entwicklung methodischer Grundlagen für die Auswertung und Nutzung von Fernerkundungsdaten in der DDR«, insgesamt drei Bände mit mehr als 700 Seiten einschließlich Anlagen zur Vorbereitung und Ausbildung von Kosmonauten auf dem Gebiet der Fernerkundung und mit Beispielen von Bildauswertungen, bei der Akademie der Wissenschaften eingereicht. Das Promotionsverfahren fand schließlich am 9. August 1983 mit der Verteidigung der Arbeiten vor vollem Hause im ZIPE und vor einem Prüfungsgremium seinen Abschluß, das die Akademie mit dem höchst exquisiten Aufwand von fünf ihrer ordentlichen und korrespondierenden Mitglieder bestallt hatte – welch hohe Ehre in schwerer Stunde! –, und das vom Akademie-Vizepräsidenten Heinz Stiller geleitet wurde. Anschließend konnten wir allen, besonders unseren Leitungen und treuen Mitstreitern aus der Akademie und dem Bereich kosmische Ausbildung der NVA, dem Sigmund nach seinem Flug vorstand, für die tatkräftige Hilfe und Unterstützung bei den Bildbearbeitungen, den Zeichen- und Schreibarbeiten, ja selbst bei der Hutmacherei aus Original-Fliegerhelmen, mit einer ansehnlichen Fete im ZIPE herzlich danken.

... verschwand in dunklen Kanälen

In der Folge bildeten die Ergebnisse des Experiments BIOSPHÄRE unter anderem den Stoff für zwei weitere Bücher: Kowal/Marek: Fotografische Fernerkundung der Erde – Experimente auf der Orbitalstation SALUT 6, im Akademie-Verlag Berlin, und Desinow/Kowal: In den Weltraum zum Nutzen der Menschheit, im Verlag Progress Moskau. Außerdem wurden mehrere Beiträge in internationalen wissenschaftlichen Fachzeitschriften veröffentlicht. Die Originalarbeit, abgeliefert in der geforderten Anzahl von acht Exemplaren, wurde als Vertrauliche Verschlußsache eingestuft und stand damit später nicht einmal mehr den beiden Autoren zur Verfügung. Diese Originale verschwanden im allgemeinen Tohuwabohu der Wendezeit in mir bis heute nicht bekannten Kanälen; zwei tauchten inzwischen wieder auf.

Geblieben sind dagegen neben den Publikationen glücklicherweise nicht nur eine Vielzahl der BIOSPHÄRE-Aufnahmen mit ihren geologischen, ozeanographischen, meteorologischen und ökologischen Auswertungen und die Erkenntnisse für später erfolgte Routine-Weltraummissionen der Kameras MKF-6 und Practica EE2 (als Standardgerät für An-Bord-Dokumentationen anstelle der ursprünglich vorgesehenen Nikon-Kamera), sondern auch der wissenschaftlich-technische Erkenntnisfortschritt zum Verfahren der visuell-instrumentellen Erderkundung in Form von methodischen Grundlagen und der im Weltraum erprobten und verbesserten Technologie. Letzteres war auch Veranlassung für die Weiterführung unseres Experiments als »Internationales Forschungsprogramm BIOSPHÄRE« im Rahmen des nationalen sowjetischen Weltraumprogramms und der weiteren sechs bis 1981 auf der Station SALUT 6 erfolgten internationalen Missionen mit Kosmonauten aus Bulgarien, Ungarn, Vietnam, Kuba, der Mongolei und aus Rumänien. Es ist interessant, daß noch in den letzten Jahren von 1994 bis 1998 ein gemeinsames russisch-amerikanisches Forschungsprogramm zur visuell-instrumentellen Erderkundung mit zeitsynchronen Erdbeobachtungen aus der russischen Raumstation MIR und dem amerikanischen Space Shuttle mit ähnlicher Zielstellung wie unser zwanzigjähriger Methusalem BIOSPHÄRE durchgeführt wurde. Benutzt wurden hierbei Hasselblad-Handkameras; die Projektleitung erfolgte durch die Division 15 der NASA und das Geographische Institut der Russischen Akademie der Wissenschaften. Von russischer Seite wurde dieses Programm von unserem, die Eigenarten Potsdamer Selbstbedienungsläden gut kennenden, damaligen Partner und Freund Dr. Desinow wissenschaftlich koordiniert.

Geblieben sind weitere Erinnerungen an viele Begegnungen mit Fachkollegen und Kosmonauten aus einer Vielzahl von Ländern – alles einmalige und hochinteressante Menschen, die von der Erderkundung aus dem Weltraum ebenso fasziniert waren wie von dem Fachwissen, der Bescheidenheit und dem außergewöhnlichen, sympathischen Wesen unseres Kosmonauten. Geblieben ist schließlich bei mir das phantastische Erlebnis einer kreativen, produktiven und engen freundschaftlichen Zusammenarbeit mit dem ersten deutschen Weltraumfahrer Dr. Sigmund Jähn, das zu den nachhaltigsten und schönsten Erinnerungen meines Berufslebens gehört. Für dieses Erlebnis danke ich allen.

Prof. Dr. rer. nat. habil. Dr.-Ing. Karl-Heinz Marek, Jahrgang 1938, bis 1990 Leiter des Fernerkundungszentrums der Akademie der Wissenschaften der DDR, danach Geschäftsführer des privatwirtschaftlichen Fernerkundungszentrums Potsdam.

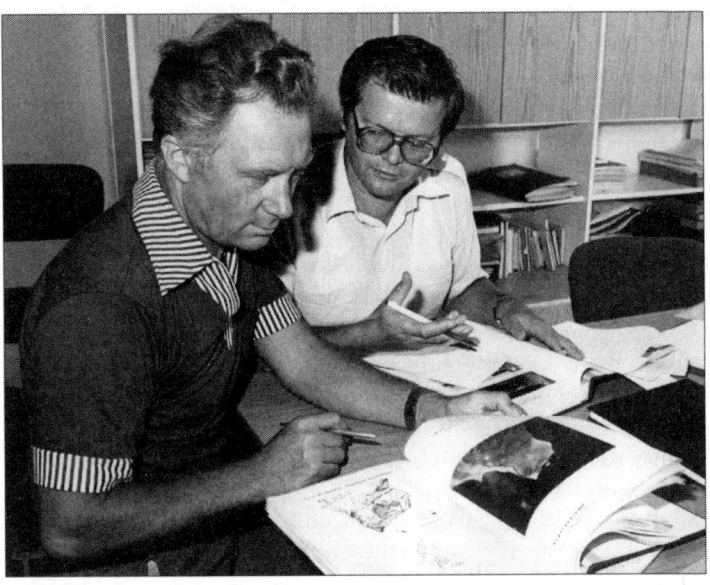

Die beiden Doktorbrüder Sigmund Jähn und Karl-Heinz Marek bei der Arbeit

LÄCHELN NUR FÜR FOTOGRAFEN
Von Ernst Messerschmid, Stuttgart

Sigmund Jähn hat schon zu der Zeit, als die Erde in zwei politische Zonen aufgeteilt war, als Katalysator zwischen Ost und West gewirkt. Dies war nicht nur wegen seiner sprachlichen und fachlichen Qualitäten so, sondern vor allem seiner menschlichen Eigenschaften wegen. Er war und ist immer geduldig im Zuhören, hilfreich und, wenn es darauf ankommt, zupackend. Von Kosmonauten und Astronauten gleichermaßen respektiert, war es weiter nicht verwunderlich, daß er zu den Gründungsmitgliedern der ASE gehört, der 1985 in Paris gegründeten Gemeinschaft von Menschen, die wenigstens einmal die Erde umrundet haben.

Ich traf Sigmund Jähn zum ersten Mal bei der zweiten Jahrestagung der ASE, 1986 in Budapest. Mir fiel sofort auf, im Gegensatz zu einigen anderen Interkosmos-Kosmonauten, mit welchem Respekt seine russischen Kollegen ihm entgegentraten. Uns westdeutschen Astronauten gegenüber war er höflich und anfangs zurückhaltend. In seiner bekannten Art nahm er unsere Gespräche über die typischen westeuropäischen Probleme der bemannten Raumfahrt mit Schmunzeln zur Kenntnis.

Am 9. November 1989, als wir am ersten Tag der fünften Jahreskonferenz der ASE in Riad von der Maueröffnung erfuhren, war Sigmund sehr nachdenklich (auf dem Bild lächelt er nur für die Fotografen). Wir – Sigmund, Reinhard, Ulf und ich – standen zusammen, diskutierten über die entstandene Situation. Einer sagte, daß wir jetzt zusammengehören, Sigmund nicht der erste DDR-Kosmonaut, sondern der erste deutsche Astronaut sei. Sigmund schien dies nicht zu interessieren. Er dachte vielleicht zurück, daß er mit einer guten und ehrlichen Arbeit seinen Staat unterstützt, als Identifikationsfigur natürlich auch vielen anderen genützt hatte. Schulen waren nach ihm benannt. Nein, er wollte und konnte sich nicht davonstehlen aus seiner Verantwortung. Das Beeindruckendste für mich war, wie er mit der Situation umging.

Ein Jahr später, es fand gerade der Raumfahrtkongreß in Dresden statt, traf ich mich mit Sigmund im Hotel gegenüber dem Hauptbahnhof um die Mittagszeit, unsere Frauen waren dabei. Sigmund lud uns zum Mittagessen ein (Hirschkeule mit Pilzen und Radeberger Bier) und sagte eher beiläufig, aber mit traurigem Blick, daß er die Rechnung mit dem Rest seines letzten Generalsgehaltes begleichen würde. Kaum gesagt, lachte er wieder verschmitzt, und wir wünschten uns, daß – von welchem Gehalt auch immer – wir uns noch viele gute, gemeinsame Mahlzeiten leisten können.

Prof. Dr. rer. nat. Ernst Messerschmid, Jahrgang 1945, Physiker, Direktor des Instituts für Raumfahrtsysteme an der Universität Stuttgart, 1985 Nutzlastspezialist der ersten deutschen Mission SPACELAB D-1 mit der Raumfähre Challenger über 7 Tage.

EIN EINMALIGER CHEF

Von Dagmar Pietsch und Hans Reichel, Strausberg

Als wir begannen, unsere Gedanken darüber auszutauschen, welche Erinnerungen an die Jahre der Zusammenarbeit mit unserem Chef, dem Fliegerkosmonauten, für den Leser interessant sein könnten und somit einen Platz in diesem Buch finden sollten, merkten wir sehr bald, daß die wenigen zur Verfügung stehenden Seiten bei weitem nicht ausreichen würden, um die Vielfalt des Erlebten auch nur annähernd wiederzugeben. Also einigten wir uns auf eine kleine Auswahl, aus der der Leser erkennen kann, was es für uns bedeutete, mit einem Menschen wie Sigmund Jähn in alltäglicher Arbeit, gleichwohl in einem nichtalltäglichen Kollektiv verbunden gewesen zu sein.

So, wie alles irgendwann einmal beginnt, nahm auch unsere Zusammenarbeit ihren Anfang. Da war zunächst das Einstellungsgespräch beim Kosmonauten, natürlich verbunden mit einiger Unruhe auf Seiten des Bewerbers. Allein der Gedanke, auf absehbare Zeit in der Umgebung dieses Mannes zu arbeiten, konnte das Nervenkostüm durchaus in Schwingungen versetzen. Doch schon nach dieser ersten Begegnung stellte sich die Frage: Wozu eigentlich die ganze Aufregung? Saß uns doch ein ganz normaler Mensch gegenüber, der Ruhe, Freundlichkeit und Bescheidenheit ausstrahlte. Schon nach kurzer Zeit stellte sich ein Gefühl der Vertrautheit ein, so, als kenne man sich seit langem.

Daran konnte auch die Uniform nichts ändern – ein ansonsten eher hinderliches Requisit, wenn es darum geht, zwischenmenschliche Beziehungen aufzubauen. Im Laufe der Jahre zeigte sich, daß unseren Chef seine Insignien militärischer Würde in keiner Weise daran hinderten, zu seinem Gegenüber ein ungezwungenes Verhältnis aufzubauen. Sicherlich trug auch dazu bei, daß in seinem Sprachschatz militärischer Jargon so gut wie keinen Platz hatte.

Nun waren wir also Mitarbeiter in einem kleinen Kollektiv, das vorrangig die Aufgabe hatte, den Chef bei der Bewältigung der Anforderungen, die nach dem Weltraumflug auf ihn zukamen, nach besten Kräften zu unterstützen.

Das Echo auf dieses Ereignis ließ über die Jahre hinweg keineswegs nach. Die Wünsche, den Fliegerkosmonauten persönlich kennenzulernen und aus seinem Munde zu hören, was er selbst im Zusammenhang mit seinem Flug erlebt und empfunden hatte, waren sehr vielfältig. Da waren Vorträge vor Wissenschaftlern, Treffen mit Pädagogen, mit Arbeitern, mit Jugendlichen vorzubereiten und zu realisieren. Darüber hinaus forderten die zahlreichen Namensträgerkollektive, die es in fast allen Bereichen des gesellschaftlichen Lebens gab, darunter auch in der Sowjetunion, ihr Recht ein, sei es im direkten Kontakt oder zumindest auf brieflichem Wege.

»Grüß Gott, Herr Jähn!«

Bemerkenswerterweise gab es über die Jahre hinweg eine rege und ständig zunehmende Korrespondenz mit Briefpartnern aus dem damaligen kapitalistischen Ausland. Offenbar hatte sich unter Interessenten aus aller Herren Ländern sehr schnell herumgesprochen, daß der DDR-Kosmonaut grundsätzlich jeden Brief beantwortete, und sei es ein kurzer Gruß versehen mit einem Autogramm. So bildete sich, mit der Zeit ein regelrechter Stamm zum Teil sehr beharrlicher Briefpartner heraus, deren Namen bis heute in unserem Gedächtnis haftengeblieben sind. Es war schon bisweilen (aus unserer damaligen Sicht) lustig zu lesen, wenn ein Bittsteller den General der DDR-Armee mit »Grüß Gott, Herr Jähn!« ansprach.

Manche Briefe hatten vermutlich abenteuerliche Wege hinter sich, ehe sie zu uns fanden. Denn wie sollte ein Briefverteiler handeln, wenn er ein Kuvert in die Hand bekam, auf dem zu lesen stand: »An den DDR-Kosmonauten, Palast der Republik, Ost-Berlin«, oder wenn das Schreiben an das »Kosmonautische Viertel in Berlin« adressiert war? Hinzu kam, daß unser Chef in das DDR-offizielle Protokoll eingebunden war, so daß er auch bei weit oben angesiedelten Terminen nicht fehlen durfte. Ganz zu schweigen von diversen Veröffentlichungen in den Medien, im Rundfunk und im Fernsehen, von der Mitarbeit in internationalen Raumfahrerorgansiationen und so weiter.

Sein Terminkalender, den wir für ihn führten, wurde nie leer. Er hätte eher die doppelte Anzahl an Tagen haben können, um alles unterzubringen. Es versteht sich von selbst, daß es mit seiner bloßen Anwesenheit bei den unterschiedlichsten Anlässen nicht getan war. Allgemein wurde erwartet, daß er den Anwesenden etwas zu sagen hatte, und seine Achtung den Gastgebern gegenüber ließ etwas anderes auch nicht zu.

Die Belastung für den Fliegerkosmonauten war also sehr hoch, und soweit wir uns erinnern können, stellte sich keiner seiner damaligen Vorgesetzten die Frage, inwieweit das alles für ihn selbst und seine Familie tragbar war. So kam es also für uns, seine Mitarbeiter, darauf an, ihm die Vorbereitung auf seine vielfältigen Aufgaben weitgehend und nach besten Kräften zu erleichtern und gleichzeitig das Gespür dafür zu entwickeln, was er den Menschen sagen wollte.

Obwohl die Zeit für unseren Chef knapp bemessen war, nutzte er gleichwohl jede Minute, sich in die Vorbereitung seiner Vorträge und Artikel aktiv einzuschalten. Die Tage und Stunden, in denen die gewünschten Veröffentlichungen entstanden, waren Lehrstunden für uns alle. Er dozierte nie von oben herab, wenn gleich er mit seiner Meinung nie hinter dem Berg hielt, sondern er erstritt sich mit uns gemeinsam die beste Lösung, die dann auch Eingang in die Veröffentlichungen fand.

Die Ansichten, die er dabei vertrat, waren für die damalige Zeit durchaus nicht immer im Rahmen des Üblichen. Fanden sich in den für ihn vorbereiteten Materialien politische Schwarz-Weiß-Malereien, Wendungen aus dem Vokabular des Kalten Krieges wieder, so konnte man sicher sein, daß sie nach eingehender Diskussion bald verschwunden waren. Uns wurde zunehmend deutlich, daß das Erlebnis des Raumfluges, das dabei Gesehene sowie der nachfolgende Umgang mit Menschen aus Ost und West das Ihre dazu beigetragen hatten, daß er Erscheinungen ideologisch gefärbter Intoleranz mit Skepsis begegnete. Man bedenke: Da hat ein Mensch im All unseren Planeten 124mal umrundet, hat alle Kontinente und Ozeane gesehen, aber keine von den vielen künstlich gezogenen Grenzen. Er wird nach seiner Rückkehr auf die Erde nie und nimmer bereit sein, in seinem Kopf neue Barrieren zu errichten, nur um irgendwelchen Ideologen einen Gefallen zu tun.

Gratwanderung mit Erfolg

Eine sicherlich wichtige Rolle spielte in diesem Zusammenhang seine Mitarbeit in der 1985 bei Paris ins Leben gerufenen Association of Space Explorers – eine Mitarbeit, die nach unserem Empfinden von den DDR-Oberen zunehmend mit Argwohn verfolgt wurde. Andererseits gab wohl der Drang nach internationaler Anerkennung bis zum Schluß den Ausschlag dafür, daß die Mitarbeit des Kosmonauten dort geduldet wurde. Aus den Materialien der ASE war für uns jedenfalls zu ersehen, daß unser Chef in diesem Gremium eine geachtete Rolle spielte, dessen Exekutivkomitee er von Anfang an angehörte. Das Mißtrauen führender Personen der DDR hatte gewiß seine Ursache auch darin, daß die Sowjetunion zu den Initiatoren der ASE gehörte – und das zu einer Zeit, als der Gedanke der Perestroika auch in der DDR immer populärer wurde. Wir jedenfalls freuten uns für unseren Chef und die vielfältigen Beweise seiner Popularität, über die Anerkennung seiner ganz persönlichen Leistung.

Fragt man nach dem Geheimnis seines andauernden Erfolges, dann drängt sich der Schluß auf, daß unser Chef die Menschen unter anderem durch seinen Realitätssinn gewann. Er benötigte keine Regieanweisungen für das, was er zu sagen hatte. Vielmehr schöpfte er seine Gedanken aus dem ganz alltäglichen Leben. Die Quellen dafür flossen reichlich. Denn die Menschen, die ihn eingeladen hatten, fanden sehr bald heraus, daß sie es mit einem guten Zuhörer und aufmerksamen Beobachter zu tun hatten. So blieb es nicht aus, daß sie ihm ihr Vertrauen schenkten und ihn mit Problemen konfrontierten, die das Leben in der DDR mit sich brachte. Offenbar spielte dabei der Wunsch mit, den Rat eines verständnisvollen Menschen zu bekommen, vielleicht auch, daß auf diesem Wege so manches Ärgernis auf direktem Wege den Weg nach »ganz oben« finden möge.

Für den Fliegerkosmonauten bestand die Schwierigkeit darin, einen Kompromiß zu finden zwischen dem, was gesagt werden durfte und dem, wie die Dinge wirklich lagen. Wir können aus heutiger Sicht sagen, daß er diese Gratwanderung mit Erfolg bewältigte, was nicht zuletzt dadurch belegt wird, daß er in den Jahren seines Wirkens stets aufmerksame Zuhörer fand.

Ganz besonders lagen unserem Chef Termine am Herzen, bei denen er mit Kindern und Jugendlichen zusammentraf. Dazu gehörten auch die Jugendweihefeiern, zu denen er jedes Jahr als Redner eingeladen wurde. Er stellte stets hohe Ansprüche an die Erarbeitung dieser Reden, sollten sie doch gleichermaßen die Herzen und Hirne der jungen Menschen, aber auch ihrer anwesenden Eltern und Großeltern ansprechen. Die Verkündung offizieller Plattheiten bei solchen Gelegenheiten lag ihm nicht. Ihm waren die menschlichen Belange der Jugendlichen wichtig, und sein Rat, den er den angehenden Erwachsenen mit auf den Lebensweg gab, hatte Gewicht. Das ist um so bemerkenswerter, als sich gerade in den achtziger Jahren immer mehr Jugendliche den oft recht lebensfremden Parolen des Jugendverbandes verschlossen.

Damit uns der Leser richtig versteht: Der Fliegerkosmonaut war kein Widerstandskämpfer, und nichts liegt uns ferner, als einen aus ihm zu machen. Er war in eine komplizierte Zeit hineingestellt worden, in eine noch kompliziertere Funktion, deren Stolpersteine erst nach seinem Raumflug allmählich zum Vorschein kamen. Dazu gehörte auch, daß alle möglichen Funktionsträger glaubten, ihrer Wichtigkeit gemäß das Tun und Lassen unseres Chefs reglementieren zu müssen. Dafür mag die Entstehungsgeschichte seines Buches »Erlebnis Weltraum« stehen. Sowie ein Kapitel fertig geschrieben war, mußte es »oben« zur Begutachtung vorgelegt werden. War es ideologisch sauber, kam das OK. Jeder mag sich heute ausmalen, was darunter zu verstehen war.

Unser Chef hatte, wie wir heute glauben, das einzig richtige Mittel gefunden, mit diesen Widrigkeiten fertigzuwerden – er setzte im richtigen Moment und an der richtigen Stelle seinen gesunden Menschenverstand ein. Er blieb immer der, der er gewesen ist und ließ sich nicht verbiegen, sosehr sich mancher das auch gewünscht haben mag. Die Zeit ist über diese Leute hinweggegangen, und das ist gut so.

Fachliche Kompetenz

An etwas anderes sei hier ebenfalls erinnert. Ende September 1990 wurde der Fliegerkosmonaut von einem Tag auf den anderen aus dem aktiven Dienst in der NVA entlassen. Die Stunde der Abrechnung war gekommen, für ihn und zahlreiche andere Generale und Offiziere der DDR-Streitkräfte. Er war soeben aus Köln zurückgekehrt und mußte aus dem Munde seines Vorgesetzten erfahren, daß er nicht mehr gebraucht würde.

Doch hatten sich die Verantwortlichen der Deutschen Forschungsanstalt für Luft- und Raumfahrt – ganz im Gegensatz zu manchen politischen Verantwortungsträgern – den Sinn für die Realität bewahrt und setzten andere Prioritäten. Die fachliche Kompetenz des DDR-Raumfahrers stand für sie außer Zweifel, und so begann in dieser Zeit eine Zusammenarbeit, die sich seither als fruchtbar erwiesen und ehemals verfeindete Staaten auf dem Gebiet der bemannten Raumfahrt zu Partnern gemacht hat. Er hat seinen Anteil daran, daß nach ihm vier weitere deutsche Kosmonauten an russischen Missionen teilnehmen konnten.

Im Lichte dieser Erinnerungen haben wir uns über ein Ereignis sehr gefreut – die Würdigung des 20. Jahrestages seiner Weltraummission. Kosmonauten und Astronauten, Wissenschaftler und Verantwortliche aus der Raumfahrt in Ost und West gedachten in anrührender Weise des Jubiläums des ersten Deutschen im All. Sie machten deutlich, daß seine Leistung, seine menschlichen Qualitäten bis heute anerkannt sind. Was kann einem Menschen Besseres widerfahren?

Wir, seine ehemaligen Mitarbeiter, haben 1988, als der zehnte Jahrestag des sowjetisch-deutschen Weltraumfluges in der DDR begangen wurde, mit keiner Faser daran gedacht, daß es eines Tages eine Würdigung unter so gravierend veränderten politischen Bedingungen geben würde. Nun, da es so gekommen ist, wie es ist, erfüllt es uns mit Genugtuung, daß der Name Sigmund Jähn seinen unverrückbaren Platz in ganz Deutschland gefunden hat.

Dagmar Pietsch, Jahrgang 1945, Sekretärin im Zentrum für Kosmische Ausbildung von 1980 bis 1990;
Oberstleutnant a.D. Hans Reichel, Jahrgang 1941, Diplomdolmetscher, Diplomlehrer, Offizier für Öffentlichkeitsarbeit im Zentrum für Kosmische Ausbildung von 1983 bis 1990.

HILFE HINTER DEN KULISSEN
Von Konrad Stahl, Morgenröthe-Rautenkranz

Nach meinem Studium in Halle zog ich, aus dem Erzgebirge stammend, in das vogtländische Waldgebiet nach Tannenbergsthal. Der größte Trubel um den ersten gemeinsamen Kosmosflug UdSSR-DDR und den Fliegerkosmonauten Sigmund Jähn war schon vorbei. Natürlich hatte dieses Ereignis auch bei mir seinen nachhaltigen Eindruck hinterlassen. So führte mich eine meiner ersten Wanderungen durch die Wälder des Vogtlandes in die Nachbargemeinde Morgenröthe-Rautenkranz, den Geburtsort von Sigmund Jähn.

Damals, im Frühjahr 1979, existierte die »Ständige Ausstellung

Vor der Deutschen Raumfahrtausstellung in Rautenkranz: die MiG-21 F-13

des ersten gemeinsamen Kosmosfluges UdSSR-DDR« noch nicht. Jedoch gab es im ehemaligen Pionierzimmer der Gemeinde eine kleine Exposition, die ich natürlich aufsuchte. Leider hatte diese Ausstellung mit dem Thema Raumfahrt eigentlich gar nichts gemein. Am meisten amüsierte mich und meine Wanderfreunde ein großes Ölgemälde. Es zeigte eine Mondlandschaft mit einer Landefähre und Raumfahrern, die eigenartigerweise die sowjetische Flagge hißten. Bekanntlich hatten bereits zehn Jahre zuvor die ersten amerikanischen Astronauten unseren natürlichen Trabanten betreten. Damit erlosch mein Interesse am ersten Fliegerkosmonauten der DDR.

Als leidenschaftlicher Sänger trat ich wenig später in den Männergesangverein Rautenkranz ein, in dem auch Sigmund Jähn früher Mitglied war. Nun absolvierte auch dieser Chor die üblichen Einsätze im Rahmen des sogenannten Wettbewerbs »Schöner unsere Städte und Gemeinden! Mach mit!«, die speziell auf den Dörfern immer recht gesellig waren, wo aber auch viel Sinnvolles geschaffen oder erhalten wurde. Eines unserer Objekte war die Pflege eines kleinen Parks oberhalb der Kirche, unweit von Sigmunds Elternhaus. Es muß so 1982/83 gewesen sein, als

410

sich die Sänger an einem Samstagvormittag zu einem Parkeinsatz trafen. Wir waren gerade dabei, die Rasenbordsteine neu zu richten, als ein Mann in blaugrauer Arbeitskombination der Nationalen Volksarmee zu uns kam, Kurz »Glück auf!« sagte, die Schaufel in die Hände nahm und mitarbeitete. So einfach und unkompliziert hatte ich mir den Helden und Fliegerkosmonauten ehrlich gesagt nicht vorgestellt.

Inzwischen zog ich nach Morgenröthe-Rautenkranz und wurde dort nach der Wende Bürgermeister. Nun lernte ich Sigmund Jähn erst richtig kennen und schätzen. Wie in allen ostdeutschen Kommunen standen auch vor Morgenröthe-Rautenkranz die Fragen: »Was soll aus unserer Gemeinde werden?« und »Wie gehen wir mit unserem sozialistischen Erbe um?« Viele unserer Bürger hatten an den wöchentlichen Demos in Klingenthal und Plauen teilgenommen. Auch zu den Einwohnerversammlungen im überfüllten Saal der »Frischhütte« ging es heiß her.

Es ist bezeichnend für das Verhältnis unserer Bevölkerung zu Sigmund, daß alles, was in unserem Ort mit seiner Person in Verbindung steht, sei es das Ortseingangsschild, die Stele oder die MiG-21, die er flog, nie, weder bei der Bürgerschaft noch im neuen Gemeinderat in Frage gestellt wurde. Sigmund war und ist einer von uns. Wir waren und sind stolz darauf, daß der erste Deutsche im All aus Morgenröthe-Rautenkranz stammt. Sicher liegt das in seiner Person begründet.

Was verbindet uns mit Sigmund Jähn? Was schätzen wir an ihm? Sicherlich ist es zum einen seine Heimatverbundenheit, seine Liebe zur Natur, zu den Wäldern und zu den Menschen. Ich glaube, er blüht innerlich auf, wenn er durch unsere Wälder streift. Er hat sich die Fähigkeit erhalten, auch an kleinen Dingen des Lebens Freude zu haben, sei es am Gedeihen eines selbstgepflanzten Bäumchens, am munteren Plätschern eines Waldbächleins oder auch nur an einem Plausch an Nachbars Gartenzaun. Sprichwörtlich ist seine Bescheidenheit. Ohne Zweifel hätte er zu Zeiten der DDR wie auch jetzt seine Person und seine Leistung, wie man heute sagt, vermarkten können. Er hätte auch in seinem Geburtsort Privilegien erhalten und ausnutzen können, was mancher machte, der viel weniger geleistet hatte. So etwas liegt jedoch seinem Wesen fern, und dafür schätzen wir ihn.

Dabei hat unsere Gemeinde Sigmund Jähn so viel zu verdanken. Er hat entscheidenden Anteil daran, daß aus dem aus der

DDR-Zeit stammenden patriotischen Zentrum »Ständige Ausstellung« die inzwischen anerkannte »Deutsche Raumfahrtausstellung« in unserer Tourismusgemeinde entstand. Ohne ihn und sein Engagement, natürlich wie immer hinter den Kulissen, gäbe es diese Exposition nicht. Er hat für uns nach der Wende die Kontakte zur nationalen und internationalen Raumfahrt geknüpft, vermittelt Exponate und bringt uns seine Kosmonauten- und Astronautenkollegen nach Morgenröthe-Rautenkranz.

Auch wenn er eigentlich nur zur Erholung und Entspannung in seinen Heimatort kommt, ist er immer bereit, wenn wir ihn brauchen, sei es in der Ausstellung, im Verein oder zu Veranstaltungen. Dabei müssen wir ihn oftmals etwas anstoßen, damit er sein Licht nicht zu weit unter den Scheffel stellt. Bezeichnend sind dafür seine Führungen mit Raumfahrtkollegen durch unsere Ausstellung, in der wir natürlich seinem Flug mit SOJUS 31/SALUT 6/SOJUS 29 einen besonderen Raum gewidmet haben. Während er über Raumfahrtgeschichte und die verschiedenen Missionen fachmännisch und interessant berichtet, möchte er seinen Flug am liebsten übergehen. Im guten vogtländischen Dialekt sagt er dann oft: »Na ja, und das hier ist mein Zeug, und nun gehen wir weiter.«

Vielleicht waren neben dem hohen fachlichen Wissen von Sigmund Jähn seine Bescheidenheit, Ehrlichkeit und die Ruhe, die von ihm ausgeht, Gründe dafür, daß gerade er als Kosmonaut ausgewählt wurde. Wir sind stolz, daß er einer von uns geblieben ist.

Konrad Stahl (CDU), Jahrgang 1953, Bürgermeister von Morgenröthe-Rautenkranz, Vorsitzender des Vereins »Deutsche Raumfahrtausstellung«.

NEUGIERIG AUF DEN MENSCHEN
Von Gerhard Thiele, Köln

Erster Deutscher im Weltraum – das ist ganz sicher ein historisches Ereignis. Doch wer ist Sigmund Jähn, der diese Geschichte geschrieben hat?

Ich erinnere mich noch gut an unser erstes Zusammensein in Köln, auch daran, daß es nicht ganz frei von Verkrampftheiten – zumindest auf meiner Seite – war. Natürlich hatten wir großen

Respekt vor der Pionierleistung Deines Raumfluges, die damals, noch nicht einmal zwei Jahrzehnte, seit Juri Gagarin als erster Mensch in den Weltraum geflogen war, viel höher eingeschätzt wurde als heute. Doch untrennbar damit verbunden war, daß Sigmund Jähn als Vertreter eines Staates zu uns kam, den wir, aufgewachsen in einer anderen Welt, ablehnten. Wir würde dieses Zusammentreffen wohl verlaufen?

Ich begegnete einem überraschend leisen und sehr zurückhaltenden Menschen. So genau kann ich mich nicht daran erinnern, wen ich anzutreffen erwartete. Doch Deine Bescheidenheit machte neugierig auf den Menschen Sigmund Jähn. Und es war klar, daß die Auffassung, Dein Raumflug wäre in erster Linie ein politisches Schauspiel gewesen, so nicht stimmen konnte. Nicht jedenfalls mit diesem Sigmund Jähn.

Irritation gab es trotzdem. Du hattest Dias mitgebracht von Deinem Raumflug, vom Training im Sternenstädtchen, vom Leben in der Sowjetunion. Ich legte das erste Dia ein. Es war spiegelverkehrt. Zweiter Versuch. »Nein, so ist es auch nicht richtig.« Noch ein Versuch. Wieder falsch. »Zum Glück gibt es nur acht Möglichkeiten, ein Dia einzulegen.«

Ich war perplex, meine Kollegen wurden sichtlich unruhig, was mir wiederum nicht sonderlich half, meine aufsteigende Nervosität zu unterdrücken. Wie wir das Diaproblem genau gelöst haben, weiß ich nicht mehr. Aber für den Rest der Stunde war ich ziemlich still.

Unsere zweite Begegnung erfolgte im SPACELAB-Simulator. Die Öffnung des Ostens zum Westen hatte begonnen, und so waren Journalisten anwesend, die Dich interviewen wollten. Im Hintergrund trainierten Renate Brümmer und ich an einem Experiment für die D-2-Mission. Und natürlich konzentrierten wir uns nicht ganz so auf unsere Prozeduren, wie es nötig gewesen wäre, sondern wir hörten mit zu.

Und bei diesem Interview wurde mir schlagartig klar, daß Du der erste Deutsche im All geworden bist, weil Du zuallererst Deine Pflicht und Deine Arbeit getan hast. Natürlich war da Faszination dabei, sonst kann man diese Laufbahn gar nicht einschlagen. Doch den linientreuen Parteisoldaten, den der Journalist zu entlarven hoffte, konnte er trotz hartnäckigen und bis an die äußerste Grenze des Zumutbaren grenzenden Nachfragens nicht finden. Den Umfaller, der schon immer alles besser gewußt hat, dem aber leider die Hände gebunden waren, schon gar nicht. Sondern da stand jemand Rede und Antwort, der besten Wissens und Gewissens das getan hat, was Beruf und Berufung war. Aufrecht, ehrlich, keine Hintergedanken und keine falschen Ausflüchte. Renate und ich hätten dem Journalisten gern das Mikrofon abgestellt!

Das war unsere zweite Begegnung, die mir im Gedächtnis haften blieb. Viele sind noch gefolgt, die meisten davon ziemlich kurz. Dazu, daß wir gemeinsam für eine Raumflugmission gearbeitet hätten, ist es leider noch nicht gekommen. Wenn die Zukunft das noch für uns bereithalten sollte, dann wohl kaum in der Form der bilateralen Missionen der Vergangenheit. Ich jedenfalls würde mich darüber freuen, wenn wir an einem gemeinsamen Projekt über längere Zeit arbeiten könnten.

Lieber Sigmund, zwanzig Jahre sind seit Deinem Raumflug vergangen, und zu diesem Jubiläum möchte ich Dir herzlich gratulieren. Sicherlich haben sich in diesen zwanzig Jahren viele Dinge ganz anders entwickelt, als Du und ich es im September 1978 vorausgesehen hatten. Zu den schönen, nicht voraussehbaren Ereignissen gehört für mich, daß ich Dich kennengelernt habe. Das bringt mich zurück zu der Frage, wer Sigmund Jähn eigentlich ist. Für mich bist Du ganz einfach – mein Freund!

Dr. rer. nat. Gerhard Thiele, Jahrgang 1954, Ozeanologe, ESA-Astronaut, 1993 Double für die Mission SPACELAB D-2 mit der Raumfähre Columbia.

SIE HABEN DEN PREIS VERDIENT
Von Karsten D. Voigt, Berlin

Sehr geehrter Herr Bundespräsident, sehr geehrte Damen und Herren, sehr geehrter, lieber Sigmund Jähn,

es ist mir eine besondere Ehre und noch größere Freude, Sie heute als Träger des »Dr.- Friedrich-Joseph-Haass-Preises für deutsch-russische Verständigung« zu würdigen. Das deutsch-russische Forum konnte sich zu recht niemand anderen auswählen, der besser als Sie als Symbol deutsch-russischer Zusammenarbeit geeignet wäre. Denn Ihre Tätigkeit als Berater für die Projekte MIR und EUROMIR im russischen Kosmonautenausbildungszentrum bei Moskau, die Sie seit 1990 ausüben, ist sowohl technisch als auch politisch zukunftsweisend. Sie haben in dieser Zeit vier Gruppen für den Weltraumeinsatz betreut, sowohl vom deutschen Zentrum für Luft- und Raumfahrt DLR als auch von der Europäischen Raumfahrtorganisation ESA, haben ihnen in dieser Zeit nicht nur die Technik, sondern auch Sprache und Mentalität der Russen vermittelt. Ich wünschte mir, daß es mehr derart sinnvolle und erfolgreiche Projekte der deutsch-russischen sowie der europäisch-russischen Zusammenarbeit gäbe.

Insgesamt haben Sie über vierzehn Jahre Ihres Lebens in der früheren Sowjetunion, später in Rußland sowie in den anderen Nachfolgestaaten der Sowjetunion verbracht. Nach Ihrer Lehre als Buchdrucker traten Sie mit achtzehn Jahren zunächst der Kasernierten Volkspolizei bei, aus der die Nationale Volksarmee der DDR hervorging. Sie absolvierten ein Studium zum Jagdflieger an der Offiziersschule der Luftstreitkräfte »Franz Mehring« in Kamenz bei Bautzen und setzten später, 1966 bis 1970, Ihre Ausbildung an der Militärakademie »Juri Gagarin« in Monino bei Moskau fort. Von 1970 bis 1976 dienten Sie in der NVA der DDR und gingen erneut, 1976 bis 1978, in die Sowjetunion, dieses Mal in das Sternenstädtchen genannte Kosmonautenausbildungszentrum »Juri Gagarin«. Hier bereiteten Sie sich auf Ihren Flug in den Weltraum vor: Vom 26. August 1976 an hielten Sie sich für acht Tage als erster Deutscher im Rahmen des Programms SOJUS/SALUT im Weltraum auf. Dieser Weltraumaufenthalt machte Sie nicht nur in der DDR, sondern in den damals noch beiden Teilen Deutschlands berühmt und populär.

Weniger bekannt ist, daß Sie sich nach ihrem Weltraumflug auf die Fernerkundung der Erde spezialisierten und mit Ihrer Arbeit aus diesem Themenbereich 1983 promovierten. Im gleichen Jahr erschien auch Ihr Buch »Erlebnis Weltraum«.

Daß Sie im Jahre 1985 eines der Gründungsmitglieder der Internationalen Raumfahrervereinigung waren, versteht sich nach diesem Lebenslauf wohl fast von selbst. Daß Sie aber eine persönlich gute und enge Beziehung mit dem ersten westdeutschen Astronauten Dr. Ulf Merbold verbindet, wissen nur wenige, obwohl diese Beziehung in vielerlei Hinsicht typisch für unsere deutsch-deutsche Nachkriegsgeschichte ist. Denn auch Merbold, der Westdeutsche, stammt wie Sie aus dem Vogtland und ist deshalb ursprünglich ein Ostdeutscher. Vielleicht besser gesagt: Landschaftlich gesehen stammen Sie beide aus einer Region, die man früher Mitteldeutschland zu nennen pflegte.

Diejenigen, die Sie persönlich besser als ich kennen, sagen, daß man Sie erst verstehen lernt, wenn man Sie auf Ihrer Datscha im Vogtland erlebt hat. Ihre Zuverlässigkeit und zurückhaltende Einfachheit sei nur aus Ihrer Verbundenheit mit der Natur und den Menschen des Vogtlandes verständlich. Ich kann mir sehr gut vorstellen, daß es diese Eigenschaften waren, die Sie zum geborenen Mittler zwischen Deutschen und Russen werden lassen, einen Mittler, von denen es kulturell, wissenschaftlich und politisch noch viel zu wenige gibt.

Ich selber habe neben Ihrem wichtigen Beitrag zu den deutsch-russischen Beziehungen zwei Gründe, mich über diesen Erfolg besonders zu freuen: Der erste Grund ist deutsch-deutscher Natur. Nur wenige Menschen, die in der DDR nicht nur bekannt, sondern auch populär waren, haben es geschafft, im vereinigten Deutschland akzeptiert zu werden. Um manche ist es, ehrlich gesagt, nicht schade. Aber andere wurden in den Hintergrund gedrängt, obwohl sie weder in bezug auf ihre Moral oder Leistung den Vergleich mit ihren westlichen Gegenüber nicht hätten scheuen müssen. Um so mehr freut es mich, daß Sie im vereinigten Deutschland mit Ihren Leistungen und Ihrer Geschichte einen Platz gefunden haben. Der »Dr. Friedrich-Joseph-Haass-Preis«, glaube ich, ist eine Anerkennung nicht nur Ihrer jetzigen, sondern auch Ihrer früheren Leistungen für die deutsch-russische Zusammenarbeit.

Der zweite Grund ist persönlicher Natur. Ich habe Sie zum ersten Mal lange vor dem Fall der Mauer in Bonn bei einem Abendessen im Politischen Club der Friedrich-Ebert-Stiftung getroffen. Damals waren Sie mir sofort sympathisch. Weniger der Worte wegen, die Sie sagten, sondern eher deswegen, was Ihr Gesicht sagte, während Sie schwiegen und andere Politiker aus Ost und West redeten. Ich habe hierfür sehr viel Verständnis, denn als meine heutige Frau Sie 1988 für die DDR-Monatszeitung »horizont« interviewte – das hätte ich Ihnen bei unserem späteren Treffen zumindest vor den Fall der Mauer nicht sagen können –, haben Sie sie durch Ihre fachlich fundierte und persönlich einfache Art auch für sich eingenommen.

Nur wer diese Komplexität der Geschichte zwischen Ost und West nicht vergißt, ist wirklich geeignet, zum besseren Verständnis zwischen Deutschen und Russen oder auch zwischen Deutschen und Deutschen beizutragen. Sie, Sigmund Jähn, haben den Preis für deutsch-russische Zusammenarbeit verdient.

Karsten D. Voigt, Jahrgang 1941, ehemaliger Außenpolitischer Sprecher der SPD-Bundestagsfraktion

NACHWORT

Dieses Buch konnte nur entstehen, weil der Kosmonaut dem Autor über zwanzig Jahre freundschaftlich verbunden blieb und auf jede seiner Fragen geduldig antwortete. Unzählig sind die Begegnungen, die wir in dieser langen Zeit hatten, und die Gespräche, die wir miteinander führten – über Gott und die Welt, über unsere Zweifel und Hoffnungen, vor allem aber über die Raumfahrt. Das geschah an vielen Orten: im spartanischen Dienstzimmer des Generals in Eggersdorf, in seinem gemütlichen Heim in Strausberg und auf der romantischen Datscha im vogtländischen Rautenkranz ebenso wie in Zeitungsredaktionen, Sendezentralen und Filmateliers, in Raumfahrtzentren, auf Kosmoskongressen und öffentlichen Veranstaltungen, in Berlin und Moskau, London und Paris, München und Wien, Budapest und Rom. Oft half mir Sigmund mit seinen exzellenten Russischkenntnissen aus der Patsche.

Unmittelbar nach seinem Raumflug gab er mir wichtige Ereignisse aus seinem Leben zu Protokoll, das in einer biographischen Fortsetzungsserie in der »Wochenpost« mit einer Auflage von weit über einer Million erschien. Tagelang saßen wir unter Scheinwerfern vor den Kameras im Dialog für den DEFA-Dokumentarfilm »Himmelsstürmer«, der 1979 über seine acht Tage im All berichtete. Nie brachen unsere persönlichen Kontakte ab, oft besuchten wir uns gegenseitig zu Hause, um Erfahrungen auszutauschen, und hoben mit unseren Frauen und Freunden in fröhlicher Runde den Becher.

Sigmund Jähns Buch »Erlebnis Weltraum«, das 1983 veröffentlicht wurde, bildete eine Grundlage für diese Biographie, gibt es doch entscheidende Lebensphasen aus individueller Sicht wieder. Nach der Wende blieben wir noch über einen »heißen Draht« zwischen dem Sternenstädtchen bei Moskau und Berlin ständig in telefonischer Verbindung. Sig informierte über das Neueste von MIR und vermittelte Interviews mit den Kosmonautenkandidaten, die er für das Deutsche Zentrum für Luft- und Raumfahrt (DLR) und die Europäische Raumfahrtorganisation ESA betreute. Sie alle griffen zur Feder und schrieben als Zeitzeugen Beiträge für dieses Buch über ihre Begegnungen mit dem ersten Deutschen im All.

Gemeinsam mit dem »Filmhaus Berlin« drehten wir 1995 den Fernsehstreifen »Der fliegende Vogtländer« für den Mitteldeutschen Rundfunk (MDR), der auch auf anderen Kanälen gezeigt wurde. In meinem Archiv haben sich etwa einhundert Interviews angesammelt, die mir Sigmund Jähn gewährte, sowie Beiträge, bei denen er mir half oder die ich über ihn schrieb. Mir persönlich bereitete er eine große Freude, als er auf sein Foto vor der Landekapsel von SOJUS 29 die Widmung schrieb: »Mit den besten Wünschen für weitere erfolgreiche Tätigkeit auf unserem gemeinsamen Fachgebiet«. Meine Enkel hüten die Geschenke, die er ihnen als Kinder machte – darunter seine Fliegermütze und die Embleme des Fluges zu SALUT 6.

Eigentlich war Sigmund dagegen, daß überhaupt eine Biographie über ihn geschrieben wird. In seiner zutiefst ehrlichen Bescheidenheit hielt er das nicht für notwendig. Erst durch meine »Drohung«, daß das dann eines Tages jemand täte, den er nicht kenne, machte ihn etwas aufgeschlossener.

Mein besonderer Dank gilt Matthias Gründer, der dieses Buch fachlich lektorierte und für den Computersatz aufbereitete, sowie Andreas Schütz, Berater des Deutschen Zentrums für Luft- und Raumfahrt, der die Beiträge der Raumfahrer besorgte.

Berlin-Weißensee, im Sommer 1999
Horst Hoffmann

WISSENSCHAFTLICH-TECHNISCHE DATEN

Kein Denken, keine Wissenschaft,
keine Kunst ohne Material –
aber auch nicht ohne Bewältigung,
ohne Erkenntnis des Materials.
Alfred Döblin

Das Programm SALUT 6 von 1977 bis 1978

(Uhrzeit = Weltzeit; Flugzeit in Tagen : Stunden : Minuten : Sekunden)

ERSTER ZYKLUS

29. September 1977 um 06.09 Uhr: Start der Orbitalstation SALUT 6 mit einer Proton-Trägerrakete vom Kosmodrom Baikonur.

9. Oktober 1977 um 02.40 Uhr: Start des Raumschiffes SOJUS 25 mit Wladimir Kowaljonok und Waleri Rjumin. Die Kopplung mit SALUT 6 mißlang.

11. Oktober 1977 um 03.26 Uhr: Landung von SOJUS 25 nach einer Flugzeit von 2:00:44:45.

10. Dezember 1977 um 01.19 Uhr: Start von SOJUS 26 mit Juri Romanenko und Georgi Gretschko – erste Stammbesatzung.

11. Dezember 1977 um 03.02 Uhr: Ankopplung von SOJUS 26 am Heck von SALUT 6.

10. Januar 1978 um 12.26 Uhr: Start von SOJUS 27 mit Wladimir Dshanibekow und Oleg Makarow – erste Gastmannschaft.

11. Januar 1978 um 14.06 Uhr: Ankopplung von SOJUS 27 am Bug von SALUT 6/SOJUS 26.

16. Januar 1978 um 08.10 Uhr: Abkopplung von SOJUS 26 mit Wladimir Dshanibekow und Oleg Makarow.

16. Januar 1978 um 11.25 Uhr: Landung von SOJUS 26 nach einer Flugzeit der Besatzung von 5:22:58:58.

20. Januar 1978 um 08.24 Uhr: Start des unbemannten Frachtraumschiffes PROGRESS 1.

22. Januar 1978 um 10.12 Uhr: Ankopplung von PROGRESS 1 am Heck von SALUT 6/SOJUS 27.

6. Februar 1978 um 05.53 Uhr: Abkopplung von PROGRESS 1.

8. Februar 1978: Verglühen von PROGRESS 1 in der Erdatmosphäre.

2. März 1978 um 15.28 Uhr: Start von SOJUS 28 mit Alexej Gubarew und Vladimir Remek (CSSR) – erste INTERKOSMOS-Mannschaft.

3. März 1978 um 17.10 Uhr: Ankopplung von SOJUS 28 am Heck von SALUT 6/SOJUS 27.

10. März 1978 um 10.26 Uhr: Abkopplung von SOJUS 28 mit Alexej Gubarew und Vladimir Remek.

10. März 1978 um 13.45 Uhr: Landung von SOJUS 28 nach einer Flugzeit der Besatzung von 7:22:16:30.

16. März 1978 um 08.00 Uhr: Abkopplung von SOJUS 27 mit Juri Romanenko und Georgi Gretschko.

16. März 1978 um 11.19 Uhr: Landung von SOJUS 27 nach einer Flugzeit der Besatzung von 96:10:00:07.

ZWEITER ZYKLUS

15. Juni 1978 um 20.17 Uhr: Start von SOJUS 29 mit Wladimir Kowaljonok und Alexander Iwantschenkow – zweite Stammbesatzung.

16. Juni 1978, 21.58 Uhr: Ankopplung von SOJUS 29 am Bug von SALUT 6.

27. Juni 1978 um 15.27 Uhr: Start von SOJUS 30 mit Pjotr Klimuk und Miroslaw Hermaszewski (Polen) – zweite INTERKOSMOS-Mannschaft.

28. Juni 1978 um 17.08 Uhr: Ankopplung von SOJUS 30 am Heck von SALUT 6/SOJUS 29.

5. Juli 1978 um 10.12 Uhr: Abkopplung von SOJUS 30 mit Pjotr Klimuk und Miroslaw Hermaszewski.

5. Juli 1978 um 13.31 Uhr: Landung von SOJUS 30 nach einer Flugzeit der Besatzung von 7:22:02:59.

7. Juli 1978 um 11.26 Uhr: Start von PROGRESS 2.

9. Juli 1978 um 12.59 Uhr: Ankopplung von PROGRESS 2 am Heck von SALUT 6/SOJUS 29.

2. August 1978 um 04.57 Uhr: Abkopplung von PROGRESS 2.

4. August 1978: Verglühen von PROGRESS 2 in der Erdatmosphäre.

7. August 1978 um 22.31 Uhr: Start von PROGRESS 3.

10. August 1978 um 00.00 Uhr: Ankopplung von PROGRESS 3 am Heck von SALUT 6/SOJUS 29.

21. August 1978: Abkopplung von PROGRESS 3.

24. August 1978: Verglühen von PROGRESS 3 in der Erdatmosphäre.

26. August 1978 um 14.51 Uhr: Start von SOJUS 31 mit Waleri Bykowski und Sigmund Jähn (DDR) – dritte INTERKOSMOS-Mannschaft.

27. August 1978 um 16.38 Uhr: Ankopplung von SOJUS 31 am Heck von SALUT 6/SOJUS 29.

3. September 1978 um 09.20 Uhr: Abkopplung von SOJUS 29 mit Waleri Bykowski und Sigmund Jähn.

3. September 1978 um 11.40 Uhr: Landung von Waleri Bykowski und Sigmund Jähn nach einer Flugzeit von 7:20:49:04.

7. September 1978 um 10.53 Uhr: Abkopplung von SOJUS 31 am Heck; Drehung von SALUT 6 um 180 Grad.

7. September 1978 um 11.33 Uhr: Wiederankopplung von SOJUS 31 am Bug.

3. Oktober 1978 um 23.09 Uhr: Start von PROGRESS 4.

6. Oktober 1978 um 01.00 Uhr: Ankopplung von PROGRESS 4 am Heck von SALUT 6/SOJUS 31.

24. Oktober 1978 um 13.07 Uhr: Abkopplung von PROGRESS 4.

26. Oktober 1978: Verglühen von PROGRESS 4 in der Erdatmosphäre.

2. November 1978 um 07.45 Uhr: Abkopplung von SOJUS 31 mit Wladimir Kowaljonok und Alexander Iwantschenkow.

2. November 1978 um 11.05 Uhr: Landung von Wladimir Kowaljonok und Alexander Iwantschenkow in SOJUS 31 nach einer Flugzeit von 139:14:47:32.

Die Vorbereitung der Mission UdSSR-DDR

I. Etappe: Auswahl von Kandidaten für die Kosmonautenausbildung
September 1976: Beginn der Vorauswahl unter den Flugzeugführern der NVA.

1. Oktober bis 5. November 1976: Durchführung eines Vorbereitungslehrganges mit 16 ausgewählten Jagdfliegern.

5. November 1976: Abschluß der Eignungsuntersuchungen im Institut für Luftfahrtmedizin Königsbrück und Vorschlag von vier Kandidaten zur Teilnahme an den Eignungsuntersuchungen in der Sowjetunion.

10. bis 25. November 1976: Durchführung der Eignungsuntersuchungen im Kosmonautenausbildungszentrum »Juri Gagarin« (KAZ) und Auswahl von zwei Kandidaten.

II. Etappe: Ausbildung im Kosmonautenausbildungszentrum »Juri Gagarin«
4. Dezember 1976: Kommandierung der zwei Kandidaten in das Sternenstädtchen bei Moskau.

6. Dezember 1976 bis 10. August 1978: Ausbildung im KAZ »Juri Gagarin«:
1. Allgemeine kosmische Grundlagenausbildung
2. Theoretische und praktische Raumflugausbildung im Bestand der Besatzungen
3. Theoretische und praktische Befähigung zur Durchführung der wissenschaftlichen Experimente und Forschungsaufgaben
4. Kontinuierliche medizinische und physische Vorbereitung
11. bis 15. August 1978: Medizinische Abschlußuntersuchungen im KAZ »Juri Gagarin«.

III. Etappe: Startvorbereitungen

16. bis 20. August 1978: Allgemeine Startvorbereitungen auf dem Kosmodrom Baikonur in Kasachstan.

21. bis 22. August 1978: Medizinische Vorstartuntersuchungen.

25. August 1978: Bekanntgabe des Beschlusses der Regierungskommission über den Einsatz der Besatzungen.

Sein Kommandant
Oberst Dr.-Ing. Waleri Fjodorowitsch Bykowski

1934: Am 2. August in Pawlowski Posad, einem alten russischen Städtchen vor den Toren Moskaus geboren. Schulbesuch in der Hauptstadt.

1948: Waleri will zur Seefahrtsschule, doch der Vater entscheidet, daß er erst sein Abitur macht.

1952: Im August vollführt er seinen ersten selbständigen Flug als Mitglied eines Aeroklubs.

1952 bis 1955: Offiziersschüler der Katschinsker Militärfliegerschule.

1955 bis 1959: Jagdflieger in den sowjetischen Luftstreitkräften. Instrukteur für Fallschirmspringen.

1960: Hauptmann Bykowski wird in die erste Gruppe von Kosmonautenkandidaten aufgenommen.

1961 bis 1962: Double für Andrijan Nikolajew und seinen Flug mit WOSTOK 3. Eheschließung mit Walentina Michailowna, die im Kosmonauten-Museum des Sternenstädtchens arbeitet.

1963: Vom 14. bis zum 19. Juni erster Raumflug als Pilot von WOSTOK 5 – Funkrufname Jastreb (Habicht) –, davon drei Tage im Gruppenflug mit Walentina Tereschkowa – Funkrufname Tschaika (Möwe) – in WOSTOK 6, wobei sich beide Raumschiffe bis auf fünf Kilometer annähern. Flugdauer vier Tage, 23 Stunden und sechs Minuten.
Mitglied der KPdSU. Geburt des Sohnes Waleri.

1963 bis 1968: Fernstudium an der Militärakademie für Ingenieure der Luftstreitkräfte »Nikolai Jegorowitsch Shukowski« in Moskau.

1965: Geburt des Sohnes Sergej.

1969 bis 1973: Arbeit an der Dissertation »Navigationsprobleme auf Raumflugbahnen«. Erlangung des wissenschaftlichen Grades eines Kandidaten der technischen Wissenschaften, was dem Dr.-Ing. entspricht. Dem folgen zahlreiche wissenschaftliche Publikationen und Patente für Erfindungen.

1976: Vom 15. bis zum 23. September zweiter Raumflug als Kommandant von SOJUS 22 mit Dr. Wladimir Axjonow als Bordingenieur zur Erprobung der Multispektralkamera MKF-6 aus dem VEB Carl Zeiss JENA unter Weltraumbedingungen. Flugdauer sieben Tage, 21 Stunden und 52 Minuten.

1978: Vom 26. August bis zum 3. September dritter Raumflug als Kommandant von SOJUS 31 (Hinflug) und SOJUS 29 (Rückflug) mit Sigmund

Jähn als Forschungskosmonaut zur Orbitalstation SALUT 6. Flugdauer sieben Tage, 20 Stunden, 49 Minuten und fünf Sekunden.
1985 bis 1990: Direktor des »Hauses der sowjetischen Wissenschaft und Kultur« in der Berliner Friedrichstraße.

Der Countdown

• minus ein Tag: Zusammenkunft der Raumflugbesatzung mit dem Kontrollkollektiv, auf der der Testleiter über die Startvorbereitungen berichtet und das Raumschiff übergibt.
• minus zwölf Stunden: Beginn der Betankung und stündliche Kontrollen aller Systeme.
• minus 2 h 30 min: Die Kosmonauten treffen an der Startrampe ein; der Kommandant meldet dem Vorsitzenden der Staatlichen Kommission die Flugbereitschaft.
• minus 2 h 20 min: Die Besatzung fährt mit dem Fahrstuhl zur oberen Plattform des Versorgungsgerüsts.
• minus 2 h 15 min: Prüfung der einzelnen Systeme gemeinsam mit der Besatzung.
• minus eine Stunde: Das Luft- und Flüssigkeitssystem für die Wärmeregulierung wird abgeschaltet.
• minus 30 Minuten: Die Stützarme des Wartungsturmes werden abgeklappt.
• minus 15 Minuten: Alle Techniker verlassen die Startrampe; der Startleiter nimmt im Befehlsbunker am Periskop Platz.
• minus fünf Minuten: Der Schlüssel wird in Startposition gedreht.
• minus zwei Minuten: Der Kabelmast wird von der Rakete abgeklappt.
• minus fünf Sekunden: Zündung und Start.
• plus zwei Minuten: Abwurf der ausgebrannten seitlichen Triebwerksblöcke und Abtrennung des Rettungsturmes.
• plus vier Minuten: Abwurf der zweiten und Zündung der dritten Raketenstufe.
• plus neun Minuten: Einschwenken in die Erdumlaufbahn.

Der Flugverlauf

Sonnabend, 26. August 1978

Alle nachfolgenden Angaben erfolgen nach Moskauer Zeit, weil sich auch das Leben an Bord des Zubringerraumschiffs SOJUS 31, der Orbitalstation SALUT 6 und des Rückkehrraumschiffs SOJUS 29 danach richtete. Um die Ortszeit von Baikonur zu ermitteln, muß die Uhr zwei Stunden vorgestellt werden, für die Mitteleuropäische Zeit hingegen zwei Stunden zurück.
10.00 Uhr: Wecken der Kosmonauten Waleri Bykowski und Sigmund Jähn sowie Wiktor Gorbatko und Eberhard Köllner.

10.00 bis 12.00 Uhr: Spezielle hygienische Maßnahmen, medizinische Untersuchungen, Frühsport und Frühstück.

12.00 Uhr: Abfahrt zum Vorstartkomplex.

13.00 Uhr: Anlegen und Kontrolle der Skaphander.

14.00 Uhr: Zusammentreffen der Kosmonauten mit der Delegation der DDR.

15.10 Uhr: Abfahrt zur Startrampe.

15.20 Uhr: Platznehmen der beider Kosmonauten in SOJUS 31.

17.51 Uhr: Start des Systems Trägerrakete-Raumschiff mit Oberst Waleri Bykowski als Kommandant und Oberstleutnant Sigmund Jähn als Forschungskosmonaut; der Codename für die Funksprechverbindung lautet »Jastreb« (Habicht).

18.00 Uhr: SOJUS 31 erreicht eine Umlaufbahn mit einem Apogäum (erdfernstem Punkt) von 243,7 Kilometern und einem Perigäum (erdnächstem Punkt) von 196,6 Kilometern, bei einem Neigungswinkel von 51,6 Grad zum Äquator und einer Umlaufzeit von 88,6 Minuten.

21.40 Uhr: Einnahme eines kleinen Imbiß´.

22.00 Uhr: Einschalten der Triebwerke zur ersten Bahnkorrektur.

01.00 Uhr: Schon zu Beginn des neuen Tages Einnahme eines Imbiß‹.

02.30 Uhr: Nachtruhe.

Sonntag, 27. August 1978

15. Erdumkreisung: Wiederanlegen der Raumanzüge.

17. Erdumkreisung: Beginn der selbständigen Manöver für die Kopplung von SOJUS 31 mit SALUT 6. Auf Befehl von der Erde wird das Marschtriebwerk zweimal kurz hintereinander eingeschaltet und danach eine Position des Raumschiffes zur Orbitalstation erreicht, die den Übergang zur unmittelbaren Annäherung mit den bordeigenen Mitteln sichert.

18. Erdumkreisung: Bei einer Geschwindigkeit von rund 28.000 Kilometern pro Stunde gegenüber der Erde nähert sich SOJUS 31 nach mehreren Drehungen und Geschwindigkeitsänderungen bis auf wenige Zentimeter dem Heck der Orbitalstation. Die Annäherungsgeschwindigkeit des Raumschiffes im Verhältnis zu SALUT 6 wird dabei auf etwa 0,3 Meter pro Sekunde verringert.

19.30 Uhr: Ankopplung von SOJUS 31 am Heck von SALUT 6; Überprüfung der Dichtheit nach dem Andocken.

20.33 Uhr: Der Befehl zum Öffnen der Luke zwischen Raumschiff und Orbitalstation wird erteilt; zuerst steigt Sigmund Jähn um, dann folgt Waleri Bykowski; herzliche Begrüßung durch die Stammbesatzung Wladimir Kowaljonok als Kommandant und Alexander Iwantschenkow als Bordingenieur. Die vier Kosmonauten begeben sich an diesem Tag ausnahmsweise erst sehr spät zur Nachtruhe.

Montag, 28. August 1978

Die folgenden Tage an Bord von SALUT 6 verliefen nach festen Regeln, mit bestimmten Zeiten für Forschungsarbeit und Freizeit, Nahrungsaufnahme und Körperübungen, wobei es folgende Eckpunkte gab:

08.00 Uhr: Wecken, Körperpflege, Frühsport und Frühstück sowie

23.00 Uhr: Nachtruhe.

Sigmund Jähn begann noch vor dem offiziellen Wecken mit Fotoarbeiten zur Fernerkundung der Erde.

An diesem Tag standen sieben wissenschaftliche Versuche auf dem Programm: Zunächst führten die Kosmonauten medizinische Untersuchungen mit den Geräten »Polynom 2«, »Reograt« und »Beta« durch. Danach begann das Komplexexperiment »Berolina« zur Herstellung von Werkstoffen. Mit der Multispektralkamera MKF-6 fotografierten sie Wolkenfelder über der Antarktis. Schließlich wurden erste Arbeiten für die physiologisch-psychologischen Versuche »Zeit«, »Audio« und »Reporter« mit in der DDR entwickelten Geräten in Angriff genommen.

Dienstag, 29. August 1978

Viel Mühe bereitete der Besatzung an diesem Tag das Umladen der persönlichen Ausrüstungen sowohl von SOJUS 31 am Heck nach SOJUS 29 am Bug als auch umgekehrt. So mußten die für jeden Kosmonauten individuell angepaßten Konturensessel abmontiert, durch die gesamte Station transportiert und im anderen Schiff wieder anmontiert werden. Das war erforderlich, weil die auf 90 Tage festgelegte Einsatzdauer von SOJUS 29 fast erreicht war und deshalb Waleri Bykowski und Sigmund Jähn mit diesem Raumschiff zur Erde zurückkehren würden.

Die Kosmonauten begannen mit dem psychologischen Experiment »Befragung« und setzten die technologische Versuchsserie »Berolina« fort. Während einer internationalen Pressekonferenz standen alle vier Besatzungsmitglieder Rede und Antwort.

Mittwoch, 30. August 1978

Der anstrengende Arbeitstag umfaßte die sonnenphysikalische Untersuchung »Polarisation« und das biologische Experiment »Stoffwechsel«. Die werkstoffwissenschaftlichen Forschungen im Rahmen des Programms »Berolina« und Erderkundungsaufnahmen mit der MKF-6 wurden fortgesetzt. Sigmund Jähn fotografierte mit der Handkamera Pentacon Six-M und handelsüblichen Filmen des VEB Filmfabrik Wolfen, ORWO-Filmen NC-19 für Farbe und NP-20 für Schwarzweiß, die Erdoberfläche. Über dem Nordatlantik und dem nördlichen Pazifik wurden tropische Wirbelstürme beobachtet. Zusätzlich gestattete das Flugleitzentrum ein Interview mit Sigmund Jähn für die Fernsehzuschauer in der DDR.

Donnerstag, 31. August 1978
Nahezu alle Experimente der vergangenen Tag wurden weitergeführt. Vorgegebene Forschungsobjekte für die Erdfernerkundung waren unter anderem der Indische Ozean, der Atlantik, Teile des Pamir, des Kaukasus und des Kaspischen Meeres. Diese Arbeiten im Rahmen des Experiments »Biosphäre« erfolgten mit Hilfe der Kameras MKF-6, Pentacon Six-M und Practica EE-2 sowie mit einem gewöhnlichen Feldstecher. Der Zyklon »Esther« über dem Japanischen Meer, der Wirbelsturm »Christie« vor Kalifornien sowie eine interessante Polarlichterscheinung über Kanada wurden entdeckt, beobachtet und fotografiert. Die vier Kosmonauten schlossen im Laufe des Tages die Mehrzahl der Experimente aus der DDR ab.

Freitag, 1. September 1978
Im Mittelpunkt der Forschungsarbeiten dieses Tages standen die Experimente »Berolina«, »Bakterienwachstum«, »Reporter« und »Biosphäre«. Sigmund Jähn fotografierte mit der Pentacon Six-M eine ungewöhnliche Färbung des Ozeans bei Madagaskar – wahrscheinlich eine Plankton-Konzentration.
Am Nachmittag begann der Transport des Forschungsmaterials der Mission UdSSR-DDR in die Kommandosektion von SOJUS 29. Dabei handelte es sich insbesondere um Filme, Container mit Ergebnissen bereits abgeschlossener Versuche, die Stahlkapseln des Experiments »Berolina«, Ampullen mit Mikroorganismen, Audiogramme und die symbolischen Gegenstände. Auch eine Luftprobe der Kabinenatmosphäre der Orbitalstation SALUT 5 gehörte dazu – alles in allem wissenschaftliches Gepäck mit einer Masse zwischen 50 und 70 Kilogramm, die zu verstauen und zu verzurren waren. Das Flugleitzentrum gab genaue Anweisungen, an welchen Stellen die Materialien in SOJUS 29 untergebracht werden sollten, damit sich der Schwerpunkt der Landekapsel nicht veränderte.

Sonnabend, 2. September 1978
Die Besatzung von SALUT 6 meldete dem Flugleitzentrum den Abschluß des Forschungsprogramms der Mission UdSSR-DDR. Weitere Verladearbeiten in die Landekapsel erfolgten.
Waleri Bykowski und Sigmund Jähn wurden einer gründlichen medizinischen Kontrolle unterzogen. Die Überprüfung der Orientierungs- und Steuerungssysteme von SOJUS 29 und eine Probezündung der Triebwerke des Raumschiffes verliefen erfolgreich. Nach der allabendlichen Fernsehreportage von Bord der Orbitalstation servierte die Stammbesatzung ihren Gästen ein Abschiedsessen.

Sonntag, 3. September 1978
06.00 Uhr: Wecken der Kosmonauten.
08.20 Uhr: Abschied von der Stammbesatzung.

08.15 Uhr: Schließen der konischen Luke des Kopplungsaggregats sowie hermetischer Verschluß der Luke zwischen der Orbitalsektion und der Landekapsel von SOJUS 29.

11.20 Uhr: Abkopplung des Raumschiffes vom Bug der Orbitalstation von SALUT 6 und Beginn des autonomen Fluges. Waleri Bykowski orientierte SOJUS 29 so, daß Sigmund Jähn aus 30 Metern Entfernung mit der Practica EE-2 den Orbitalkomplex SALUT 6/SOJUS 31 fotografieren konnte. Die Geschwindigkeit betrug acht Kilometer in der Sekunde. Während der zwei Erdumläufe wurden nochmals alle Bordsysteme des Raumschiffes überprüft.

13.51 Uhr: Der Befehl zum Zünden der Bremstriebwerke wurde erteilt.

13.52 Uhr: Nach vorheriger Lageregelung wurden 215,3 Sekunden lang die Bremstriebwerke eingeschaltet. SOJUS 29 befand sich in 350 Kilometern Höhe über dem Atlantik und 10.000 Kilometer vom Landepunkt entfernt.

14.04 Uhr: Orbital- und Gerätesektion des Raumschiffes wurden in 145 Kilometern Höhe abgesprengt und verglühten.

Der Landeapparat befand sich danach in einer Höhe von 120 Kilometern über dem Sudan, 3.000 Kilometer vom Landeort entfernt.

14.09 Uhr: Programmierte Drehung der Landekapsel, so daß der Hitzeschild in Flugrichtung zeigte.

14.11 Uhr: In 100 Kilometern Höhe drang der Landeapparat in die dichteren Schichten der Erdatmosphäre ein.

14.18 Uhr: Die Landekapsel befand sich in 70 Kilometern Höhe. Ihre Geschwindigkeit war auf 1.200 Meter pro Sekunde abgesunken. Die Außentemperatur erreichte etwa 3.000 Grad Celsius. Antennen und andere Außenarmaturen verglühten; Teile der Außenhaut schmolzen ab. Die Innentemperatur stieg von 20 auf 22 Grad. Die Überbelastung für die Kosmonauten betrug etwa das Fünffache der normalen irdischen Schwerkraft, also ihres Körpergewichts.

14.19 Uhr: Sinkgeschwindigkeit und Hitzentwicklung erreichten ihren Höhepunkt. Minutenlang war kein Funkkontakt möglich.

14.23 Uhr: Die »tote Zone« der Funkverbindung war überwunden. Es bestand wieder Funkkontakt.

14.25 Uhr: Absprengen des Deckels des Fallschirmcontainers in zehn Kilometern Höhe bei einer Geschwindigkeit von 240 Metern in der Sekunde. Ausfahren des Bremsschirmes mit Hilfe der großen und kleinen Öffnungsschirme in neun Kilometern Höhe. Trennen des Bremsschirmes und Ausfahren des Hauptfallschirmes in acht Kilometern Höhe bei einer Geschwindigkeit von 90 Metern in der Sekunde. Der Sender des Suchsystems, dessen Antenne sich in den Fallschirmleinen entfaltete, begann zu arbeiten. Teilweises Füllen des Hauptfallschirms bei einer Geschwindigkeit von 35 Metern in der Sekunde. Volle Entfaltung des Hauptfallschirms und Absprengen des Hitzeschildes bei einer Geschwindigkeit von zehn Metern in der Sekunde.

Symmetrische Aufhängung der Landekapsel und Einschalten der Funkbake für die Bergungsmannschaft in 4,5 Kilometern Höhe bei einer Geschwindigkeit von sechs Metern in der Sekunde.

14.27 Uhr: Der Landeapparat wurde von der Erde aus gesichtet.

14.40 Uhr: Automatische Zündung der vier Bremstriebwerke zur Landung in einer Höhe von einem Meter bei einer Sinkgeschwindigkeit von drei bis vier Metern pro Sekunde. Die Landekapsel von SOJUS 29 setzte nach einigen Überschlägen im vorausberechneten Gebiet, 140 Kilometer südöstlich der Stadt Dsheskasgan in Kasachstan auf der Erdoberfläche auf.

Die wichtigsten Experimente Sigmund Jähns an Bord von SALUT 6

1. Wissenschaftlich-technische Experimente
• *MKF-6M*
Aufnahmen mit der sechskanaligen Multispektralkamera vom VEB Carl Zeiss JENA unter verschiedenen Bedingungen.
Objekte für die Fernerkundung der Erde aus dem Weltraum:
Bestimmte Testgebiete auf den Territorien der UdSSR, der DDR und anderer sozialistischer Staaten zur Erschließung von Naturressourcen, ausgewählte Gebiete der Weltmeere, die für den Fischfang von Interesse sind, und atmosphärische Erscheinungen wie Zyklone über der nördlichen Halbkugel der Erde. – Aufnahmehöhe 350 Kilometer, Aufnahmefläche je Bild 160 x 230 Kilometer, Aufnahmemaßstab 1:2.000.000, Vergrößerungsmöglichkeiten bis zum Maßstab 1:100.000.

• *Biosphäre*
Visuelle Beobachtungen zur Gewinnung von Informationen über die Geosphäre, Biosphäre und über physikalische Eigenschaften der Erdoberfläche. Fernerkundungsobjekte: Staub- und Rauchfahnen über Industriegebieten für den Umweltschutz, ozeanische Auftriebsgebiete zur Einschätzung der Bioproduktion und meteorologische Erscheinungen für die Wetter- und Klimaforschung.
Einsatz der für den Weltraum modifizierten Mittelformatkamera Pentacon Six M vom VEB Kombinat Pentacon Dresden sowie handelsüblicher ORWO-Farbfilme NC-19 und Schwarz-Weiß-Filme NP-20 vom VEB Kombinat Filmfabrik Wolfen.

• *Berolina*
Komplexprogramm für materialwissenschaftliche Untersuchungen des Einflusses der Schwerelosigkeit auf technologische Prozesse mit den sowjetischen Vakuumelektroöfen »Splaw-01« und »Kristall« mit folgenden Einzelexperimenten zur Züchtung fehlerfreier Monokristalle für die Halbleitertechnik.

• *Kristallisation*
Gewinnung eines halbmetallischen zylinderförmigen Einkristalls der Legierung Wismut-Antimon.

• *Formzüchtung*
Herstellung eines Keimkristalls vorgegebener Struktur zwischen ebenen Quarzplatten durch Temperaturverringerung.

• *Rekristallisation*
Gerichtete Erstarrung eines einheitlichen Kristalls aus der Halbleiterverbindung Blei-Tellurid.

• *Sublimation*
Züchtung eines Monokristalls für die Optoelektronik durch Verdampfung des Halbleitermaterials in einer Quarzampulle und gasförmigen Transport zum Kristallkeim.

• *Gasphasentransport*
Abscheiden von Germanium-Einkristallen aus der Gasphase durch chemischen Transport.

• *Glasschmelze*
Gesonderter Versuch zum Schmelzen und Erstarren von kompliziert zusammengesetzten optischen Spezialgläsern. – Vorbereitung und Auswertung der einzelnen Versuche: Institute der Akademie der Wissenschaften der DDR, Humboldt-Universität Berlin, VEB Jenaer Glaswerke »Schott & Genossen« sowie Zentralinstitut für Schweißtechnik ZIS Halle.

• *Beschleunigung*
Untersuchung des Einflusses geringer Gravitationskräfte auf den Ablauf technologischer, physikalischer und psychologischer Vorgänge in der Orbitalstation.
Visuelle Messung durch Beobachtung eines Pendels mit dem sowjetischen Gerät DU-2.

• *Polarisation*
Bestimmung der Polarisation des Sonnenlichtes in der Erdatmosphäre mit dem Visuellen Polarisations-Analysator VPA aus der Sowjetunion im Interesse der atmosphärischen Optik, der Meteorologie und der Erdfernerkundung.

• *Polarlicht*
Visuelle Beobachtung der Besonderheiten in Struktur und Dynamik des Polarlichtes als Beitrag zur Klärung noch nicht gelöster Probleme in der Physik der Magnetosphäre und des Polarlichtes.

2. Medizinische Experimente
• *Sprache*
Aussprechen der Zahl 226, in Worten »zwosechsundzwanzig«, durch den DDR-Kosmonauten auf Anforderung des Flugleitzentrums in ein Mikrofon. Die Untersuchung der Frequenz- und Amplituden-Zeitcharakteristika der in verschiedenen Situationen gesprochenen Zahl erlaubte Rückschlüsse auf die psychische Verfassung Sigmund Jähns während der unterschiedlichsten Tätigkeiten.

• *Befragung*

Zehnmalige Beantwortung eines von Psychologen erarbeiteten Fragebogens zu Ernährung, Wasserbedarf, Schlaf, Traum, Sehen, Hören, Riechen, Haltung, Bewegung, Sprache, Handwerkszeug, Kleidung, Ästhetik und anderes durch den Forschungskosmonauten der DDR. Später für arbeitspsychologische Untersuchungen an Anlagenfahrern in der Industrie genutzt.

• *Audio*

Aufnahme der Audiogramme (Hörkurven) aller vier Kosmonauten zur Prüfung ihrer Hörempfindlichkeit in verschiedenen Frequenzbereichen mit dem vom VEB Präcitronik Dresden entwickelten Gerät ELBE. Zum Vergleich wurden Audiogramme aus Bodenmessungen herangezogen. Messung des gesamten Rauschpegels und Bestimmung der Hörschwelle mit dem modifizierten Impulsschallpegelmesser des VEB RFT Meßelektronik »Otto Schön« Dresden.

• *Zeit*

Bestimmung des subjektiven Zeitgefühls jedes Besatzungsmitgliedes mit der Spezialstoppuhr RIUHLA von der dortigen Uhrenfabrik.

• *Freizeit*

Vorführung ausgewählter Fernsehunterhaltungssendungen auf dem Bordvideogerät VATRA sowie subjektive Einschätzungen durch die Kosmonauten auf Fragebögen.

• *Geschmack*

Bestimmung des Einflusses von Raumflugfaktoren auf das Geschmacksempfinden der Kosmonauten nach einem von Spezialisten der Sowjetunion, Polens und der DDR entwickelten Plan mit Hilfe des elektronischen Reizschwellenmeßgeräts Elektrogustometer 1 aus Polen.

3. Biologische Experimente

• *Gewebekultur*

Studium der Veränderungen der Zellen und Gewebe bei der Anpassung an die Schwerelosigkeit mit dem Spezialgerät EINSATZ aus der DDR.

• *Bakterienwachstum*

Erforschung von Besonderheiten des Wachstums und der Entwicklung einzelliger Bakterien, die während eines Raumfluges viele Generationen hervorbringen und Methan als Kohlenstoffquelle für ihre Vermehrung nutzen.

• *Vernetzung*

Gewinnung von Angaben zur Verteilung von Mikroorganismen im Raum sowie zur Bildung und Stabilität der »Gitterstruktur« bei der Vernetzung von Mikroorganismen mit organischen Polymeren und anorganischen Stoffen.

• *Stoffwechsel*

Studium des Stoffwechsels von Mikroorganismen mit einfacher Zellstruktur mit dem Gerät JENA aus der DDR.

Reportagen von Bord des Raumschiffes SOJUS 31 und der Orbitalstation SALUT 6

Lfd. Nr.	Tag, Umlauf	Zeit des Funkkontaktes	Inhalt
1.	27.08.	14.46 Uhr bis 15.08 Uhr	Erste Bordreportage: Schilderung des Starts und des Fluges in die Umlaufbahn. Erstmals erklingt die deutsche Sprache aus dem All.
2.	27.08. 18.	19.18 Uhr bis 19.44 Uhr	Funkgespräch der Besatzung von SOJUS 31 mit der Double-Mannschaft im Flugleitzentrum
3.	27.08. 20.	22.29 Uhr bis 22.45 Uhr	Zweite Bordreportage: Schilderung der Annäherung und Kopplung, des Umstiegs und der Begrüßung sowie des Überreichens von Geschenken. – Meldung der internationalen Besatzung des Orbitalkomplexes an die Partei- und Staatschefs der UdSSR und der DDR, Leonid Breshnew und Erich Honecker.
4.	28.08. 34.	19.42 Uhr bis 20.04 Uhr	Dritte Bordreportage: Schilderung des ersten gemeinsamen Arbeitstages an Bord des Orbitalkomplexes. Erläuterung von medizinisch-biologischen Experimenten. Vorstellung des Audiometers »Elbe«, der Spezialstoppuhr aus Ruhla und des Schallpegelmessers. Demonstration der Schwerelosigkeit und der guten persönlichen Anpassung.
5.	29.08. 49.	18.30 Uhr bis 18.45 Uhr	Internationale Fernsehpressekonferenz, erster Teil: Schilderung der bisherigen Arbeit und der an Bord herrschenden guten Atmosphäre. Grüße an die Kinder und Jugendlichen beider Länder zum bevorstehenden Beginn des neuen Schuljahres.
6.	29.08. 50.	20.05 Uhr bis 20.45 Uhr	Internationale Fernsehpressekonferenz, zweiter Teil: Gedanken über die Kosmonautenkandidaten der sozialistischen Staaten. – Schilderung der reichhaltigen Kosmonautennnahrung. Vorstellung des Weltraum-Sandmännchens.
7.	29.08.	21.41 Uhr	Gestaltung eines speziellen Abendgrußes

51.	21.56 Uhr	des Kinderfernsehens. Vorstellung und Erläuterung der an Bord des Orbitalkomplexes mitgebrachten symbolischen Gegenstände. Eröffnung eines kosmischen Postamtes.
8. 30.08. 65.	18.53 Uhr bis 19.15 Uhr	Vierte Bordreportage: Informationen über die Ergebnisse der Versuchsreihe »Berolina« in den Schmelzöfen »Kristall« und »Splaw«. Demonstration der Bedienungsapparatur.
9. 30.08. 66.	20.29 bis 20.46 Uhr	Fernsehinterview: Beantwortung von Fragen des Fernsehens der DDR über die Arbeit und das gute Verhältnis an Bord des Orbitalkomplexes. Erläuterung entscheidender Flugetappen.

DDR-Testgebiete für aerokosmische Fernerkundung

Lfd. Nr.	Gebiet	Koordinaten des Zentrums n.B./ö.L.	Fläche in km²	Untersuchungen/Zielsetzung
1.	Rügen	54°30'/13°20'	2.700	Wasseraustausch zwischen Greifswalder
2.	Anklam	54°00'/13°30'	2.000	Bodden und Ostsee, Wasserverunreinigung (Ölfilme), Bimoassenabschätzung, Küstendynamik und -morphologie, Reliefänderungen und Sedimenttransport, Analysemethodik und Interpretationsschlüssel zu Beurteilung des aktuellen Zustandes der Küstengewässer, Erhaltung des Erholungswertes dieser Landschaft, Planung von Industrie, Fischerei- und Verkehrswesen
3.	Eberswalde	52°50'/14°00'	1.500	Standortkartierung, Melioration, Kontrollinventuren,
4.	Müncheberg	52°30'/14°00'	2.500	Phytosanierung bei Kartoffeln und Zuckerrüben.
5.	Schwerin	53°40'/11°30'	2.400	Verschmutzungsgrad von Oberflächengewässern,

				Vegetationsstruktur und Belastung, Deponien im Einzugsgebiet von Trinkwasserschutzzonen, Bestockung und Rauchbeschädigung landwirtschaftlicher Nutzflächen, Immissionen von Schwefeldioxid und Sedimentationsstaub Atmosphärenzustand und Remissionsgrade ausgewählter Materialien Analysemethode zur Differenzierung land- und forstwirtschaftlicher Kulturen, Interpretationsschlüssel zur Einschätzung deren qualitativen Zustandes, Biomassenbestimmung, Ertragsprognose, Überwachung der Binnengewässer und der Umwelt nahe von Ballungsgebieten
6.	Spremberg	51°40'/14°30'	1.800	Vermessung der Braunkohle-Tagebauförderung und Wasserführung, Luftverunreinigung, Landschaftssanierung Überwachung und Planung der Bergbautätigkeit
7.	Dresden	51°00'/13°46'	2.500	Erkundung mineralischer Rohstoffe und Erze Analysemethodik, neue Erkenntnisse über geologisch-strukturellen Aufbau
8.	Bitterfeld	51°30'/12°30'	2.900	Flächennutzung, Infrastruktur, Flurformen, Anbauformen, Sonderkulturen, Bodenarten, Bodenstruktur, Bodenfeuchte, Reliefmerkmale, Rekultivierung von Bergbaugebieten, Schadstoffeinleiter, Wasserverunreinigung, Erkundung technogener Einflüsse, verdeckte

				Bruch- und Faltenstrukturen Analysemethodik, Interpretationsschlüssel, Wechselwirkung zwischen Ballungsgebieten, Bodennutzung, Vegetations-, Gewässer- und Kommunikationsstruktur
9.	Zwickau	50°40'/12°30'	2.600		Erkundung mineralischer Rohstoffe und Erze
10.	Schwarzburg	50°40'/11°10'	1.700		
11.	Rhön	50°40'/10°10'	1.500		Analysemethodik, neue Erkenntnisse über
12.	Eisleben	50°40'/11°30'	4.100		geologisch-strukturellen Aufbau
13.	Schönebeck	52°00'/11°40'	3.200		
14.	Hasselfeld	51°40'/10°50'	2.000		

Zehn Interkosmonauten

Vladimir Remek (CSSR)
Raumfahrzeuge: SOJUS 28 / SALUT 6
Flugzeit: 2. bis 10. März 1978 (7 d 22 h 16 min 30 s)

Miroslaw Hermaszewski (Polen)
SOJUS 30 / SALUT 6
27. Juni bis 5. Juli 1978 (7 d 22 h 02 min 59 s

Sigmund Jähn (DDR)
SOJUS 31 /SALUT 6 / SOJUS 29
26. August bis 3. September 1978 (7 d 20 h 49 min 04 s)

Georgi Iwanow (Bulgarien)
SOJUS 33 (Kopplung mit SALUT 6 mißlang)
10. bis 12. April 1979 (1 d 23 h 01 min 06 s)

Bertalan Farkas (Ungarn)
SOJUS 36 / SALUT 6 / SOJUS 35
26. Mai bis 3. Juni 1980 (7 d 20 h 46 min 46 s)

Pham Tuan (Vietnam)
SOJUS 37 / SALUT 6 / SOJUS 36
23. bis 31. Juli 1980 (7 d 20 h 41 min 59 s)

Arnaldo Tamayo Méndez (Kuba)
SOJUS 38 / SALUT 6
18. bis 26. September 1980 (7 d 20 h 43 min 24 s)

Shugderdemidyn Gurragtschaa (Mongolei)
SOJUS 39 / SALUT 6
22. bis 30. März 1981 (7 d 20 h 42 min 03 s)

Dumitru Prunariu (Rumänien)
SOJUS 40 / SALUT 6
14. bis 22. Mai 1981 (7 d 20 h 41 min 52 s)

Alexander Alexandrow (Bulgarien)
SOJUS TM-5 / MIR / SOJUS TM-4
7. bis 17. Juni 1988 (9 d 20 h 10 min 19 s)

Gesamtflugzeit: 74 d 19 h 56 min 02 s

Neun Deutsche im All

Dr. Sigmund Jähn
Forschungskosmonaut der Mission INTERKOSMOS UdSSR/DDR
SOJUS 31/SALUT 6/SOJUS 29
26. August bis 3. September 1978
7 d 20 h 49 min 04 s

Dr. Ulf Merbold
1. **Raumflug:** Nutzlastspezialist der Mission SPACELAB SL-1
STS-41A Columbia/F-6
28. November bis 8. Dezember 1983
10 d 07 h 47 min 23 s
2. **Raumflug:** Nutzlastspezialist der Mission International Microgravity Laboratory IML-1
STS-42 Discovery/F-14
22. bis 30. Januar 1992
8 d 01 h 14 min 45 s
3. **Raumflug:** Forschungskosmonaut der Mission EUROMIR '94
SOJUS TM-20/MIR/SOJUS TM-19
3. Oktober bis 4. November 1994
31 d 12 h 35 min 56 s

Prof. Dr. Reinhard Furrer
Nutzlastspezialist der Mission SPACELAB D-1

STS-61A Challenger/F-9
30. Oktober bis 6. November 1985
7 d 00 h 44 min 51 s
(am 9. September 1995 mit einer Me 108 Taifun in Berlin-Johannisthal tödlich verunglückt)

Prof. Dr. Ernst Messerschmid
Nutzlastspezialist der Mission Spacelab D-1
STS-61A Challenger F-9
30. Oktober bis 6. November 1985
7 d 00 h 44 min 51 s

Dr. Ulrich Walter
Nutzlastspezialist der Mission SPACELAB D-2
STS-55 Columbia/F-14
26. April bis 6. Mai 1993
9 d 23 h 40 min 00 s

Dr. Hans-Wilhelm Schlegel
Nutzlastspezialist der Mission SPACELAB D-2
STS-55 Columbia/F-14
26. April bis 6. Mai 1993
9 d 23 h 40 min 00 s

Major Klaus-Dietrich Flade
Forschungskosmonaut der Mission MIR '92
SOJUS TM-14/MIR/SOJUS TM-13
17. bis 25. März 1992
7 d 21 h 57 min 52 s

Oberstleutnant Thomas Reiter
Forschungskosmonaut der Mission EUROMIR '95
SOJUS TM-22/MIR
3. September 1995 bis 29. Februar 1996
179 d 01 h 41 min 46 s

Dr. Reinhold Ewald
Forschungskosmonaut der Mission MIR '97
SOJUS TM-25/MIR/SOJUS TM-24
10. Februar bis 2. März 1997
20 d 16 h 34 min 46 s

Gesamtflugzeit: 299 d 11 h 31 min 14 s
(STS: Space Transportation System = Space Shuttle)

Das Raumschiff SOJUS

Als Zubringer für die Besatzungen von Orbitalstationen entwickelt, besteht dieser Typ aus drei Hauptelementen:

• der zwei- bis dreisitzigen, kegelförmigen Besatzungskapsel für den Aufstieg und die Rückkehr zur Erde;
• der kugelförmigen Orbitalsektion, die als Arbeits- und Aufenthaltsraum in der Umlaufbahn dient;
• dem zylindrischen Versorgungsteil mit Triebwerksanlage, Lebenserhaltungssystem und Energieversorgungskomplex.

Im Laufe der Zeit wurden drei Typen dieser Klasse von Raumschiffen in der Öffentlichkeit bekannt: SOJUS (1967 bis 1981), SOJUS T (1979 bis 1986) und SOJUS TM (seit 1986). Es gibt jedoch wesentlich mehr Versionen, von denen 20 unter der Bezeichnung KOSMOS und fünf unter SOND zum Einsatz kamen.

Erster bemannter Einsatz von SOJUS	23. April 1967
Einsätze insgesamt	84
davon SOJUS	40
SOJUS T	15
SOJUS TM	29
Besatzungsmitglieder	1 bis 3
Länge über alles	6,98 m
Maximaler Durchmesser	2,72 m
Spannweite der Solarzellenflächen	9,80 m
Elektrische Leistung	500 W
Gesamtmasse	6.850 kg

Technische Daten der Besatzungskapsel	
Länge	2,14 m
Maximaler Durchmesser	2,20 m
nutzbares Volumen	2,50 m²
Masse	3.000 kg
Bullaugen	3

Orbitalsektion	
Länge mit Kopplungsstutzen	3,44 m
Maximaler Durchmesser	2,20 m
nutzbares Volumen	4,00 m²
Masse	1.100 kg
Bullaugen	4
Luken	3

Gerätesektion	
Länge	2,36 m
Durchmesser	2,1 m
Masse	2.750 kg

Antriebssysteme	
Schub des Hauptantriebs S5.35	4,09 kN
Reserveschub	4,03 kN
Schub der 14 Steuerdüsen	je 98 N
Schub der 16 Lageorientierungsdüsen	je 9,8 N
Treibstoffmasse	500 kg

Das Frachtraumschiff PROGRESS

Die unbemannten Raumfahrzeuge dieser Klasse wurden für die regelmäßige Versorgung der Besatzungen von Orbitalstationen mit Lebensmitteln und Frischluft, wissenschaftlichen Geräten und technischen Ausrüstungen, Komponenten flüssiger und gasförmiger Treibstoffe sowie der Entsorgung verbrauchter Anlagen und Abfällen entwickelt. Ihre Grundstruktur ging aus jener der SOJUS-Personenraumschiffe hervor: Aus der Orbitalsektion wurde der Laderaum für Stückgut und aus der Besatzungskabine der Tankraum für Treibstoff, während man die Gerätesektion für den autonomen Flug beibehielt. Die erste Generation von PROGRESS kam von 1979 bis 1986 zum Einsatz, die modernisierte Version PROGRESS M seit 1989 bis heute. Sie kann 100 Kilogramm Güter mehr mitführen und läßt sich mit einer Rückkehrkapsel ausrüsten, in der wertvolle Instrumente und Forschungsergebnisse auf der Erde landen. Ab Januar/Februar 2000 soll ein Fracht- und Bugsierraumschiff des Typs PROGRESS M1 zum Einsatz kommen.

Erststart	20. Januar 1978
Erstlandung einer Rückkehrkapsel	28. November 1990
Einsätze insgesamt	84
davon PROGRESS	42
PROGRESS M	42

Technische Daten	
Länge über alles	7,50 m
Maximaler Durchmesser	2,35 m
Frachtvolumen	6,60 m³
Gesamtmasse	7.000 kg
Stückgut-Zuladung	1.300 kg
Tankgut-Zuladung	1.000 kg

Die Trägerrakete SOJUS

Dieses Startvehikel der zweiten Generation unterscheidet sich von seinen Vorgängern für die WOSTOK- und WOSCHOD-Raumschiffe vor allem durch das aus mehreren Feststofftriebwerken bestehende Rettungssystem SAS. Es tritt im Fall einer Havarie automatisch in Tätigkeit und trennt den oberen Teil der Nutzlastverkleidung mit der Orbitalsektion und der Landekapsel des Raumschiffes von der Rakete und führt es aus dem Gefahrenbereich. Im Scheitelpunkt der Flugbahn tritt das Fallschirmsystem des Raumschiffs in Aktion und übernimmt dessen sichere Rückführung zur Erde.

Technische Daten

Einsatzzeitraum	seit 1967
Stufenzahl	3
Gesamthöhe	49,30 m
maximaler Durchmesser über Stabilisatoren	10,30 m
Startmasse	320 t
Nutzlastkapazität für erdnahe Umlaufbahnen	7.100 kg
Nutzlastanteil	2,3 %
Startschub	5.040 kN
Triebwerksleistung	22 Mio. PS (16,2 Mio. kW)

Erste Stufe – vier seitlich angeordnete Triebwerksblöcke
(Booster, Blocks B, W, G und D)

Länge der Booster	je 19,80 m
Maximaler Durchmesser	je 2,68 m
Gesamtmasse	170 bis 175 t
Antrieb der fünf Einheiten	je vier Flüssigkeitstriebwerke RD-107
Startschub	4 x 821 = 3.284 kN
Brenndauer	120 s

Zweite Stufe – Mittelblock A*

Länge	27,76 m
Gesamtmasse	95 bis 100 t
Maximaler Durchmesser	2,95 m
Antrieb	ein Flüssigkeitstriebwerk RD-108
Vakuumschub	941 kN
Triebwerksbrenndauer:	250 bis 260 s

Dritte Stufe (Block I)

Länge	8,10 m
Durchmesser	2,66 m
Gesamtmasse	23 t

Antrieb	ein Flüssigkeitstriebwerk RD-461
Vakuumschub	294 kN
Brenndauer	250 – 260 s

Nutzlastteil mit Rettungssystem SAS

| Länge | 13,44m |
| Maximaler Durchmesser | 3,0 m |

* Die Triebwerke des Mittelblocks werden beim Start gemeinsam mit denen der Booster gezündet, wodurch die erste Antriebsstufe entsteht. Treibstoffvorrat und Brenndauer der Zentraleinheit sind größer als die der Booster, so daß der Block A nach dem Abtrennen der Zusatzblocks als zweite Stufe weiterarbeitet.

Die Raumstation SALUT 6

Die erste Orbitalstation der zweiten Generation verfügte gegenüber ihren Vorgängerinnen über folgende Neuerungen:
• Zwei Kopplungsstutzen, je einer am Bug und am Heck, erlaubten erstmals das gleichzeitige Anlegen von zwei Raumschiffen.
• Das zum Orbitalsystem gehörende Frachtraumschiff PROGRESS gestattete den Austausch von Geräteblöcken nach Ablauf ihrer Lebensdauer.
• Die Schleuse ermöglichte den gleichzeitigen Ausstieg von zwei Kosmonauten in den freien kosmischen Raum.
• Eine Fernsehkamera an Bord gewährleistete die Übertragung farbiger Aufnahmen zur Erde.
• Sanitär-hygienische Einrichtungen wie Dusche und Luftionisation verbesserten die Lebensbedingungen an Bord.

SALUT 6 bestand aus fünf verschiedenen Sektionen:
• der Ausstiegsschleuse am Bug mit einer Länge von 3,8 Metern und einem Durchmesser von zwei Metern;
• der vorderen Arbeitssektion mit einer Länge von 3,5 und einem Durchmesser von zwei Metern;
• dem hinteren Arbeits- und Aufenthaltsraum mit einer Länge von 2,7 und einem Durchmesser von 4,15 Metern sowie einem kegelförmigen Übergangsteil mit einer Länge von 1,2 Metern;
• der wissenschaftlichen Gerätesektion, einer Kombination von kegelförmiger und zylindrischer Kapsel mit einem maximalen Durchmesser von 2,2 Metern im Hauptarbeitsraum, deren Objektive und Meßgeräte in den offenen Weltraum ragten;
• dem Versorgungs- und Geräteteil mit den Triebwerksanlagen am Heck mit einer Länge von 2,2 und einem Durchmesser von 4,15 Metern.

Start mit einer Proton-Rakete in Baikonur	28. September 1977
Gesteuertes Verglühen über dem Pazifik	29. Juli 1982
Besatzungsmitglieder	2 bis 7
Länge über alles	14,4 m
Maximaler Durchmesser	4,15 m
Nutzbares Volumen	82,5 m³
Solarzellenausleger	3
Spannweite	16,5 m
Flächeninhalt	60 m²
Gesamtmasse	18,9 t
Maximale Länge mit angekoppelten Zubringerraumschiffen	28,36 m
Maximale Umlaufmasse mit angekoppelten Zubringerraumschiffen	47,0 t
Anzahl der Bullaugen	20
Anzahl der Steuerpulte	7

Die Trägerrakete PROTON

Der dreistufige Träger für Nutzlasten zwischen 20 und 25 Tonnen wurde für den Start schwerer Raumflugkörper, darunter von Modulen für den Aufbau von Orbitalstationen, entwickelt und unterscheidet sich konstruktiv von den Typen für WOSTOK, WOSCHOD und SOJUS: Die erste Stufe besteht aus einem Zentralkörper, der die Oxydatorkomponente des Treibstoffs enthält, und sechs um ihn gruppierten Außenblocks mit dem Brennstoff und den Triebwerken. Auf dieser Grundstufe sind die beiden Oberstufen und die Nutzlastsektion angeordnet.

Technische Daten	
Einsatzzeitraum	seit 1971
Stufenzahl für Stationsmodule	3
Gesamthöhe dieser Version	57 m
Startmasse	691 t
Nutzmasse	20,6 t
Nutzlastanteil	2,7 %
Startschub	9.500 kN

Erste Stufe	
Länge	21,07 m
Durchmesser über Außenblocks	7,4 m
Leermasse	31 t
Treibstoffmasse	419,4 t

Antrieb	6 Flüssigkeitstriebwerke RD-253
Treibstoff	UDMH/Stickstofftetroxid
	(UDMH = unsymmetrisches Dimethylhydrazin)
Startschub	6 x 1.583 = 9.500 kN
Triebwerksbrenndauer	130 s

Zweite Stufe
Länge	14,56 m
Maximaler Durchmesser	4,1 m
Leermasse	11,715 t
Treibstoffmasse	156,1 t
Antrieb	3 Flüssigkeitstriebwerke RD-0210
	ein Triebwerk RD-0211
Gesamtschub	2.332 kN
Brenndauer	210 − 300 s

Dritte Stufe
Länge	6,52 m
Durchmesser	4,1 m
Leermasse	4.185 kg
Treibstoffmasse	46,6 t
Antrieb	ein Flüssigkeitstriebwerk RD-0212
Schub	583 kN + 31 kN der Steuerdüsen
Brenndauer	250 s

Nutzlastverkleidung
Länge	14,9 − 17 m
Durchmesser	4,35 m

28./29. März 1989: Erstes Treffen von Generalen und Offizieren der NVA und der Bundeswehr zu einem Gedankenaustausch in dem von Egon Bahr geleiteten Institut für Friedensforschung und Sicherheitspolitik der Universität Hamburg in Falkenstein.

7. Juli: Rücknahme des als Breshnew-Doktrin bezeichneten Invasionsrechts der Sowjetunion in den sozialistischen Ländern auf der Tagung der Warschauer Vertragsstaaten in Bukarest.

7. Oktober: Letzte Militärparade der NVA anläßlich des 40. Jahrestages der Gründung der DDR in Berlin.

18. Oktober: Das Zentralkomitee der SED entbindet Erich Honecker von allen Funktionen und bestimmt Egon Krenz zum Nachfolger – damit auch zum Vorsitzenden des Nationalen Verteidigungsrates.

9. November: Öffnung der Grenzen der DDR zur Bundesrepublik und nach West-Berlin.

13. November: Hans Modrow wird Ministerpräsident der DDR und schlägt eine Vertragsgemeinschaft beider deutscher Staaten vor.

28. November: Bundeskanzler Helmut Kohl legt dem Bundestag ein Zehn-Punkte-Programm vor, indem er Modrows Gedanken aufgreift und für konföderative Strukturen plädiert.

6. Dezember: Egon Krenz tritt von seinen Staatsämtern zurück. Der Nationale Verteidigungsrat wird aufgelöst.

Dezember: Auflösung der Politischen Hauptverwaltung der NVA und aller ihr unterstellten Strukturen in Verbänden, Truppenteilen und Einheiten sowie in den Lehreinrichtungen.

19. Dezember: Treffen von Bundeskanzler Helmut Kohl und Ministerpräsident Hans Modrow in Dresden.

20. Januar 1990: Bildung des Verbandes der Berufssoldaten der NVA.

18. März: Erste freie Wahlen in der DDR.

12. April: Die neue Volkskammer wählt den CDU-Vorsitzenden (Ost) Lothar de Maizière zum Ministerpräsidenten.

18. April: Rainer Eppelmann wird Minister für Abrüstung und Verteidigung der DDR.

27. April: Erstes Treffen der Verteidigungsminister der BRD und der DDR, Gerhard Stoltenberg und Rainer Eppelmann, in Köln mit der Übereinkunft: Ein vereintes Deutschland soll Mitglied der NATO sein.

1. Juli: Der Vertrag über die Wirtschafts-, Währungs- und Sozialunion zwischen der BRD und der DDR tritt in Kraft.

20. Juli: Die Berufssoldaten der NVA leisten einen neuen Fahneneid.

20. August: Eine Verbindungsgruppe der Bundeswehr nimmt im Ministerium für Abrüstung und Verteidigung der DDR in Strausberg ihre Arbeit auf.

23. August: Die Volkskammer beschließt den Beitritt der DDR zur BRD nach Artikel 23 des Grundgesetzes zum 3. Oktober.

30. August: Herausgabe des Befehls durch das Ministerium für Abrüstung und Verteidigung der DDR, bis zum 28. September alle Gefechtsfahrzeuge, Kriegsschiffe und Kampfflugzeuge zu entmunitionieren.

31. August: Unterzeichnung des »Vertrages über die Herstellung der staatlichen Einheit« (Einigungsvertrag) im Berliner Palais Unter den Linden durch die Delegationsleiter Wolfgang Schäuble und Günther Krause.

Beendigung der militärischen Aus- und Weiterbildung von Angehörigen der NVA an sowjetischen, polnischen, tschechoslowakischen und anderen Lehreinrichtungen.

9. September: 280 Offiziere der NVA beginnen an der Offiziersschule der Luftwaffe in Fürstenfeldbruck eine Vorlaufausbildung, um auf ihre Aufgaben als Offiziere der Bundeswehr vorbereitet zu werden.

12. September: Unterzeichnung des »Vertrages über die abschließende Regelung in bezug auf Deutschland« (Zwei-plus-Vier-Vertrag) durch die vier Siegermächte UdSSR, USA, Frankreich und Großbritannien sowie die beiden deutschen Staaten. Er besiegelt die Einheit und Souveränität Deutschlands in den bisherigen Grenzen der BRD und der DDR.

24. September: Unterzeichnung des Protokolls über den Austritt der DDR aus dem Warschauer Vertrag.

3. Oktober: Vollzug des Beitritts der DDR zur BRD. Übernahme der Befehls- und Kommandogewalt über die Truppenteile der NVA durch Minister Stoltenberg. Das Bundeswehrkommando Ost übernimmt die militärische Führung. Generalleutnant Jörg Schönbohm wird Befehlshaber des neuen Bundeswehrkommandos in Strausberg. Das Kommando soll als zentrale Führungseinrichtung aller Truppenteile, Stäbe und Einrichtungen auf dem Gebiet des beigetretenen Teils Deutschlands für eine Übergangszeit von mindestens sechs Monaten arbeiten und die Auflösung der NVA durchführen.

19. Oktober: Erstes öffentliches Gelöbnis von Rekruten im Bereich des Bundeswehrkommandos Ost auf dem Marktplatz von Bad Salzungen.

2. Januar 1991: Die ersten Wehrpflichtigen aus den neuen Bundesländern beginnen die Grundausbildung in den alten Bundesländern.

31. März: Die militärische Organisation des Warschauer Paktes stellt ihre Arbeit ein.

1. Juli: Unterzeichnung des Protokolls über die Auflösung des Warschauer Paktes durch die Mitgliedsstaaten in Prag.

Das Bundeswehrkommando Ost wird außer Dienst gestellt; seine Verbände treten unter die Kommandos der Teilstreitkräfte.

21. Dezember: Die Sowjetunion hört nach 70 Jahren auf zu existieren. Michail Gorbatschow erklärt seinen Rücktritt als Präsident.

Personenregister

Ablaß, Werner 286
Acton. Loren 267
Aldrin, Edwin 59
Alexander II., Zar von Rußland 148
Alexandrow, Alexander 437
Al-Saud, Sultan Bin Salman 267 f.,
 332
Anger, Kurt 24
Apitz, Bruno 279
Ardenne, Manfred von 232
Arkwright, Richard 149
Armstrong, Neil 59
Artjuchin, Juri 108
Atkow, Oleg 187
Aubakirow, Taktar 153
Axjonow, Wladimir 76, 82

Bahr, Egon 277, 445
Baudry, Patrick 265
Becher, Johannes R. 279
Beeding, Major 100
Beletserkowski, General 57
Beljajew, Pawel 98, 119
Bendrath, Oberst 255
Beregowoi, Georgi 106, 267
Berger, Rolf 82, 97, 282, 286
Boback, Heinz 73
Boenisch, Peter 236
Böhm, Erhard 32
Bondarenko, Walentin 98
Borman, Frank 176
Braekel, Lieve van 312
Brandt, Willy 52
Braun, Wernher von 22, 59 f., 326
Brecht, Bertolt 21, 157 f., 279
Breshnew, Leonid 57, 61, 90, 127,
 232, 324
Brjanow, Professor 79
Brockdorf, Erika von 20
Brückner, Dieter 375

Buback, Siegfried 115, 127
Bykowskaja, Oxana 140
Bykowskaja, Walentina 141
Bykowski, Waleri 76, 82, 98, 117,
 122, 128 ff., 137, 144, 154 ff., 185 ff.,
 231, 252, 349, 354, 371, 373, 377,
 380, 383, 387, 421, 423 ff.

Carr, Gerald 171
Carter, Jimmy 127
Cartsburg, Eberhard 166, 240, 366,
 377, 382
Castro, Fidel 46
Castro, Raul 233, 318
Chaffee, Roger 53, 175
Chrétien, Jean-Loup 265 ff.
Chrunow, Jewgeni 98
Chruschtschow, Nikita 50
Collins, Michael 59
Conrad, Charles 252
Cousteau, Jacques Yves 269 f.

Davis, Angela 64
de Maiziére, Lothar 282, 445
Desinow, Lew 396
Dobrowolski, Georgi 119, 175
Drexler (Wissenschaftsattaché) 274,
 332
Dominik, Hans 33
Dshanibekow, Wladimir 252, 420
Duque, Pedro 12, 296, 300, 319,
 334 f.

Einstein, Albert 238
Eisenhower, Dwight 49, 84
Eisenhower, Susan 84
Engels, Friedrich 144, 218
Eppelmann, Rainer 286, 445
Esbach, Hans 285
Esnault-Pélterie, Robert 262
Ewald, Reinhold 14, 291 ff., 311, 320,
 335 f., 338, 439

447

Quellennachweis

Autorenkollektiv: Für den Fortschritt der Menschheit – Gemeinsamer Kosmosflug UdSSR-DDR. Verlag Zeit im Bild, Dresden, 1978.

Autorenkollektiv: Gemeinsam auf der Erde und im All. Militärverlag der DDR, Berlin, 1979.

Autorenkollektiv: Weltraumflug UdSSR – DDR – Reportagen, Notizen, Dokumente vom ersten gemeinsamen Weltraumflug. Dietz Verlag, Berlin, 1979.

Autorenkollektiv der Akademien der Wissenschaften der UdSSR und der DDR: SOJUS 22 erforscht die Erde. Akademie-Verlag, Berlin, 1980.

Autorenkollektiv: Gemeinsam im Kosmos – Museale Zeugnisse zum ersten gemeinsamen Weltraumflug UdSSR – DDR. Katalog des Armeemuseums der DDR, Dresden, 1983.

Autorenkollektiv: Faszination Weltraum – Interessantes über die bemannte Raumfahrt. VEB Fachbuchverlag, Leipzig, 1985.

Autorenkollektiv: Der Heimatplanet. Herausgegeben von der Association of Space Explorers mit einem Vorwort von Jacques Yves Cousteau. Verlag Zweitausend, Frankfurt/Main, 1989.

Bekier, Erwin: In 90 Minuten um die Erde. Der Kinderbuchverlag, Berlin, 1979.

Gugerell, Alfred: Von Gagarin zur Raumstation MIR. Eigenverlag, Traisen/Österreich, 1998.

Herzog, Roman: Festansprache anläßlich des fünfjährigen Bestehens des Deutsch-Russischen Forums. Bundespresseamt, Bonn, 1998.

Hoffmann, Horst: Sigmund Jähn gibt zu Protokoll. Biographische Artikelserie in der »Wochenpost«, Berliner Verlag, Jg. 1979, Nr. 35 bis 39.

Hoffmann, Horst: Unser Weg ins All – Zum 10. Jahrestag des Raumfluges von Sigmund Jähn. Artikelserie in der »Neuen Berliner Illustrierten«, Berliner Verlag, Jg. 1988, Nr. 32 bis 42.

Hoffmann, Horst: Hammer und Zirkel im All – Raumfahrtaktivitäten in der Deutschen Demokratischen Republik. Schriftenreihe der Deutschen Raumfahrtausstellung e.V. Morgenröthe-Rautenkranz, 1997.

Hoffmann, Horst: Die andere deutsche Raumfahrt. edition ost, Berlin, 1998.

Hopferwieser, Walter: Kosmische Post. Eigenverlag, Salzburg, 1993.

Jähn, Sigmund: Erlebnis Weltraum. Militärverlag der DDR, Berlin, 1983.

Jähn, Sigmund/Marek, Karl-Heinz: Arbeiten zur Entwicklung methodischer Grundlagen für die Anwendung und Nutzung von Fernerkundungsdaten. Dissertationsschrift, Potsdam, Mai 1983.

Mielke, Heinz: Lexikon Raumfahrt/Weltraumforschung. Transpress VEB Verlag für Verkehrswesen, Berlin, 1986.

Stache, Peter: Raumfahrer von A bis Z – Ein Wissensspeicher. Brandenburgisches Verlagshaus, Berlin, 1990.

Bildnachweis

Archiv Jähn: S. 22, 24, 28, 35, 36, 37, 38, 39, 47, 48, 50, 51, 52, 53, 62, 63, 100, 105, 117, 126, 138, 194, 198, 215, 222, 238, 250, 266, 267, 268, 269, 293, 297, 298, 299, 359, III, IV, V, XIII, XIV, XV, XVI u., XVIII, XIX, XXI u., XXII, XXIII, XXIV, XXVI, XXVII, XXX, XXXI, XXXII

Archiv H. Hoffmann: S. 280, 357, 410, VII o./m., IX, XXI o., XXV o.

ADN/ZB: S. 164, 227, XII o.

APN: S. XX

v. Braekl: III, VII u., XVI o.

DLR: S. 281, 335, 340, 342

Franke: S. 245

Fröbus: XII u.

Gemsa: S. XXVIII, XXIX

Haase: S. XXV u.

Hannemann/ZIPE: S. 402

Henze: S. 272

Klackl: S. 263, 305, 310

Kowalski: S. 163, 228, 229

Krause: S. VIII

Lochmann: S. 239

Marek: S. 257

Mittelstädt: S. 166,

Ortner: Titel, S. 236, I, II, X, XI

Uhlemann: S. VI

Leider konnten nicht alle Rechtsträger der verwendeten Fotos eindeutig ermittelt werden. Rechte und Honoraransprüche bleiben gewahrt und können gegenüber dem Verlag geltend gemacht werden.